高职高专模具设计与制造专业规划教材

模具 CAD/CAM/CAE 项目实例应用

赵　梅　编著

清华大学出版社
北　京

内容简介

本书以模具设计师职业资格要求为标准，以典型模具为载体，培养现代模具设计的职业技能。通过CAD/CAM/CAE 软件、经典项目案例的基础学习及全过程训练，创造与企业真实设计一致的模具设计环境，遵循职业技能培养的基本规律，建立起一套基本技能—专业技能—工程实践的能力体系。

本书选用企业真实项目，以任务驱动引领过程，基于模具岗位职业标准和工作过程，采用项目形式组织内容，深入浅出，易于学习和掌握。以 UG NX Mold Wizard 为平台，完成音箱前盖、薄壳、开关屏、覆盖件、压盖等的模具初始设置及分型设计，对几个不同产品进行多腔模布局、分型，完成添加模架，设计浇注、顶出、冷却系统，进行镶块及滑块侧抽芯等模具外围辅助设计；以 UG NX 加工模块为平台，完成茶匙模具型腔、型芯的加工编程；以华塑 CAE 为平台，完成眉笔夹具的模流分析。在完成项目实例的训练过程中适时填充所需的模具设计及软件操作的基本概念和背景知识，提高自学能力。

本书既可作为高职高专的模具设计与制造、数控技术、计算机辅助设计与制造等专业的学习用书，也可作为相关工程技术人员、成人教育及培训的自学或参考用书。

图书在版编目(CIP)数据

模具 CAD/CAM/CAE 项目实例应用/赵梅编著. —北京：清华大学出版社，2020.1（2021.2重印）
高职高专模具设计与制造专业规划教材

ISBN 978-7-302-54529-3

Ⅰ. ①模…　Ⅱ. ①赵…　Ⅲ. ①模具—计算机辅助设计—高等职业教育—教材 ②模具—计算机辅助制造—高等职业教育—教材 Ⅳ. ①TG76-39

中国版本图书馆 CIP 数据核字(2019)第 280125 号

责任编辑：陈冬梅 陈立静
装帧设计：王红强
责任校对：吴春华
责任印制：杨　艳
出版发行：清华大学出版社
　　网　　址：http://www.tup.com.cn, http://www.wqbook.com
　　地　　址：北京清华大学学研大厦 A 座　　**邮　　编**：100084
　　社 总 机：010-62770175　　**邮　　购**：010-62786544
　　投稿与读者服务：010-62776969, c-service@tup.tsinghua.edu.cn
　　质量反馈：010-62772015, zhiliang@tup.tsinghua.edu.cn
　　课件下载：http://www.tup.com.cn, 010-62791865
印 装 者：三河市科茂嘉荣印务有限公司
经　　销：全国新华书店
开　　本：185mm×260mm　　**印　张**：19.25　　**字　数**：468 千字
版　　次：2020 年 3 月第 1 版　　**印　次**：2021 年 2 月第 2 次印刷
印　　数：1201～2200
定　　价：58.00 元

产品编号：078024-01

前　言

模具 CAD/CAM/CAE 技术是将传统的模具设计、制造技术、工程分析与现代信息技术有机融合的一种综合技术，是现代模具行业最为关键的技术之一。本书与行业企业共同开发且融入作者多年的教学体会及模具设计经验，包括创新点、行之有效的技巧、实用资料等，以项目导向、任务驱动形式组织内容，在内容选取上还考虑了相关职业资格认证和技能竞赛的要求，帮助读者强化操作技能，培养创新能力。本书选用企业真实项目，每个典型项目都分为几个任务来引领完成特定模具产品的 CAD/CAM/CAE 训练，并在其后附加所需的模具设计及软件操作的基本概念和背景知识，通过设置相应的拓展训练使读者轻松掌握从入门到进阶的知识与技能；基于模具岗位职业标准和工作过程，遵循职业能力培养的基本规律，充分体现“工学结合”的思想。通过 CAD/CAM/CAE 软件、经典项目案例的基础学习及全过程训练，以模具设计师职业资格要求为标准，创造与企业真实设计一致的模具设计环境，培养现代模具设计的职业技能。

本书提供了 4 个符合基于工作过程系统化、任务导向的典型项目，又设计了 9 个拓展训练项目，总结了每个项目的学习要点，布置了思考训练题目。以“项目—任务”的形式构建学习内容，包括：项目 1 电脑桌线盖模具分型设计，其拓展训练项目为音箱前盖模具分型设计(修补孔)、薄壳模具分型设计(模具坐标系、加引导线)、开关屏模具分型设计(修补孔、加引导线)、覆盖件模具分型设计(拆分面、加引导线)、四个不同产品的多腔模布局及分型(多腔模设计)和压盖模具分型设计(模具坐标系、引导线)；项目 2 薄壳模具外围辅助设计，其拓展训练项目为压盖模具镶块设计及滑块侧抽芯设计和茶匙模具全过程设计；项目 3 茶匙模具型腔 UG CAM，其拓展训练项目为灯罩模型加工前分析和茶匙模具型芯 UG CAM；项目 4 眉笔夹具模具 CAE，其拓展训练项目为冰箱抽屉板 CAE 优化设计和电器前盖 CAE 优化设计。

本书由烟台工程职业技术学院赵梅编著，龙口市明德学校于明媛、烟台工程职业技术学院董延辉、万书斌、李菊、邹吉华、孙梦怡、张月红、温晓妮、梁宁宁也参加了本书的编写工作。

本书通过借鉴参考文献中的成果和数据资料以及部分企业的标准和资料丰富了内容，在此一并对这些作者表示衷心感谢。

由于编者水平有限，书中难免存在错误、缺点和不当之处，恳请读者和同行专家批评指正。

编　者

目　　录

项目 1　电脑桌线盖模具分型设计

项目目标

知识目标

- 熟悉注塑模设计向导 Mold Wizard 的相关知识。
- 掌握模具设计初始设置的相关知识。
- 掌握模具设计分型的相关知识。

技能目标

- 能完成初始化项目操作。
- 能完成设置收缩率操作。
- 会设置模具坐标系。
- 能完成定义毛坯工件操作。
- 能完成型腔布局操作。
- 能完成划分型腔、型芯区域的操作。
- 能完成抽取区域及分型线的操作。
- 会设计分型面。
- 能完成创建型腔、型芯操作。

项目内容

根据给定的电脑桌线盖零件完成该塑件制品的模具分型设计，如图 1-1 所示。

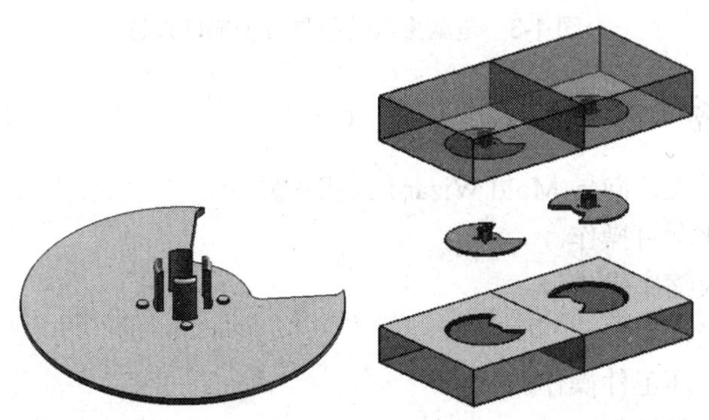

图 1-1　电脑桌线盖及模具分型

项目分析

先进行初始设置，包括从初始化项目、设置坐标系、设置收缩率、定义毛坯工件至模具型腔布局(一模两腔)，接着进行 UG 注塑模具设计的第二个阶段——模具分型设计，包括计算及划分型腔、型芯区域，抽取区域及分型线，设计分型面，最后获得模具型腔和型芯部件，如图 1-2 所示。

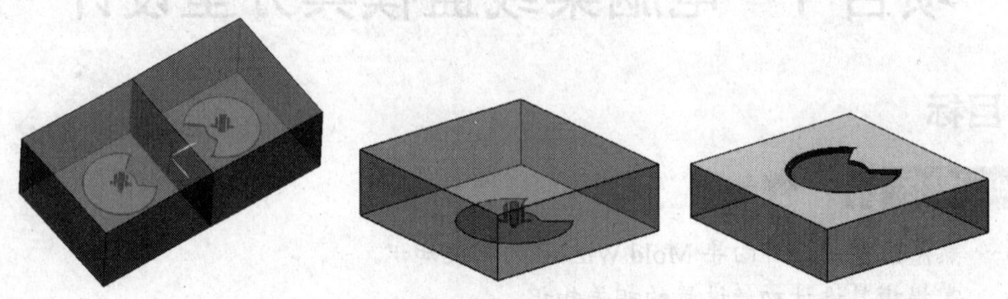

图 1-2　电脑桌线盖模具分型初始设置及分型设计

1.1　任务 1——分型初始设置

1.1.1　任务描述

完成电脑桌线盖塑件制品的模具分型初始设置，即从初始化项目、设置坐标系、设置收缩率、定义毛坯工件至模具型腔布局(一模两腔)，如图 1-3 所示。

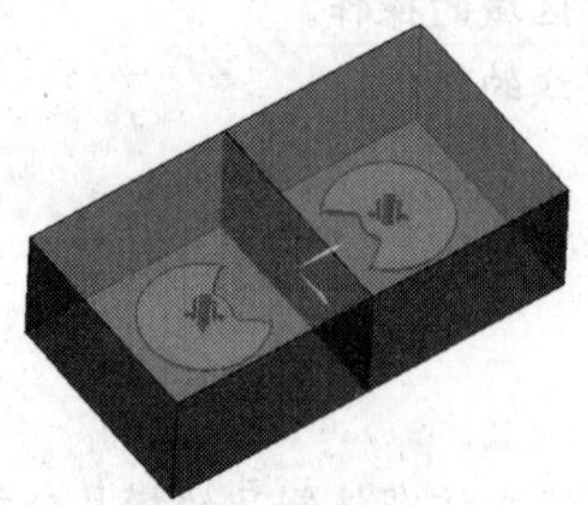

图 1-3　电脑桌线盖模具分型初始设置

1.1.2　任务目标

(1) 熟悉注塑模设计向导 Mold Wizard 的相关知识。
(2) 完成初始化项目操作。
(3) 完成设置收缩率操作。
(4) 设置模具坐标系。
(5) 完成定义毛坯工件操作。
(6) 完成型腔布局操作。

1.1.3　任务分析

按照如图 1-4 所示的流程依次完成从初始化项目、定义模具坐标系、设置收缩率、定义毛坯至模具型腔布局的操作，这是 UG 注塑模具设计的第一个阶段。

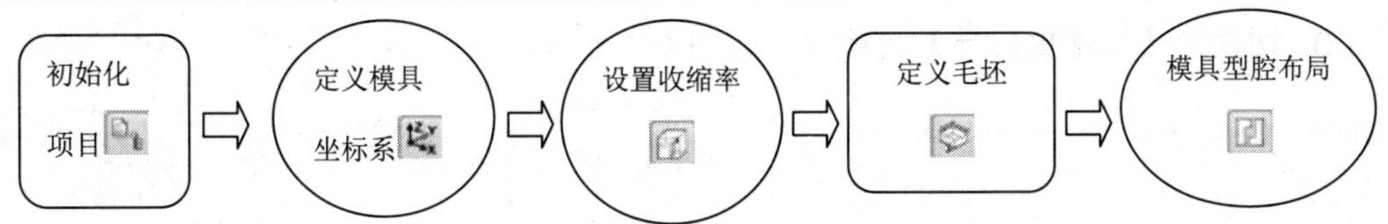

图 1-4　电脑桌线盖模具分型初始设置的流程

1.1.4　任务实施

1. 加载产品模型

打开模型文件“电脑桌线盖.prt”，如图 1-5 所示。

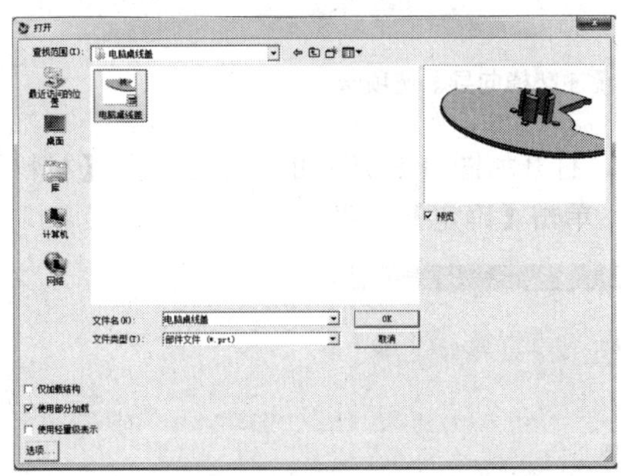

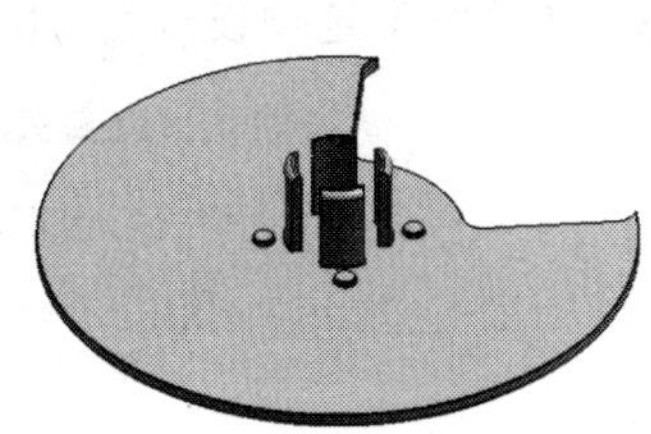

图 1-5　打开文件

注意：因初始化项目后会产生一系列模具装配体文件，所以需要把模型文件“电脑桌线盖.prt”放在一个文件夹内(如 D:\ 电脑桌线盖\)。

2. 初始化项目

(1) 执行【应用模块】|【注塑模】命令，如图 1-6 所示。

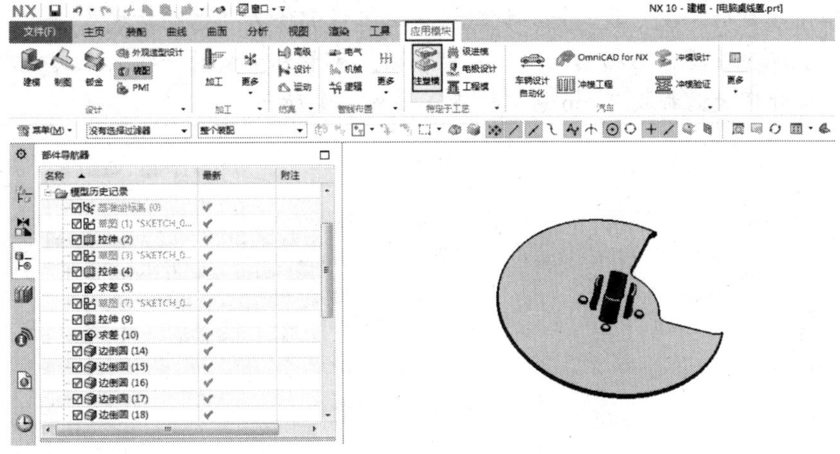

图 1-6　打开注塑模向导

(2) 切换至【注塑模向导】选项卡，如图 1-7 所示。

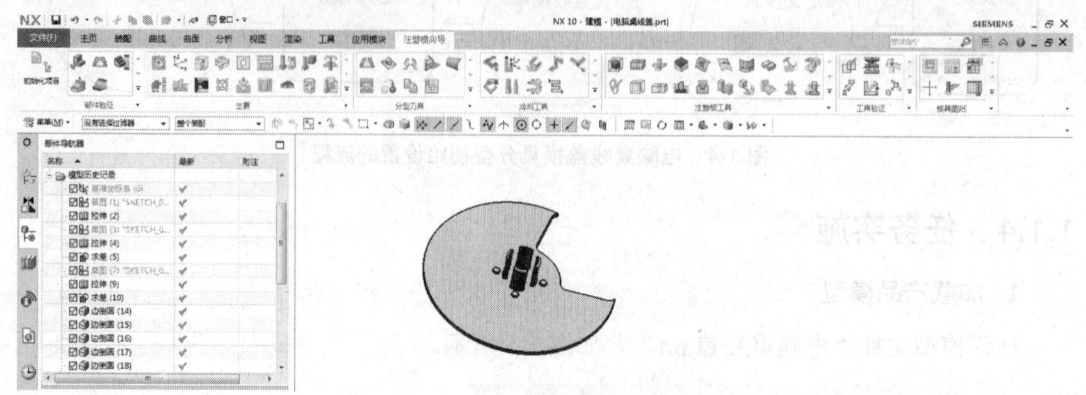

图 1-7 【注塑模向导】选项卡

(3) 单击【初始化项目】按钮，打开如图 1-8 所示的对话框，将【材料】选项设置为 ABS，【收缩】选项设置为 1.006，单击【确定】按钮。

图 1-8 【初始化项目】对话框

注意：初始化项目后，便可载入产品数据。这时工作部件为“电脑桌线盖_top_000.prt”，打开装配导航器，与初始化项目之前不同，可看到生成的一些装配文件，所有模具零件和处理数据都放在 top 总文件下，如图 1-9 所示。

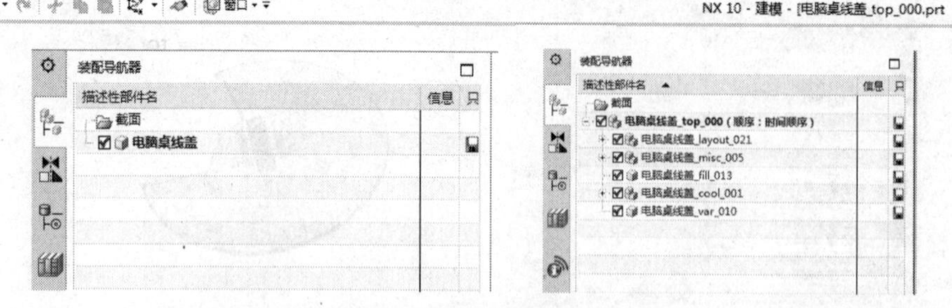

图 1-9 初始化项目前后装配导航器的变化

3. 定义模具坐标系

单击【模具 CSYS】按钮，将产品的坐标系与模具的坐标系重合在一起。比较保险的做法是在产品没有加载之前就调整好产品的坐标系至一个比较合理的角度，再加载进来，到了这里可以选择当前坐标系的方式，即坐标系方位不变，如图 1-10 所示。

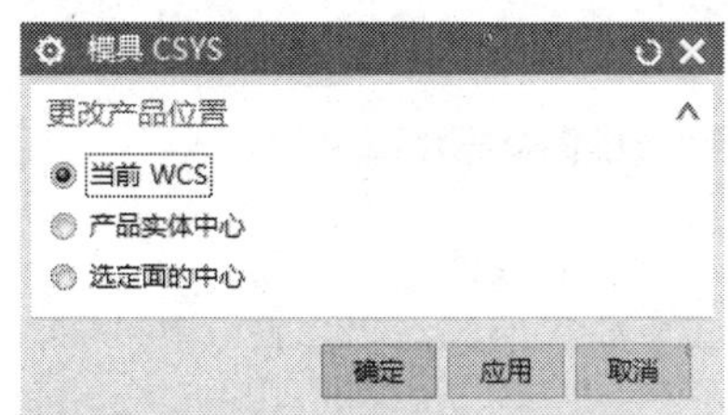

图 1-10　定义模具坐标系

> 注意：在定义模具坐标系时，当前部件切换至“电脑桌线盖_prod_003.prt”，如图 1-11 所示。

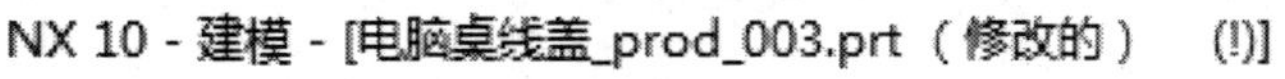

NX 10 - 建模 - [电脑桌线盖_prod_003.prt （修改的）　(!)]

图 1-11　当前部件

4. 设置收缩率

如果在【初始化项目】对话框中没有选择材料或设置收缩率，也可单击【收缩率】按钮，进行产品的缩放处理，如图 1-12 所示，如将【比例因子】设置为 1.007，此时需要特别小心收缩率的设置，最好和客户进行沟通，以确定产品的准确收缩率。

这里缩放的比例原点可以是坐标系原点，在很特殊的情况下(产品的筋板比较多的情况下)可以选择非均匀比例缩放。比例缩放完成之后，仍然可以方便地进行修改，其方法与添加的方法一致。

图 1-12　比例因子设为 1.007

> 注意：在设置收缩率时，当前部件需切换至“电脑桌线盖_shrink_004.prt”，如图 1-13 所示。

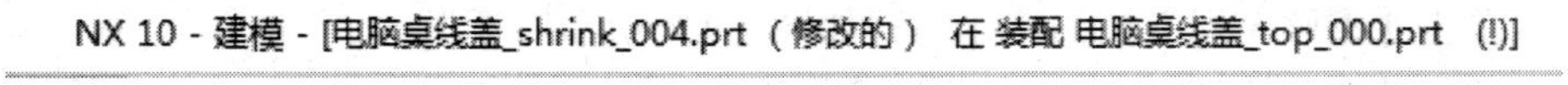

NX 10 - 建模 - [电脑桌线盖_shrink_004.prt （修改的） 在 装配 电脑桌线盖_top_000.prt　(!)]

图 1-13　当前部件

5. 定义工件

定义工件即为产品添加模坯。单击【工件】按钮，在展开的命令中可以为产品自由添加所需要的坯料大小和形状。此命令实质上就是将产品的最大外形线向外侧进行偏置，从而获得模坯。Z 方向偏置数值为−25 和 35，XY 方向偏置数值在双击后，可进行修改，

设为所需数值(这里选默认数值)，单击【确定】按钮。定义工件时，当前部件切换至“电脑桌线盖_workpiece_009.prt”，如图 1-14 所示。

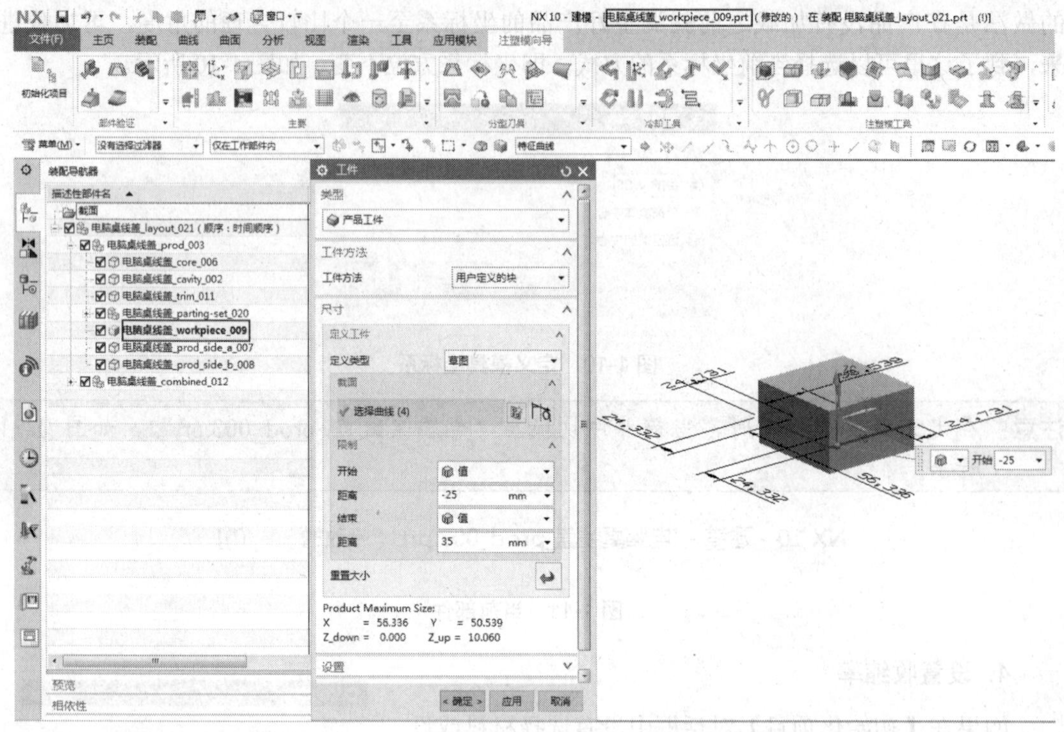
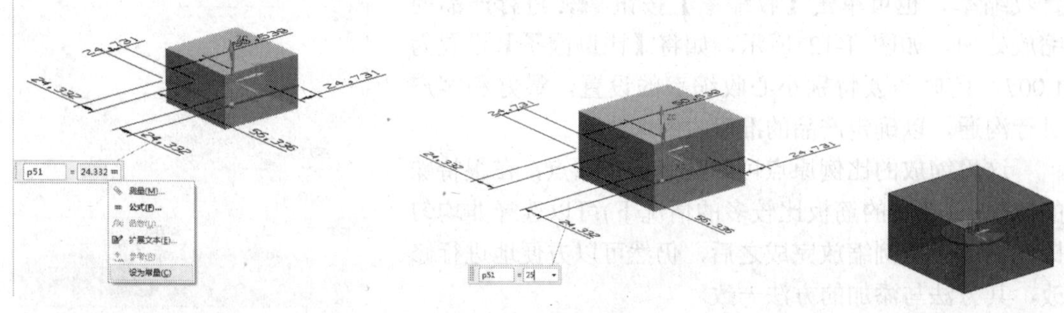

图 1-14　定义工件

6. 型腔布局

(1) 单击【型腔布局】按钮，打开如图 1-15 所示对话框。

(2) 选择【平衡】布局类型，设置【指定矢量】方向为“Y 轴正向”，设置【型腔数】为 2，【间隙距离】为 0，单击对话框中的【开始布局】按钮，完成型腔布局。再单击对话框中的【自动对准中心】按钮，使坐标系居中，关闭对话框，创建一模两腔结构，如图 1-16 所示。

至此，模具设计的第一阶段——分型初始设置完成。

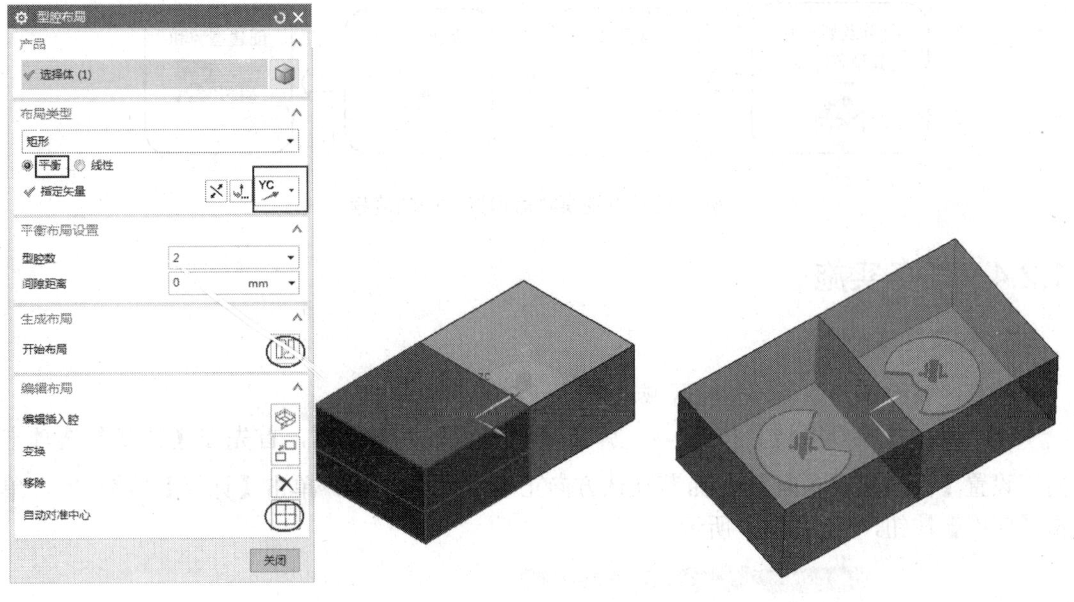

图 1-15　【型腔布局】对话框

图 1-16　创建一模两腔结构

1.2　任务 2——分型设计获得型腔、型芯

1.2.1　任务描述

完成电脑桌线盖塑件制品的模具分型，即计算及划分型腔、型芯区域，抽取区域及分型线，设计分型面，最后创建型腔、型芯，完成模具分型，如图 1-17 所示。

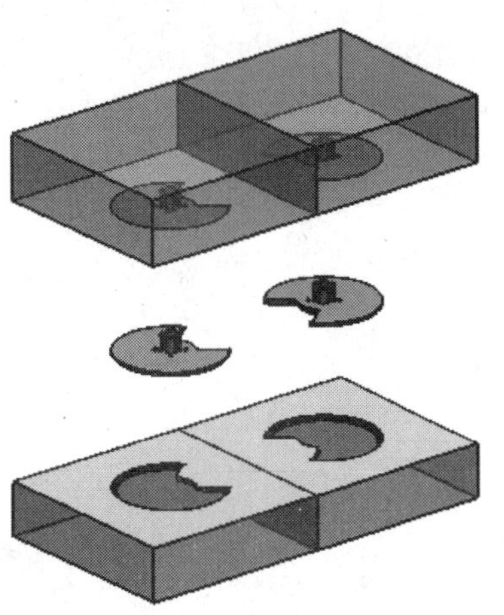

图 1-17　电脑桌线盖模具分型

1.2.2　任务目标

(1) 熟悉注塑模设计向导 Mold Wizard 的相关知识。
(2) 完成划分型腔、型芯区域的操作。
(3) 完成抽取区域及分型线的操作。
(4) 设计分型面。
(5) 完成创建型腔、型芯操作。

1.2.3　任务分析

按照如图 1-18 所示流程依次完成计算及划分型腔、型芯区域，抽取区域及分型线，设计分型面，创建型腔和型芯操作，这是 UG 注塑模具设计的第二个阶段。

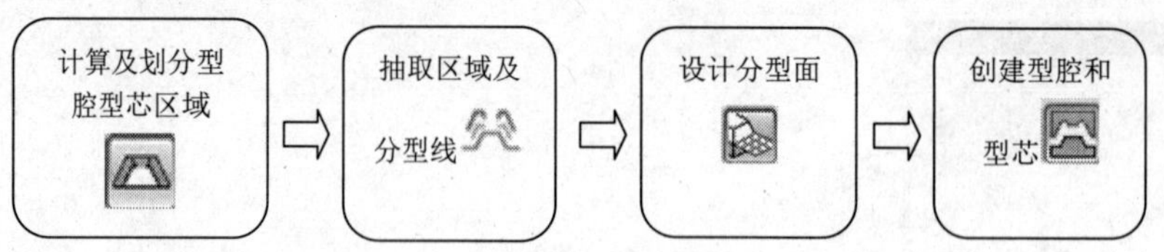

图 1-18　电脑桌线盖模具分型的流程

1.2.4　任务实施

1. 检查区域

检查区域即划分型芯、型腔区域。

(1)　单击【检查区域】按钮，弹出【检查区域】对话框，首先在【计算】选项卡内，设置【指定脱模方向】选项(若默认方向正确，可不指定)，单击【计算】按钮，单击【应用】按钮，如图 1-19 所示。

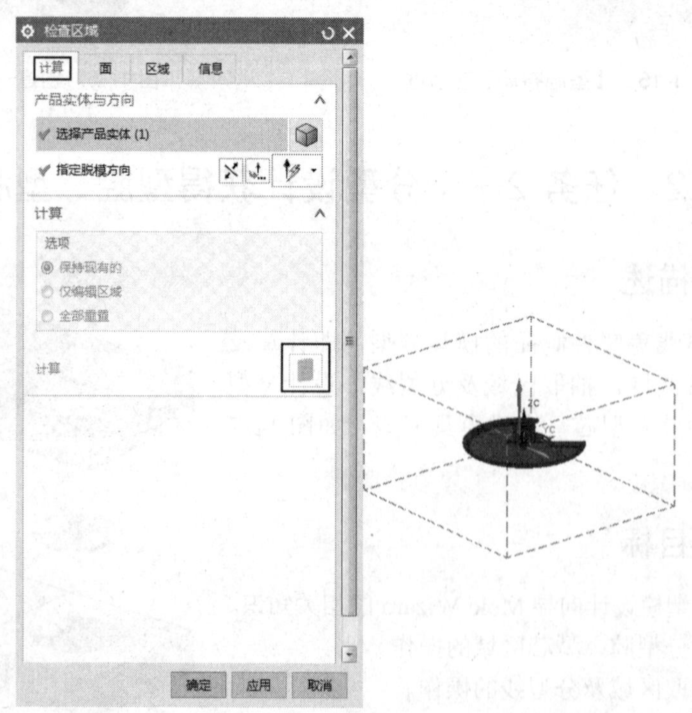

图 1-19　【计算】选项卡

(2)　切换至【区域】选项卡，单击【设置区域颜色】按钮，使用系统自带的自动辨析功能定义产品的型腔、型芯区域分别为 113 和 26 个面，这时显示【未定义区域】为 8 个面，选中这 8 个面(均为交叉竖直面，可勾选此项)，在【指派到区域】组中选中【型芯区域】单选按钮，单击【应用】按钮，使这 8 个交叉竖直面归为型芯区域，这时显示【未定义区域】为 0 个面，但是有 2 个型腔面需要划归为型芯区域，完成划分型腔、型芯区域面分别为 111 和 36，如图 1-20 所示。单击【确定】或【取消】按钮，关闭对话框。

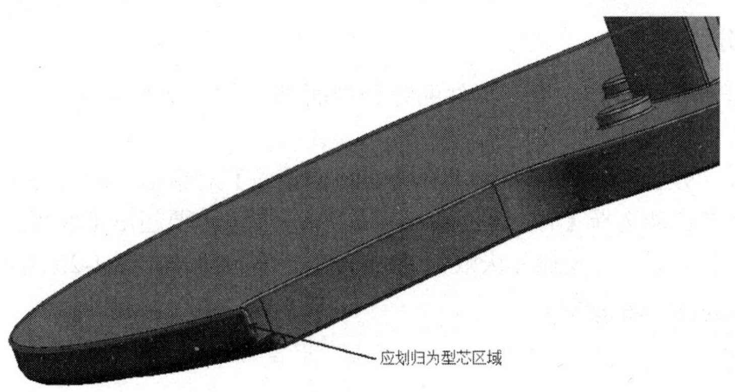

图 1-20　完成划分型腔、型芯区域

这个步骤是分型很重要的一环，要保证划分好的型芯、型腔区域完全符合要求，即所有面或归为型芯区域，或归为型腔区域，且型芯、型腔区域以合适的分界线(即分模线或分型线)上下分开，分型面则要经过最大轮廓处；不可以有未定义的面，即未定义区域为 0 个面。

2. 定义区域

定义区域即抽取分开型芯、型腔区域的分型线和内分型面(即分型线内的分型面)。

(1) 单击【定义区域】按钮，打开【定义区域】对话框，在【定义区域】组中选择【所有面】选项，在【设置】组中勾选【创建区域】和【创建分型线】复选框，单击【确定】按钮，如图 1-21 所示，完成创建区域(即内分型面)和创建分型线的操作。

(2) 这时，若单击【分型导航器】按钮，打开【分型

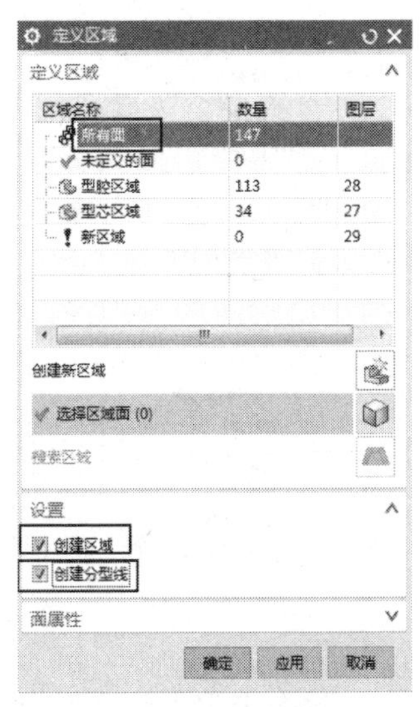

图 1-21　定义区域

导航器】对话框，取消【产品实体】复选框的勾选，便会清楚地看到分型线，如图 1-22 所示。

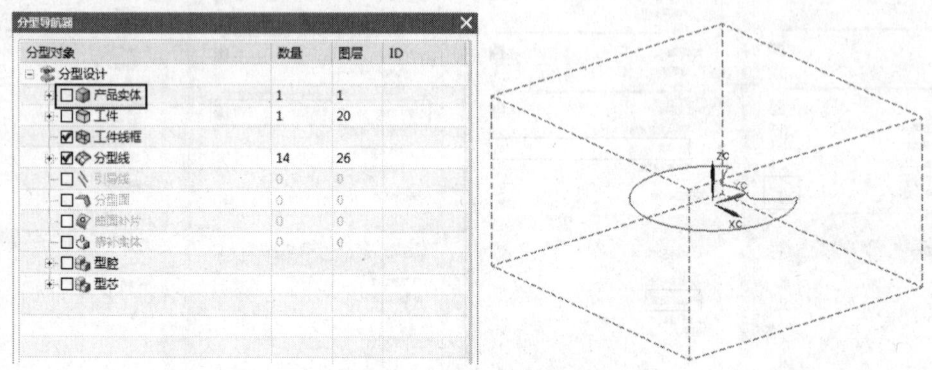

图 1-22　分型导航器及分型线

3. 设计分型面

设计分型面即设计分开毛坯工件的外分型面(即分型线外的分型面)，这样内、外分型面作为一个整体，可以把工件完全分开。

单击【设计分型面】按钮，打开【设计分型面】对话框，因为抽取的分型线为平面曲线，所以系统自动选择【有界平面】选项作为外分型面(要超出工件虚框，否则不能把工件完全分开，使后续的分型操作失败)，单击【确定】按钮，如图 1-23 所示。

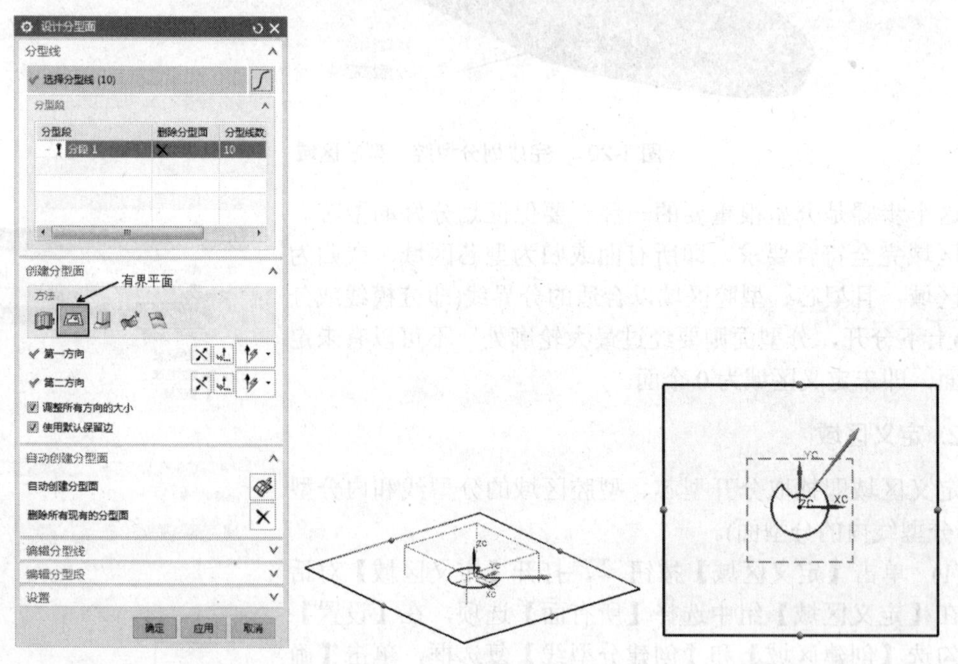

图 1-23　设计分型面

这个步骤也是分型的重要一环，不但要设计出分型面，而且还要设计出易于加工的分型面，比如尽量设计为平面的分型面。

4. 定义型腔和型芯

定义型腔和型芯即用内、外分型面作为一个整体，把工件完全分开成为型腔和型芯两部分。

单击【定义型腔和型芯】按钮，打开【定义型腔和型芯】对话框，在【选择片体】组中选择【所有区域】选项，单击【确定】按钮，弹出两个【查看分型结果】对话框，再分别单击【确定】按钮，得到型腔、型芯，如图 1-24 所示。

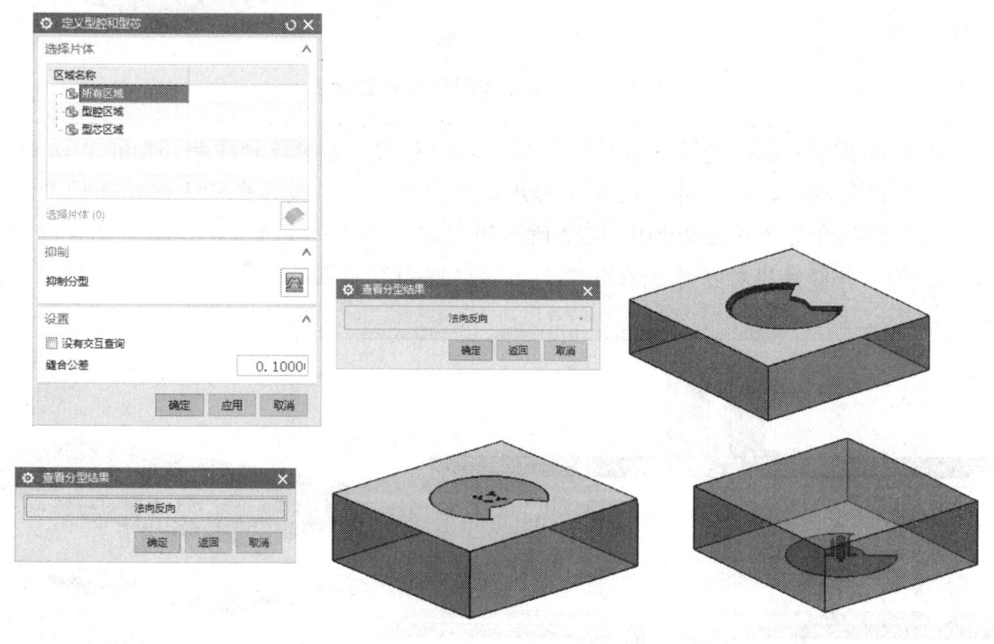

图 1-24　定义型腔和型芯

注意： 上述过程 1～3，工作部件由“电脑桌线盖_top_000.prt”切换至“电脑桌线盖_parting_022.prt”，至过程 4 生成型腔、型芯时，工作部件分别切换至“电脑桌线盖_cavity_002.prt”和“电脑桌线盖_core_006.prt”，如图 1-25 所示。

NX 10 - 建模 - [电脑桌线盖_parting_022.prt（修改的）　(!)]

NX 10 - 建模 - [电脑桌线盖_core_006.prt（修改的）]

NX 10 - 建模 - [电脑桌线盖_cavity_002.prt（修改的）]

图 1-25　切换至不同工作部件

至此，模具设计的第二阶段——分型设计获得型腔和型芯完成。

5. 通过爆炸图查看分型结果

在装配导航器中通过【显示父项】命令切换(也可在窗口切换)至“电脑桌线盖_top_000.prt”文件，并右击，执行【设为工作部件】命令，通过爆炸图可查看分型结果，如图 1-26 所示。

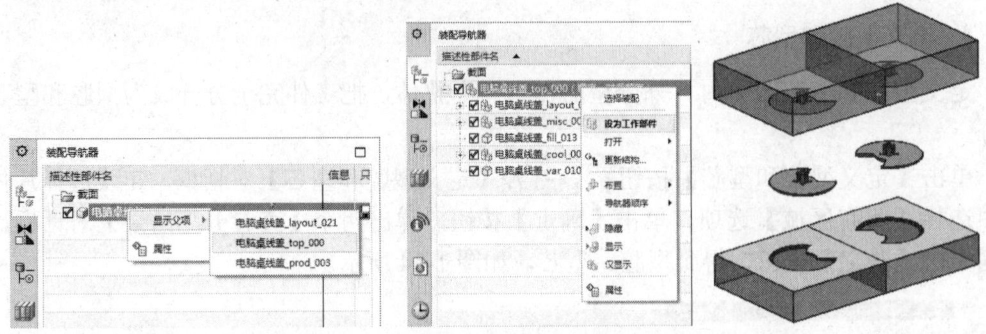

图 1-26　通过爆炸图查看分型结果

提示：本项目着重完成的是最基本的软件操作，即利用注塑模设计向导 Mold Wizard 进行最基础的模具分型设计，没有考虑开模方向的选择、模具坐标系修改等问题。本例更合理的分型方式应为如图 1-27 所示的型腔、型芯互换位置，这就需要反转坐标系 Z 轴，并修改坐标系原点在分型面上，这些内容将在后续的相关知识和拓展训练中涉及。

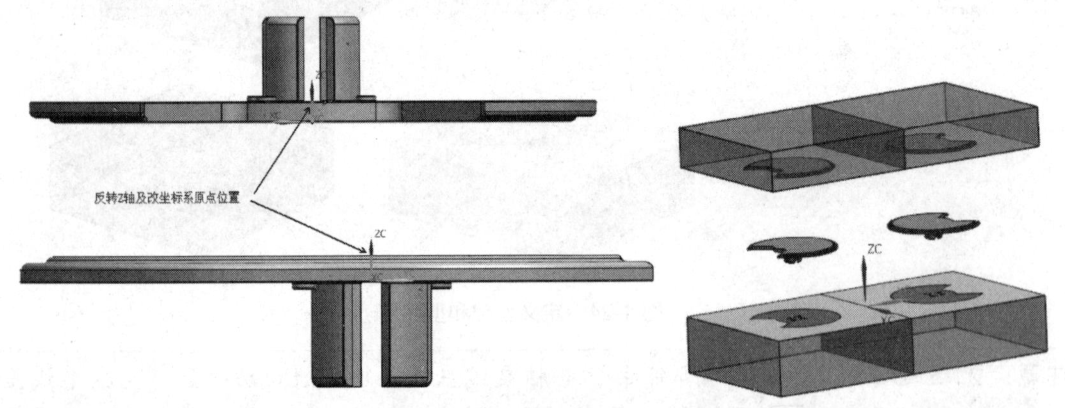

图 1-27　改变模具坐标系及其分型结果

1.3　相 关 知 识

1.3.1　注塑模设计向导(Mold Wizard)简介

注塑模设计向导 Mold Wizard 可优化注塑模设计过程，提供基于最佳实践的结构化工作流程，使注塑模专用的设计任务实现自动化，并且还提供了标准注塑模部件库。Mold Wizard 为用户提供了一个分步操作过程，促进工作流程的高效率应用，同时将设计技术的复杂组件集成到自动化中，使生产力水平远远超过传统的 CAD 软件。

1. Mold Wizard 的模具 CAD 和模具 CAE 两大功能

(1) 模具 CAD 功能。

运用 CAD 技术，Mold Wizard 能够帮助广大模具设计人员利用注塑制品的零件图迅速设计出该制品的全套模具图，从而将模具设计师从烦琐、冗长的手工制图和人工计算中解放出来，能够将精力集中于方案构思、结构优化等创造性的工作上。

利用 Mold Wizard 软件，用户可以选择软件提供的标准模架，也可以灵活方便地创建适合自己的标准模架库。然后，在选好模架的基础上，从系统提供的整体式、嵌入式、镶拼式等多种形式的动模、定模结构中，依据自身需要灵活地选择并设计动模、定模部件装配图，并采用参数化方式设计浇口套、拉料杆、斜滑块等通用件，接着设计推出机构和冷却系统，进而完成模具的总装图设计。最后，利用 Mold Wizard 系统提供的编辑功能，非常方便地完成各个零件图的尺寸标注及明细表。

(2) 模具 CAE 功能。

CAE 技术借助有限元法、有限差分法和边界元法等数值计算方法，分析型腔中塑料的流动、保压和冷却过程，计算制品和模具的应力分布，并由此分析制品的工艺条件和材料参数以及模具结构对制品质量的影响，以达到优化制品和模具结构、优先成型工艺参数的目的。

模具设计与产品模型紧密相关，因此对产品进行的设计和验证将会迅速传递到模具设计部门。Mold Wizard 提供壁厚检查、体积和二维投影面计算、底切检测、拔模角和分型线分析等多项设计验证功能。

此外，Mold Wizard 提供模具设计所需的所有工具，包括零件设计、装配设计、数据转换、设计验证、标准零件库和用户定义特征等。这种模块能够自动完成分型和型芯/型腔分离操作，即自动实现搜索分型线、补孔、创建分型面、分离型芯/型腔等操作。这样，即使经过较大改动之后，分开的几何图形也仍然与产品模型之间保持关联。

2. 命令图标介绍

启动 UG NX 后，执行【应用模块】|【注塑模】命令，打开【注塑模向导】选项卡，此时若右击并执行【取消停靠选项卡】命令，则显示为浮动的【注塑模向导】工具栏，如图 1-28 所示。

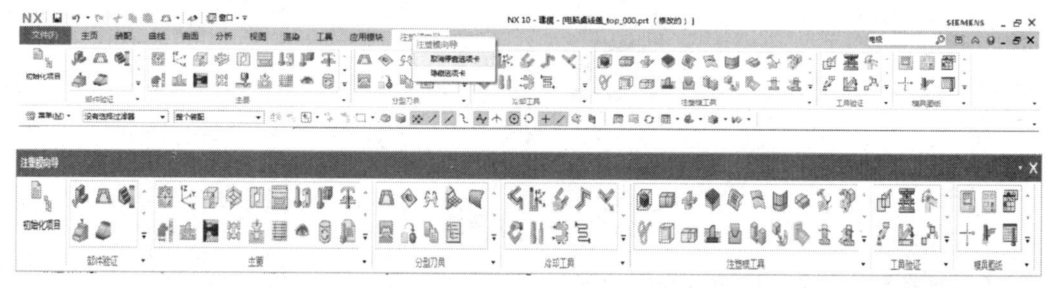

图 1-28　【注塑模向导】选项卡及工具栏

选项卡或工具栏中包括如图 1-29 所示的初始化项目、主要库、分型刀具库、冷却工具库、注塑模工具库、工具验证库、模具图纸库等，各功能简述如下。

(1) 初始化项目：装载所有用于模具设计的产品三维实体模型，建立模具零部件存放配套文件。若要在一副模具中放置多个产品，则需要多次单击该按钮。

(2) 部件验证库：包括模具设计验证、检查区域、检查壁厚等命令按钮，如图 1-30

所示。

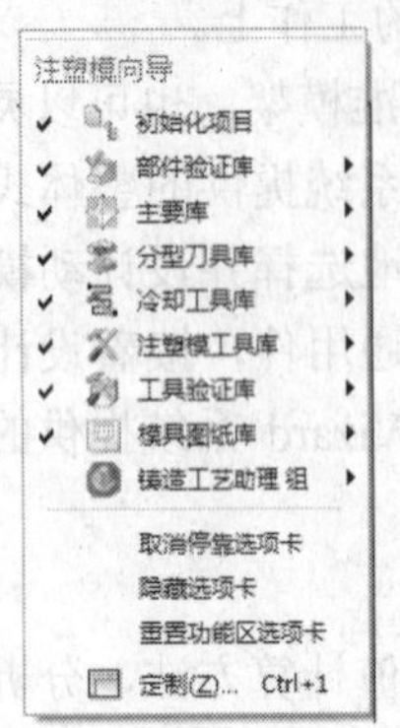

图 1-29 【注塑模向导】库

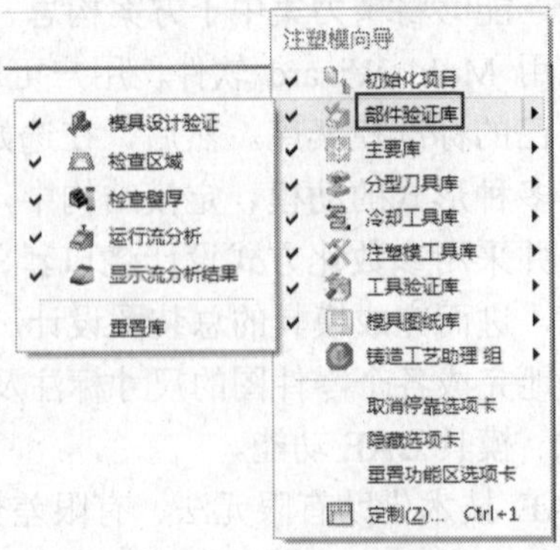

图 1-30 部件验证库

(3) 主要库：包括多腔模设计、模具 CSYS、型腔布局、模架库、标准件库、浇口库、流道、腔体、物料清单等命令按钮，如图 1-31 所示。

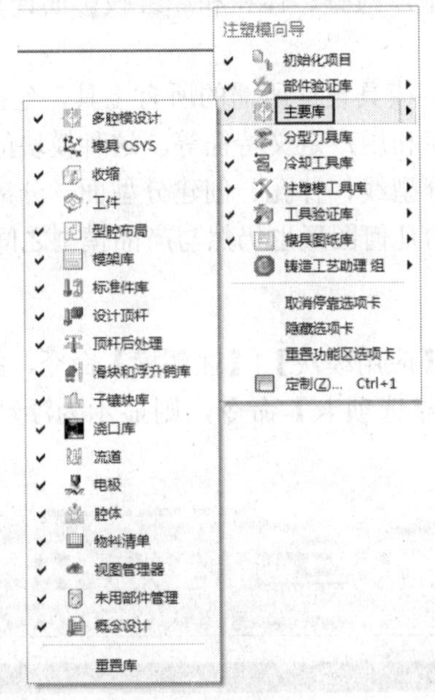

图 1-31 主要库

【主要库】各命令按钮简单介绍如下。

多腔模设计：使用该命令按钮可以选择不同形状产品多腔模布局的模型，只有被选作当前产品才能对其进行模坯设计和分模等操作；需要删除已装载产品时，也可单击该按钮进入产品删除界面。

模具 CSYS(坐标系统)：设计模具坐标系统，确定产品模型在模具中的摆放位置。坐标系统的 XC-YC 平面定义在模具动模和定模的接触面上，模具坐标系统的 ZC 轴正方向指向塑料熔体注入模具主流道的方向上。模具坐标系统设计是模具设计中相当重要的一步，模具坐标系统与产品模型的相对位置决定了产品模型在模具中的放置位置和模具结构，是模具设计成败的关键。

收缩：设定产品收缩率以补偿金属模具模腔与塑料熔体的热胀冷缩差异，按设定的收缩率对产品三维实体模型进行放大并生成名为缩放体(Shrink Part)的三维实体模型，后续的分型线选择、补破孔、提取区域、分型面设计等分模操作均以此模型为基础进行操作。

工件(又称作模具模坯)：设计模具模坯，UG NX 注塑模向导自动识别产品外形尺寸并预定义模坯的外形尺寸，其默认值在模具坐标系统六个方向上比产品外形尺寸大 25mm。

型腔布局：设计模具型腔在 XC-YC 平面中的分布。系统提供了矩形排列和圆形排列两种模具型腔排布方式。

模架库：调用 UG NX 注塑模向导提供的电子表格驱动标准模架库，也可在此定制非标准模架。

标准件库：调用 UG NX 注塑模向导提供的定位环、主流道衬套、导柱导套、顶杆、复位杆等模具标准件。

设计顶杆：添加和编辑顶杆。

顶杆后处理：利用分型面和分模体提取区域对模具推杆进行修剪，使模具推杆的长度尺寸和头部形状均符合要求。

滑块和浮升销库：调用 UG NX 注塑模向导提供的滑块体、内抽芯三维实体模型。

子镶块库：对模具子镶块进行设计。子镶块的设计是对模具型腔、型芯的进一步细化设计。

浇口库：对模具浇口的大小、位置、浇口形式进行设计。

流道：对模具流道的大小、位置、排布形式进行设计。

电极：对模具型腔或型芯上形状复杂、难以加工的区域设计加工电极。UG NX 注塑模向导提供了两种电极设计方式：标准件方式和包裹体方式。

腔体：对模具三维实体零件进行建腔操作。建腔即是利用模具标准件、镶块外形对目标零件型腔、型芯、模板进行挖孔、打洞，为模具标准件、镶块的安装制造空间。

物料清单：对模具零部件进行统计汇总，生成模具零部件汇总的物料清单 BOM 表。

视图管理器：打开【视图管理器浏览器】窗口，显示所设计模具的电极、冷却系统和固定构件的显示状态和属性，便于模具的设计。

未用部件管理：从项目目录的回收站目录中删除或恢复部件文件。

概念设计：按照已定义的信息配置并安装模架和标准件。

(4) 分型刀具库：各命令按钮如图 1-32 所示，可以完成检查区域、自动补孔、自动搜索分型线、创建分型面、自动生成模具型芯和型腔等操作，方便、快捷、准确地完成模具分模工作。

(5) 冷却工具库：对模具冷却水道的大小、位置、排布形式进行设计，同时可按设计师的设计意图在此选用模具冷却水系统中的密封圈、堵头等模具标准件，各命令按钮如图 1-33 所示。

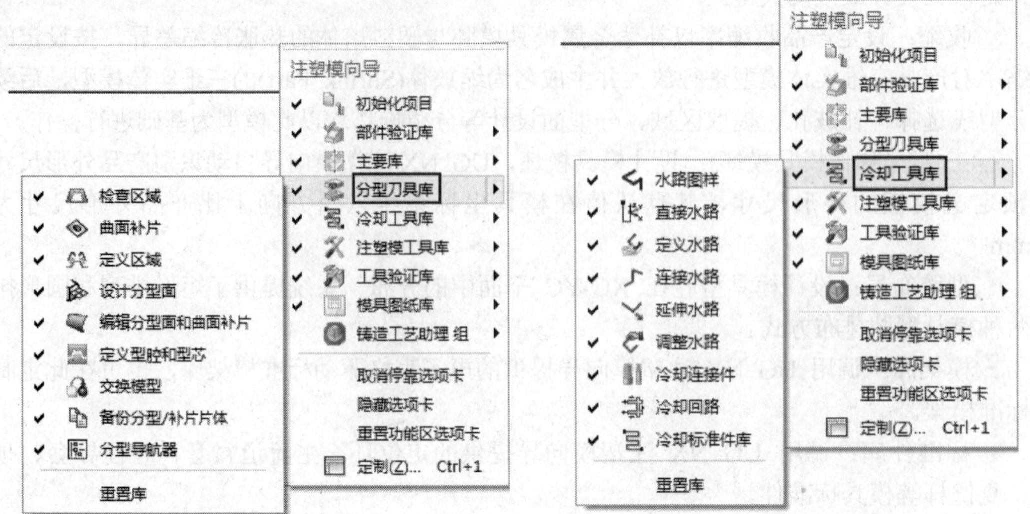

图 1-32　分型刀具库　　　　图 1-33　冷却工具库

(6) 注塑模工具库：使用 UG NX 注塑模向导提供的实体工具和片体工具，可以快速、准确地对分模体进行实体修补、片体修补、实体分割等操作，各命令按钮如图 1-34 所示。

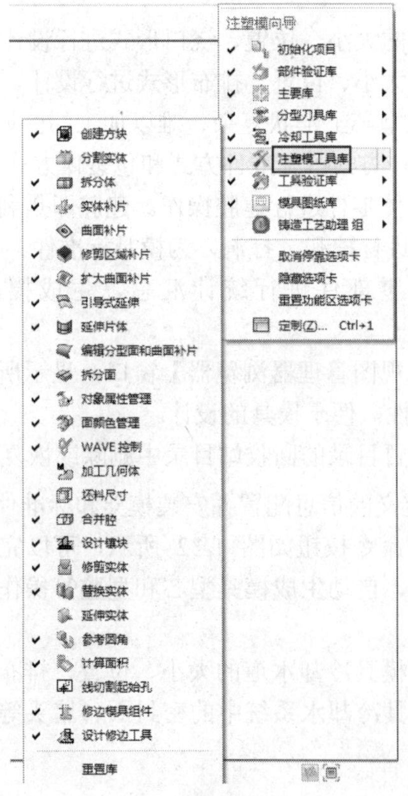

图 1-34　注塑模工具库

【注塑模工具库】中更多的功能和用途将在后续项目中进行介绍，常用命令按钮简单介绍如下。

拆分面：将一个面拆分成两个或多个面。

合并腔：通过合并现有镶件块创建组合的型腔、型芯和工件。

修边模具组件：利用模具零件三维实体模型或分型面、提取区域对模具进行修剪，使模具标准件的长度尺寸和形状均符合要求。

(7) 工具验证库：可以进行静态干涉检查、运动预处理等验证操作，各命令按钮如图 1-35 所示。

(8) 模具图纸库：可以进行模具零部件二维平面出图操作。与一般零件的工程图类似，也可添加不同的视图和截面图等，各命令按钮如图 1-36 所示。

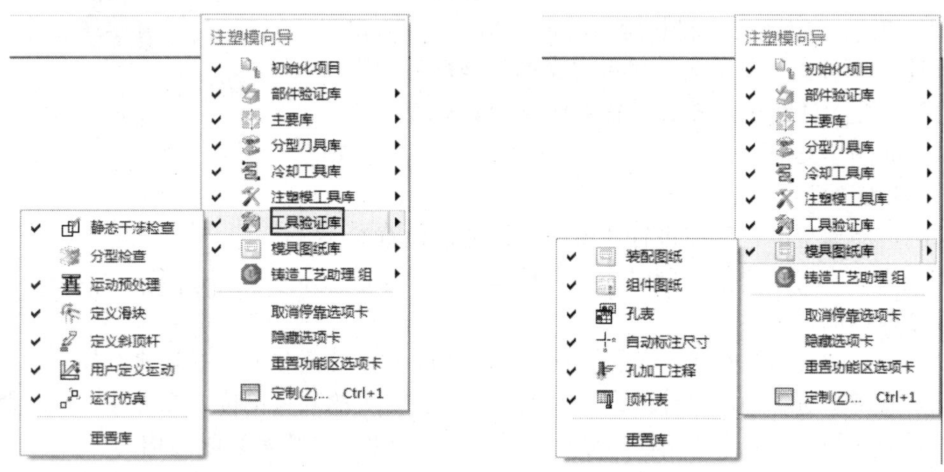

图 1-35　工具验证库　　　　图 1-36　模具图纸库

(9) 铸造工艺助理组：可根据实际的产品零件选择不同的分型面方式，并根据系统提示逐步进行模具设计，各命令按钮如图 1-37 所示。

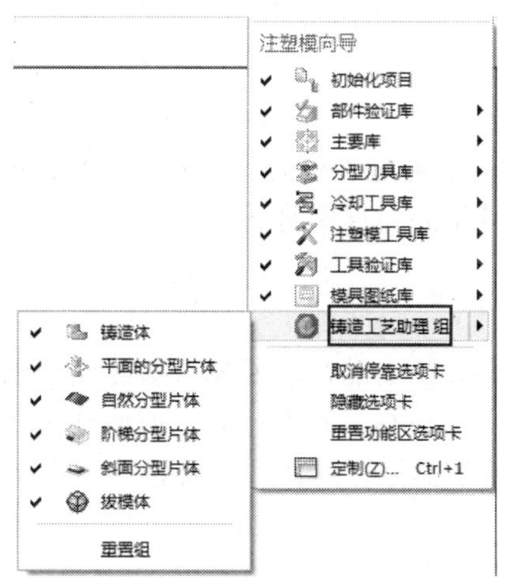

图 1-37　铸造工艺助理组

3. UG 注塑模具的设计流程

UG 注塑模具的设计过程遵循模具设计的一般规律。

在 UG NX 的注塑模设计模块中，通常在产品加载和初始化后，创建分型、模架、推杆、滑块和抽芯等机构，然后创建冷却和浇注系统设置，完成整个模具的设计。【注塑模向导】选项卡包括注塑模设计 3 个阶段的操作工具。第一个阶段为初始设置阶段，使用的工具由初始化项目、收缩率等工具组成；第二个阶段为分型设计阶段，使用的工具包括模具工具和分型工具；第三个阶段为辅助系统设计阶段，使用的工具包括模架、标准件等工具。

1) 初始设置(第一个阶段)

首先将参照模型调入注塑模环境中，进行初始化项目设置，包括指定路径和材料等，此时，Mold Wizard 将自动建立项目的装配结构。然后定义模具坐标系和收缩率，随后定义工件并根据设计需要定义模具型腔的布局方式，如图 1-38 所示。

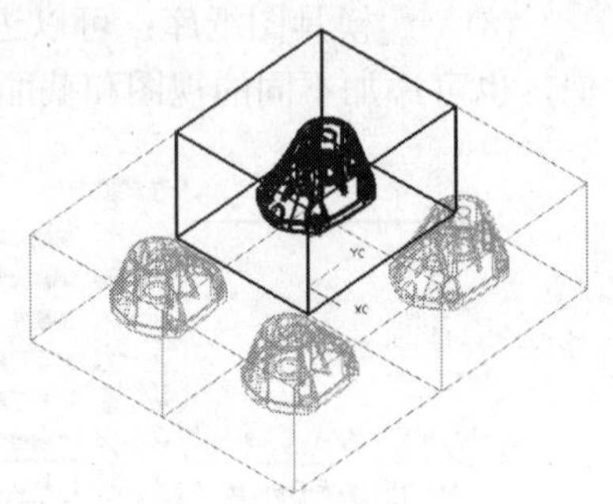
图 1-38 初始设置

具体步骤如下所述。

(1) 产品模型准备。在进行注塑模设计之前检查参照模型是否具有可注塑性，同时还需要检查参照模型的品质和结构特征。

(2) 产品加载和初始化。产品加载是使用 UG NX 注塑模向导模块进行模具设计的第一步，加载需要进行模具设计的产品模型，并设置有关的项目单位、文件路径，以及成型材料与收缩率等。加载后注塑模向导模块将会自动产生一个模具装配结构。

(3) 设置模具坐标系统。设置模具坐标系统是模具设计中重要的一步。模具坐标系与产品坐标系无须保持一致。

(4) 计算产品收缩率。塑料熔体在模具内冷却成型为产品后，由于塑料的热胀冷缩大于金属模具的热胀冷缩，所以成型后的产品尺寸会略小于模具型腔的相应尺寸，因此模具设计时模腔的尺寸要求略大于产品的相应尺寸，以补偿金属模具型腔与塑料熔体的热胀冷缩差异。

(5) 设定模具型腔和型芯毛坯尺寸。Mold Wizard 中称之为工件，为分型之前的型芯与型腔部分。UG NX 注塑模向导通过“分模”功能将工件分割成模具型腔和型芯。

(6) 模具型腔布局。模具型腔布局即是通常所说的“一模几腔”，是产品在模具型腔内的排布数量和方式。

2) 分型设计(第二个阶段)

通常情况下，在进行分型设计之前，需要先对参照模型机构存在的破孔进行修补，即使用【注塑模向导】选项卡中的模具工具进行分割或修补操作，然后创建分型线和抽取模具型腔、型芯区域，从而创建模具分型片体。接着获得型腔和型芯部件的效果，如图 1-39 所示。

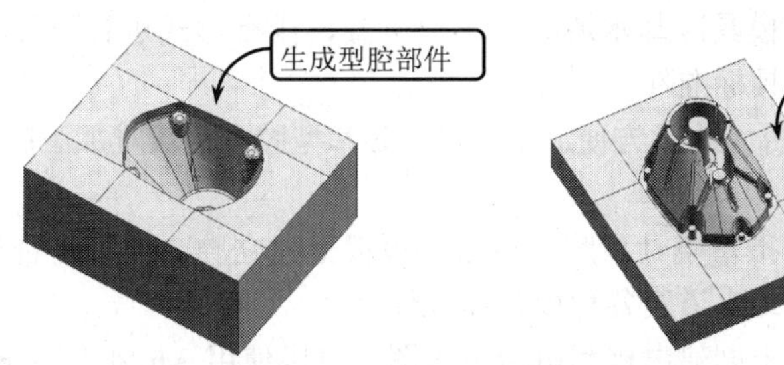

图 1-39　分型设计获得型腔和型芯部件

具体步骤如下所述。

(1) 划分型腔、型芯区域及修补分模实体模型破孔。塑料产品受功能或结构的限制，其产品上常有一些穿透的孔，即所称的“破孔”。为将模坯分割成完全分离的两部分——型腔和型芯，UG NX 注塑模向导模块需要使用一组厚度为零的片体将分模实体模型上的这些孔“封闭”起来，这些厚度为零的片体和分型面、分模实体模型表面可将模坯分割成型腔和型芯。UG NX 注塑模向导模块具有自动补孔功能。

(2) 建立模具区域和分型线。UG NX 注塑模向导模块可以将分模实体模型表面分割成型腔区域和型芯区域两种面，两种面相交产生的一组封闭曲线便是分型线。

(3) 建立模具分型面。分型面是一组由分型线向模坯四周按一定方式扫描、延伸、扩展而形成的连续封闭曲面。UG NX 注塑模向导模块提供了自动生成分型面功能。

(4) 建立模具型腔和型芯。分模实体模型破孔修补和分型面创建后，即可使用 UG NX 注塑模向导模块提供的建立模具型腔和型芯功能，将模坯分割成型腔和型芯。

3) 辅助系统设计(第三个阶段)

在进行必要的分型设计之后，为保证模具设计的完整性，需要根据设计要求创建模架部件，或者创建模具型腔和型芯的浇口和分流道，其先后顺序因人而异。

如果先创建模架，随后创建浇注系统中的定位环和浇口套的话，则需要先设计必要的推杆、滑块和浮升销部件，然后设计浇注和冷却系统，最后进行镶件、腔体和电极等的辅助设计，从而获得整个模具的设计效果，如图 1-40 所示。

图 1-40　模具辅助设计

具体步骤如下。

(1) 使用模架。模具型腔、型芯建立后，需要使用模架以固定模具型腔和型芯。

(2) 加入模具标准件。指模具定位环、主流道衬套、顶杆、复位杆等模具配件。

(3) 浇口和流道创建。为模具设计合理的形状、大小和位置的浇注系统。

(4) 冷却组件创建。对模具冷却水道的大小、位置、排布形式进行设计并选用模具冷却水系统密封圈、堵头等模具标准件。

(5) 设计型芯、型腔镶件。为了方便加工，将型芯和型腔上比较难加工的区域做成镶件形式。

(6) 模具建腔。建腔是指在模具型腔、型芯、模板上建立腔、孔等特征以安装模具型腔、型芯、镶块、流道、冷却水道及各种模具标准件等。

(7) 电极设计。主要用于创建电极和电极工程图，可以使用 Mold Wizard 提供的电极设计向导快速完成电极的设计。

(8) 物料清单和工程图纸。生成模具零部件汇总的物料清单和模具零部件二维平面图。

【注塑模向导】工具栏中按钮排列顺序与模具设计的流程基本一致，通常在进行模具设计时，这 3 个阶段的所有设计可按照如图 1-41 所示的流程进行。

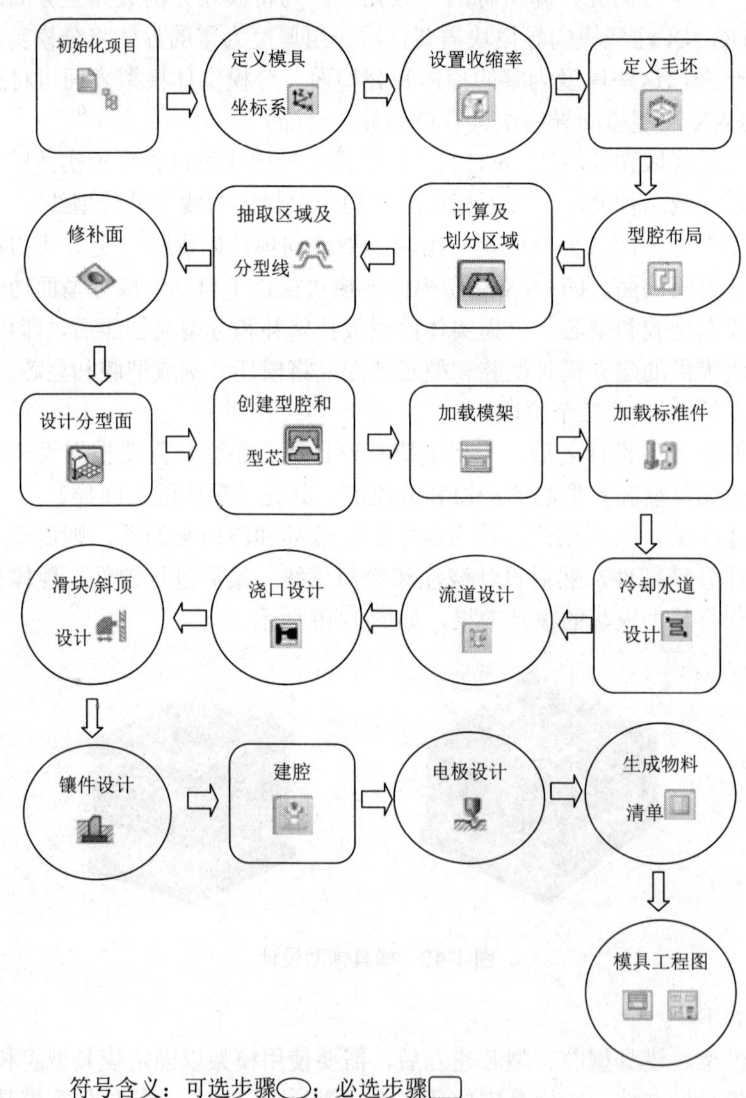

图 1-41　注塑模向导流程图

图 1-41 所示的设计流程基本是依次选择【注塑模向导】工具条上的图标，每个图标都能完成一项设计任务。

1.3.2　初始化项目(Project Initialize)

打开产品的三维实体模型后，单击【注塑模向导】选项卡中的【初始化项目】按钮，弹出如图 1-42 所示的【初始化项目】对话框。

图 1-42　【初始化项目】对话框

在【初始化项目】对话框中完成参数设置后，单击【确定】按钮，载入产品数据。此时打开装配导航器，可看到生成的装配文件，如图 1-43(a)所示，所有模具零件和处理数据都存在 top 总文件下，top 文件(最高根节点)又分为 var、cool、fill、misc、layout 五个分类文件(二级根节点)。

注意： cool、misc 和其他一些节点被分开放置：例如定模元素放入 side_a，动模元素放入 side_b。这样有利于两个设计师同时设计一个项目，如图 1-43(b)所示。

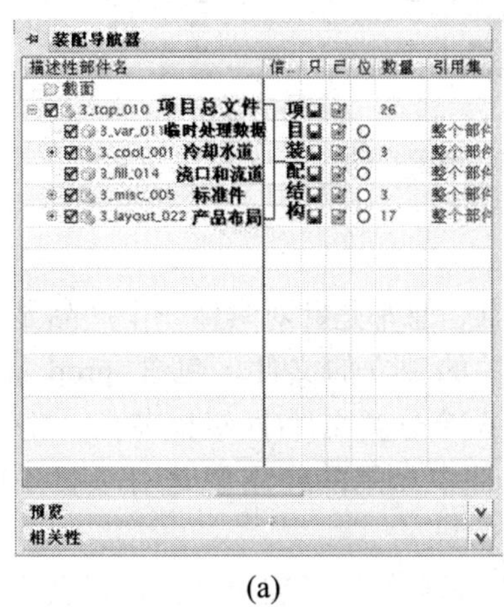

(a)

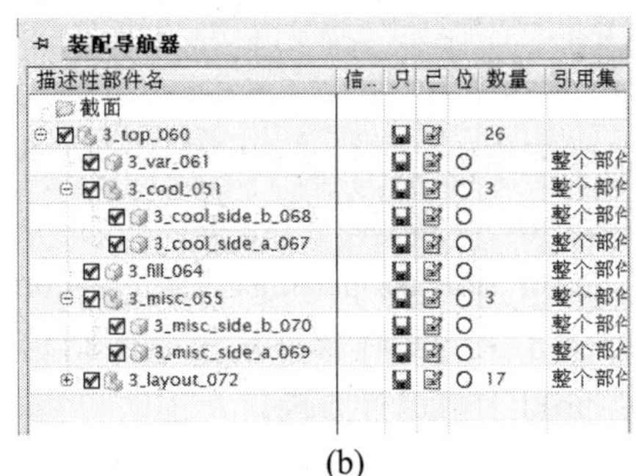

(b)

图 1-43　项目装配树

1. 项目装配结构

项目装配结构主要是在加载项目的时候，自动从模板中复制结构，其后缀代表着不同的放置文件，说明如下。

- top：装配结构树最高根节点，包含所有定义注射模具部件的模具装配。
- var：为二级根节点，用于临时存放模具处理数据，包含模架和标准件所引用的标注设置信息。
- cool：为二级根节点，用于专供放置模具中的冷却系统。
- fill：为二级根节点，用于放置浇口、流道的文件。
- misc：为二级根节点，用于放置通用标准件(无须进行个别细化设计)，如定位圈、锁紧块和支撑柱等。
- layout：为二级根节点，用于安排多个产品子装配节点 prod(三级根节点)的位置分布，包括成型镶件相对于模架的位置、多型腔或多件模分支。

如果是多模腔模具，layout 节点会有多个 prod 节点；如果是单模腔模具，layout 节点下只有一个 prod 节点。如图 1-44 所示，每个 prod 节点下，包含一个单个产品模型文件，即产品装配结构，可以使用“复制”“粘贴”等方法在 layout 节点下生成多个 prod 节点来制作多腔模具。

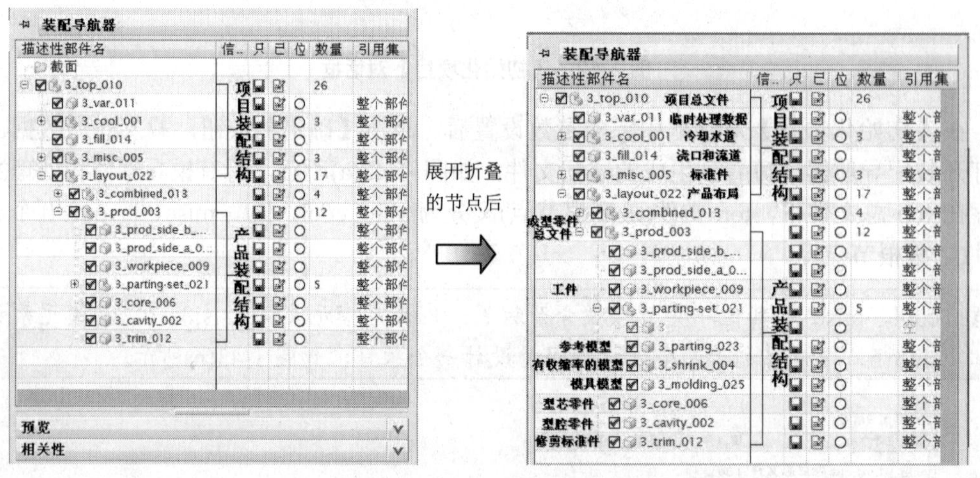

图 1-44　项目装配结构和产品装配结构

2. 产品装配结构

产品装配结构是项目装配结构下的一个子结构，其信息都是针对具体一个产品显示的。

- prod：三级根节点，是一个包含与产品有关的独立的文件，包含 prod_side_b、prod_side_a、parting、cavity、core 和 trim 6 个分类文件(四级根节点)。该节点包含了某一具体部件注塑装配结构，一模多件中布局的作用便是对项目中的多个 prod 节点进行布局。
- prod_side_a、prod_side_b：是模具 a 侧和 b 侧组件的子装配结构，以及一些与产品形状相关的特殊标准件，如推杆、滑块、内抽芯和顶块，这样可以允许两个设计师同时设计一个项目。

- work piece：工件，或称为成型镶件。
- 产品模型(product model)：产品模型加载到 prod 子装配并不改变其名称，只是其引用集的设置为空引用值(Empty Reference Set)，当下一次打开装配时，产品原模型将不会自动打开，除非执行了有关打开原模型的操作。另外，Mold Wizard 还设置了必要的加载选项。
- parting：保存了分型片体、修补片体和提取的型芯片体、型腔片体，这些片体用于将隐藏着的成型镶件(work piece)分割成型腔和型芯块。
- shrink：保存了原模型按比例放大的几何体链接。
- molding：保存了原始部件的复制模型，并被几何链接到原来的部件文件。其建模特征(如斜度、分割面和边倒圆等)被一同加载在该部件中的产品链接体上，使产品模型有利于制模。这些建模特征并不受收缩率的影响，当替换了一个新的产品版本，甚至替换其他 CAD 系统时，也能保持全相关。
- core：存放型芯零件。
- cavity：存放型腔零件。
- trim：包含了用于修剪标准件用的几何体。例如，在一案例中一推杆的端面必须与一产品的复杂表面形状一致，此时便需要使用 Mold Trim 功能，调用 trim 组件中的链接片体修剪该推杆。

1.3.3　模具坐标系(Mold CSYS)

从装配导航器可以看出，模具设计过程是一个自下向上的装配过程，每一个零部件的安装定位都需要一个装配绝对坐标系，称为模具装配坐标系，简称模具坐标系。模具坐标是将产品装配转移到模具中心，模具坐标系的原点必须落在模架分型面的中心，且+Z 轴指向模具注入口。模具坐标系的定义过程，是将产品子装配从工作坐标系统(WCS)移植到模具装配的绝对坐标系统(ACS)，并以该绝对坐标系统(ACS)作为 Mold Wizard 的模具坐标系(Mold CSYS)。事实上，一套模具有时会包含几个产品，所以也可以理解为将被激活的产品(active product)子装配移至适当的模具坐标位置。

注意：① 定义模具坐标系要求打开原产品模型，由于该模型在装配中是以空的引用集(Empty Reference Set)形式装配的，当再次打开装配时，并没有打开该模型。在这种情况下，需要在编辑模具坐标之前，手动打开产品原模型。

② 当在一个多件模中设置模具系统时，其显示部件(Display Part)和工作部件(Work Part)都必须是 Layout。

模具坐标系是一个特殊的产物，当某个产品作为多件模成员被加载到项目中时，其方位是任意的，此时模具坐标系会调整其方向，使之与模架相匹配。用户可以随意选择模具坐标系(Mold CSYS)图标来编辑模具坐标，编辑过程如下。

(1) 在设置模具坐标系之前，调整分模体坐标系统，使分模体坐标系统的轴平面定义在模具动模和定模的接触面上，分模体坐标系统的另一轴正方向指向塑料熔体注入模具的主流道方向。

例如，坐标系 Z 轴的正方向与产品模具开模方向不一致，因此需要对产品坐标系进行调整。单击【旋转 WCS】按钮，将 Z 轴旋转 90°，如图 1-45 所示。

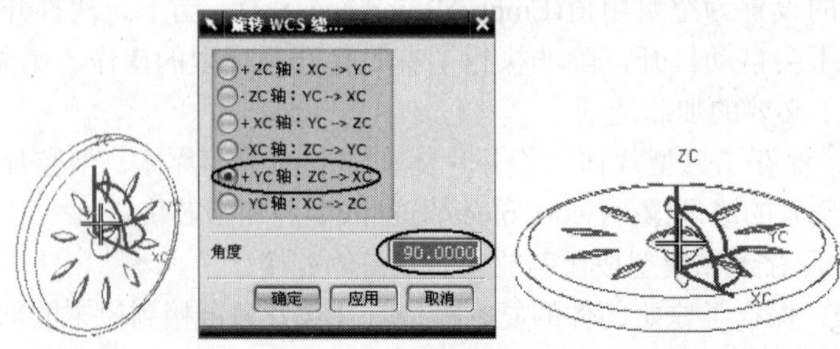

图 1-45　旋转坐标系

(2) 单击【模具 CSYS】按钮，系统弹出如图 1-46 所示的【模具 CSYS】对话框。

选中【当前 WCS】单选按钮时，模具坐标系统 Z 轴正向锁定分模体的 Z 轴正向，X 轴和 Y 轴分别与分模体的 X 轴和 Y 轴重合。实际操作时可根据实际情况选择不同的选项，当选中【产品体中心】单选按钮时，模具坐标系统原点将移至分模体中心处，X 轴和 Y 轴分别与分模体的 X 轴和 Y 轴方向一致；当选中【选定面的中心】单选按钮时，模具坐标系统原点将移至所选面的中心位置处，X 轴和 Y 轴分别与分模体的 X 轴和 Y 轴方向一致。

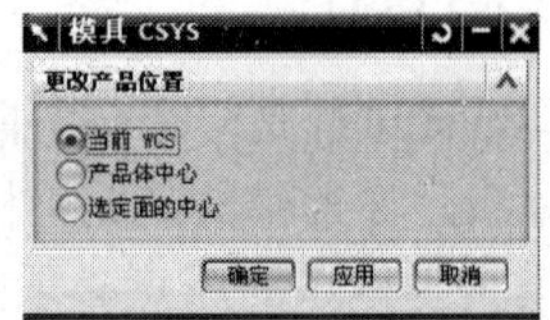

图 1-46　【模具 CSYS】对话框

1.3.4　收缩率(Shrinkage)

塑料具有热胀冷缩的特性，因而采用热加工方法制得的制件，冷却定型后，其尺寸一般小于相应部件的模具尺寸。所以在设计模具时，必须将塑件的收缩量补偿到模具的相应尺寸中去，这样才可以得到符合尺寸要求的塑件。

如果在项目初始化期间，通过选择材料，已经应用了收缩率功能，之后也可以通过设置产品材料或选择收缩率图标随时编辑收缩率。

若最初未选择材料，或选择了一个近似收缩率，之后便需使用收缩率图标设置收缩率的精确值。

单击【收缩率】按钮，系统弹出【缩放体】对话框，提供均匀、轴对称、常规 3 种设定产品收缩方式的工具，以更改产品收缩率，如图 1-47 所示。

第一种：均匀方式，该方式设定产品在坐标系 3 个方向上具有相同的收缩率。

第二种：轴对称方式，该方式可设定产品在坐标系指定方向上的收缩率与产品其他方向上的收缩率不同。

第三种：常规方式，该方式可设定产品在坐标系 3 个方向上的收缩率均不相同。

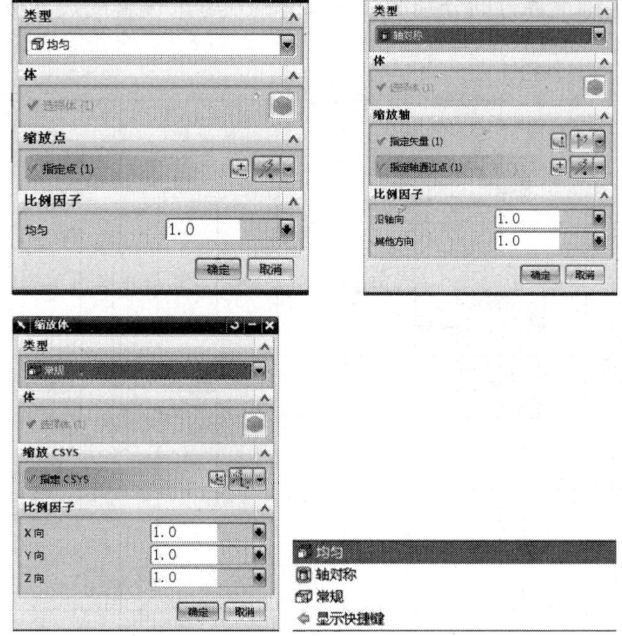

图 1-47　3 种设定产品收缩方式的对话框

不同缩放类型的效果如图 1-48 所示。

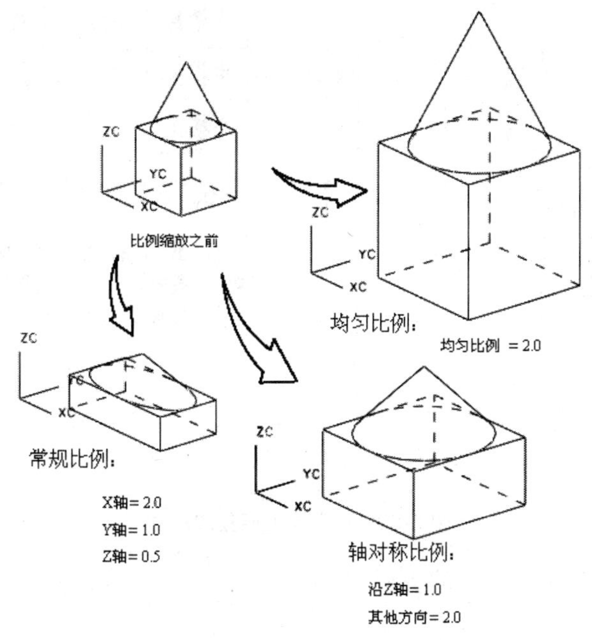

图 1-48　不同缩放类型的效果

1.3.5　工件(Work Piece)

注塑模向导中的工件是用来生成模具型腔和型芯的毛坯实体，所以毛坯的外形尺寸是在零件外形尺寸的基础上各方向分别增加一部分的尺寸。偏置的尺寸可以按照如图 1-49、图 1-50 所示进行。

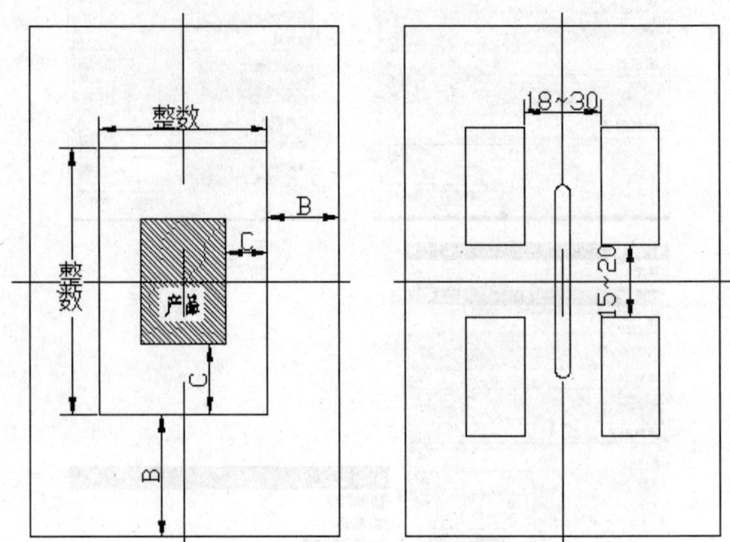

图 1-49　X—Y 方向上偏置的尺寸

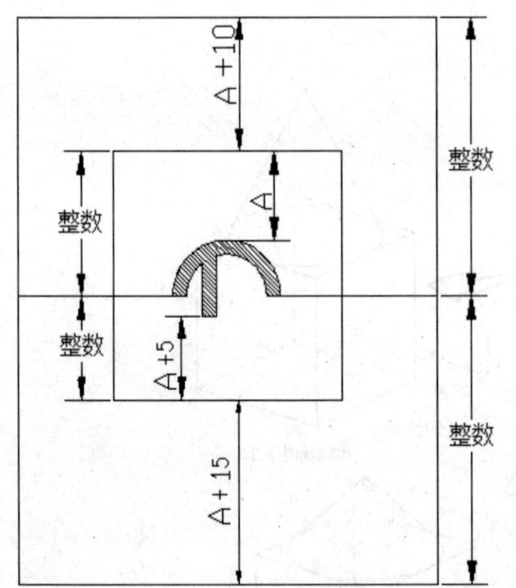

	A	B	C
大模具	30~50	80~120	35~50
中模具	25~40	60~80	25~35
小模具	20~30	40~60	20~25

深型腔时应加大B、C的数值

细水口模具，水口板和定模框之间应有适当的开距，一般情况下，开距＝料把长度＋20～25mm，且大于120mm以上，以确定拉杆的长度。

图 1-50　Z 方向上偏置的尺寸

系统提供以下两种定义工件的类型。

1．产品工件

通过草绘或其他方式，分别为每一个产品创建一个单独的实体来定义型腔和型芯两个镶块。

单击【工件】按钮，进入工件设计，弹出如图 1-51 所示的【工件】对话框，在产品工件类型中，系统提供了 4 种模坯设计方式。

(1) 用户定义的块：在【工件】对话框中，单击【工件方法】下拉按钮，选择【用户定义的块】选项，输入模坯在坐标系 Z 方向上大于产品外形的尺寸，单击【确定】按钮即设计出与型腔、型芯外形尺寸一样大小的标准长方体模坯，如图 1-52 所示。

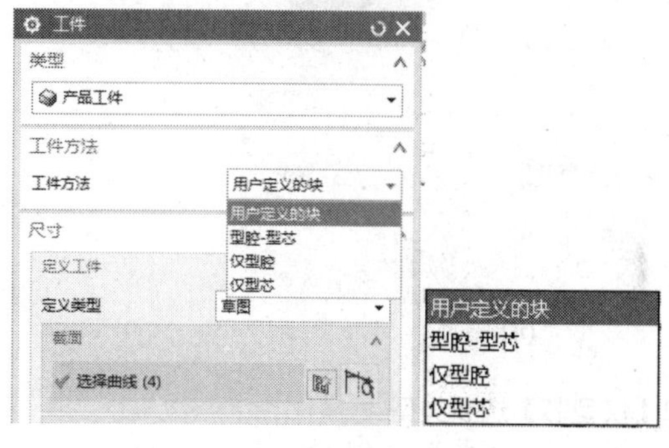

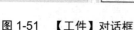

图 1-51　【工件】对话框

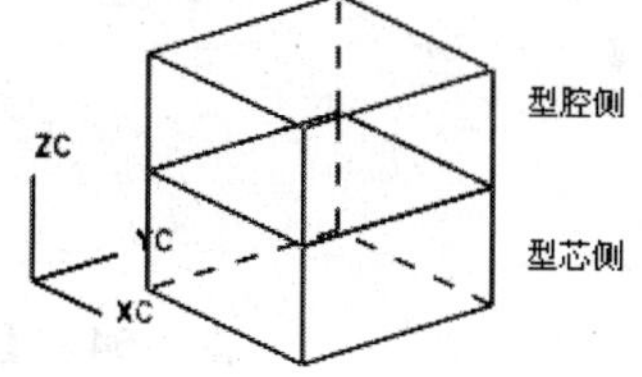

图 1-52　标准长方体模坯

(2) 型腔-型芯：在【工件】对话框中，单击【工件方法】下拉按钮，选择【型腔-型芯】选项，如图 1-53 所示，系统要求选择一个三维实体模型作为型腔和型芯的模坯，若系统中有适用的模型，可选取作为型腔和型芯的模坯，否则单击【工件库】按钮，设计适合的型腔、型芯的模坯。设计完成后选取设计三维实体模型作为型腔、型芯模坯。Mold Wizard 将使用 WAVE 方法来链接建造实体，供以后分型片体自动修剪用。

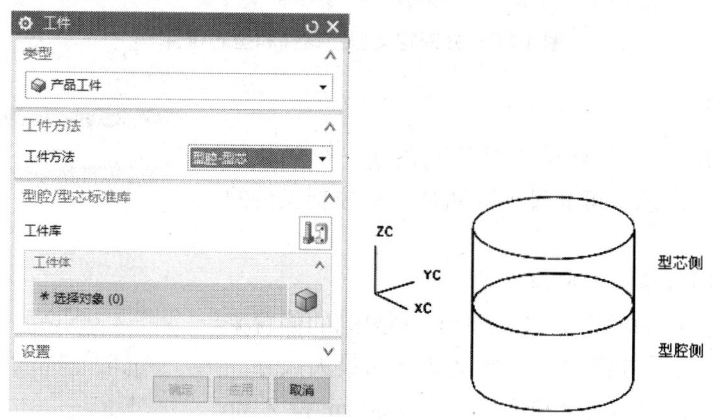

图 1-53　【型芯-型腔】选项类型

(3) 仅型腔：在【工件】对话框中，单击【工件方法】下拉按钮，选择【仅型腔】选项，如图 1-54(a)所示。系统要求选择一个三维实体模型作为型腔的模坯，若系统中有适用的模型，可选取作为型腔的模坯，否则单击【工件库】按钮，设计适合的型腔模坯。设计完成后选取设计三维实体模型作为型腔模坯。

(4) 仅型芯：在【工件】对话框中，单击【工件方法】下拉按钮，选择【仅型芯】选项，如图 1-54(b)所示。系统要求选择一个三维实体模型作为型芯模坯，若系统中有适用的模型，可选取作为型芯模坯，否则单击【工件库】按钮，设计适合的型芯模坯。设计完成后选取设计三维实体模型作为型芯模坯。

(a)

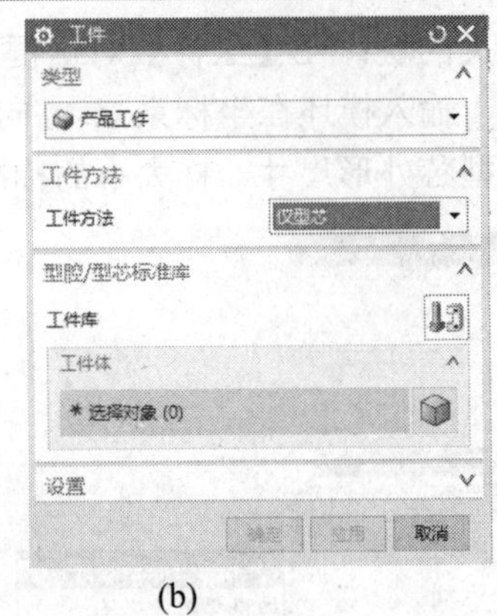

(b)

图 1-54 【仅型腔】和【仅型芯】选项类型

可以分别选择各自的形状作为成型镶件，如图 1-55 所示。

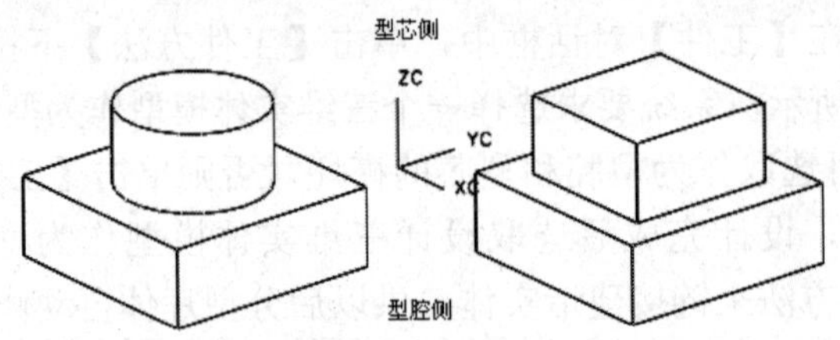

图 1-55 分别定义型腔镶件和型芯镶件

2. 组合工件

组合工件为组合在一起的产品共同创建一个单独的实体，如图 1-56 所示。可通过下列两种方式控制工件的尺寸和定位。

(1) 截面：通过草绘图形定义工件。

(2) 极限方式：通过产品最大外形线(极限)的偏置来确定工件。在使用该方式时，需要确认产品最大尺寸。X 和 Y 值是产品模型的整个长度尺寸，Z_down 和 Z_up 值是由坐标系开始测量的部件尺寸，产品最大尺寸(Product Maximum Dimensions)中的 Z_down 尺寸为模具型芯侧的最低点，Z_up 尺寸决定型腔侧的最高点。

图 1-56 组合工件

1.3.6 型腔布局(layout)

运用型腔布局功能可以添加、移除或重定位模具装配结构里的分型组件。在本过程中，布局组件下存在多个产品(prod)节点，每添加一个型腔，便会在布局节点下面添加一个产品子装配树的整列子节点。开始布局功能时，一个型腔会高亮，以作为初始化操作的型腔。可以通过单击鼠标左键选定或按 Shift 键+鼠标左键取消选定需要重定位的型腔。

单击【型腔布局】按钮，进入型腔布局设计，弹出如图 1-57 所示的【型腔布局】对话框，系统提供了矩形和圆形两种型腔布局方式，每种布局方式下面又分为平衡和线性两种类型布局形式。

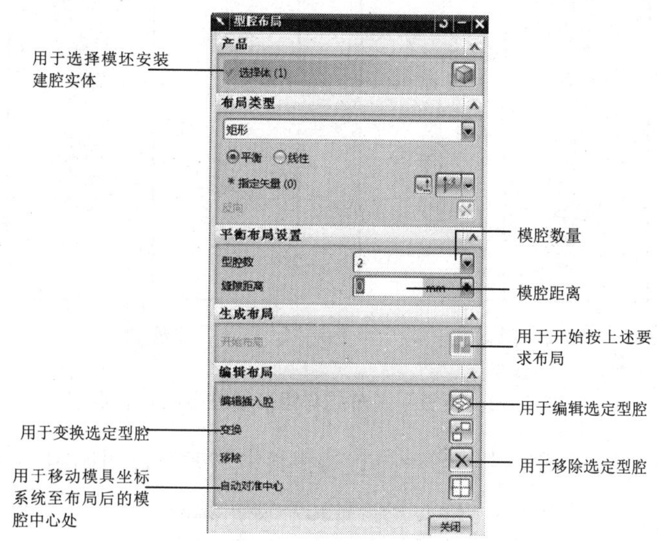

图 1-57　【型腔布局】对话框的矩形平衡布局方式

1. 布局类型

(1) 矩形平衡布局方式的【型腔布局】对话框和其中的参数说明如图 1-57 所示。平衡布局选项使用 X-Y 面上的转换和旋转来定位布局节点的多个阵列。平衡布局用于型腔、型芯使用的浇道、浇口、冷却管道和拐角倒圆的情况。

(2) 矩形线性布局的【型腔布局】对话框和其中的参数说明如图 1-58 所示。线性布局选项使用只在 X-Y 面上的转换(没有旋转)来定位布局节点的多个阵列，线性方式用于模具修剪需要平行定位(不旋转)的情况。

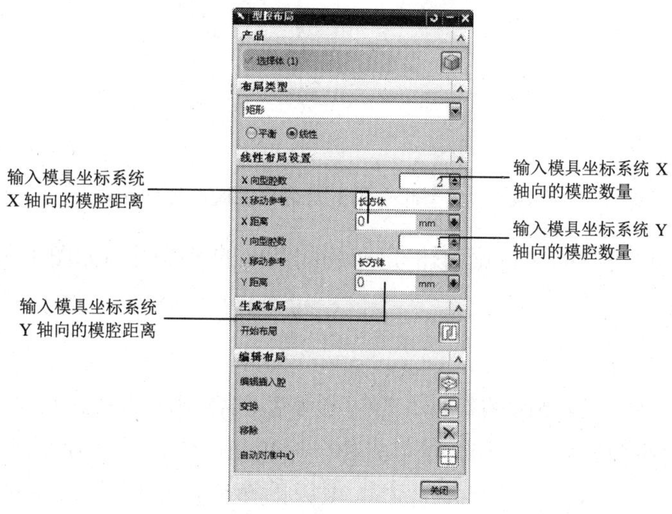

图 1-58　【型腔布局】对话框的矩形线性布局方式

矩形平衡布局和矩形线性布局方式的区别如图 1-59 所示。

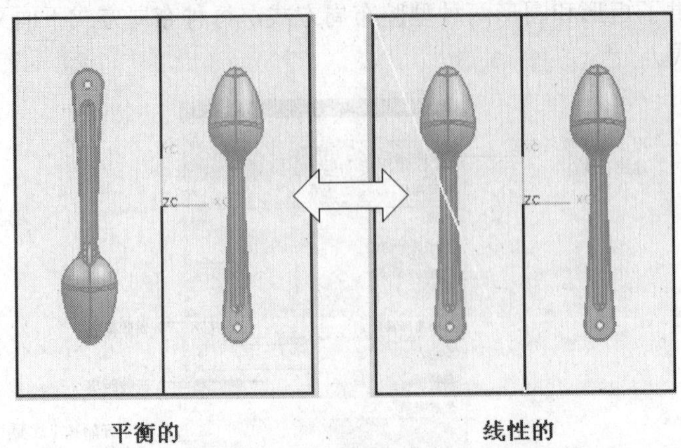

图 1-59　矩形平衡布局与矩形线性布局的区别

(3) 【型腔布局】对话框的圆形径向布局和其中的参数说明如图 1-60 所示。

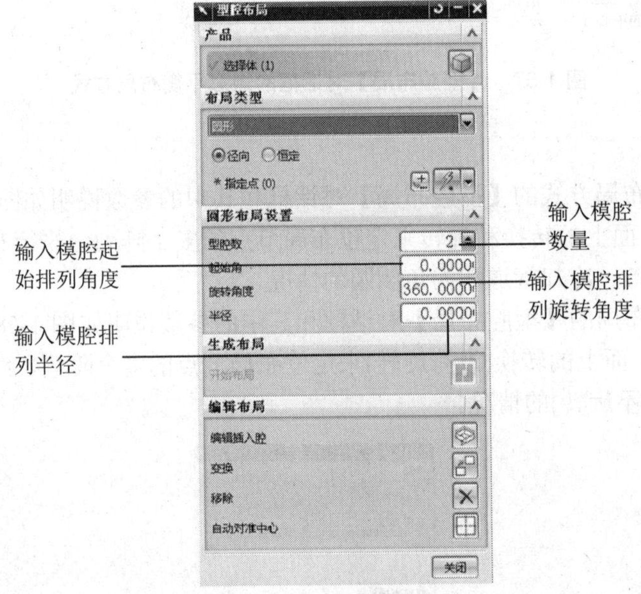

图 1-60　【型腔布局】对话框的圆形径向布局

(4) 【型腔布局】对话框的圆形恒定布局和其中的参数说明如图 1-61 所示。

2. 布局设置

(1) 型腔数。

该选项主要用于设置型腔的数量。型腔数量是高亮型腔的布局数目。例如，如果要创建一个包括 16 个型腔的平衡布局，可以先由一个单型腔创建一个 4 型腔的布局，然后选择全部 4 个型腔，再用相同的方法作一个 4 型腔的布局，这样就创建了一个总共 16 个型腔的布局。

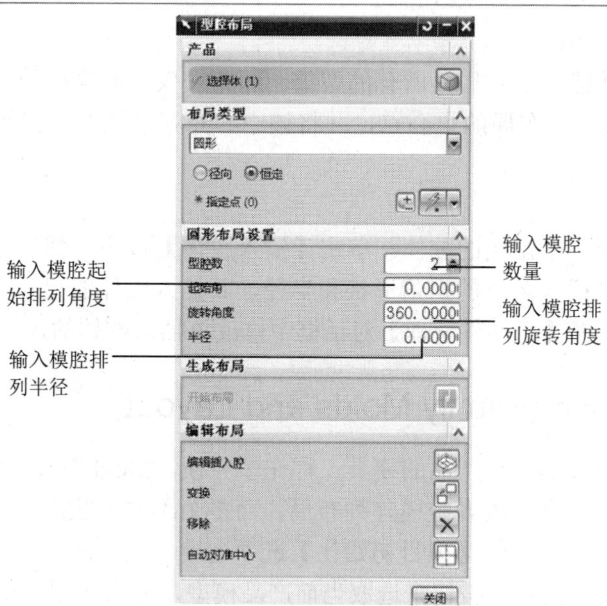

图 1-61　【型腔布局】对话框的圆形恒定布局

(2) 距离。

- 第一个距离：表示两个工件在第一个选择方向下的距离。
- 第二个距离：用于显示垂直于选择方向上的两个工件的距离。

3. 开始布局

在设置型腔数目和工件之间的距离之后，可以单击【开始布局】按钮来生成布局。

4. 编辑布局

编辑布局不仅可以使用变换以及自动中心功能重新定位高亮型腔，而且可以使用移除功能来删除某些型腔，如图 1-62 所示。

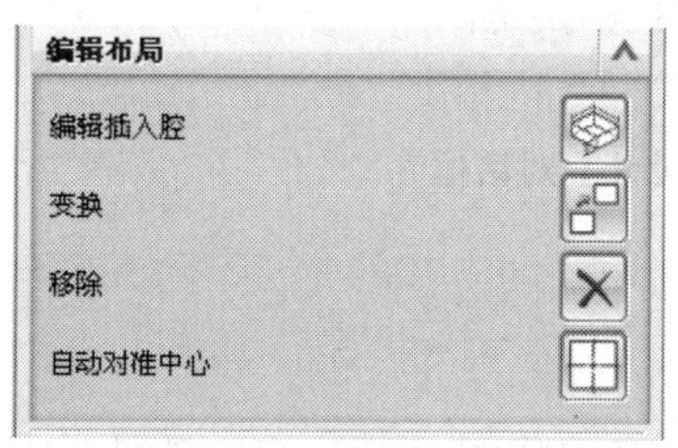

图 1-62　编辑布局

(1) 变换。

变换功能可以将选择的型腔移动一个距离。单击【变换】按钮，弹出【变换】对话框，【移动】或【复制】选项决定选择的型腔在选定布局后是移动还是复制。

(2) 移除。

单击【移除】按钮，选择的高亮型腔将会被删除。但是，在模具装配中，只需要存在一个型腔。

(3) 自动对准中心。

自动对准中心功能用于布局里所有的型腔，而不仅仅是高亮型腔。它会搜索全部型腔(包括多腔模)，得到一个布局的中心点，并将该中心点移动到绝对坐标系的原点，该原点是调入模架的中心。

(4) 编辑插入腔。

可以从库中选择一个镶块的腔体。单击【插入腔体】按钮，弹出【标准件管理】对话框。用户可以自定义插入腔体的拐角形状和半径，其插入腔体的尺寸与布局的尺寸是相关的。不过，用户可以在【标准件管理】对话框中修改该插入腔体的尺寸。

1.3.7 多腔模设计(Family Molds and Layout)

可以生成不同设计的多个产品的模具，称作多腔模。Mold Wizard 使用“型腔布局”功能可以实现多个相同产品的多腔模阵列布局，而多个不同形状产品体的引入则需要先使用【注塑模向导】工具栏中的【项目初始化】选项连续对几个产品模型进行初始化，再单击工具栏中的【多腔模设计】按钮来选取当前产品模型，弹出如图 1-63 所示的【多腔模设计】对话框，可逐个选择进行型腔设计。选择产品后，若单击【确定】按钮，所选产品将成为当前产品，系统关闭对话框；若单击【移除】按钮，所选产品将从系统中移除，系统关闭对话框。

如果系统中只有一个产品模型时，会显示“只有一个产品模型”内容的【消息】对话框，如图 1-64 所示。

当一副模具加载两个或两个以上的产品时，必须使用【多腔模设计】命令来激活相应的产品，才可以设置收缩率、分型等各项操作。

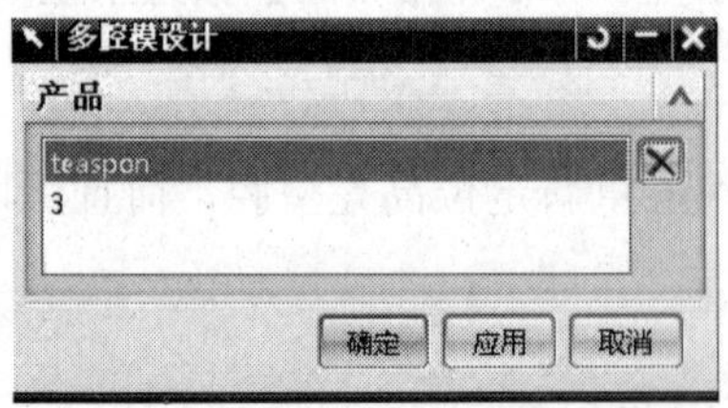

图 1-63 【多腔模设计】对话框

图 1-64 【消息】对话框

1.3.8 注塑模工具

UG NX 模具向导为分型准备工作提供了一套完整的工具，即【注塑模向导】选项卡中的【注塑模工具】库。

【注塑模工具】库中的命令可以创建分型几何体，包括实体和面补丁、分割实体及创建扩大面等。在作外部分型面之前，可以使用这些功能为产品模型创建内部分型面或者使用实体功能来简化产品几何体的结构。

产品内部或周边完全贯穿的孔称为破孔，模具设计时，需要用厚度为零的片体将这种孔封闭起来，即补破孔。这些将破孔封闭的片体称作补面片体。图 1-65 所示为破孔示例，图 1-66 所示为补破孔示例。

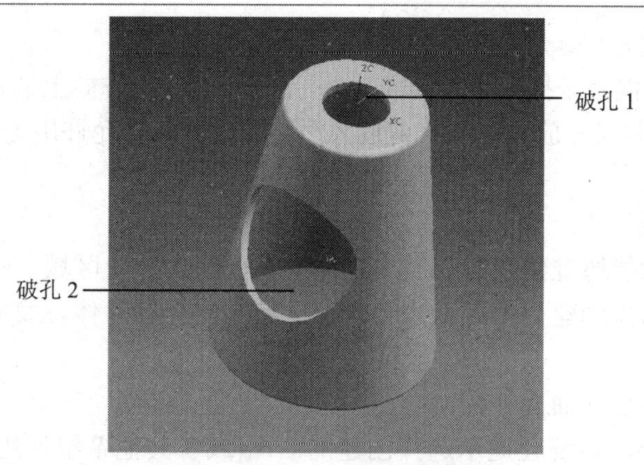

图 1-65　破孔示例

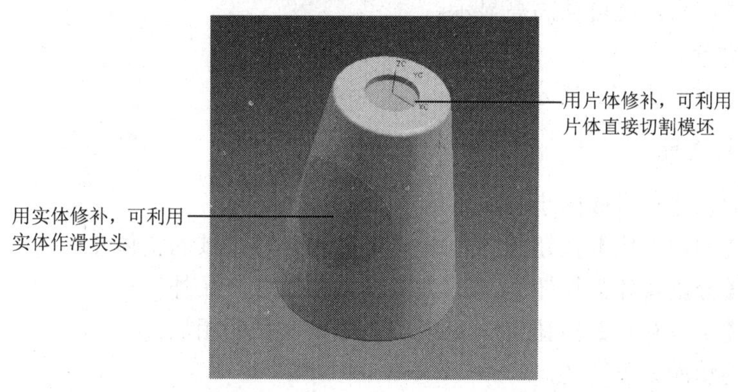

图 1-66　补破孔示例

具有内部开口的产品模型要求封闭每一个开口，这些部位的模具可以做插穿或者做碰穿。设计封闭有两种修补的方法：片体修补和实体修补。

- 片体修补：用于封闭产品模型的某一个开口区域，常用曲面工具进行修补。
- 实体修补：常用在修补开口面比较复杂的区域，实体修补方式可以简化分模产品模型。用于填充的实体自动几何链接到型腔和型芯组件，以便在后面的操作中并到(布尔运算)型腔、型芯上。

下面简单说明各工具的使用方法和功能。

1. 片体修补工具

在曲面补片中，注塑模向导提取每个孔所在面的复制面，然后用孔的边界进行修剪。型腔面的修补面复制到 28 层(名称为 CAVITY_SURFACE)，型芯面的修补面复制到 27 层(名称为 CORE_SURFACE)。在使用已有的曲面功能时，这些修补面会自动高亮显示(红色高亮)。

使用片体修补工具为内部开口创建分型面的功能包括下列 5 种。

(1) 曲面补片。

曲面补片功能是一种最简单的修补方法，主要用于修补完全包含在一个单一面上的孔。

(2) 扩大曲面补片。

扩大曲面补片功能用于提取体上的面，并控制 U 和 V 方向上的尺寸来扩大这些面，通过控制 U 向和 V 向尺寸放大面来修剪放大面至其边界。它允许用 U 和 V 方向的滑块来动态地修补孔。

(3) 修剪区域补片。

修剪区域补片功能通过建造封闭面来封闭产品模型的开口区域。在开始修剪区域补片过程之前，用户必须先创建一个可以吻合开口区域的实体补片体。修补体必须可以完全填充开口区域。

(4) 编辑分型面和曲面补片。

选择已有的曲面，系统会提示选择创建的曲面(或者其他希望使用的已有曲面)。这些曲面会复制到 28 层(名称为 CAVITY_SURFACE)和 27 层(名称为 CORE_SURFACE)。在创建型芯和型腔时，它们会自动高亮显示。

(5) 面拆分。

面拆分功能用于选定面的分割。

2. 实体补片工具

实体补片的创建和生成的步骤如下所述。

(1) 使用【创建方块】按钮来创建一个包围开口区域的实体盒。

(2) 使用【分割实体】按钮修剪该实体盒以适合产品外形。

(3) 使用【实体补片】按钮来完成实体块与产品的相加。

实体补片的功能如下所述。

(1) 创建方块。

创建方块会创建一个实体盒(块)，在实体补片分型方式时用来形成修补实体。修补盒在创建滑块面和斜顶面时属于一种比较方便的方法。

单击【创建方块】按钮，弹出如图 1-67 所示的【创建方块】对话框，用于设置所创建实体超过所选面外形尺寸的值。

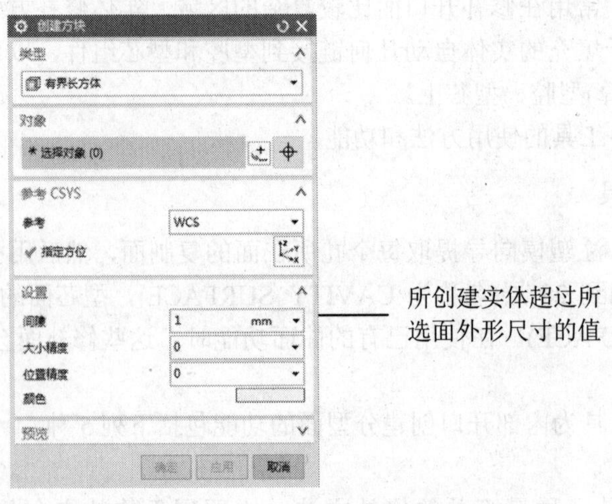

图 1-67 【创建方块】对话框

(2) 分割实体。

分割实体功能可以使用一个曲线系列来分割一个实体，主要用于创建型腔和型芯镶块的镶件。

单击【分割实体】按钮，弹出如图 1-68 所示的【分割实体】对话框，选择实体并对实体进行分割。

分割实体的具体步骤如下所述。

① 选择目标体(通常是型腔或型芯块)。

② 选择曲线或边界的环。

③ 定义拉伸的方向，创建拉伸曲面。

最后创建一个目标体的链接复制实体，修剪被拉伸曲面，曲线/边界环将目标体分割为2个块。

(3) 实体补片。

实体补片功能是一种在产品部件上建造封闭特征模型以填补开口区域的方法，是一种使用建造模型封闭开口区域的方法。实体补片比建造片体模型更好用，它可以更容易地形成一个实体来填充开口区域。使用实体补片代替曲面补片的例子也就是大多数的斜顶头部的建立。使用实体补片的过程是在 parting 部件上建造一个实体模型来适合开口的形状，实体的面也需要有正确的斜度。使用实体补片功能可以将这些封闭修补实体并到 parting 部件模型上。

单击【实体补片】按钮，弹出如图 1-69 所示的【实体补片】对话框并提示选择目标物体，选择后可以进行补片操作。

图 1-68　【分割实体】对话框

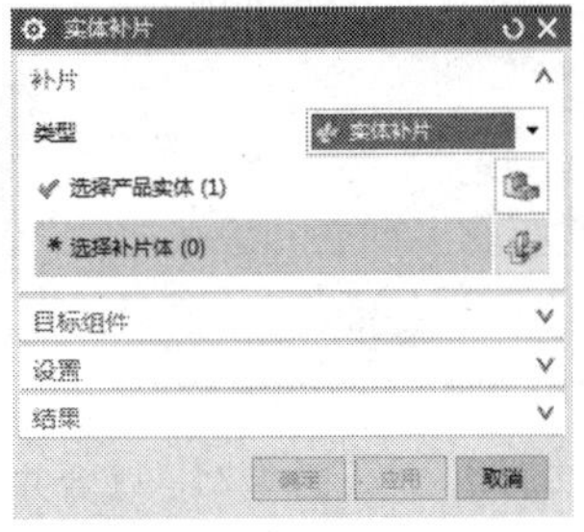

图 1-69　【实体补片】对话框

(4) 替换实体。

替换实体可以使用几何体某个面来替代另外的一系列面，并重新生成相邻的倒圆角。可以使用该选项改变几何体的面，以使几何体更简单；或者替换成一个复杂的曲面；甚至可以将替换实体应用在非参数的模型上。替换实体也可以代替曲面分割来修剪或调整实体补片盒的面，以使之适合产品模型的开口区域。

(5) 修剪实体。

修剪实体功能允许从型腔或型芯分割出一个镶件或滑块。

3. 其他工具

(1) 修边模具组件。

可以修剪子镶块、电极、标准件(如推杆、滑块、中心销等)形成型腔或型芯的局部形状，单击【修边模具组件】按钮，打开【修边模具组件】对话框，如图 1-70 所示。

图 1-70 【修边模具组件】对话框

(2) 合并腔。

用于型腔或型芯的合并。单击【合并腔】按钮，打开【合并腔】对话框，如图 1-71、图 1-72 所示，设置后可以合并 2 个型腔、2 个型芯。

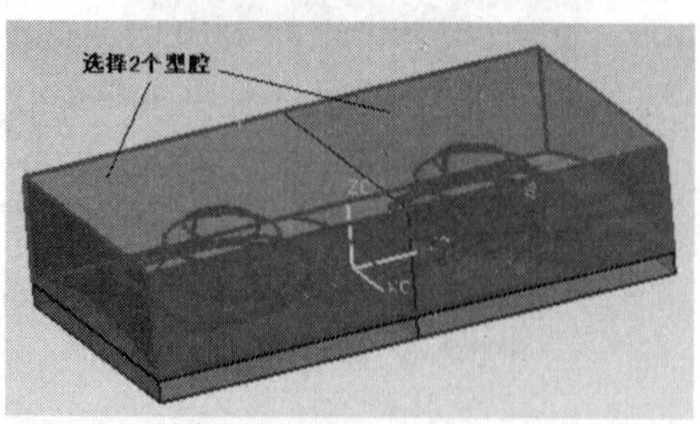

图 1-71 【合并腔】对话框及合并型腔

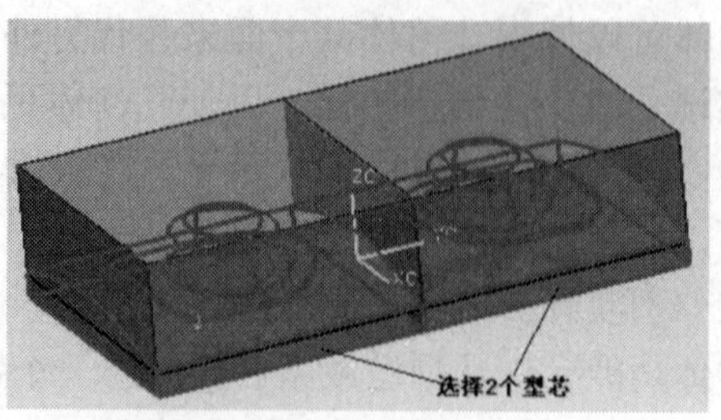

图 1-72 【合并腔】对话框及合并型芯

另外，注塑模工具与分型功能紧密结合可以完成各种复杂模具的设计。

1.3.9　分型(Parting)

分型(也叫分模)是指创建分模片体并将模坯分割成型腔和型芯的过程。通常情况下，可将分模面、提取的分型体表面和补面片体缝合成的体称为分模片体，该片体厚度为零，横贯模坯，可将模坯工件完全分割成两个实体。

分型功能所提供的工具有助于快速实现分模及保持产品与型芯和型腔关联。

在做好分型准备之后，下面便可以进行产品的分型工作。单击【注塑模向导】选项卡中的【分型刀具】库中的相应按钮，可以实现以下 8 种设计。

1. 检查区域(Design Regions)

(1) 单击【分型刀具】库中的【检查区域】按钮，弹出【检查区域】对话框，单击【计算】按钮，进行计算，如图 1-73 所示。

(2) 在【检查区域】对话框中切换至【面】选项卡，其中各参数的设置如图 1-74 所示。

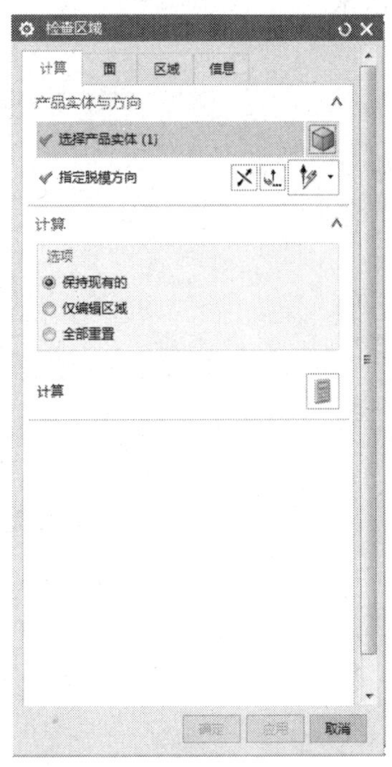

图 1-73　【检查区域】对话框

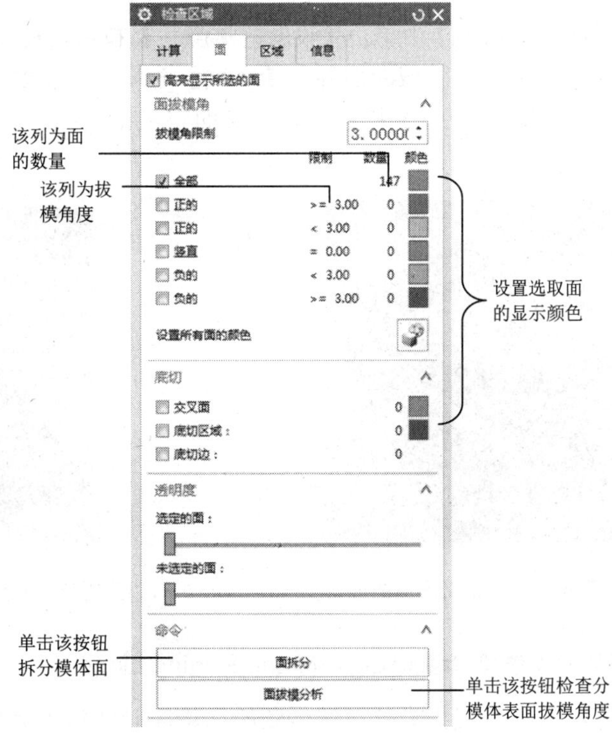

图 1-74　【面】选项卡

(3) 在【检查区域】对话框中切换至【区域】选项卡，其中各参数的设置如图 1-75 所示。

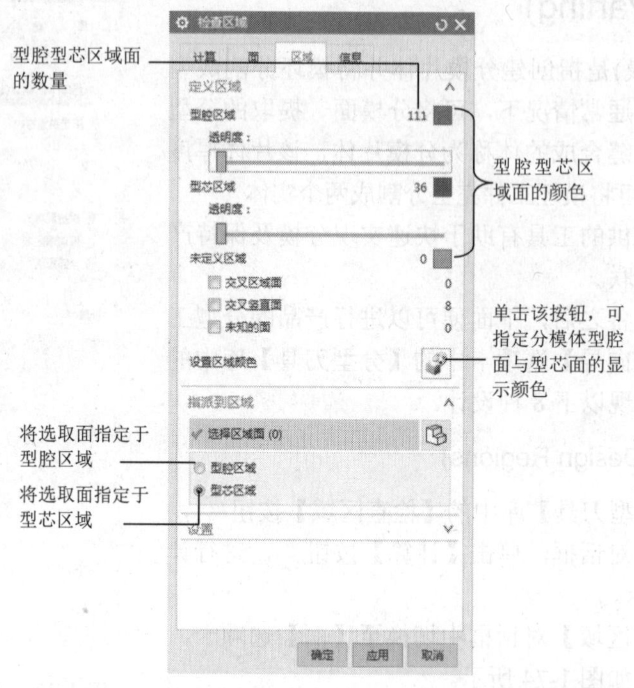

图 1-75 【区域】选项卡

(4) 如果在【区域】选项卡中单击【设置区域颜色】按钮，视图窗口将在图 1-76 显示未定义区域的面。选取未定义区域的面并在【区域】选项卡中设置【定义区域】组的【型芯区域】选项，然后单击【应用】按钮，未定义面将被指定在型芯区域，结果如图 1-77 所示。

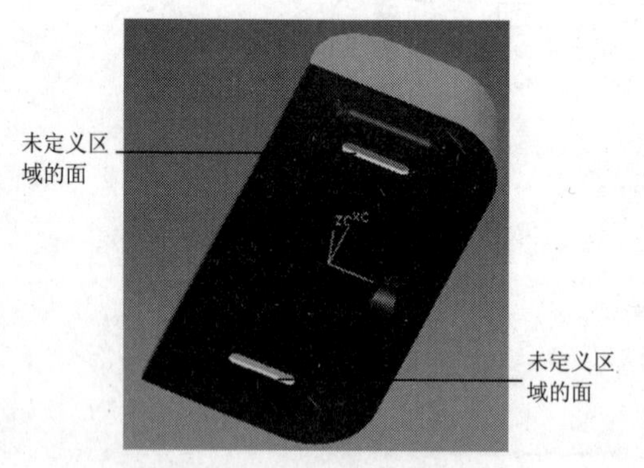

图 1-76 未定义区域的面

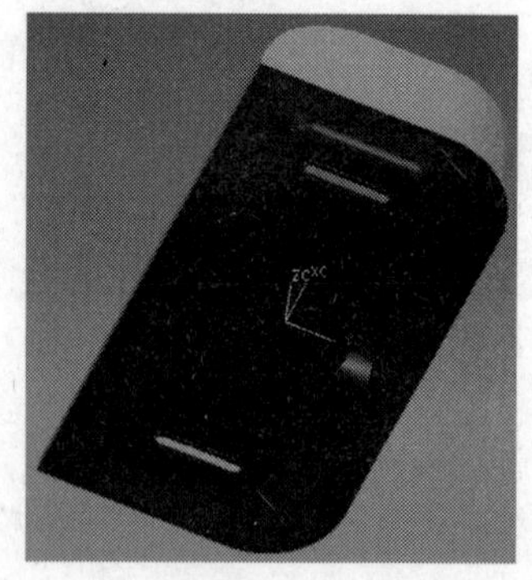

图 1-77 未定义面被指定在型芯区域

2. 提取区域和分型线(Extract Regions and Parting Lines)

提取区域和分型线可以根据设计区域步骤的结果提取型芯和型腔区域，并自动生成分型线。

单击【分型刀具】库中的【定义区域】按钮，提取分模区域和分型线，弹出如图 1-78 所示的【定义区域】对话框，勾选【创建区域】和【创建分型线】复选框，单击【确定】按钮。

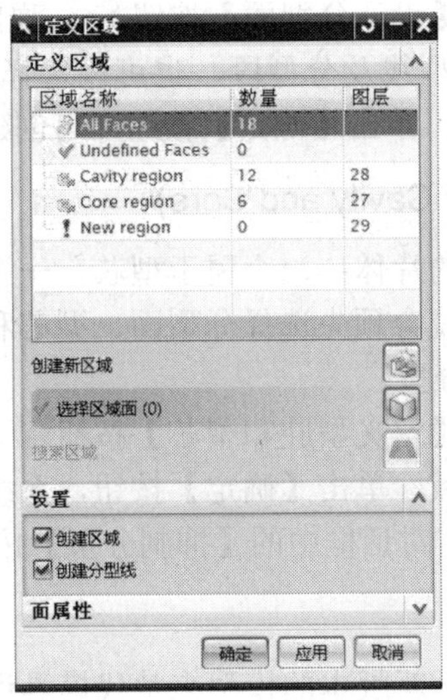

图 1-78　【定义区域】对话框

3. 补片(Patch Surface)

曲面补片可以根据设计区域步骤的结果自动创建修补曲面。通常情况下，不会在这个步骤进行这些操作，可以使用分模工具来进行。

(1) 单击【分型刀具】库中的【曲面补片(Create/Delete Patch Surface)】按钮，用以创建或删除补面曲面，弹出如图 1-79 所示的【边修补】对话框。

(2) 将【类型】设置为【体】(还有【面】和【移刀】类型)，在绘图区选择实体，单击【确定】按钮或【应用】按钮后，系统自动修补检测到的破孔，补片后的结果如图 1-80 所示。

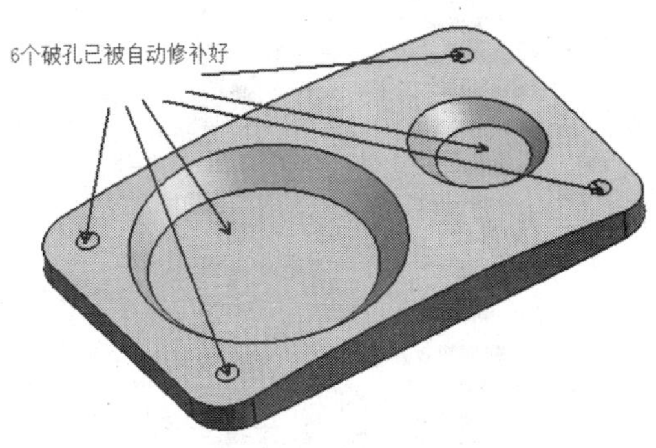

图 1-79　【边修补】对话框

图 1-80　自动修补孔的结果

4. 设计分型面(Design Parting Surface)

设计分型面会自动将分型线环分成数段，这些段由转换对象和转换点来定义，可以每次创建一个分型段的分型面。

单击【分型刀具】库中的【设计分型面】按钮，弹出如图 1-81 所示的【设计分型面】对话框，其中可以编辑分型线及分型段，也可以选择分型面的曲面类型(包括有界平面、拉伸、扫掠、条带曲面等)，单击【确定】按钮即可创建分型面。

5. 创建型腔和型芯(Create Cavity and Core)

型芯和型腔创建两个修剪的片体：一个属于型芯，一个属于型腔。当单击【确定】按钮创建型腔或创建型芯时，系统会预先选择分型面、型芯和型腔区域及全部修补面。离开该对话框后，便完成了全部的分型。

单击【分型刀具】库中的【定义型腔和型芯】按钮，弹出如图 1-82 所示的【定义型腔和型芯】对话框，选择区域，单击【确定】按钮，系统自动运行片刻后产品自动分型完成。若需要抑制分型，可单击对话框中的【抑制分型】按钮。

6. 交换模型

交换产品模型允许使用一个新版本的模型来替代模具设计工程里的产品模型，并依然保持现有模具设计特征的相关性。

7. 备份分型对象

在分型中，还可以将分型/补片片体备份下来，方法是单击【分型刀具】库中的【备份分型对象】按钮，弹出【备份分型对象】对话框，如图 1-83 所示，进行参数设置即可。

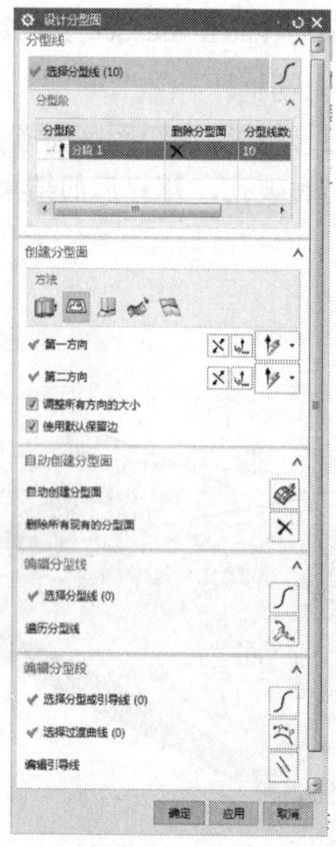

图 1-81 【设计分型面】对话框

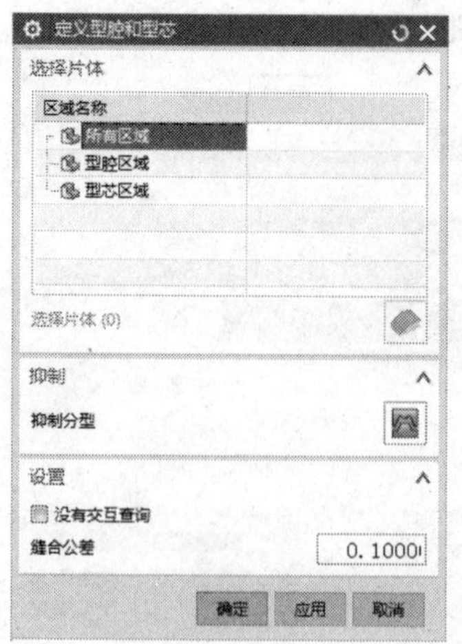

图 1-82 【定义型腔和型芯】对话框

8. 分型导航器

单击【分型刀具】库中的【分型导航器】按钮，弹出【分型导航器】窗口，如图 1-84 所示，可设置显示或隐藏分型对象。

总之，【分型刀具】库将各分型命令组织成逻辑的连续的步骤使得分型过程更快更易于操作。需要注意的是，使用分型功能时系统会自动跳到 parting 中进行工作，若想回到顶级装配目录 top 下，可以通过窗口切换或者右击鼠标来查看顶级目录来实现。

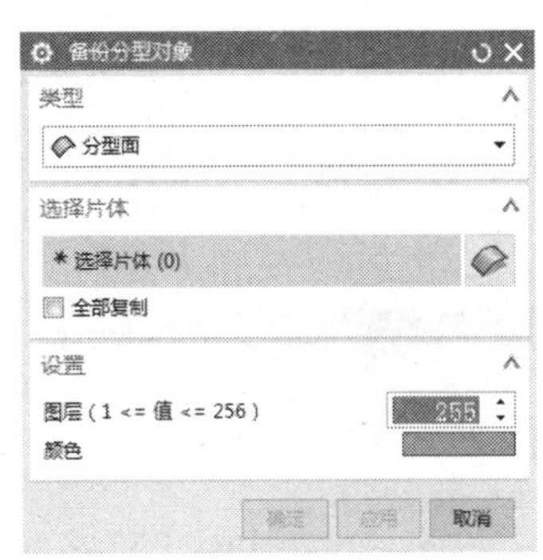

图 1-83　【备份分型对象】对话框

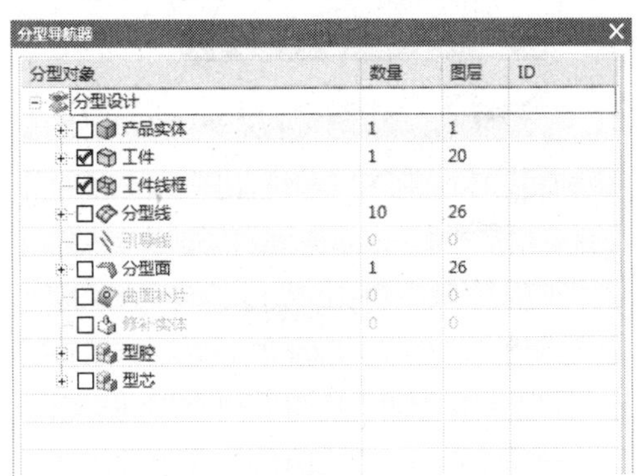

图 1-84　【分型导航器】窗口

1.4　拓 展 训 练

1.4.1　音箱前盖模具分型设计(修补孔)

完成如图 1-85 所示的音箱前盖模具分型设计，对比平面分型面和曲面分型面两种设计方法。

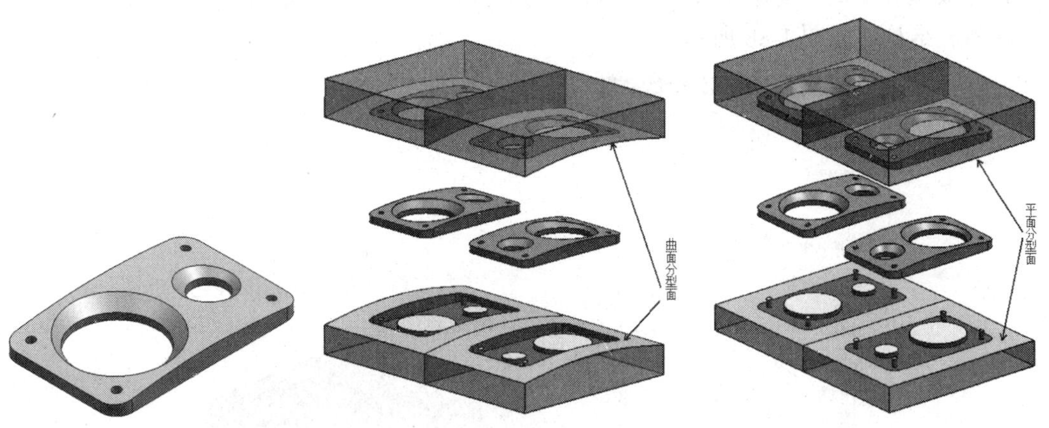

图 1-85　音箱前盖模具分型

1. 分析

此模型有 6 个碰穿孔，因此需要修补孔，否则将导致分型失败。

2. 操作步骤

(1) 加载产品模型。打开模型文件“音箱前盖.prt”。

(2) 初始化项目。单击【初始化项目】按钮，弹出如图 1-86 所示对话框，将【材料】设置为【尼龙】，将【收缩】设置为 1.016，单击【确定】按钮。

(3) 定义模具坐标系。单击【模具 CSYS】按钮，选择当前坐标系，即坐标系方位不变，如图 1-87 所示。也可省略这一步骤。

图 1-86 【初始化项目】对话框

图 1-87 模具坐标系

(4) 设置收缩率。在【初始化项目】对话框中已经选择材料和设置收缩率，收缩率为 1.016，可不做设置收缩率这一步骤。

(5) 定义工件。单击【工件】按钮，可选默认 XY 方向和 Z 方向数值。

(6) 型腔布局。单击【型腔布局】按钮，弹出对话框，选中【平衡】单选按钮，指定矢量方向为 X 轴正向，设置【型腔数】为 2，【间隙距离】为 0，单击【开始布局】按钮，完成型腔布局。再单击【自动对准中心】按钮，使坐标系居中，关闭对话框，创建一模两腔结构，如图 1-88 所示。

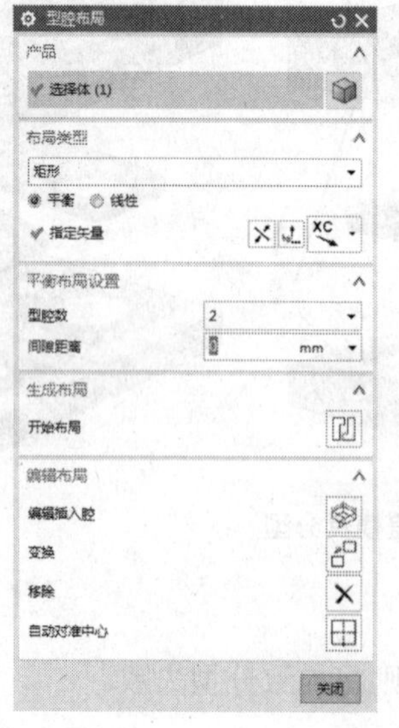

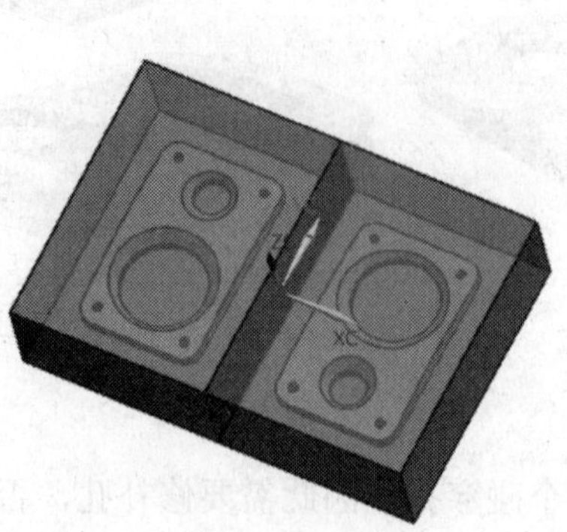

图 1-88 创建一模两腔结构

至此，模具设计的第一阶段——分型初始设置完成。

(7) 检查区域。即划分型芯、型腔区域，单击【检查区域】按钮，弹出【检查区域】对话框，首先在【计算】选项卡内，指定脱模方向(若默认方向正确，可不指定)，单击【计算】按钮，单击【应用】按钮。接着切换至【区域】选项卡，单击【设置区域颜色】按钮，使用系统自带的自动辨析功能定义产品的型腔、型芯区域分别为 3 个和 15 个面，这时显示“未定义区域”为 0 个面，采用这样的划分可以获得曲面分型面，如图 1-89 所示。

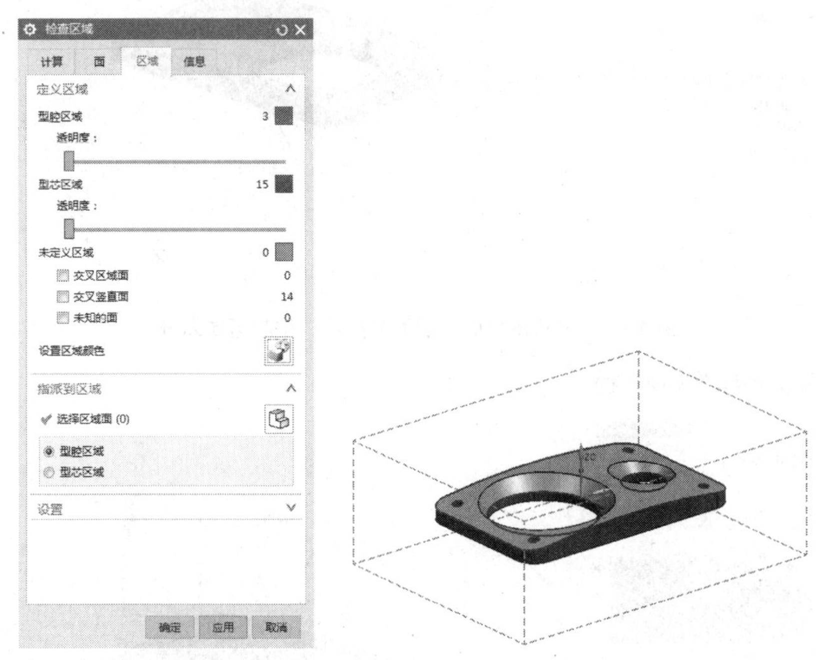

图 1-89　可获得曲面分型面的型腔、型芯区域划分

若把最外一圈竖直面划分为型腔区域，完成划分型腔、型芯区域面分别为 11 和 7，这时显示“未定义区域”也为 0 个面，采用这样的划分可以获得平面分型面，如图 1-90 所示。

(8) 修补孔。该模型有 6 个孔需要修补，可采用【曲面补片】命令自动创建修补曲面。单击【分型刀具】库中的【曲面补片】按钮，弹出如图 1-91 所示的【边修补】对话框，将【类型】设置为【体】，在绘图区选择实体，单击【确定】或【应用】按钮后，系统自动修补检测到的 6 个破孔，补片后的结果如图 1-92 所示。

(9) 定义区域。单击【定义区域】按钮，弹出【定义区域】对话框，在【定义区域】组中选择【所有面】选项，在【设置】组中勾选【创建区域】和【创建分型线】复选框，单击【确定】按钮，完成创建区域(即内分型面)和创建分型线的操作。步骤(7) 中两种不同的型腔、型芯划分可分别获得三维空间曲线和平面曲线的分型线，如图 1-93 所示。

(10) 设计分型面。单击【设计分型面】按钮，弹出【设计分型面】对话框，若抽取的分型线为三维空间曲线，系统就会自动选择【扩大的曲面】作为外分型面；若抽取的分型线为平面曲线，系统就会自动选择【有界平面】作为外分型面，如图 1-94 所示。

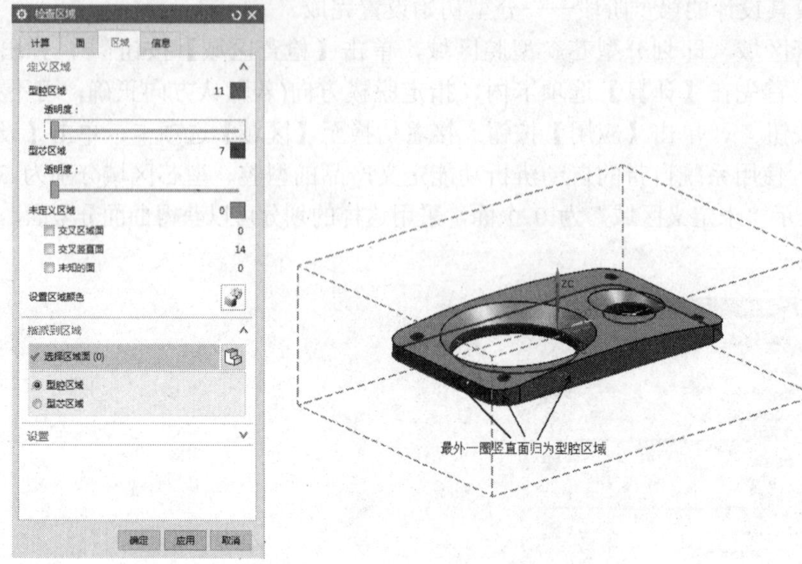

图 1-90　可获得平面分型面的型腔、型芯区域划分

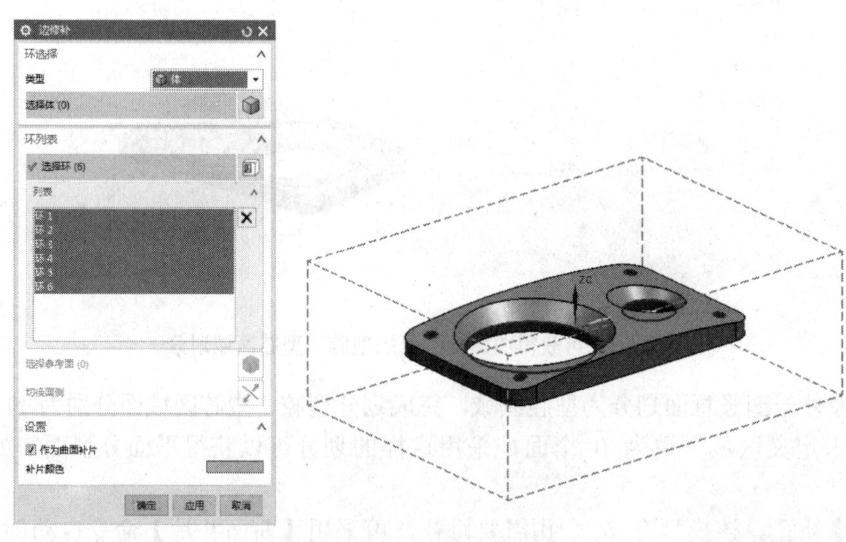

图 1-91　【边修补】对话框

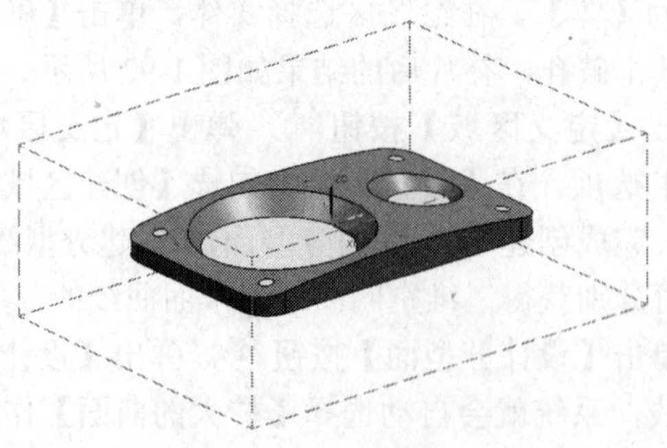

图 1-92　修补孔的结果

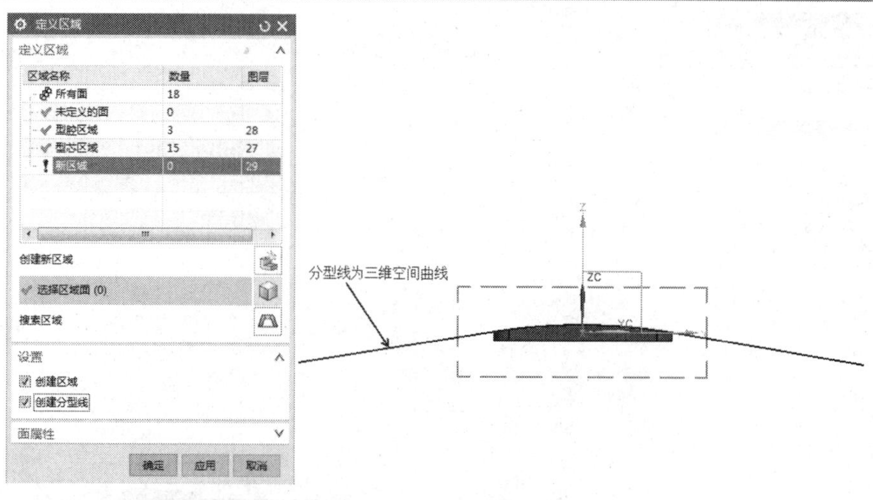

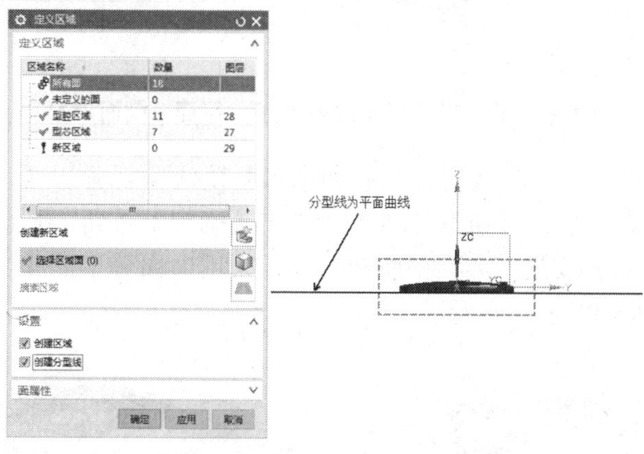

图 1-93　创建区域、分型线

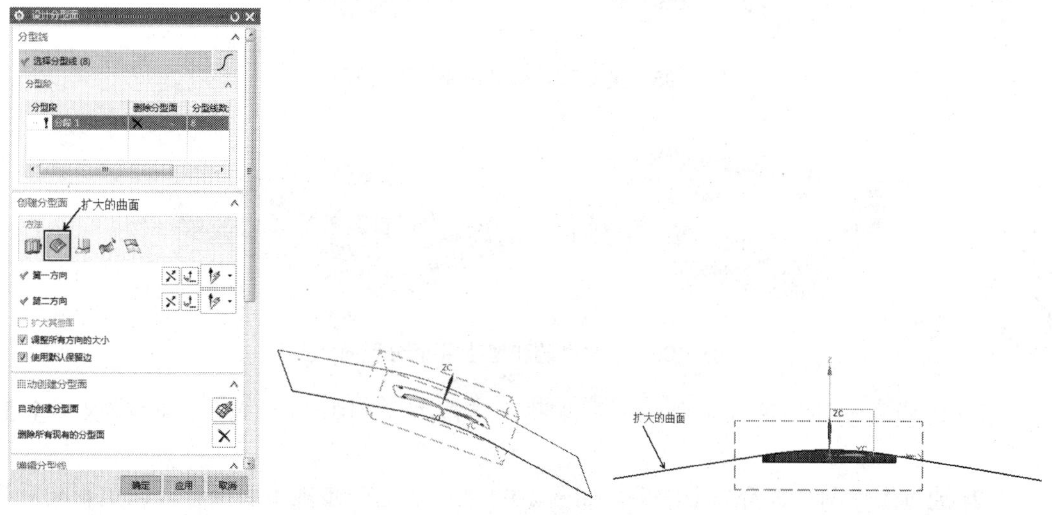

图 1-94　设计分型面(曲面分型面、平面分型面)

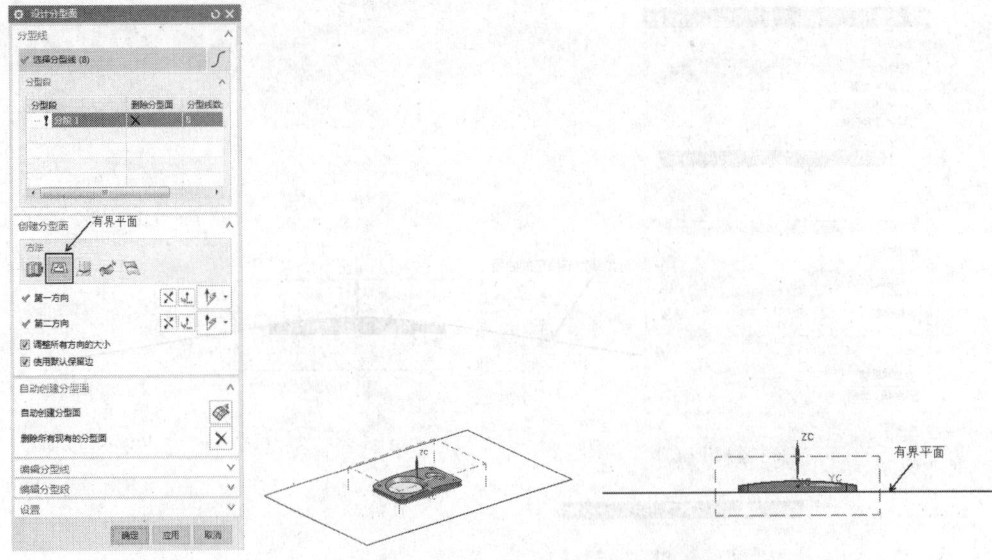

图 1-94　设计分型面(曲面分型面、平面分型面)(续)

(11) 定义型腔和型芯。单击【定义型腔和型芯】按钮，弹出【定义型腔和型芯】对话框，将【选择片体】设置为【所有区域】，单击【确定】按钮，弹出【查看分型结果】对话框，再单击【确定】按钮，得到型腔和型芯，采用曲面分型面和平面分型面获得的型腔、型芯分别如图 1-95 和图 1-96 所示。

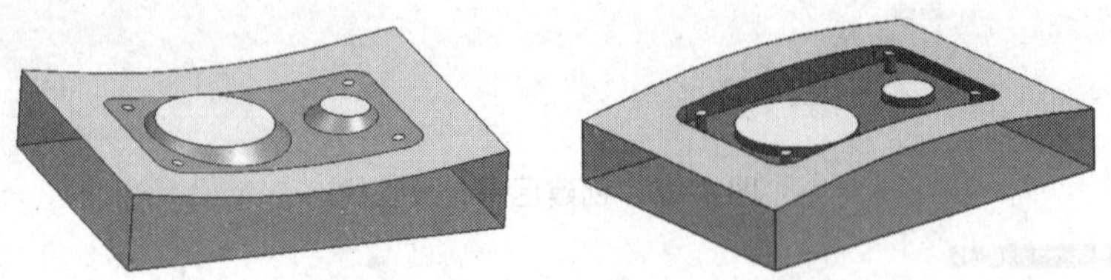

图 1-95　定义型腔和型芯(曲面分型面)

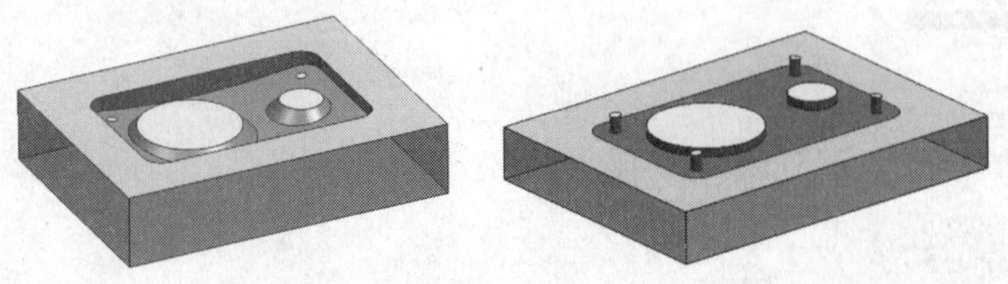

图 1-96　定义型腔和型芯(平面分型面)

至此，模具设计的第二阶段——分型设计获得型腔和型芯完成，此时可保存全部文件。

(12) 通过爆炸图可查看分型结果，如图 1-97 所示。这一步骤不要保存，以免影响后续添加模架操作。

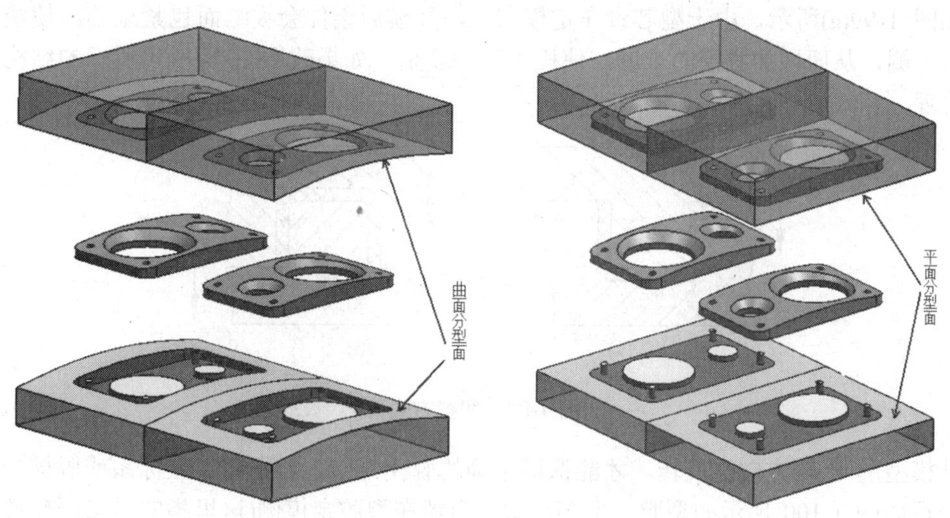

图 1-97　通过爆炸图查看分型结果

从保证塑件质量的角度考虑，采用平面分型面会比采用曲面分型面更好。

1.4.2　薄壳模具分型设计(模具坐标系、引导线)

完成如图 1-98 所示的薄壳模具分型设计。

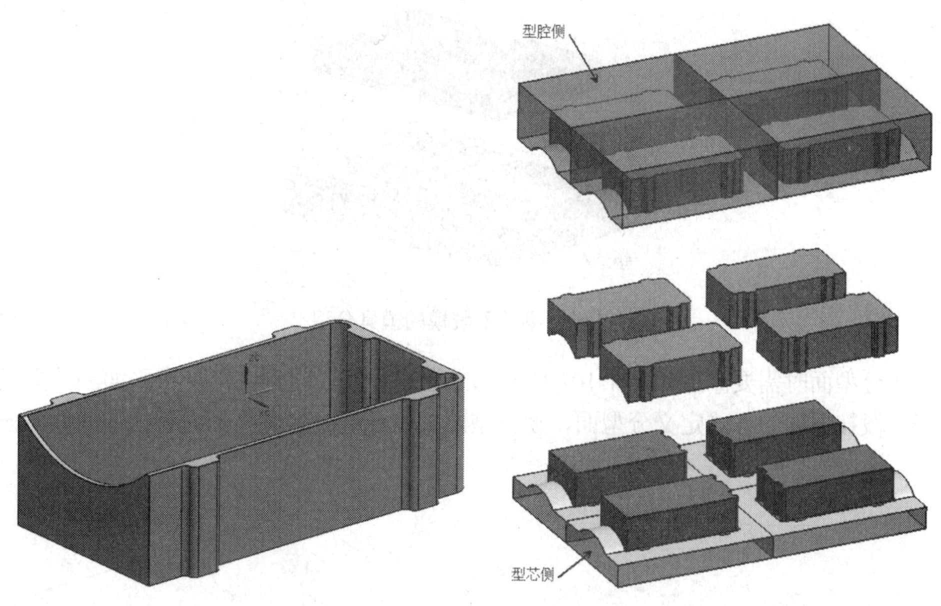

图 1-98　薄壳模具分型

1. 分析

为了便于塑件脱模，应使塑件在开模时尽可能留在下模(动模)。由于塑件的顶出机构通常设置在下模，尤其是自动化生产所用的模具，因此正确选择塑件的留模方式显得更为重要。留模方式选择正确与否会直接影响到产品质量和生产效率。

如图 1-99(a)所示，由于型芯设在定模部分，开模后塑件会收缩而包紧型芯，使塑件留在定模一侧，从而增加脱模的难度，使模具结构复杂，如果改用图 1-99(b)所示的结构就会比较合理。

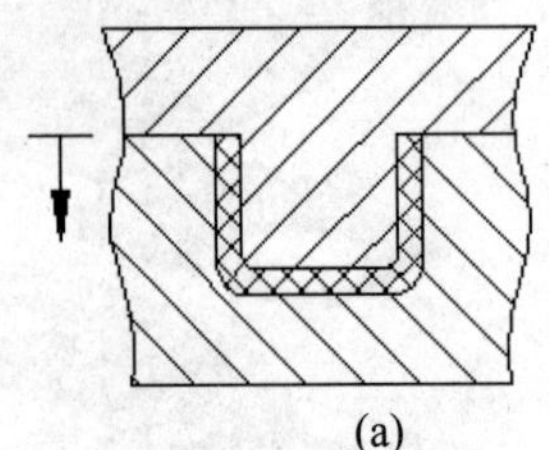
(a)

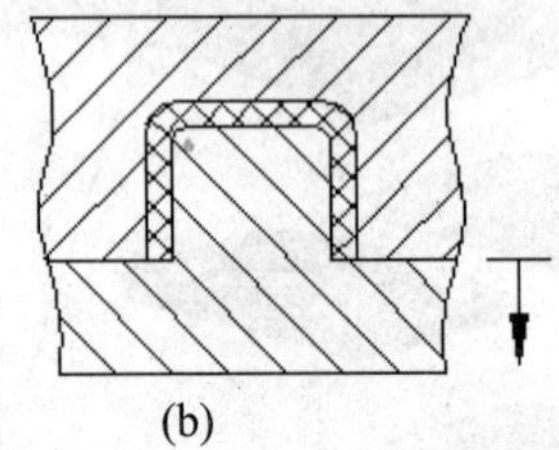
(b)

图 1-99　留模方式

此模型的 Z 轴方向需反转，才能保证正确的脱模方向。若不修改坐标系或脱模方向，将会获得如图 1-100 所示的型腔、型芯，塑件会留在型腔定模侧(这里指的是按照软件划分的型腔、型芯，不是按照凸起或凹陷的形状)，将导致产品不便于脱模，塑件应留在型芯动模侧，才易于设置和制造结构简单的脱模机构。

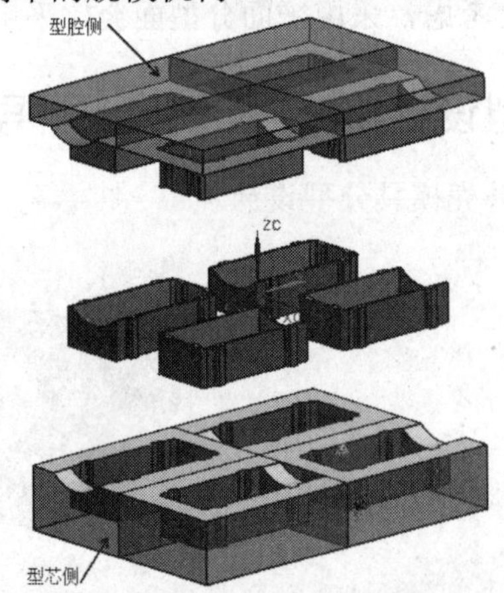

图 1-100　不便于脱模的模具分型

在创建分型面时需要添加如图 1-101 所示的 2 条引导线，将不在同一个平面的分型线分成几段，每一段按不同的方式定义分型面，使分型面被引导线分为有界平面和拉伸曲面两段。

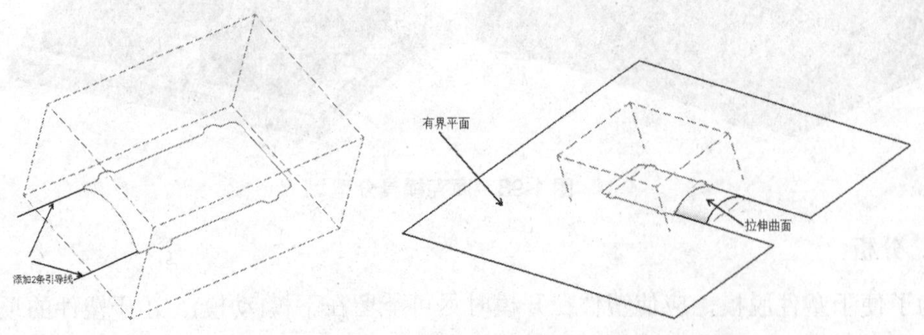

图 1-101　添加 2 条引导线

2. 操作步骤

(1) 加载产品模型。打开模型文件“薄壳.prt”。

(2) 初始化项目。单击【初始化项目】按钮，弹出如图 1-102 所示对话框，将【材料】设置为 PS，将【收缩】设置为 1.006，单击【确定】按钮。

图 1-102 【初始化项目】对话框

(3) 定义模具坐标系。单击【模具 CSYS】按钮，选中【当前 WCS】单选按钮之前，双击工作坐标系 WCS，使之处于可编辑状态，双击 Z 轴，使 Z 轴反转，点击鼠标中键确定。再在【模具 CSYS】对话框中选中【当前 WCS】单选按钮，单击【确定】按钮，完成定义模具坐标系，这时系统的绝对坐标系与工作坐标系方向一致(未修改时二者的方向相反)，如图 1-103 所示。

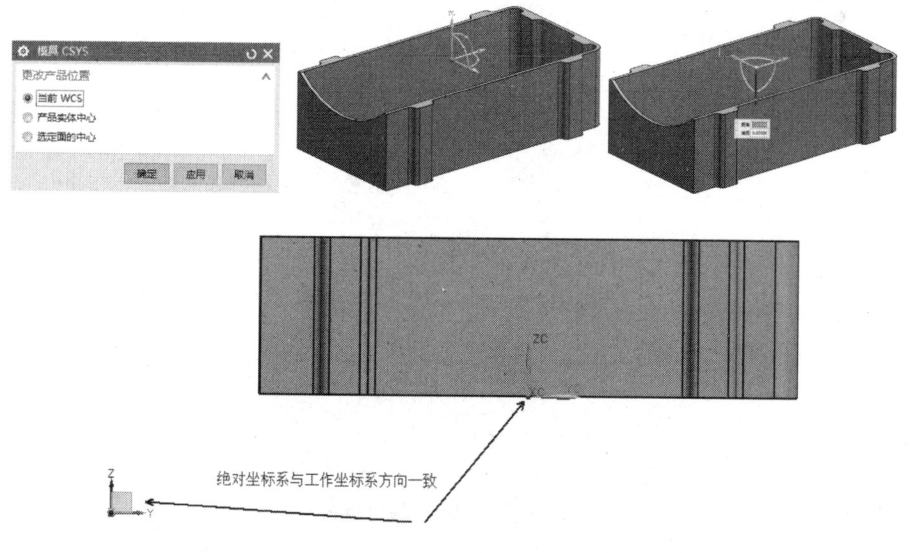

图 1-103 模具坐标系

提示： 也可以不改变工作坐标系 WCS，而通过旋转模型，使坐标系与模型的相对位置合乎要求，即模型绕 X 轴旋转 180°，具体操作如图 1-104 所示。

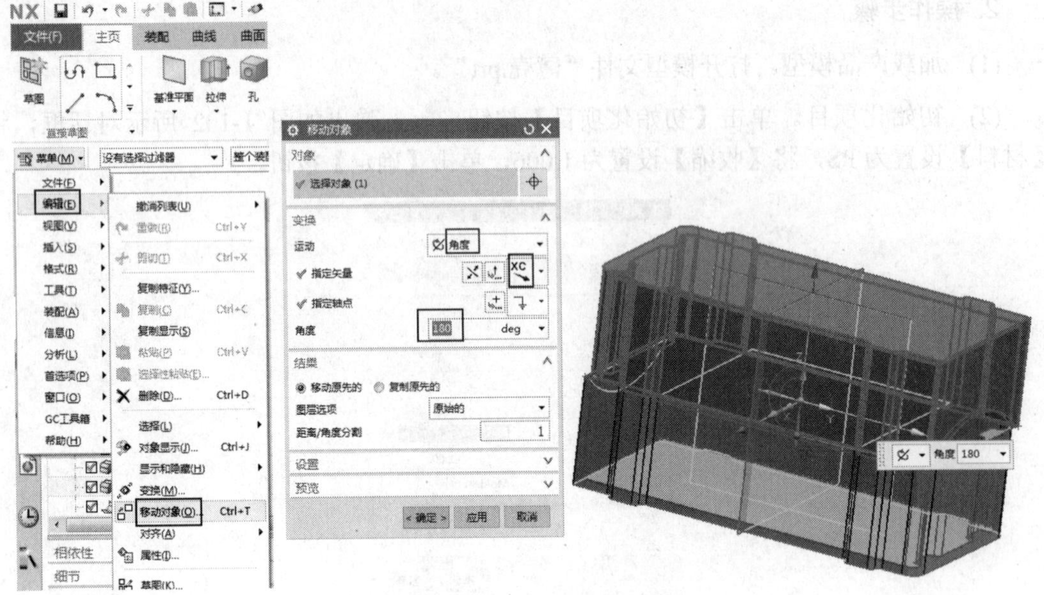

图 1-104　旋转模型

(4) 设置收缩率。在【初始化项目】对话框中已经选择材料和设置了收缩率，收缩率为 1.006，可不做设置收缩率这一步骤。

(5) 定义工件。单击【工件】按钮，可选默认的 XY 方向和 Z 方向数值，如图 1-105 所示。

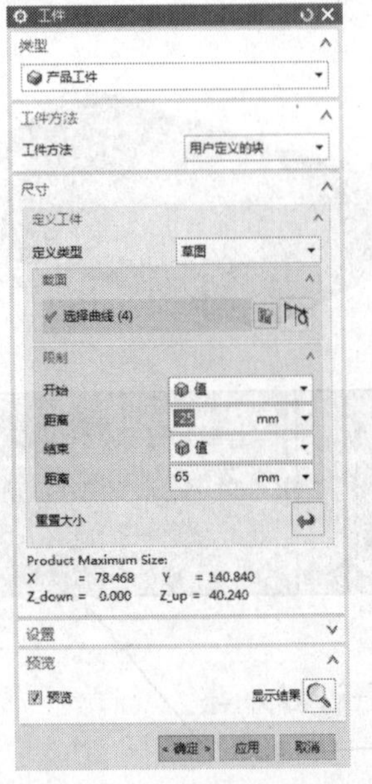

图 1-105　【工件】对话框

(6) 型腔布局。单击【型腔布局】按钮，打开对话框，选中【平衡】单选按钮，指定矢量方向为 Y 轴正向，设置【型腔数】为 4，缝隙距离为 0，单击【开始布局】按钮，完成型腔布局。再单击【自动对准中心】按钮，使坐标系居中，关闭对话框，创建一模四腔结构，如图 1-106 所示。

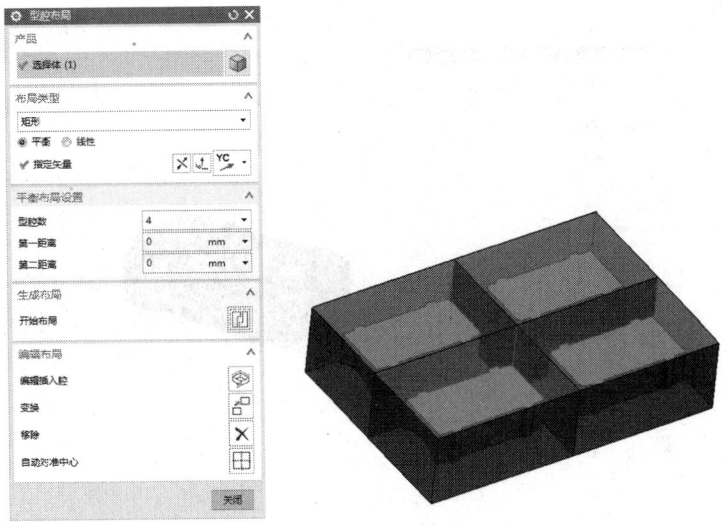

图 1-106　创建一模四腔结构

至此，模具设计的第一阶段——分型初始设置完成。

(7) 检查区域，即划分型芯、型腔区域。单击【检查区域】按钮，弹出【检查区域】对话框，若脱模方向不对，可在指定脱模方向时单击【反向】按钮(比如未修改模具坐标系)，再单击【计算】按钮，如图 1-107 所示。

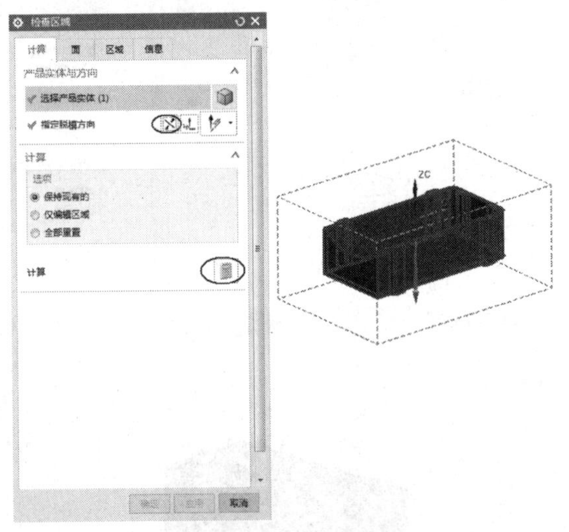

图 1-107　指定脱模方向

若修改了模具坐标系，脱模方向为正确的，则不需要反向。首先在【计算】选项卡内单击【计算】按钮，接着切换至【区域】选项卡，单击【设置区域颜色】按钮，使用系统自带的自动辨析功能定义产品的型腔、型芯区域分别为 1 个和 102 个面，这时显示“未定义区域”为 32 个面(均为交叉竖直面)，勾选【交叉竖直面】复选框，选中【型腔区域】单选按钮，单击【应用】按钮，这时型腔、型芯区域分别为 33 和 102，这时显示“未定义区域”为 0，如图 1-108 所示。单击【确定】或【取消】按钮，关闭【检查区域】对话框，完成划分区域。

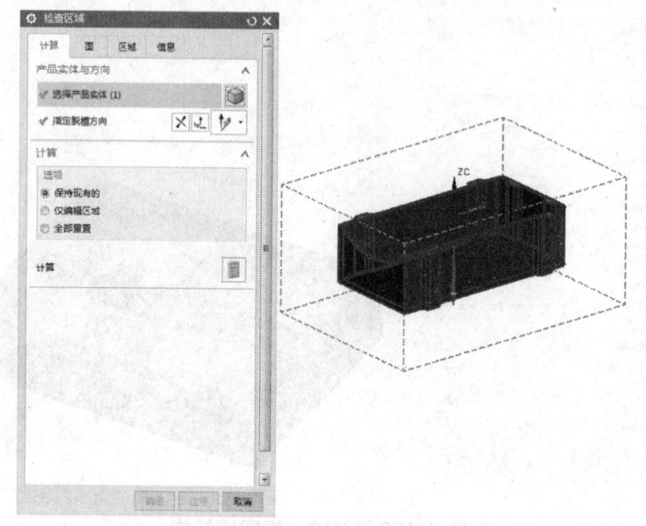

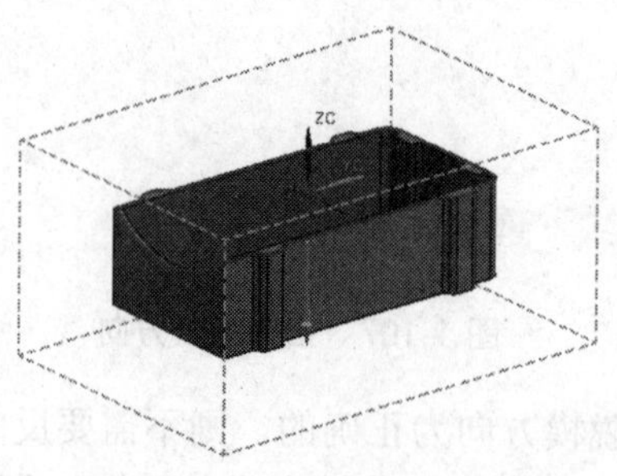

图 1-108　划分型腔、型芯区域

(8) 定义区域。单击【定义区域】按钮，弹出【定义区域】对话框，在【定义区域】列表框中选择【所有面】选项，在【设置】组中勾选【创建区域】和【创建分型线】复选框，单击【确定】按钮，如图 1-109 所示，完成创建区域(即内分型面)和分型线的操作。

单击【分型导航器】按钮，弹出【分型导航器】窗口，取消勾选【产品实体】复选框，就会清楚地看到分型线，如图 1-110 所示。

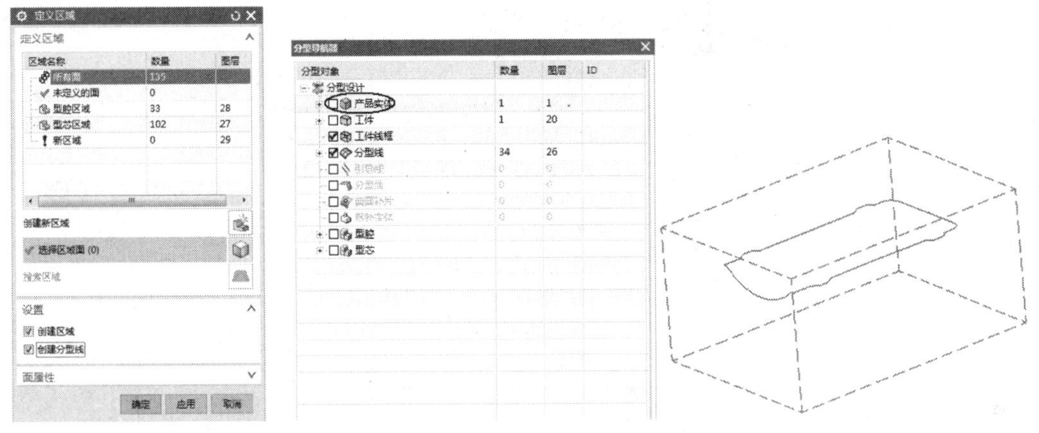

图 1-109　创建区域、分型线　　图 1-110　分型导航器及分型线

(9) 设计分型面。单击【设计分型面】按钮，弹出【设计分型面】对话框，由于分型面要由有界平面和拉伸曲面两部分组成，需要添加引导线来增加分段，单击【编辑引导线】按钮，弹出【引导线】对话框，将【方向】设置为【法向】，在水平面曲线和竖直面曲线分界处添加 2 条引导线，如图 1-111 所示。

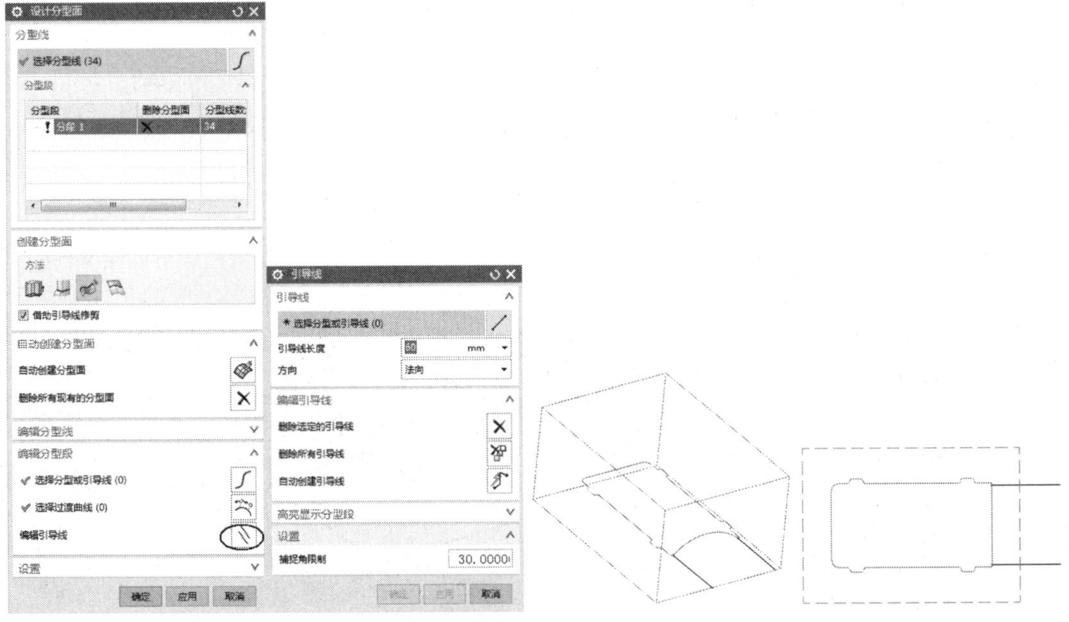

图 1-111　添加引导线

在【引导线】对话框中单击【确定】按钮，返回【设计分型面】对话框，在【分型段】列表框中选择“分段 1”，采用【有界平面】创建分型面，单击【应用】按钮，再选择“分段 2”，采用【拉伸曲面】创建分型面，单击【确定】按钮。分型面由这两部分组成，如图 1-112 所示。

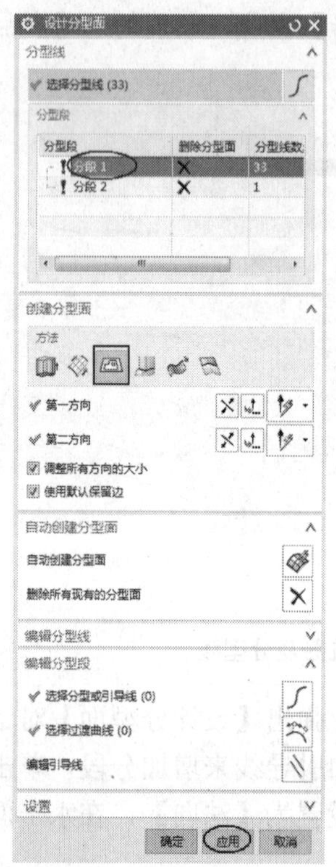

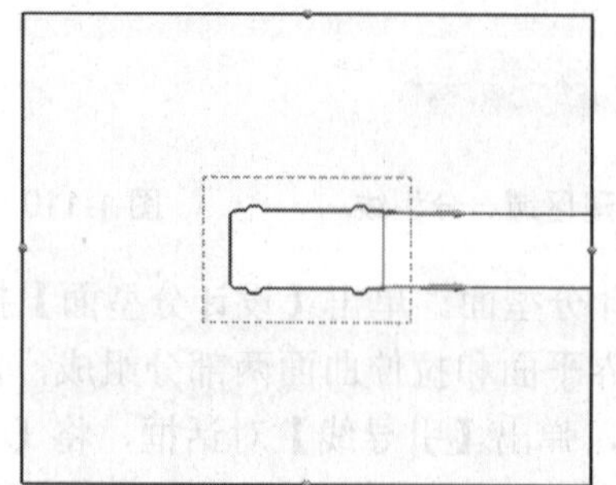

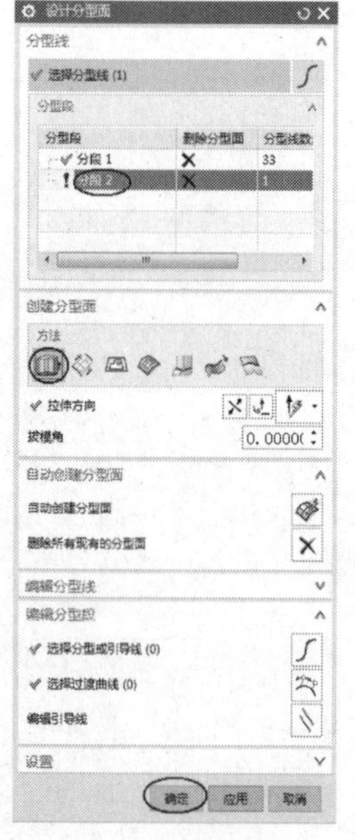

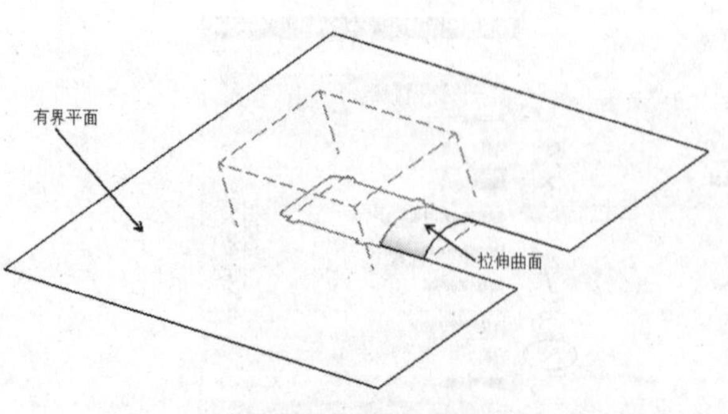

图 1-112　设计分型面(由有界平面和拉伸曲面组成)

(10) 定义型腔和型芯。单击【定义型腔和型芯】按钮，弹出【定义型腔和型芯】对话框，将【选择片体】设置为【所有区域】，单击【确定】按钮，弹出【查看分型结果】对话框，再单击【确定】按钮，得到型腔、型芯，如图 1-113 所示。

至此，模具设计的第二阶段——分型设计获得型腔和型芯完成。

(11) 通过爆炸图可查看分型结果，如图 1-114 所示。

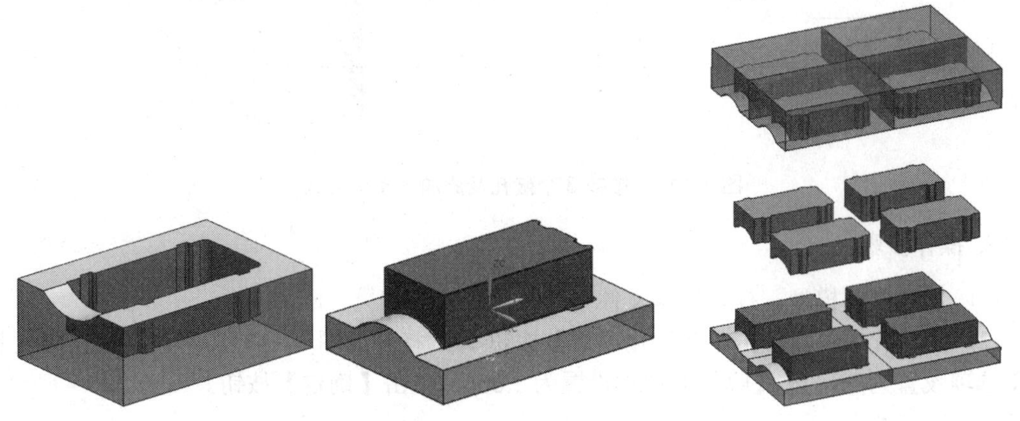

图 1-113　定义型腔和型芯　　　　图 1-114　通过爆炸图查看分型结果

提示： 若未提前修改坐标系，在添加模架后，发现型腔、型芯没有分别位于定模侧和动模侧，可以通过【模具坐标系】命令来修改坐标系，使型腔、型芯位于模架的正确位置。

1.4.3　开关屏模具分型设计(修补孔、引导线)

完成如图 1-115 所示的开关屏模具分型设计。

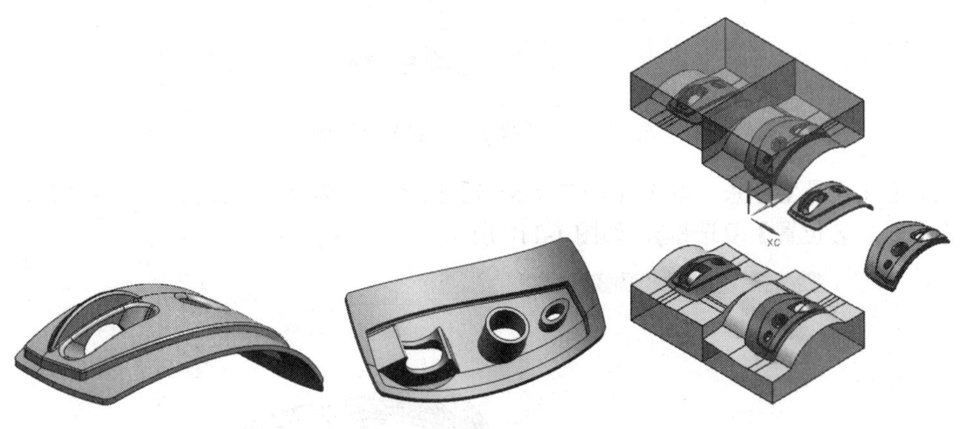

图 1-115　开关屏模具分型

1. 分析

此模型有 3 个破孔，因此需要修补孔，并且在创建分型面时需要添加如图 1-116 所示的 8 条引导线，分型面由被引导线分为扫掠平面和拉伸曲面 8 段。

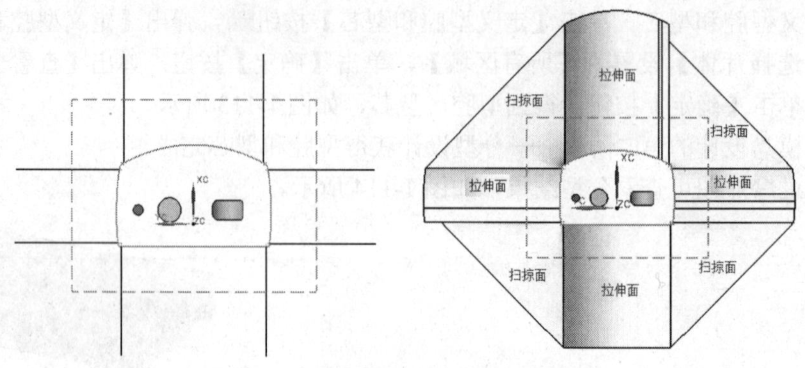

图 1-116 修补 3 个破孔及添加 8 条引导线

2. 操作步骤

(1) 加载产品模型。打开模型文件“开关屏.prt”。

(2) 初始化项目。单击【初始化项目】按钮，打开如图 1-117 所示对话框，将【材料】选项设置为 PS，将【收缩】选项设置为 1.006，单击【确定】按钮。

图 1-117 【初始化项目】对话框

(3) 定义模具坐标系。单击【模具 CSYS】按钮，选择“产品实体中心”的方式(取消勾选【锁定 Z 位置】复选框)，如图 1-118 所示。

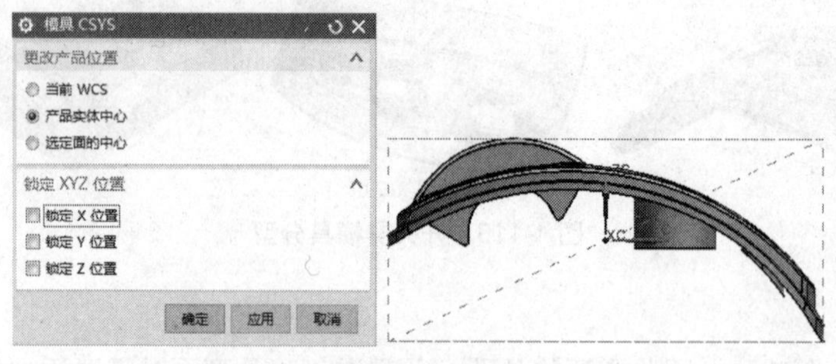

图 1-118 模具坐标系

(4) 设置收缩率。在【初始化项目】对话框中已经选择材料和设置收缩率，收缩率为 1.006，也可不做设置收缩率这一步骤。

(5) 定义工件。单击【工件】按钮，可选默认的 XY 方向和 Z 方向数值，如图 1-119 所示。

(6) 型腔布局。单击【型腔布局】按钮，打开对话框，选中【平衡】单选按钮，指定矢量方向为 X 轴正向，设置【型腔数】选项为 2，将【间隙距离】选项设置为 0，单击【开始布局】按钮，完成型腔布局。再单击【自动对准中心】按钮，使坐标系居中，关闭对话框，创建一模两腔结构，如图 1-120 所示。

图 1-119　【工件】对话框

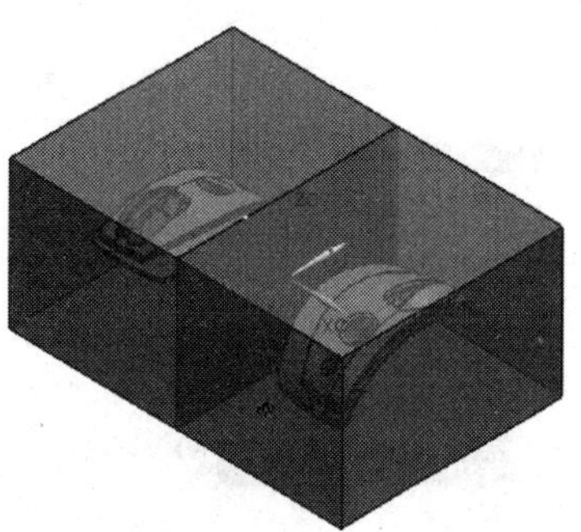

图 1-120　创建一模两腔结构

至此，模具设计的第一阶段——分型初始设置完成。

(7) 检查区域，即划分型芯、型腔区域。单击【检查区域】按钮，弹出【检查区域】对话框，首先在【计算】选项卡内单击【计算】按钮，若脱模方向不对，可在指定脱模方向时单击【反向】按钮，接着切换至【区域】选项卡，单击【设置区域颜色】按钮，使用系统自带的自动辨析功能定义产品的型腔、型芯区域分别为 68 个和 48 个面，这时显示“未定义区域”为 9 个面，勾选【交叉竖直面】和【交叉区域面】复选框，选中【型腔区域】单选按钮，单击【应用】按钮，再做适当调整使型腔、型芯区域分别为 77 和 48，这时显示“未定义区域”为 0，如图 1-121 所示。单击【确定】或【取消】按钮，关闭【检查区域】对话框，完成划分区域。

(8) 修补孔。该模型有 3 个孔需要修补，可采用【曲面补片】命令创建修补曲面来完成。单击【分型刀具】库中的【曲面补片】按钮，弹出如图 1-122 所示的【边修补】对话框，在【类型】组中设置【选择体】选项，在绘图区选择实体，单击【确定】或【应用】按钮后，系统自动修补检测到 3 个破孔，补片后的结果显示 “未能修补所有环”，继续采用“移刀”类型，选择未能修补的那个环，单击【确定】按钮，完成所有 3 个破孔的修补。单击【分型导航器】按钮，打开【分型导航器】对话框，取消【产品实体】复选框的勾选，就会清楚地看到修补了 3 个破孔，如图 1-123 所示。

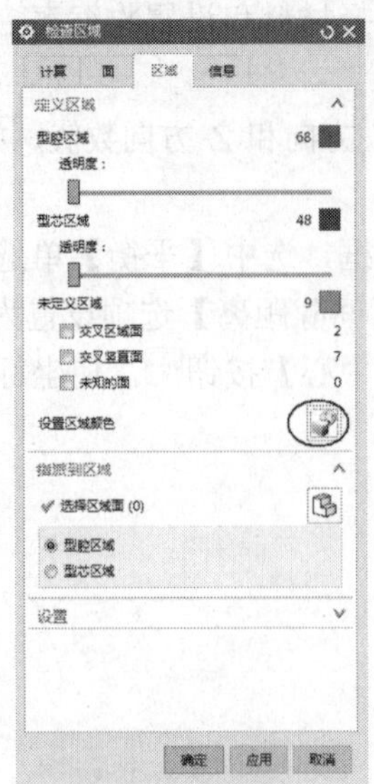

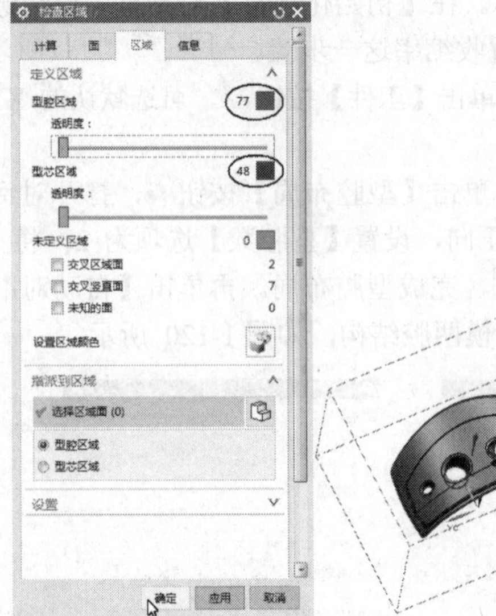

图 1-121　划分型腔、型芯区域

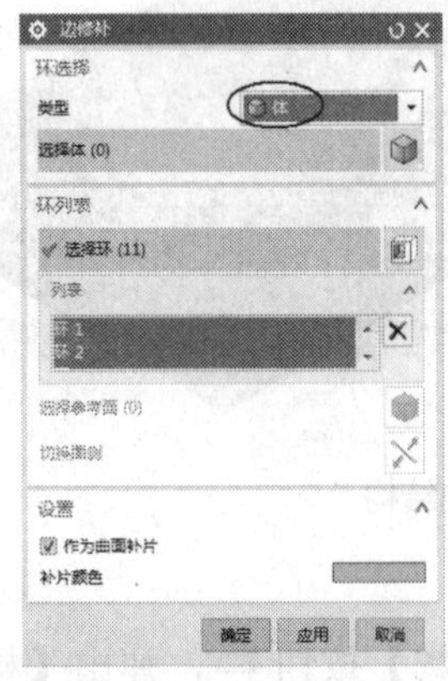

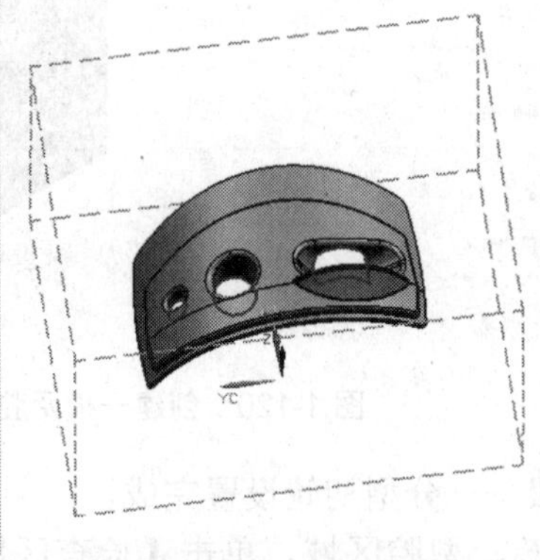

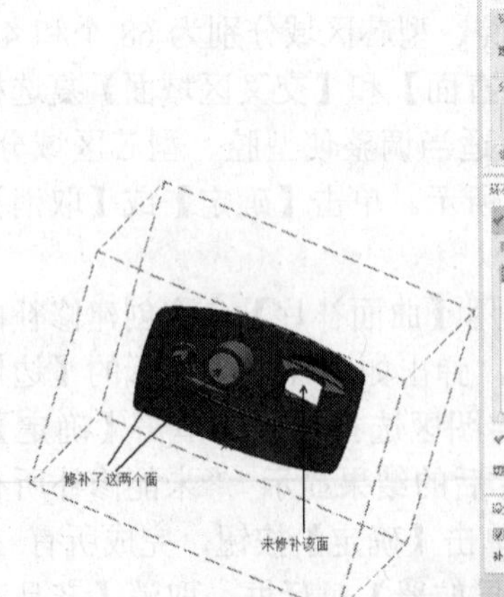

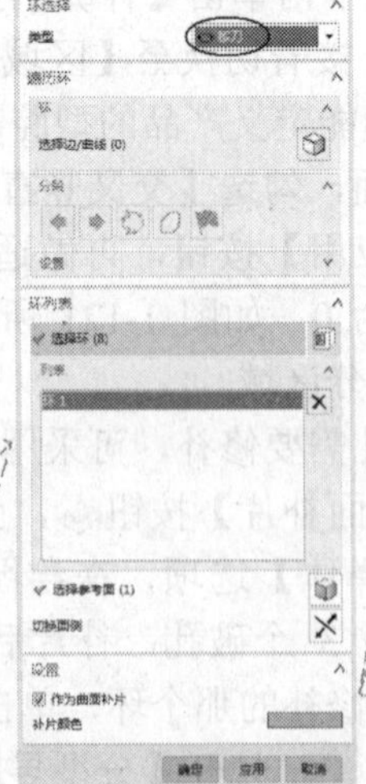

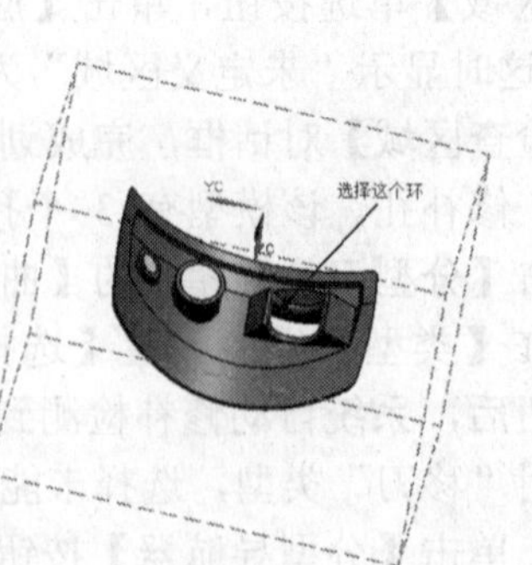

图 1-122　【边修补】对话框

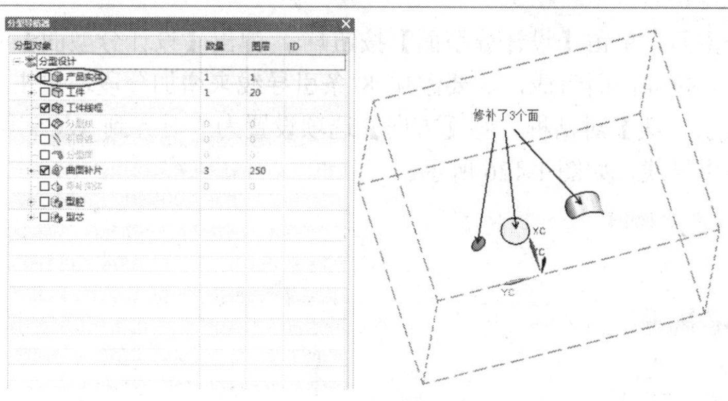

图 1-123　修补孔的结果

(9) 定义区域。单击【定义区域】按钮，弹出【定义区域】对话框，在【定义区域】组的列表框中选择“所有面”，在【设置】组中勾选【创建区域】和【创建分型线】复选框，单击【确定】按钮，如图 1-124 所示，完成创建区域(即内分型面)和创建分型线的操作。

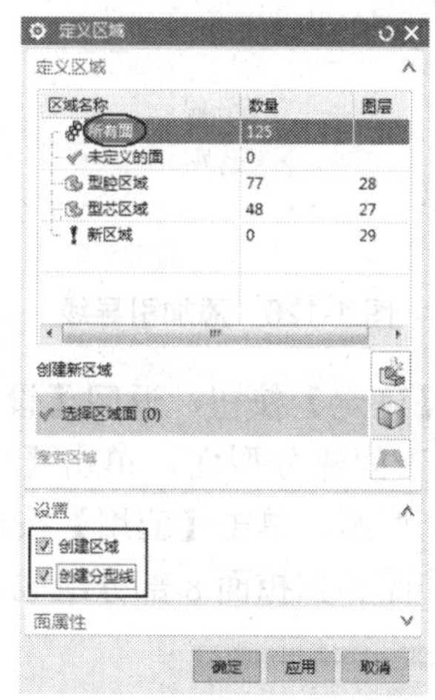

图 1-124　创建区域、创建分型线

单击【分型导航器】按钮，弹出【分型导航器】对话框，取消【产品实体】复选框的勾选，就会清楚地看到分型线，如图 1-125 所示。

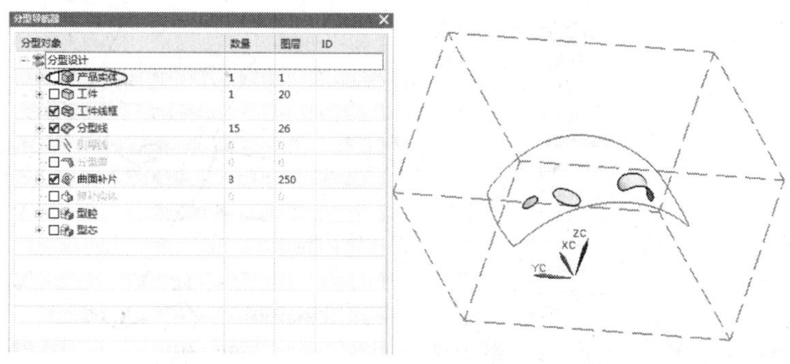

图 1-125　分型导航器及分型线

(10) 设计分型面。单击【设计分型面】按钮，弹出【设计分型面】对话框，由于分型面由扫掠平面和拉伸曲面组成，需要添加 8 条引导线来增加分段，单击【编辑引导线】按钮，弹出【引导线】对话框，将【方向】选项设置为“对齐到 WCS 轴”，在 4 个圆角处各添加 2 条引导线，如图 1-126 所示。

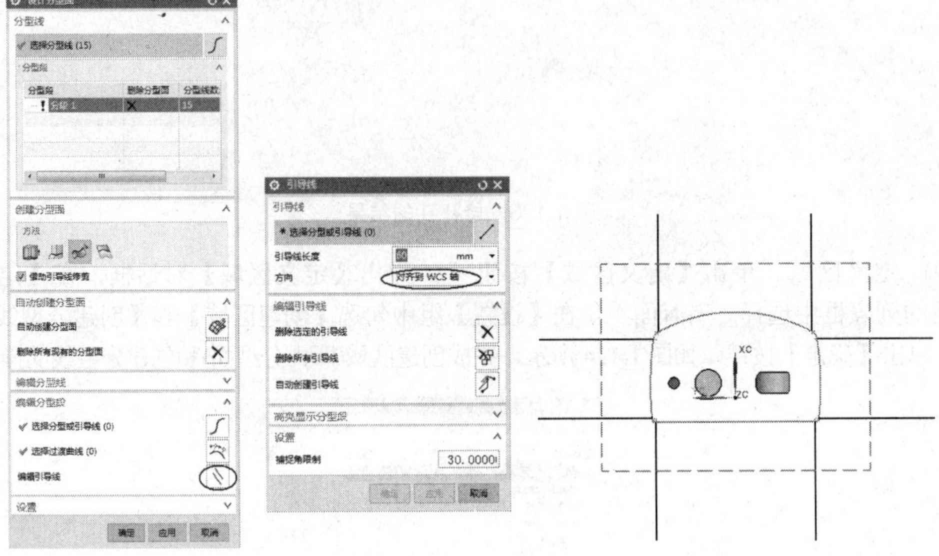

图 1-126 添加引导线

在【引导线】对话框中单击【确定】按钮，返回【设计分型面】对话框，先选择列表框中的“分段 1”，采用“拉伸”创建分型面，单击【应用】按钮，再选择列表框中的“分段 2”，采用“扫掠”创建分型面，单击【应用】按钮，重复操作，完成 8 个分段的分型面创建。分型面由相间的拉伸面和扫掠面 8 部分组成，如图 1-127 所示。

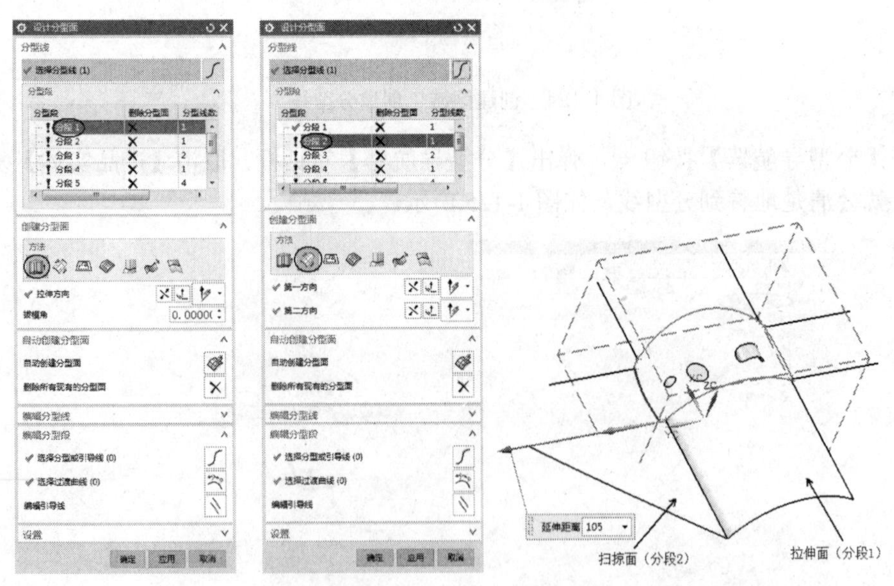

图 1-127 设计分型面(由 4 个扫掠平面和 4 个拉伸曲面组成)

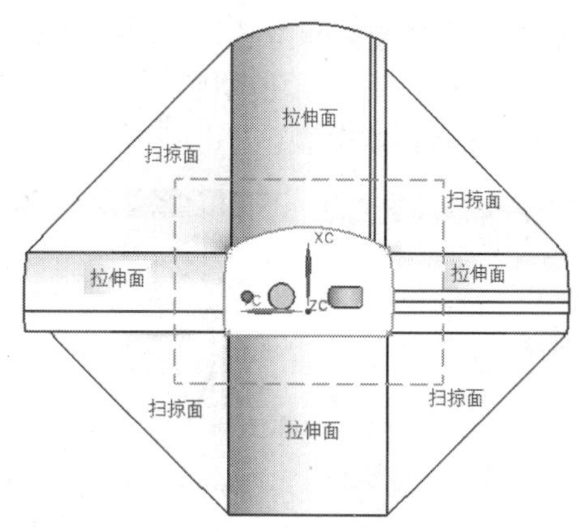

图 1-127　设计分型面(由 4 个扫掠平面和 4 个拉伸曲面组成)(续)

(11) 定义型腔和型芯。单击【定义型腔和型芯】按钮，弹出【定义型腔和型芯】对话框，将【选择片体】选项设置为“所有区域”，单击【确定】按钮，弹出【查看分型结果】对话框，再单击【确定】按钮，得到型腔、型芯，如图 1-128 所示。

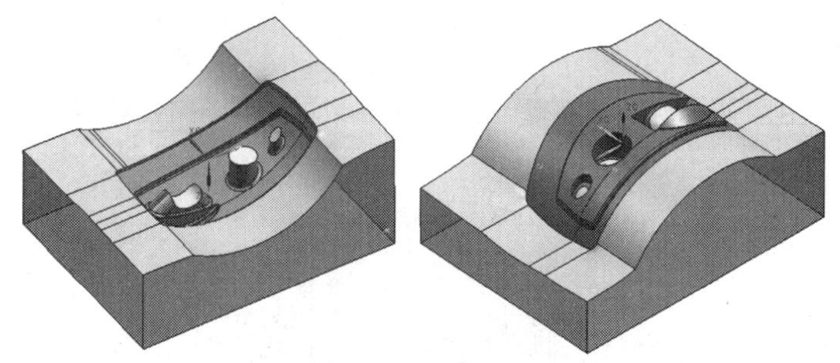

图 1-128　定义型腔和型芯

至此，模具设计的第二阶段——分型设计获得型腔和型芯完成。

提示： 若在分型时出现如图 1-129 所示情况，则说明分型没有成功，型腔、型芯零件还属于工件，是未分开的样子。

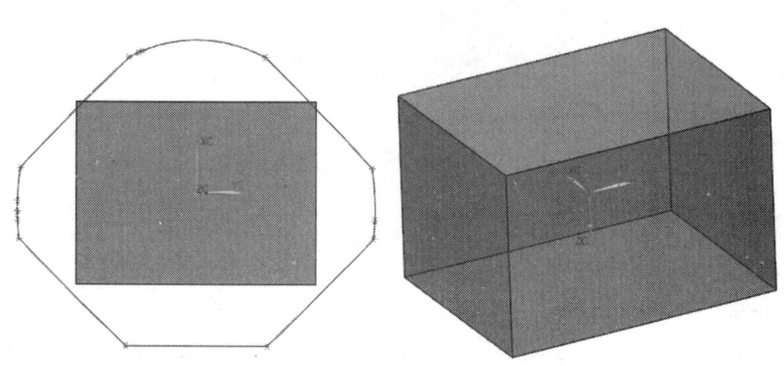

图 1-129　分型不成功

此时如果已经分型，则会在【定义型腔和型芯】对话框中显示型腔、型芯处为对钩✔，需要先抑制分型，单击【抑制分型】按钮，使型腔、型芯处显示图标，如图 1-130 所示。若已经分型，必须抑制分型才能再次分型。

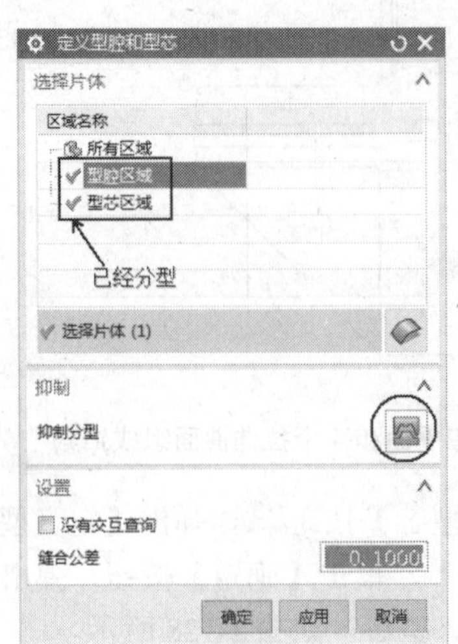

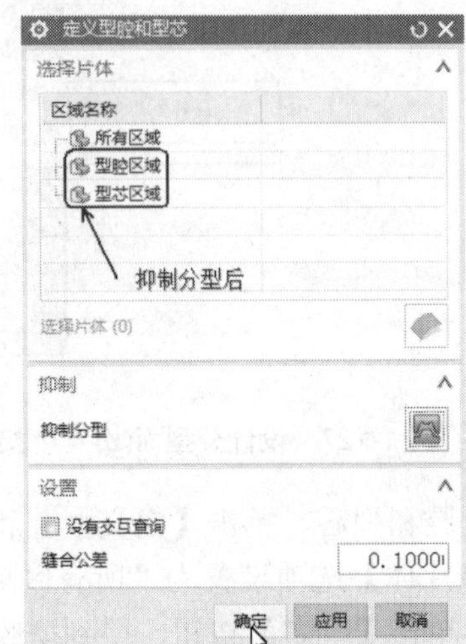

图 1-130　抑制分型

分型不成功是由于外分型面没有超出工件所导致的，如图 1-131 所示。

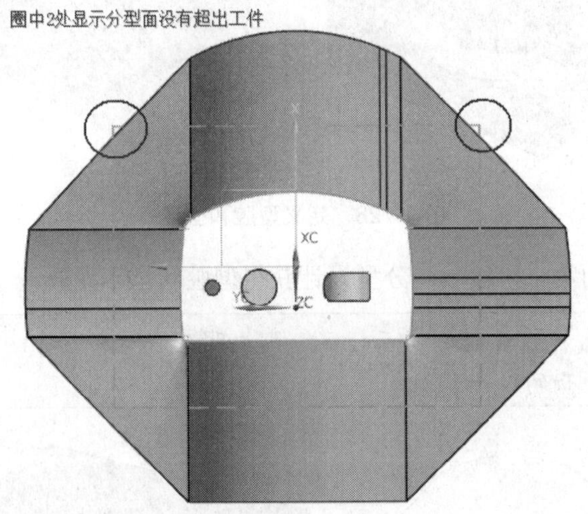

图 1-131　外分型面没有超出工件

可以单击【设计分型面】按钮，打开【设计分型面】对话框，找到分型面大小不够的那段，加大延伸距离后，单击【应用】按钮，使该段分型面范围加大，从而超出工件虚框，如图 1-132 所示。

或者在【设计分型面】对话框中，将【设置】组中的【分型面长度】选项设置为 160(改变之前为 60)，按 Enter 键后可使所有段的分型面范围加大，从而超出工件虚框，如图 1-133 所示。

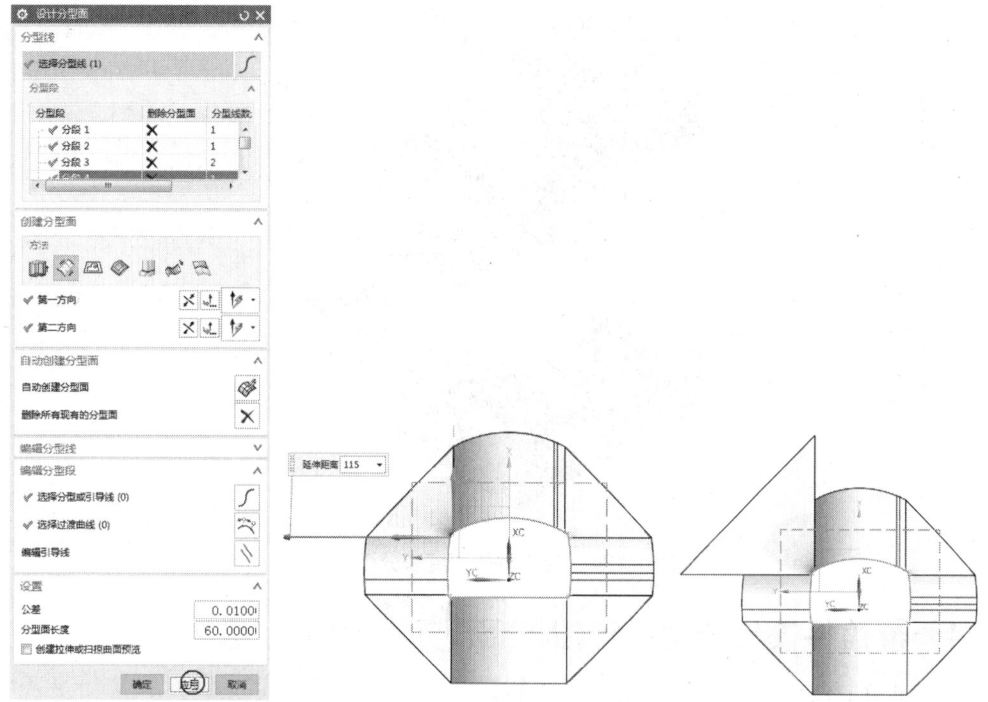

图 1-132　加大延伸距离使外分型面超出工件

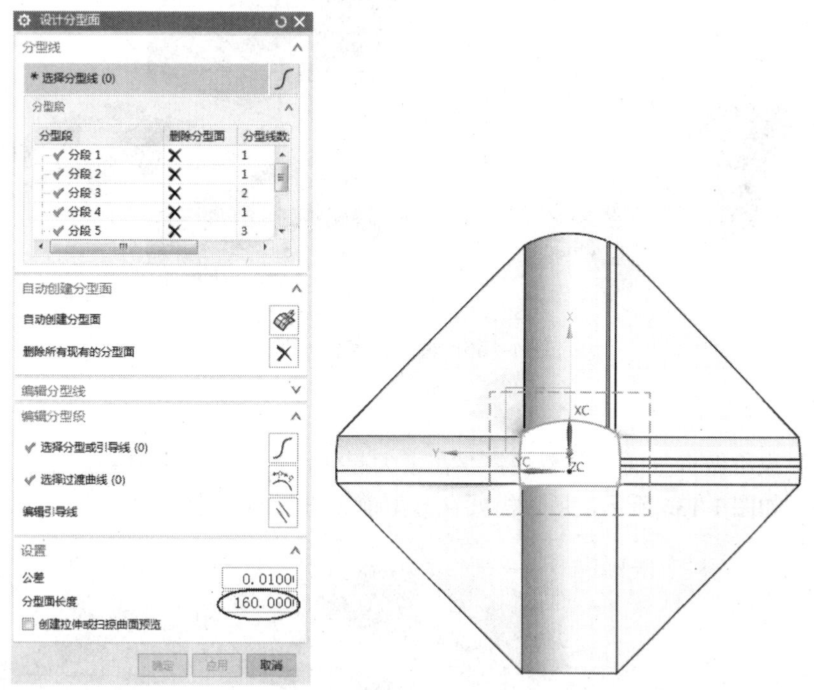

图 1-133　加大分型面长度使外分型面超出工件

(12) 通过爆炸图可查看分型结果，如图 1-134 所示。

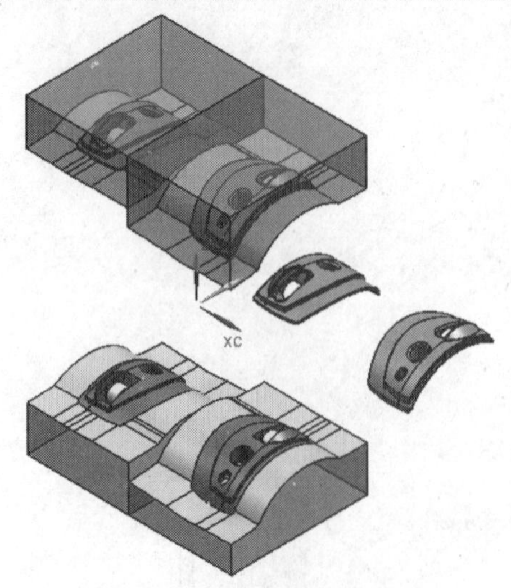

图 1-134　通过爆炸图查看分型结果

1.4.4　覆盖件模具分型设计(拆分面、引导线)

完成如图 1-135 所示的覆盖件模具分型设计。

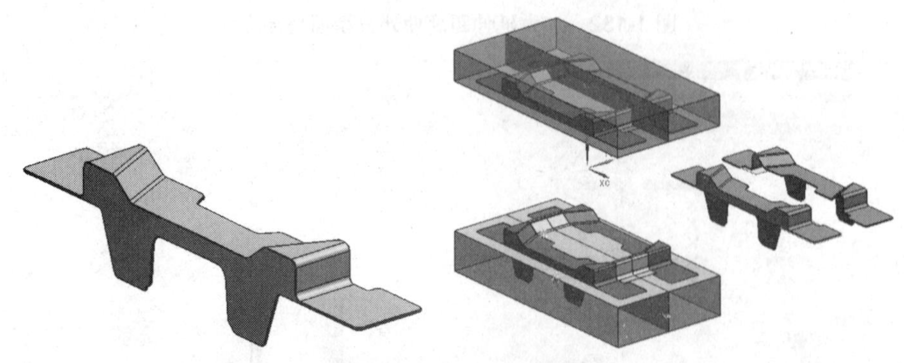

图 1-135　覆盖件模具分型

1. 分析

此模型如果不做拆分面，分型线将存在很大起伏，在模具分型时会产生不便于加工的型腔、型芯，如图 1-136 所示，所以需要在分型前先进行面拆分。

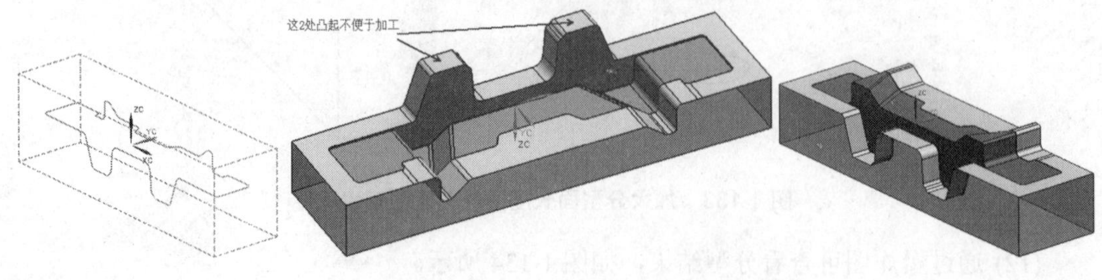

图 1-136　不便于加工的型腔、型芯

在创建分型面时需要添加如图 1-137 所示的 2 条引导线，使分型面被引导线分为有界平面和拉伸曲面两段。

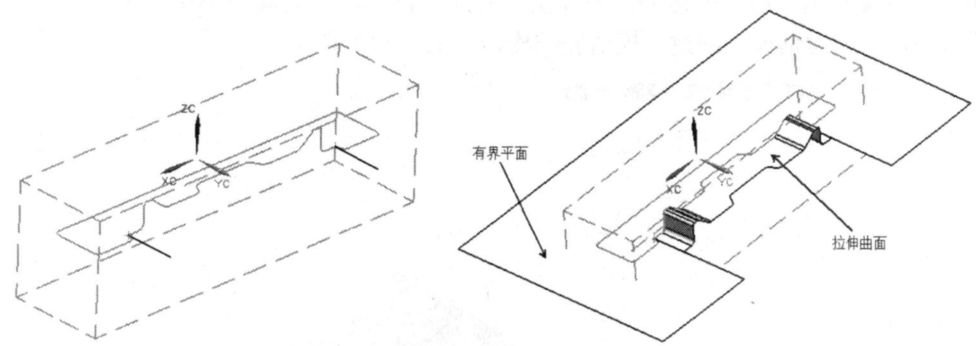

图 1-137　添加 2 条引导线

2. 操作步骤

(1) 加载产品模型。打开模型文件“覆盖件.prt”。

(2) 初始化项目。单击【初始化项目】按钮，打开如图 1-138 所示对话框，将【材料】选项设置为“ABS+PC”，将【收缩】选项设置为 1.0055，单击【确定】按钮。

(3) 定义模具坐标系。单击【模具 CSYS】按钮，选择当前坐标系的方式，即坐标系方位不变，也可不做这一步骤。

(4) 设置收缩率。在【初始化项目】对话框中已经选择材料和设置收缩率，收缩率为 1.0055，可不做设置收缩率这一步骤。

(5) 定义工件。单击【工件】按钮，可选择默认的 XY 方向和 Z 方向数值，如图 1-139 所示。

图 1-138　【初始化项目】对话框

图 1-139　【工件】对话框

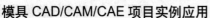

(6) 型腔布局。单击【型腔布局】按钮，打开【型腔布局】对话框，选中【平衡】单选按钮，指定矢量方向为 Y 轴正向，设置【型腔数】为 2，并将【间隙距离】选项设置为 0，单击【开始布局】按钮，完成型腔布局。再单击【自动对准中心】按钮，使坐标系居中，关闭对话框，创建一模两腔结构，如图 1-140 所示。

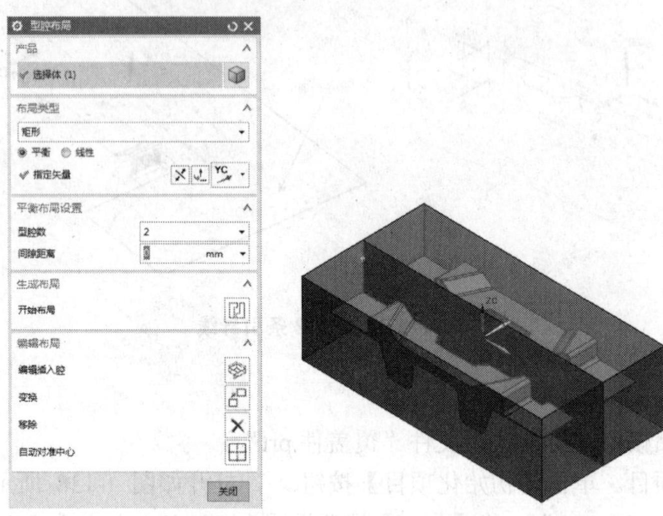

图 1-140 创建一模两腔结构

至此，模具设计的第一阶段——分型初始设置完成。

(7) 拆分面。单击【注塑模工具】库中的【拆分面】按钮，弹出【拆分面】对话框，将【类型】选项设置为“平面/面”，在绘图区选择模型上需要拆分的面，在【分割对象】组中单击【添加基准平面】按钮，进入【基准平面】对话框，将【类型】选项设置为“自动判断”，在绘图区选择模型上两条不平行的直线以确定一个基准平面，单击【确定】按钮，返回【拆分面】对话框，再单击【确定】按钮，完成拆分面，如图 1-141 所示。

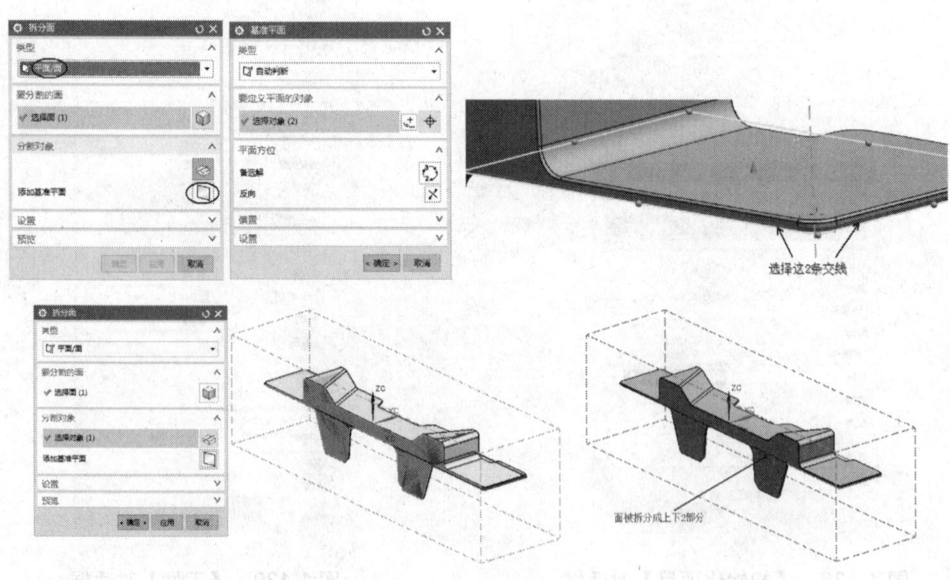

图 1-141 拆分面

> **提示：** 拆分面的操作也可以在【检查区域】对话框的【面】选项卡中进行面拆分，如图 1-142 所示。注意拆分面完成后还需要切换至【计算】选项卡，进行计算。

(8) 检查区域。即划分型芯、型腔区域。单击【检查区域】按钮，弹出【检查区域】对话框，首先在【计算】选项卡内单击【计算】按钮，若脱模方向不对，可在指定脱模方向时单击【反向】按钮，接着切换至【区域】选项卡，单击【设置区域颜色】按钮，使用系统自带的自动辨析功能定义产品的型腔、型芯区域分别为 75 个和 137 个面，这时显示“未定义区域”为 24 个面(均为交叉竖直面)，勾选【交叉竖直面】复选框，选中【型腔区域】单选扫钮，单击【应用】按钮，这时型腔、型芯区域分别为 97 和 137，显示“未定义区域”为 0，如图 1-143 所示。单击【确定】或【取消】按钮，关闭【检查区域】对话框，完成划分区域。

图 1-142　进行面拆分

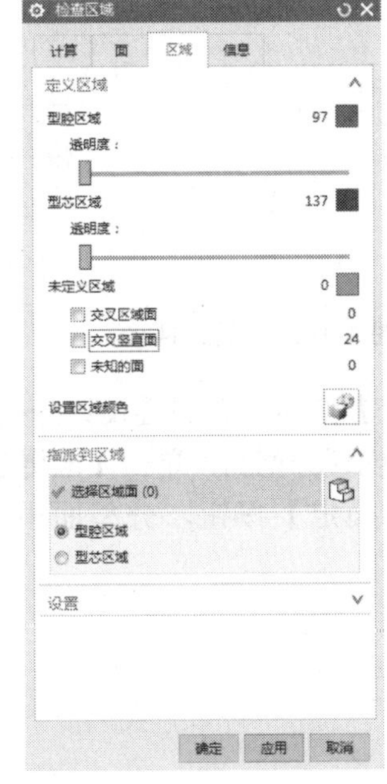

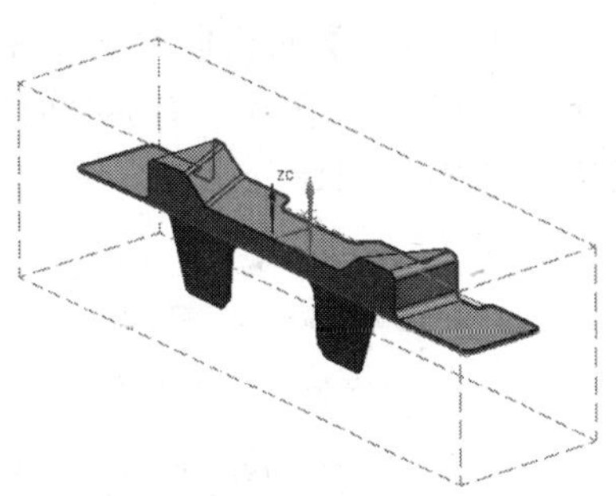

图 1-143　划分型腔、型芯区域

(9) 定义区域。单击【定义区域】按钮，打开【定义区域】对话框，在【定义区域】组的列表框中选择“所有面”，在【设置】组中勾选【创建区域】和【创建分型线】复选框，单击【确定】按钮，如图 1-144 所示，完成创建区域(即内分型面)和创建分型线的操作。

单击【分型导航器】按钮，打开【分型导航器】对话框，取消【产品实体】复选框的勾选，隐藏基准平面，就会清楚地看到分型线，如图 1-145 所示。

(10) 设计分型面。单击【设计分型面】按钮，打开【设计分型面】对话框，因为分型面由有界平面和拉伸曲面两部分组成，需要添加引导线来增加分段，单击【编辑引导线】按钮，打开【引导线】对话框，方向可选择“法向”，在水平面曲线和竖直面曲线分界处添加 2 条引导线，如图 1-146 所示。

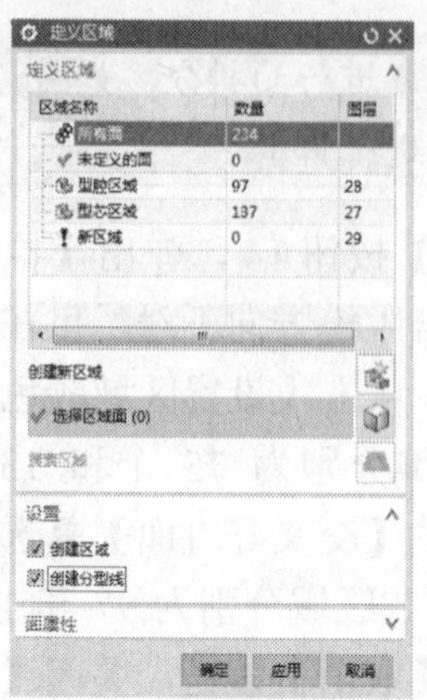

图 1-144　创建区域、创建分型线

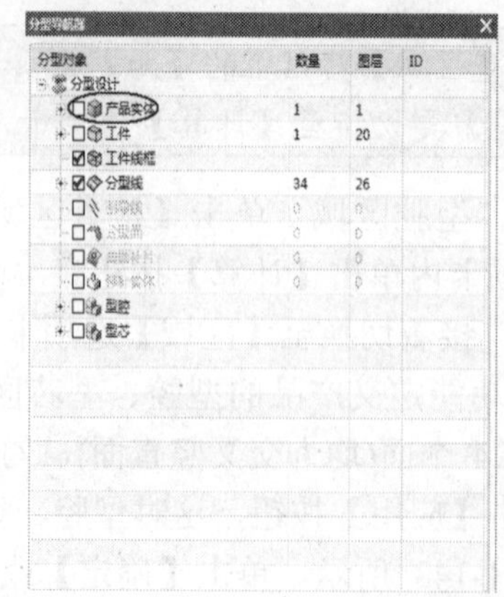

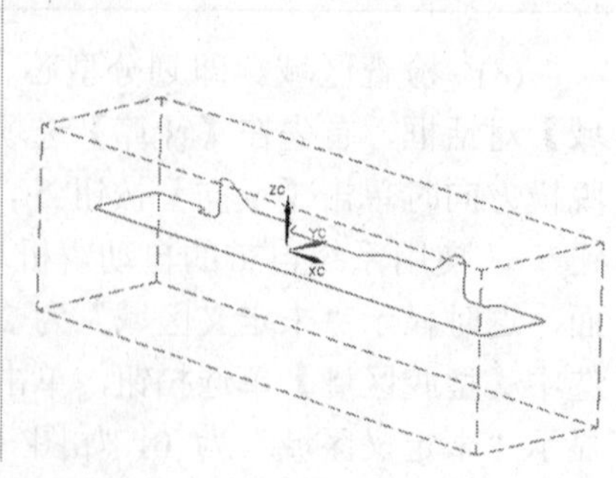

图 1-145　分型导航器及分型线

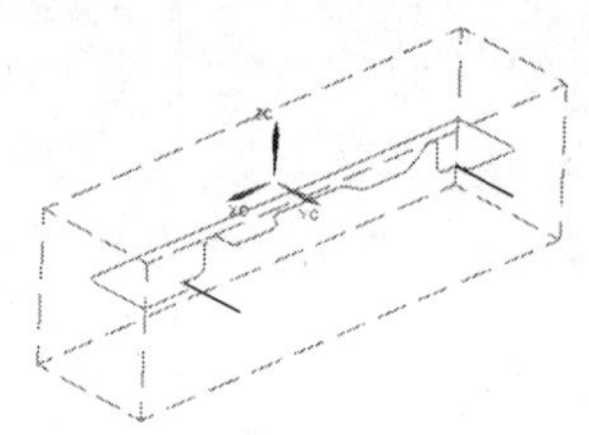

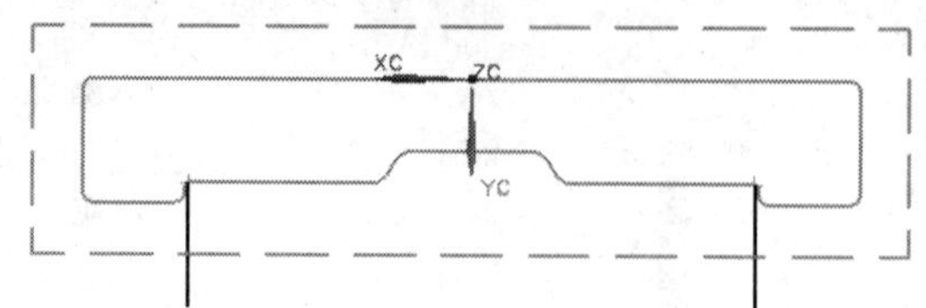

图 1-146　添加引导线

在【引导线】对话框单击【确定】按钮，返回【设计分型面】对话框，先在列表框中选择“分段 1”，采用“有界平面”创建分型面，单击【应用】按钮，再选择“分段 2”，采用“拉伸”创建分型面，单击【确定】按钮，分型面由这两部分组成，如图 1-147 所示。

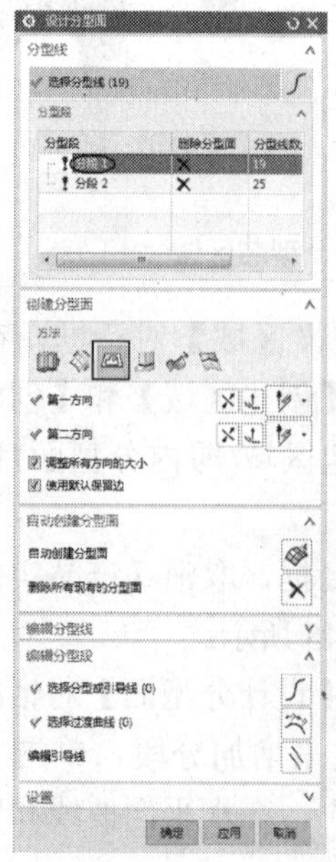

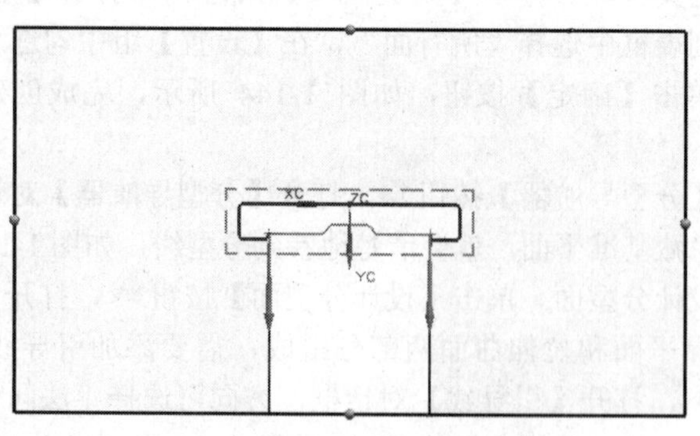

图 1-147　设计分型面(由有界平面和拉伸曲面组成)

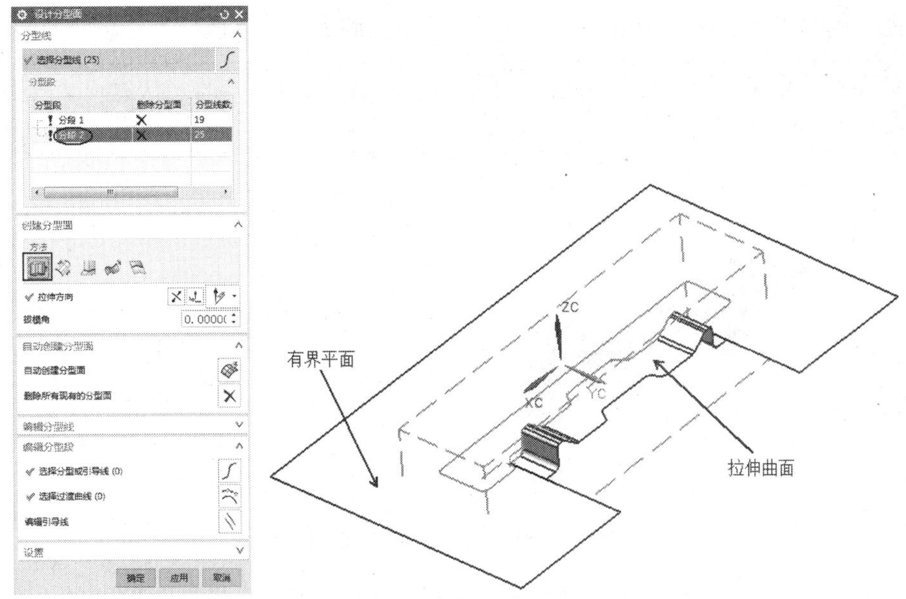

图 1-147　设计分型面(由有界平面和拉伸曲面组成)(续)

(11) 定义型腔和型芯。单击【定义型腔和型芯】按钮，打开【定义型腔和型芯】对话框，将【选择片体】选项设置为“所有区域”，单击【确定】按钮，弹出【查看分型结果】对话框，再单击【确定】按钮，得到型腔、型芯，如图 1-148 所示。

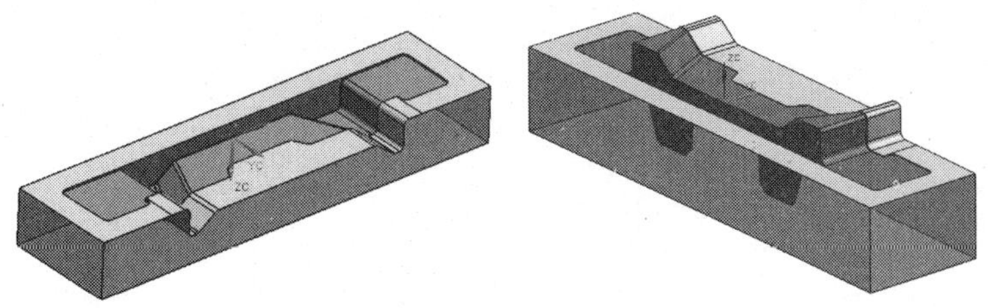

图 1-148　定义型腔和型芯

注意： 若型芯有如图 1-149 所示的 2 处狭小深槽无法加工，可通过镶件形成开放区域，以便于加工。

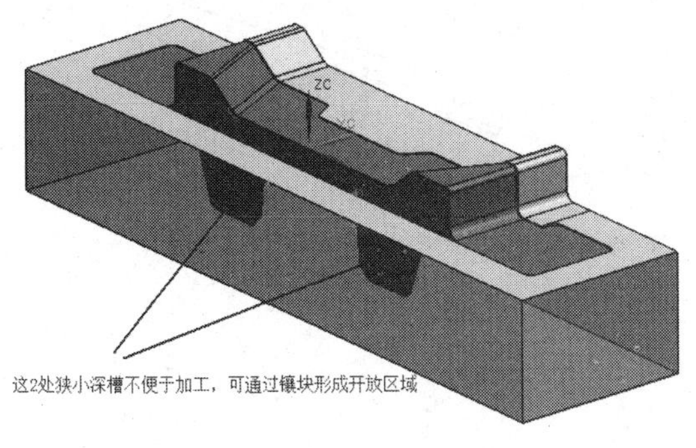

图 1-149　2 处狭小深槽

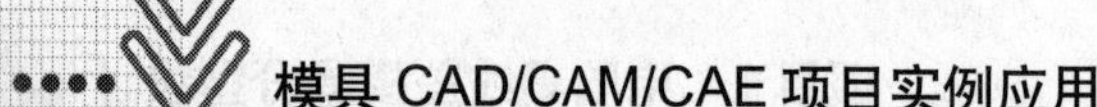

至此，模具设计的第二阶段——分型设计获得型腔和型芯完成。

提示：若在分型前不进行拆分面的操作，所获得的分型线便会存在很大起伏，如图 1-150 所示。

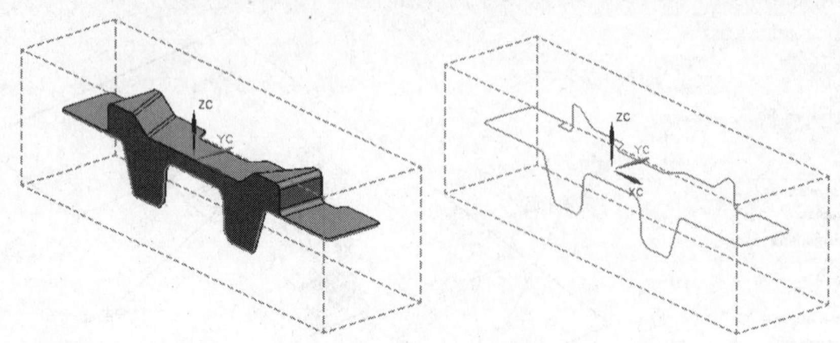

图 1-150　起伏很大的分型线

接下来在该分型线处添加 4 条引导线，使分型面由 2 个有界平面和 2 个拉伸曲面构成，如图 1-151 所示。

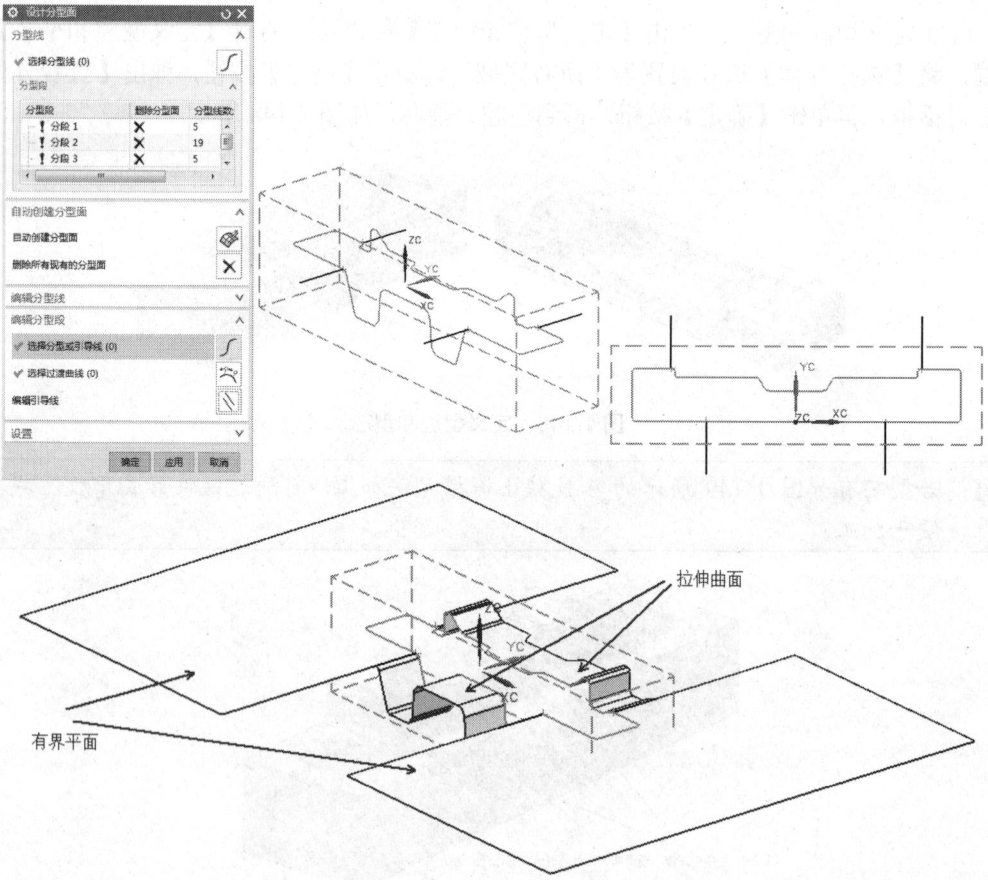

图 1-151　创建分型面

获得的型腔、型芯如图 1-152 所示，由于不便于加工，所以不采用这样的分型形式。

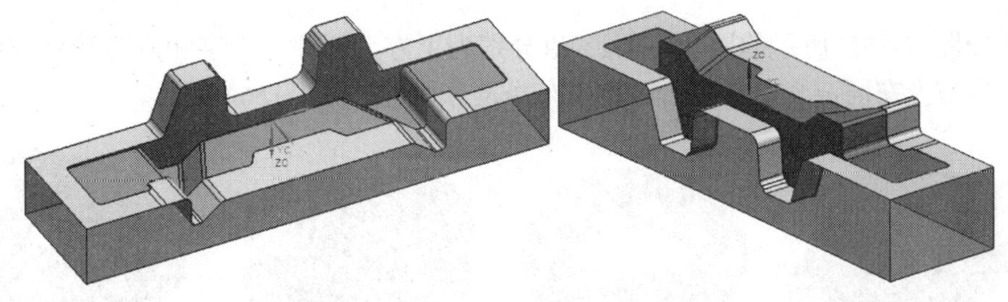

图 1-152　不便于加工的型腔、型芯

(12) 通过爆炸图可查看分型结果，如图 1-153 所示，并与不进行面拆分的如图 1-154 所示分型结果进行比较。

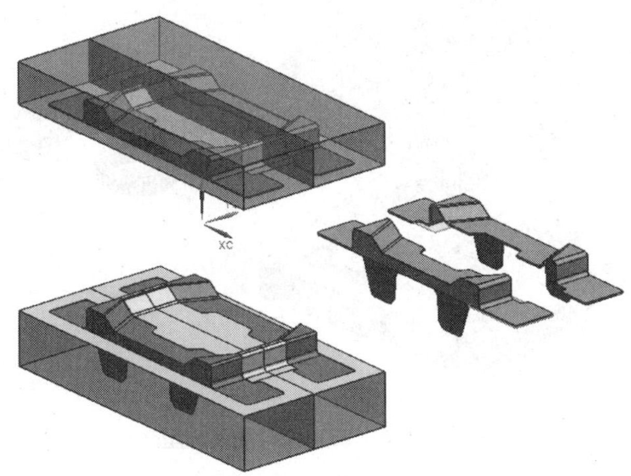

图 1-153　通过爆炸图查看分型结果(拆分面)

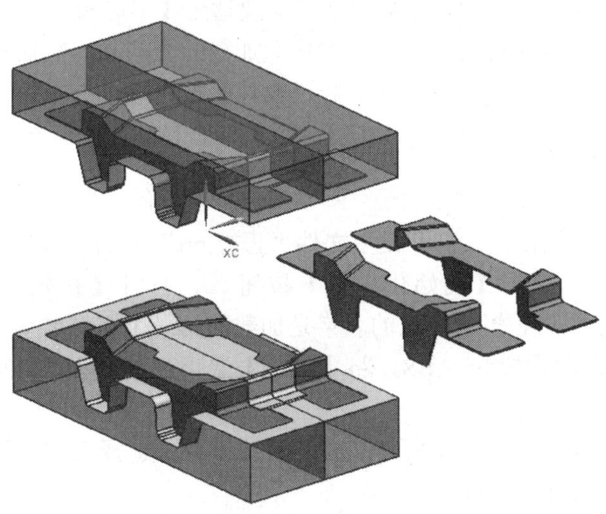

图 1-154　通过爆炸图查看分型结果(未拆分面)

1.4.5 四个不同产品的多腔模布局及分型(多腔模设计)

完成如图 1-155 所示的四个不同形状(分别为正方、圆柱、十字和六方形状)但尺寸接近的玩具模型及在同一套模具中的四腔模布局及分型，如图 1-156 所示。

图 1-155 四个不同形状尺寸接近的玩具模型

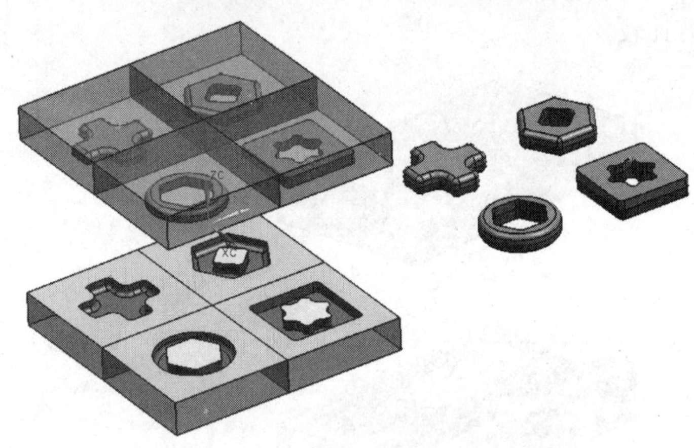

图 1-156 四腔模布局及分型

1. 分析

四个不同形状产品的一模四腔布局及分型需要通过【多腔模设计】按钮切换选择不同的活动部件来完成，首先使用“项目初始化”加载一个产品，然后使用“项目初始化”加载不同的产品。在模具设计中使用【多腔模设计】按钮逐个选择每个产品模型，然后进行初始设置及分型设计即可。四个产品中有 3 个需要修补破孔才能分型。

2. 操作步骤

(1) 加载第一个产品模型。打开模型文件“正方.prt”，如图 1-157 所示。

(2) 初始化项目。单击【初始化项目】按钮，打开【初始化项目】对话框，在 Name 文本框中输入“四腔模”(默认的名字是加载的第一个产品名字“正方”，需要修改名字)，将【材料】选项设置为 ABS，将【收缩】选项设置变为 1.006，单击【确定】按钮，如图 1-158 所示。

(3) 定义模具坐标系。单击【模具 CSYS】按钮，选择当前坐标系的方式，即坐标系方位不变，也可不做这一步骤。

(4) 设置收缩率。在【初始化项目】对话框中已经选择材料和设置收缩率，收缩率为 1.006，可不做设置收缩率这一步骤。

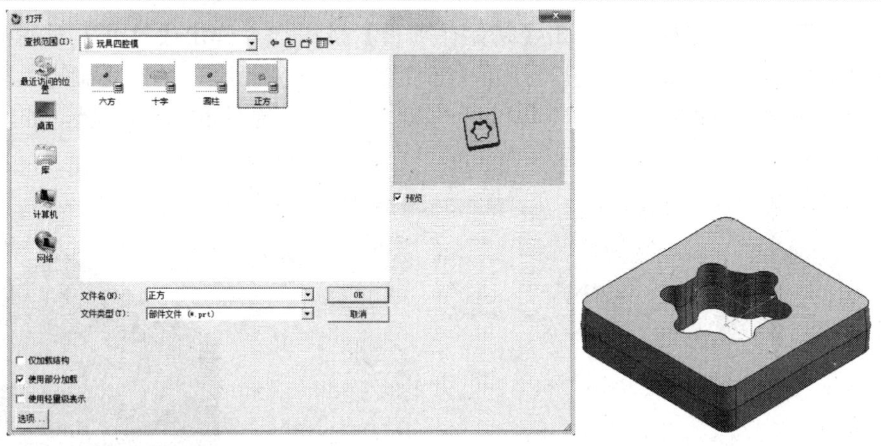

图 1-157　加载第一个产品“正方.prt”

图 1-158　【初始化项目】对话框

(5) 定义工件。单击【工件】按钮，可选择默认 XY 方向和 Z 方向数值，如图 1-159 所示。

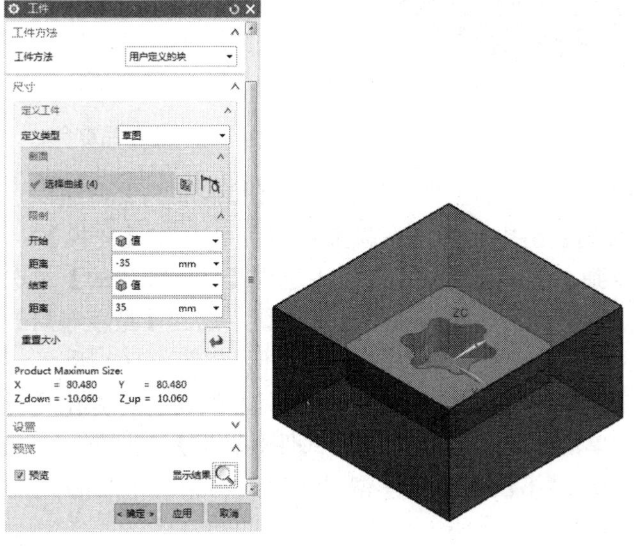

图 1-159　定义工件

(6) 加载第二个产品模型。单击【初始化项目】按钮，弹出【打开】对话框，选择产品模型“圆柱”，单击 OK 按钮，打开【部件名管理】对话框，单击【确定】按钮，加载第二个产品模型，此时第二个产品模型与第一个产品模型重合在一起，如图 1-160 所示。

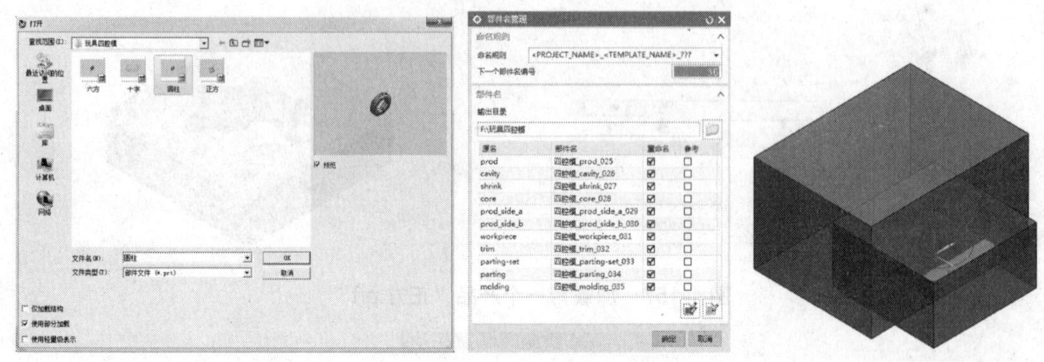

图 1-160 加载第二个产品模型

(7) 为加载的第二个产品模型定义工件。单击【工件】按钮，可选择默认 XY 方向和 Z 方向数值，这时第二个产品模型与第一个产品模型重合在一起，两个产品模型的工件也重合在一起，如图 1-161 所示。

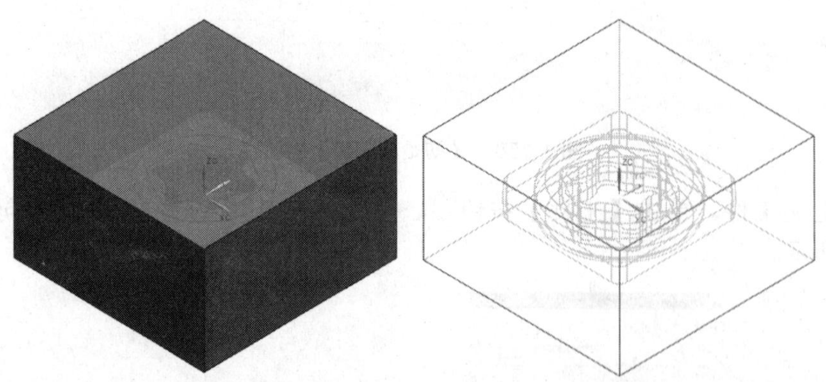

图 1-161 定义第二个产品的工件(与第一个产品重合)

(8) 编辑布局使两个重合的工件分开。单击【型腔布局】按钮，弹出【型腔布局】对话框，在【编辑布局】组中单击【变换】按钮，弹出【变换】对话框，将【变换类型】选项设置为“点到点”，在【结果】组中选中【移动原先的】单选按钮，在绘图区模型上分别指定出发点和目标点，单击【确定】按钮，返回【型腔布局】对话框，单击【关闭】按钮，完成编辑布局，使两个重合的工件分开，如图 1-162 所示。

(9) 加载第三个产品模型。单击【初始化项目】按钮，弹出【打开】对话框，选择产品模型“十字”，单击 OK 按钮，弹出【部件名管理】对话框，单击【确定】按钮，加载第三个产品模型，这时第三个产品模型“十字”与第二个产品模型“圆柱”重合在一起，如图 1-163 所示。

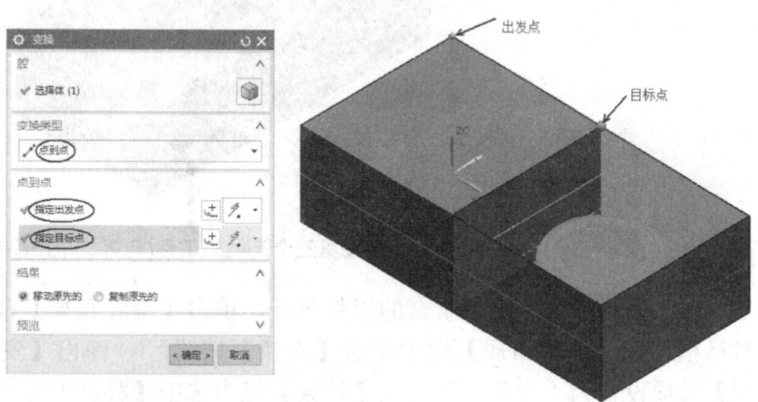

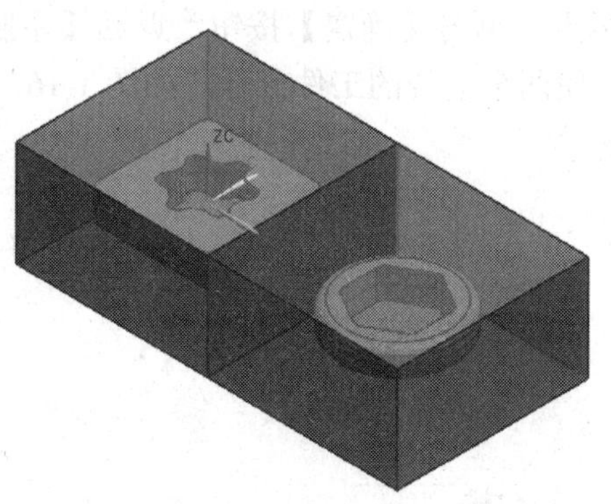

图 1-162　编辑布局使重合的两个工件分开

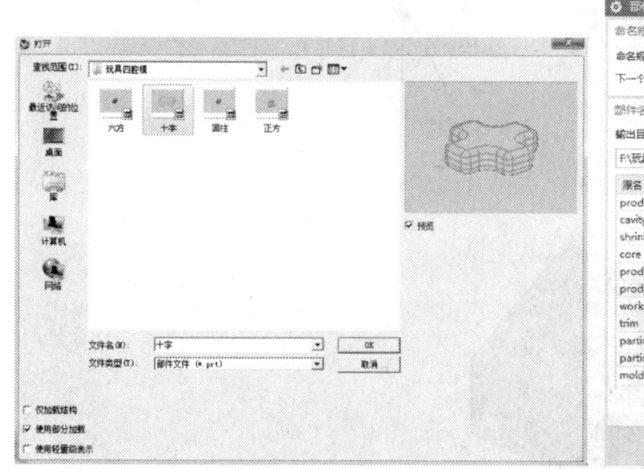

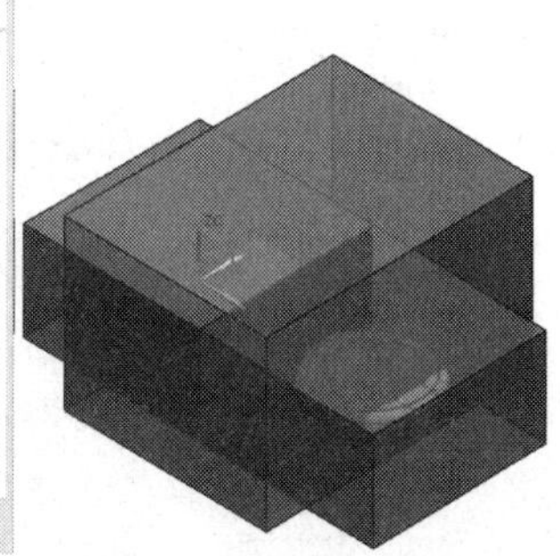

图 1-163　加载第三个产品

(10) 为加载的第三个产品模型定义工件。单击【工件】按钮，可选择默认 XY 方向和 Z 方向数值，这时第三个产品模型与第二个产品模型重合在一起，两个产品模型的工件也重合在一起，如图 1-164 所示。

图 1-164　定义第三个产品的工件(与第二个产品重合)

(11) 编辑布局使两个重合的工件分开。单击【型腔布局】按钮，弹出【型腔布局】对话框，在【编辑布局】组中单击【变换】按钮，弹出【变换】对话框，将【变换类型】选项设置为“点到点”，在【结果】组中选中【移动原先的】单选按钮，在绘图区模型上分别指定出发点和目标点，单击【确定】按钮，返回【型腔布局】对话框，单击【关闭】按钮，完成编辑布局，使两个重合的工件分开，如图 1-165 所示。

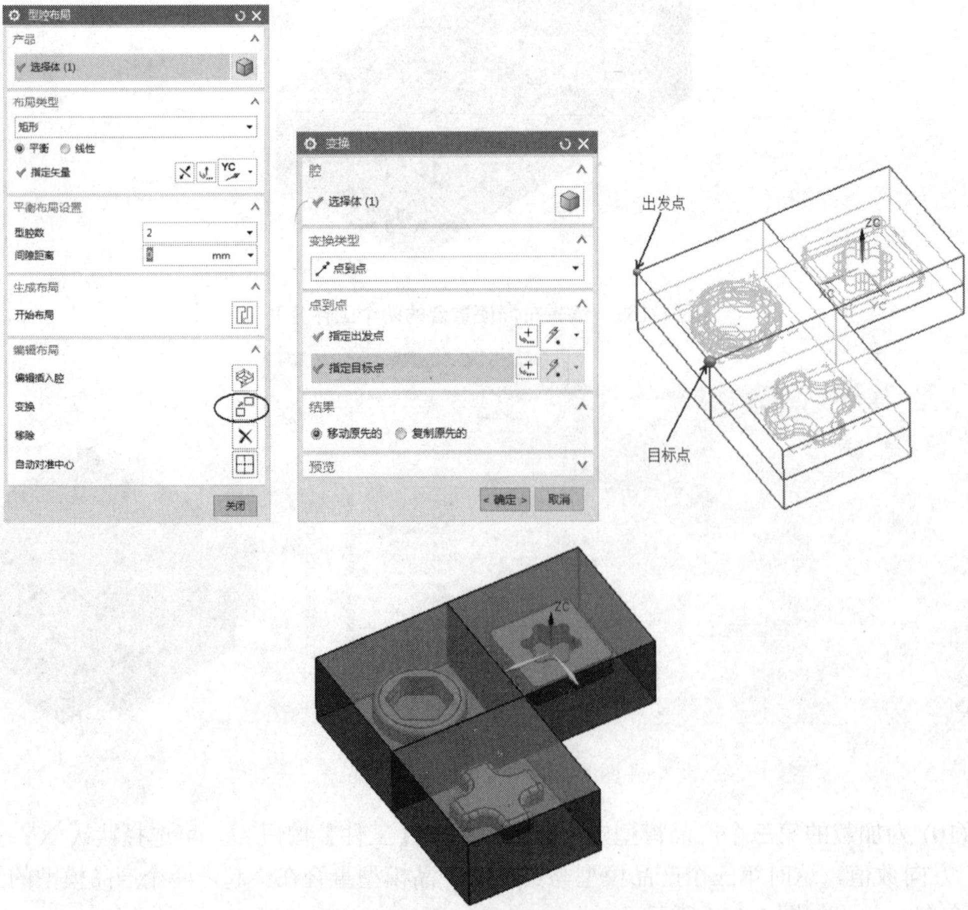

图 1-165　编辑布局使重合的两个工件分开

(12) 加载第四个产品模型。单击【初始化项目】按钮，弹出【打开】对话框，选择产品模型“六方”，单击 OK 按钮，弹出【部件名管理】对话框，单击【确定】按钮，加载第四个产品模型，这时第四个产品模型“六方”与第三个产品模型“十字”重合在一起，如图 1-166 所示。

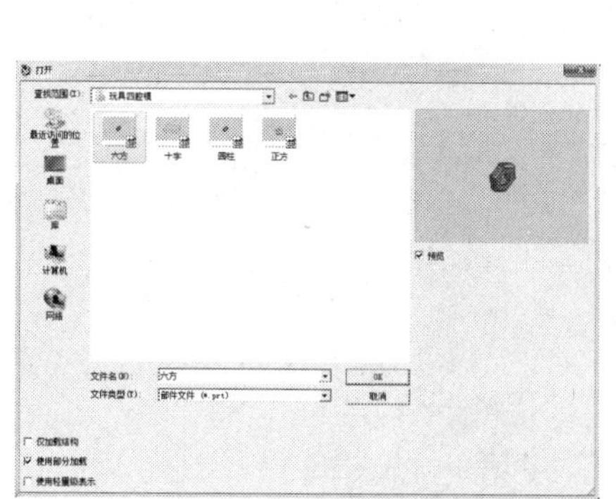

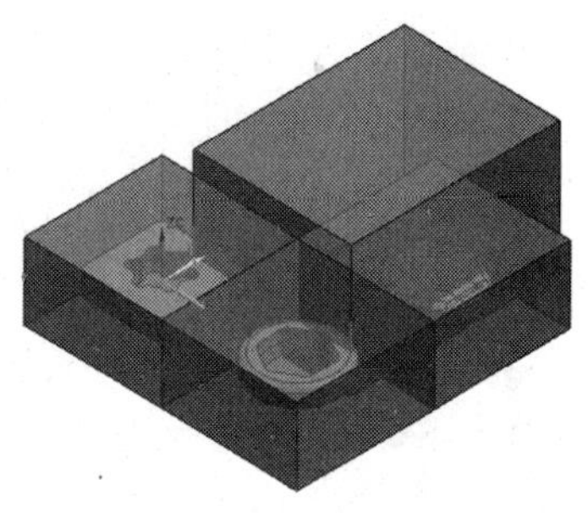

图 1-166　加载第四个产品

(13) 为加载的第四个产品模型定义工件。单击【工件】按钮，可选择默认 XY 方向和 Z 方向数值，这时第四个产品模型与第三个产品模型重合在一起，两个产品模型的工件也重合在一起，如图 1-167 所示。

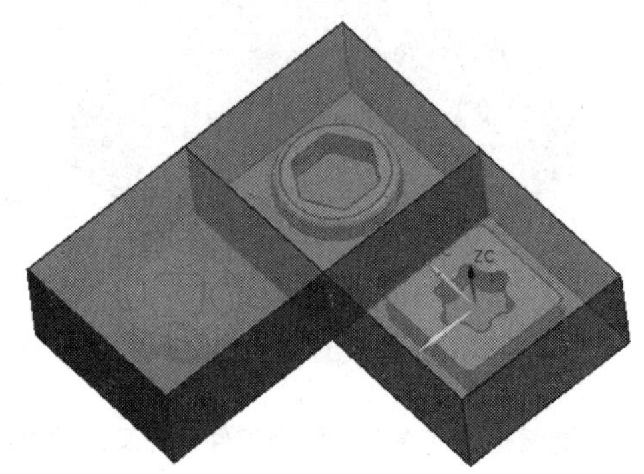

图 1-167　定义第四个产品的工件(与第三个产品重合)

(14) 编辑布局使两个重合的工件分开。单击【型腔布局】按钮，弹出【型腔布局】对话框，在【编辑布局】组中单击【变换】按钮，弹出【变换】对话框，将【变换类型】选项设置为“点到点”，在【结果】组中选中【移动原先的】单选按钮，在绘图区模型上分别指定出发点和目标点，单击【确定】按钮，返回【型腔布局】对话框，单击【自动对准中心】按钮，单击【关闭】按钮，完成编辑布局，使两个重合的工件分开，并使坐标系居于布局中心，如图 1-168 所示。

至此，模具设计的第一阶段——分型初始设置完成。

提示： 若需要修改四个产品中的某个产品，可通过【多腔模设计】按钮打开对话框，在对话框中通过切换不同的活动部件来完成，如图 1-169 所示。

(15) 对第一个产品“正方”进行模具分型，具体步骤如下。

① 单击【多腔模设计】按钮，打开对话框，选择“正方”产品，如图 1-170 所示。

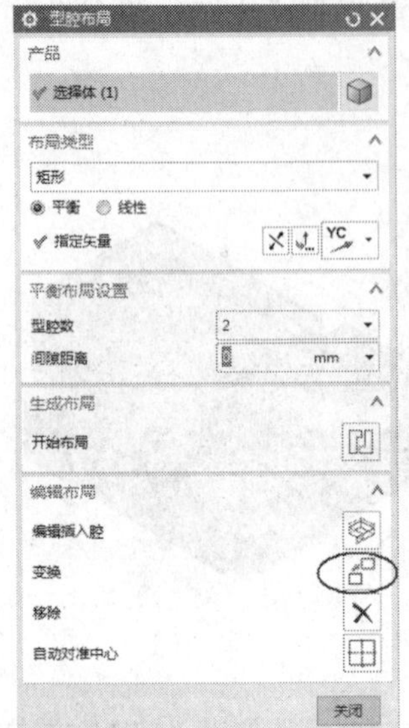

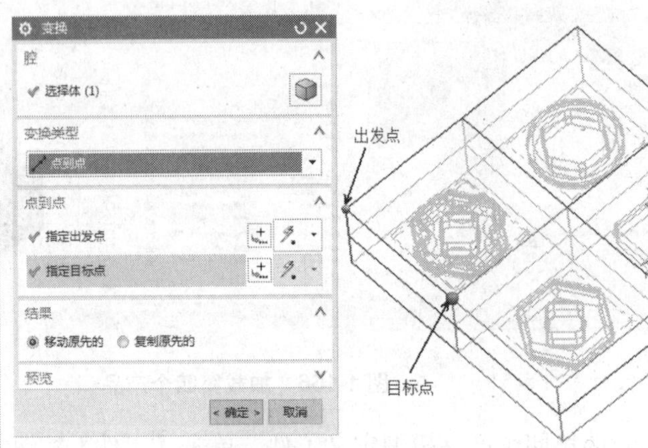

图 1-168 编辑布局使重合的两个工件分开及自动对准中心

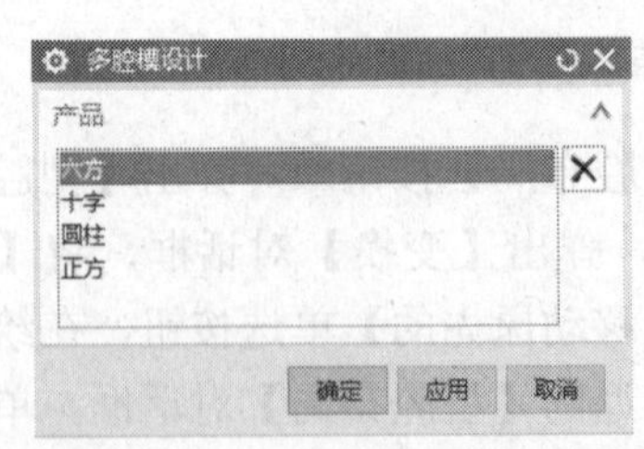

图 1-169 【多腔模设计】对话框

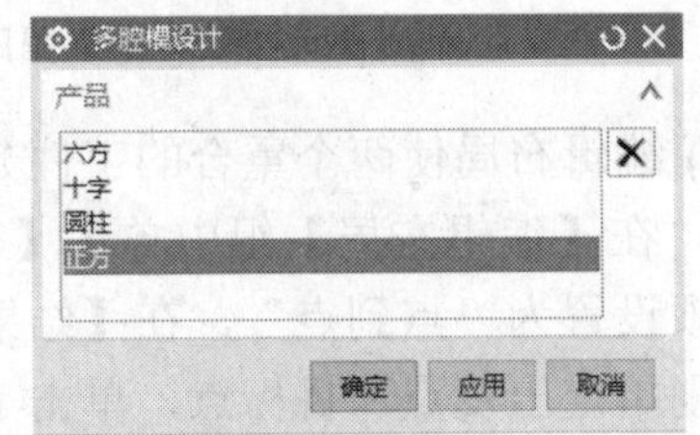

图 1-170 在【多腔模设计】对话框中选择产品

接下来需要对产品“正方”进行模具分型操作。

② 单击【检查区域】按钮，弹出【检查区域】对话框，首先在【计算】选项卡内，指定脱模方向(若默认方向正确，可不指定)，单击【计算】按钮，接着切换至【区域】选项卡，单击【设置区域颜色】按钮，使用系统自带的自动辨析功能定义产品的型

腔、型芯区域均为 9 个面，这时显示“未定义区域”为 48 个面，可把这 48 个面都划分为型腔(或型芯)区域，再将靠近型腔(或型芯)区域的 24 个面划分为型芯(或型腔)区域，型腔、型芯区域均为 33 个面，如图 1-171 所示。

③　该模型有 1 个孔需要修补，可采用【曲面补片】命令自动创建修补曲面完成。单击【分型刀具】库中的【曲面补片】按钮，弹出【边修补】对话框，将【类型】选项设置为“体”，在绘图区选择实体，单击【确定】或【应用】按钮后，系统自动修补检测到的 1 个破孔，补片后的结果如图 1-172 所示。

④　定义区域。单击【定义区域】按钮，弹出【定义区域】对话框，在【定义区域】组的列表框中选择“所有面”，在【设置】组中勾选【创建区域】和【创建分型线】复选框，单击【确定】按钮，完成创建区域(即内分型面)和创建分型线的操作，通过取消【分型导航器】对话框中【产品实体】复选框的勾选，可更加清楚地看到抽取的分型线，如图 1-173 所示。

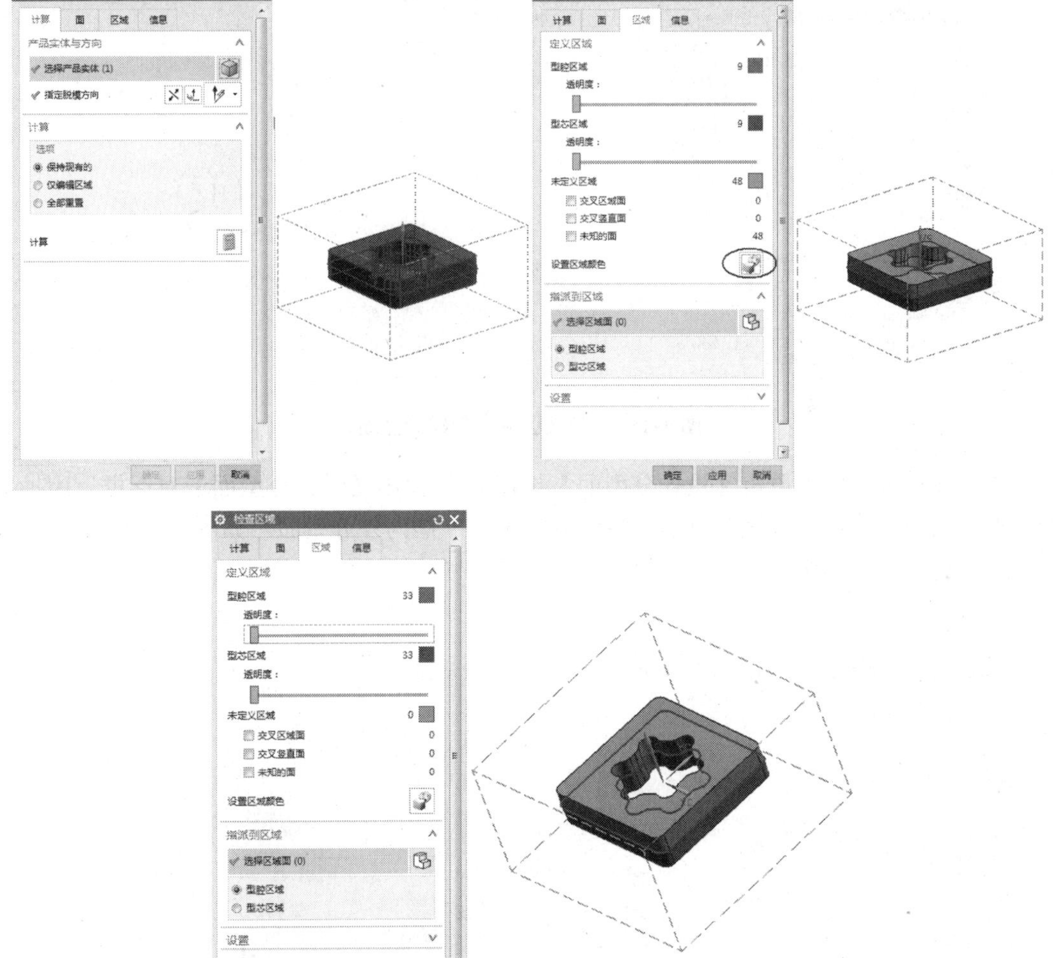

图 1-171　划分型腔、型芯区域

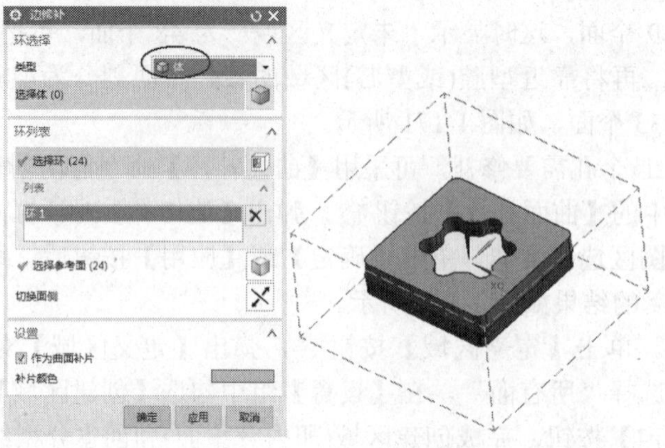

图 1-172　修补孔的结果

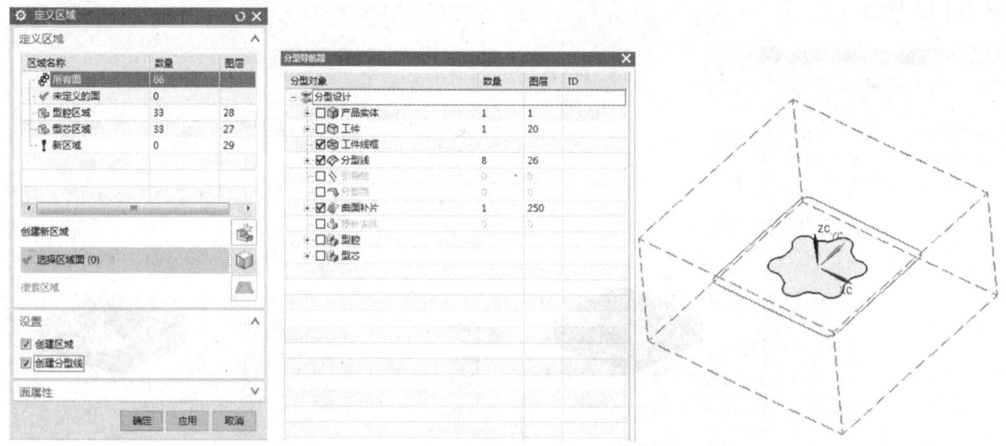

图 1-173　定义区域、创建分型线

⑤　设计分型面。单击【设计分型面】按钮，弹出【设计分型面】对话框，因抽取的分型线为平面曲线，系统会自动选择“有界平面”作为外分型面，如图 1-174 所示。

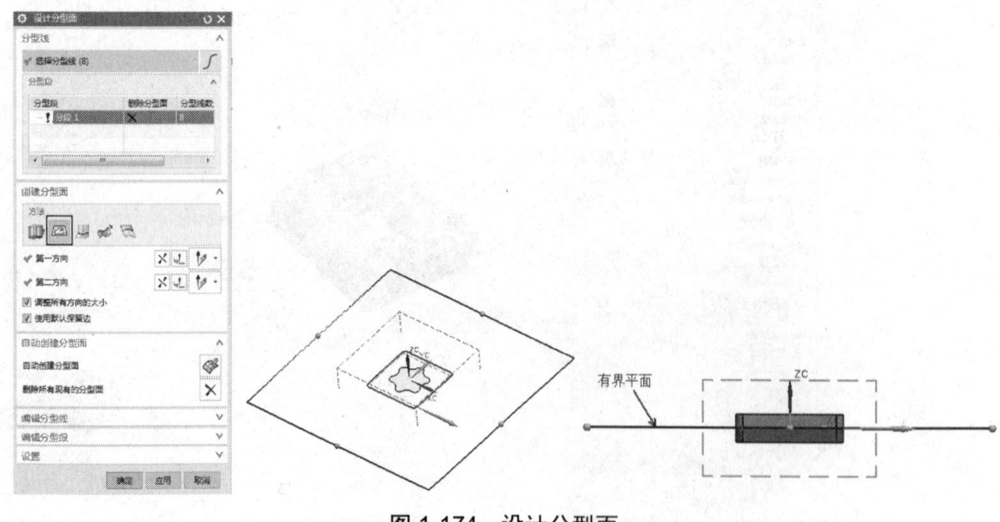

图 1-174　设计分型面

⑥　定义型腔和型芯。单击【定义型腔和型芯】按钮，弹出【定义型腔和型芯】对话框，将【选择片体】选项设置为“所有区域”，单击【确定】按钮，弹出【查看分型结果】对话框，再单击【确定】按钮，得到型腔、型芯，如图 1-175 所示。

(16) 对第二个产品“圆柱”进行模具分型。单击【多腔模设计】按钮，打开【多腔模设计】对话框，选择“圆柱”产品，如图 1-176 所示。

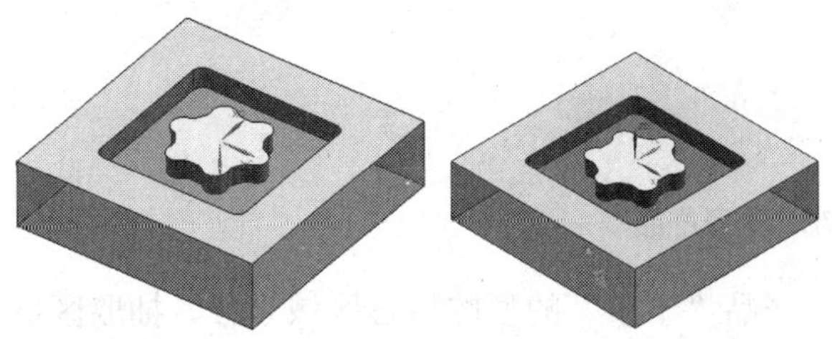

图 1-175　定义型腔和型芯(产品“正方”)

图 1-176　选择产品

接下来对产品“圆柱”进行模具分型，产品“圆柱”的型腔型芯区域划分、修补破孔、抽取区域及分型线、创建有界平面的分型面、获得型腔型芯的操作参照步骤(15)中②～⑥完成。型腔型芯区域划分及获得的型腔型芯如图 1-177 所示。

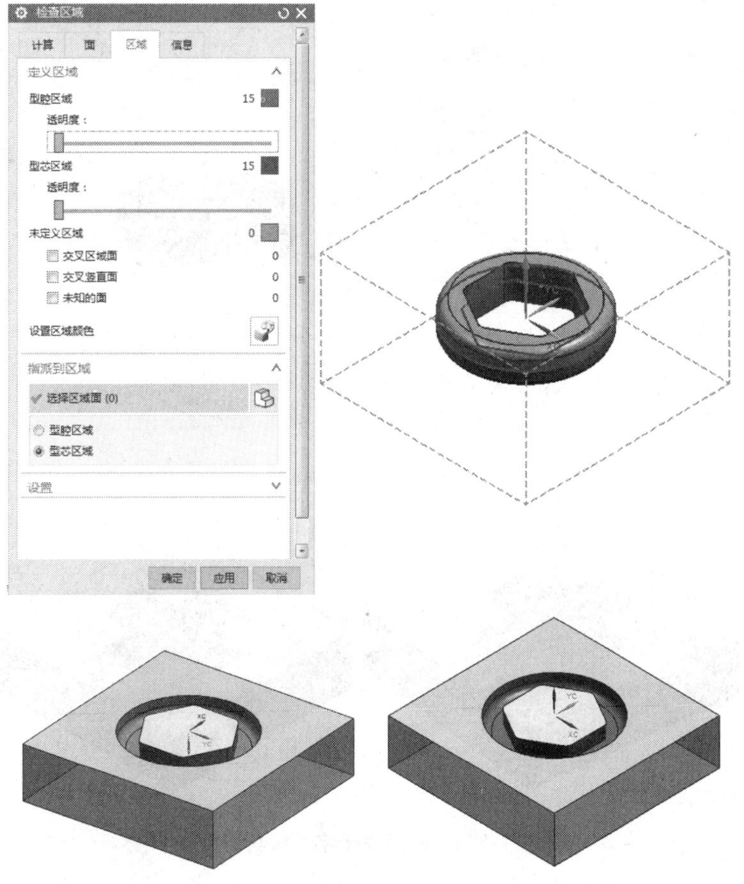

图 1-177　产品“圆柱”模具分型

(17) 对第三个产品“十字”进行模具分型。单击【多腔模设计】按钮，打开【多腔模设计】对话框，选择“十字”产品，如图 1-178 所示。

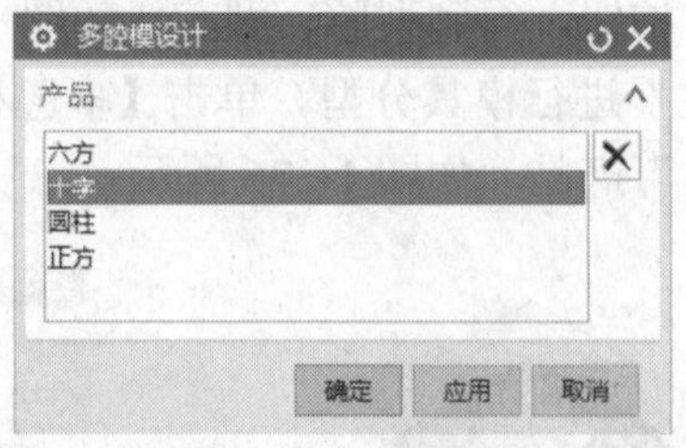

图 1-178　选择产品

接下来对产品“十字”进行模具分型，产品“十字”的型腔型芯区域划分、抽取区域及分型线、创建有界平面的分型面、获得型腔型芯的操作参照步骤(15)中②～⑥完成，产品“十字”不需要修补破孔。型腔型芯区域划分及获得的型腔型芯如图 1-179 所示。

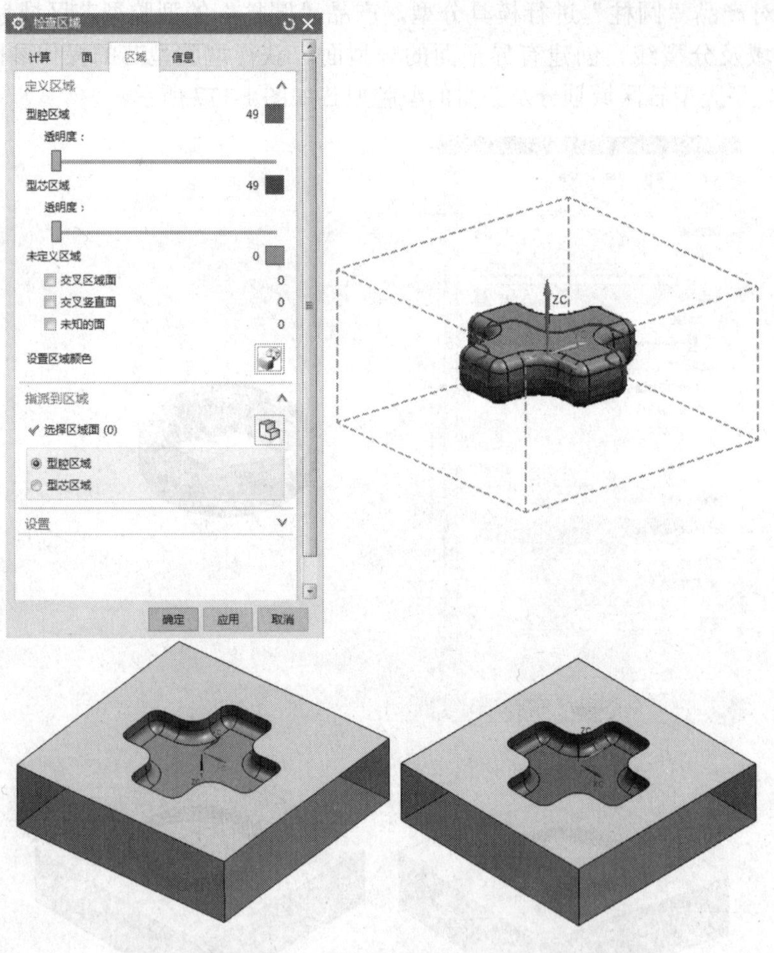

图 1-179　产品“十字”模具分型

(18) 对第四个产品“六方”进行模具分型。单击【多腔模设计】按钮，打开【多腔模设计】对话框，选择“六方”产品，如图 1-180 所示。

接下来对产品“六方”进行模具分型，产品“六方”的型腔型芯区域划分、修补破孔、抽取区域及分型线、创建有界平面的分型面、获得型腔型芯的操作参照步骤(15)中②～⑥完成，型腔型芯区域划分及获得的型腔型芯如图 1-181 所示。

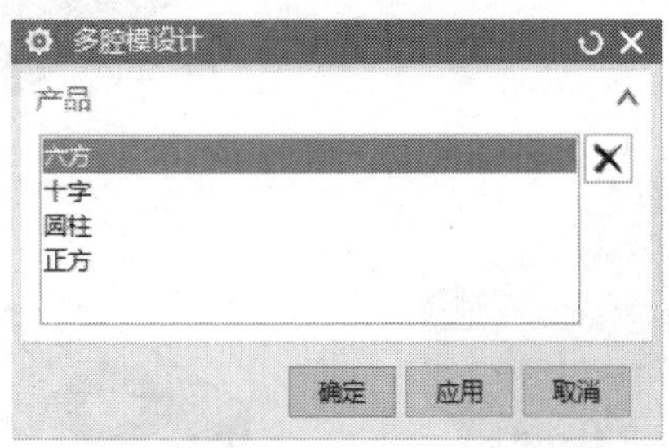

图 1-180　选择产品

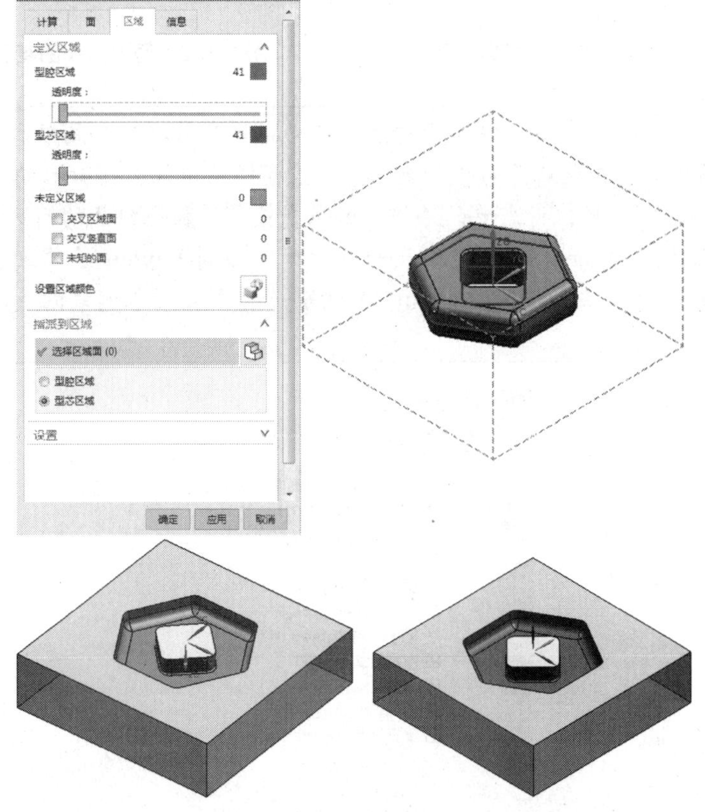

图 1-181　产品“六方”模具分型

至此，模具设计的第二阶段——分型设计获得型腔和型芯完成。

(19) 把工作部件切换至“四腔模_top_000.prt”并设为工作部件，四个不同产品的模具分型如图 1-182 所示。

(20) 通过爆炸图可查看分型结果，如图 1-183 所示。

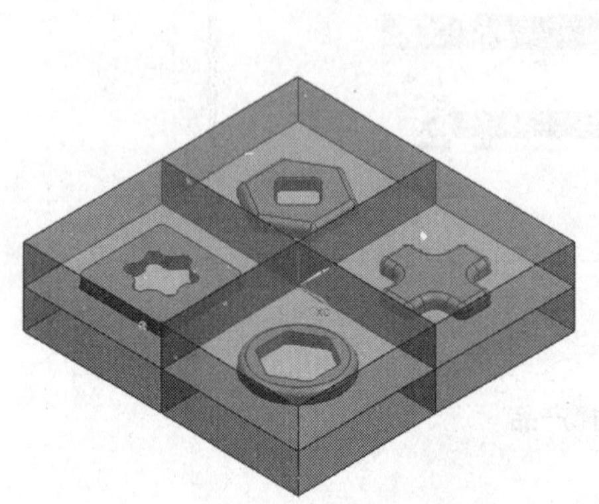

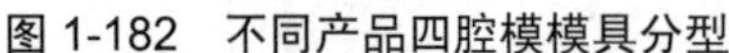

图 1-182　不同产品四腔模模具分型

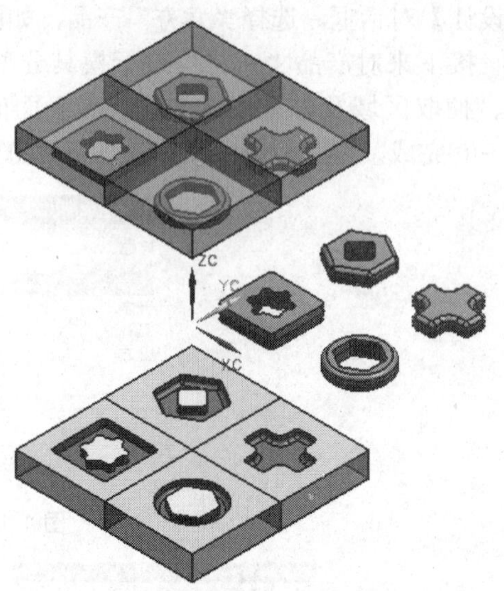

图 1-183　通过爆炸图查看分型结果

提示： 当加载多个产品模型时，注塑模向导会自动排列多腔模工程到装配结构里，每个部件和它的相关文件放到不同的分支下。多腔模模块允许选择激活的部件(从已经载入多腔模的部件中)来执行需要的操作，如果在模具装配已打开的情况下，选择初始化项目(Initialize Project)便可以加载一个附加产品到 Layout 子装配中，建立“多腔模”，该附加产品会作为 Layout 下的另一子装配。本例装配导航树如图 1-184 所示。

图 1-184　四腔模装配导航器

比如选择 Layout 下的一个子装配“四腔模_prod_025”，与产品“圆柱”有关的文件会加亮显示，选择另一个子装配“四腔模_prod_036”，与产品“十字”有关的也会加亮显示，如图 1-185 所示。另外两个产品“正方”和“六方”同理，分别对应子装配“四腔模_prod_003”和“四腔模_prod_047”。

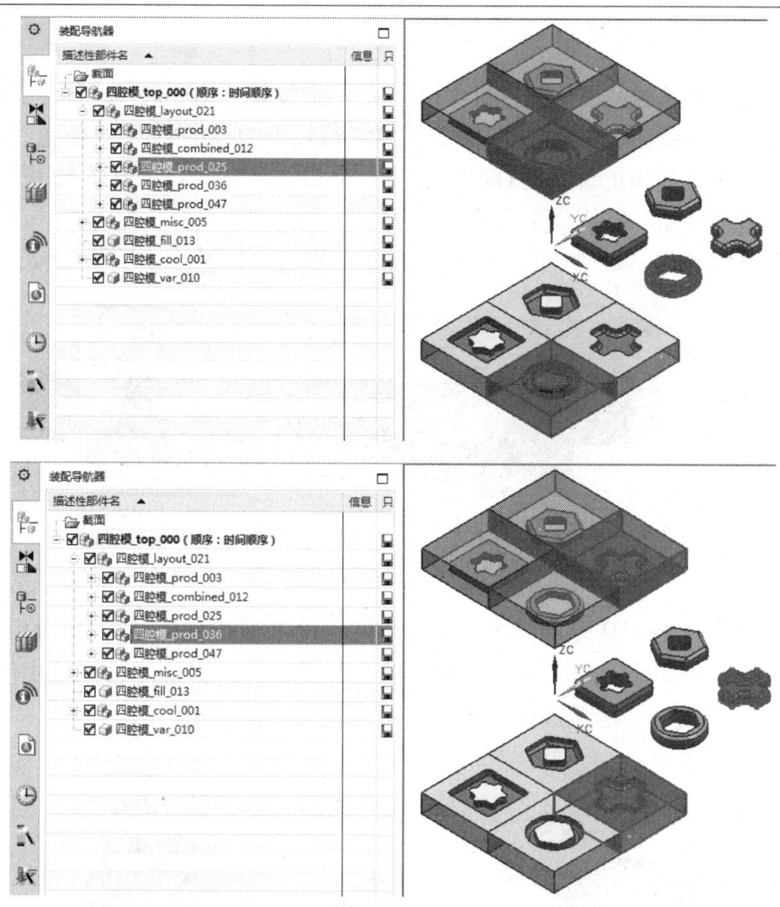

图 1-185　选择 Layout 下的不同子装配

1.4.6　压盖模具分型设计(模具坐标系、引导线)

完成如图 1-186 所示的压盖模具分型设计。

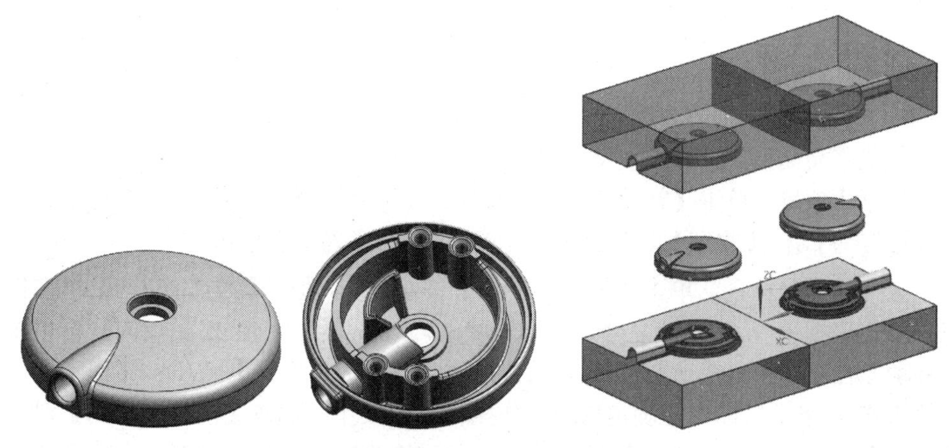

图 1-186　压盖模具分型

1. 分析

此模型分型方案具有多种，如图 1-187 所示，选位置 1 作为主分型面位置时，需要进行一次面拆分，可以获得较平整的分型线(即可获得较平的分型面)，选位置 2 作为主分型面位置时，需要进行更多的面拆分(两次)，而且分型线会有起伏，从而使获得的型腔、型芯的加工难度稍有增加，但从分型面应尽量从不影响塑件外观的角度考虑，选择位置 2 作为主分型面位置会更好。此时坐标系的原点需要移到相应位置，并反转 Z 轴。

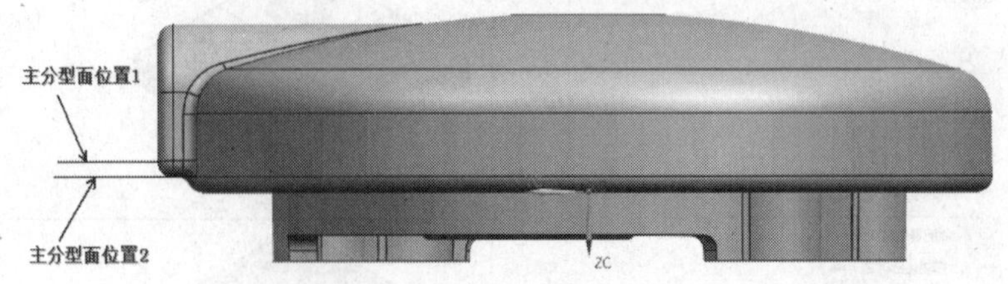

图 1-187 主分型面位置选择

分型获得如图 1-188 所示的型腔、型芯，在后续的训练项目中会对其进行更细化的设计，将型腔、型芯中不便于加工或易于损坏的凸起设计为内镶块，将型芯中侧向柱状突出设计为侧向抽芯(侧向抽芯尽量放在型芯侧，可简化模架)。

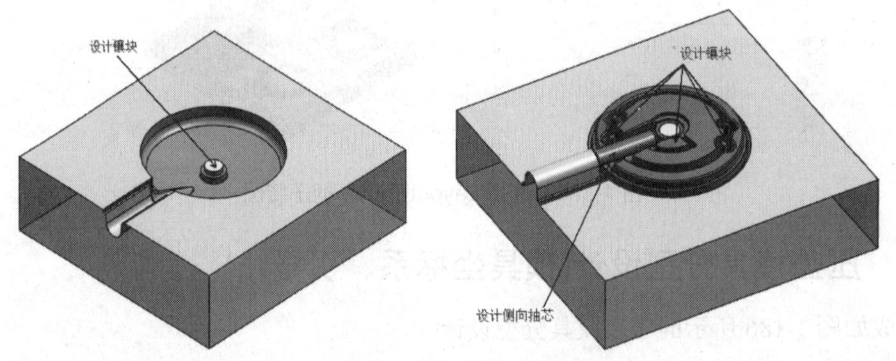

图 1-188 型腔、型芯

2. 操作步骤

(1) 加载产品模型。打开模型文件“压盖.prt”。

(2) 初始化项目。单击【初始化项目】按钮，打开如图 1-189 所示对话框，将【材料】选项设置为 PS，【收缩】选项设置为 1.006，单击【确定】按钮。

(3) 定义模具坐标系。单击【模具 CSYS】按钮，选中【当前 WCS】单选按钮之前，双击工作坐标系 WCS，使之处于可编辑状态，双击 Z 轴，使 Z 轴反向，再单击坐标原点，移动原点在圆角上缘所在圆的圆心(或通过菜单命令【格式】| WCS |【原点】完成移动原点的操作)，单击鼠标中键确定修改工作坐标系的操作，再在【模具 CSYS】对话框中单击【确定】按钮，完成定义模具坐标系，这时系统的绝对坐标系与工作坐标系方向一致(未修改时二者的方向相反)，如图 1-190 所示。

图 1-189　【初始化项目】对话框

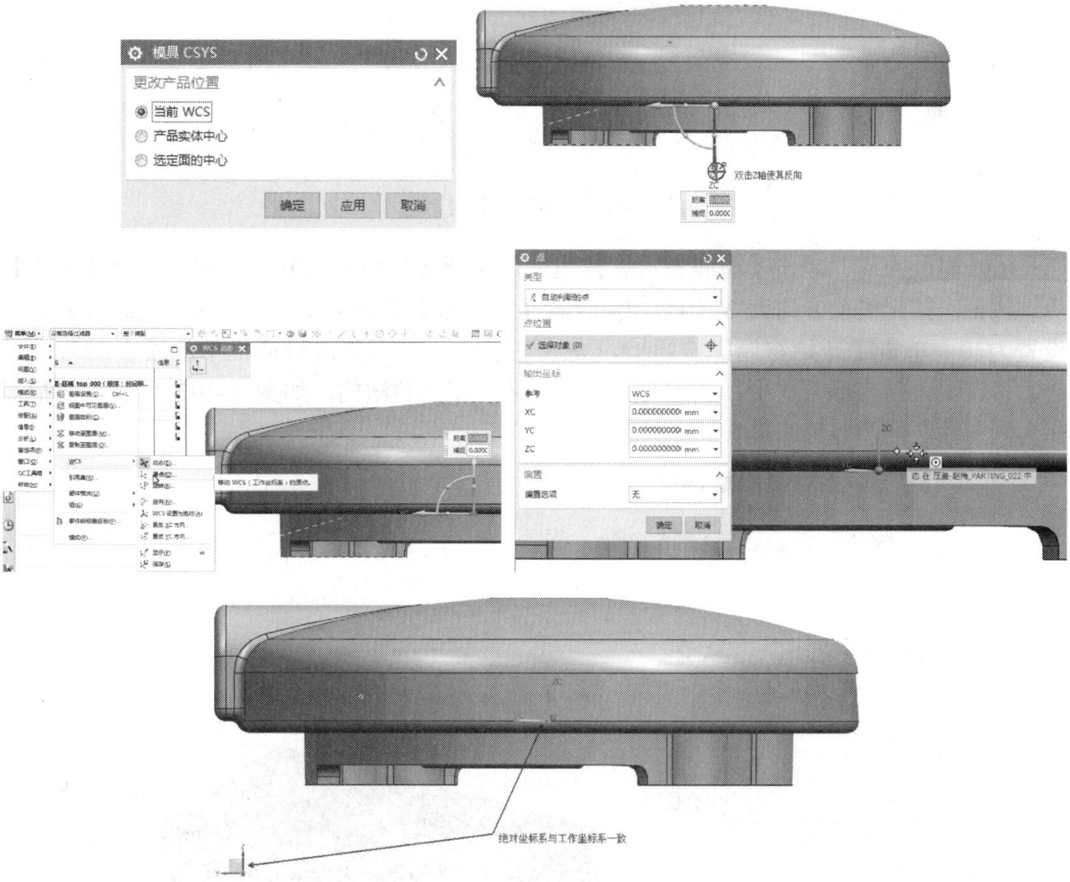

图 1-190　定义模具坐标系

(4) 设置收缩率。在【初始化项目】对话框中已经选择材料和设置收缩率，其收缩率为 1.006，也可不做设置收缩率这一步骤。

(5) 定义工件。单击【工件】按钮，可选默认的 XY 方向和 Z 方向数值，如图 1-191 所示。

图 1-191 【工件】对话框

(6) 型腔布局。单击【型腔布局】按钮，打开【型腔布局】对话框，选中【平衡】单选按钮，指定矢量方向为 Y 轴负向，设置【型腔数】选项为 2，并将【间隙距离】选项设置为 0，单击【开始布局】按钮，完成型腔布局。再单击对话框中的【自动对准中心】按钮，使坐标系居中，关闭对话框，创建一模两腔结构，如图 1-192 所示，要把需作为侧向抽芯的圆柱形凹陷布局在外侧。

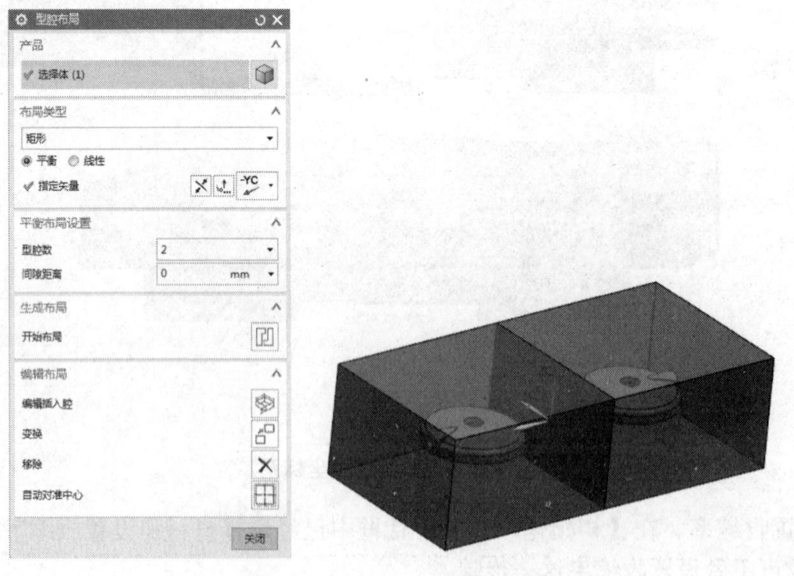

图 1-192 创建一模两腔结构

至此，模具设计的第一阶段——分型初始设置完成。

(7) 拆分面。在划分型芯、型腔区域之前需先进行面拆分。单击【注塑模工具】库中的【拆分面】按钮，弹出【拆分面】对话框，将【类型】选项设置为“平面/面”，在绘图区选择模型上需要拆分的 7 个面，在【分割对象】组中单击【添加基准平面】按钮，弹出【基准平面】对话框，将【类型】选项设置为“自动判断”，在绘图区选择模型上的一个竖直面和一条水平交线创建一个过交线且与竖直面成 90° 夹角的水平面作为分割平面，单击【确定】按钮，返回【拆分面】对话框，再单击【确定】按钮，完成拆分面(第一次)，如图 1-193 所示。

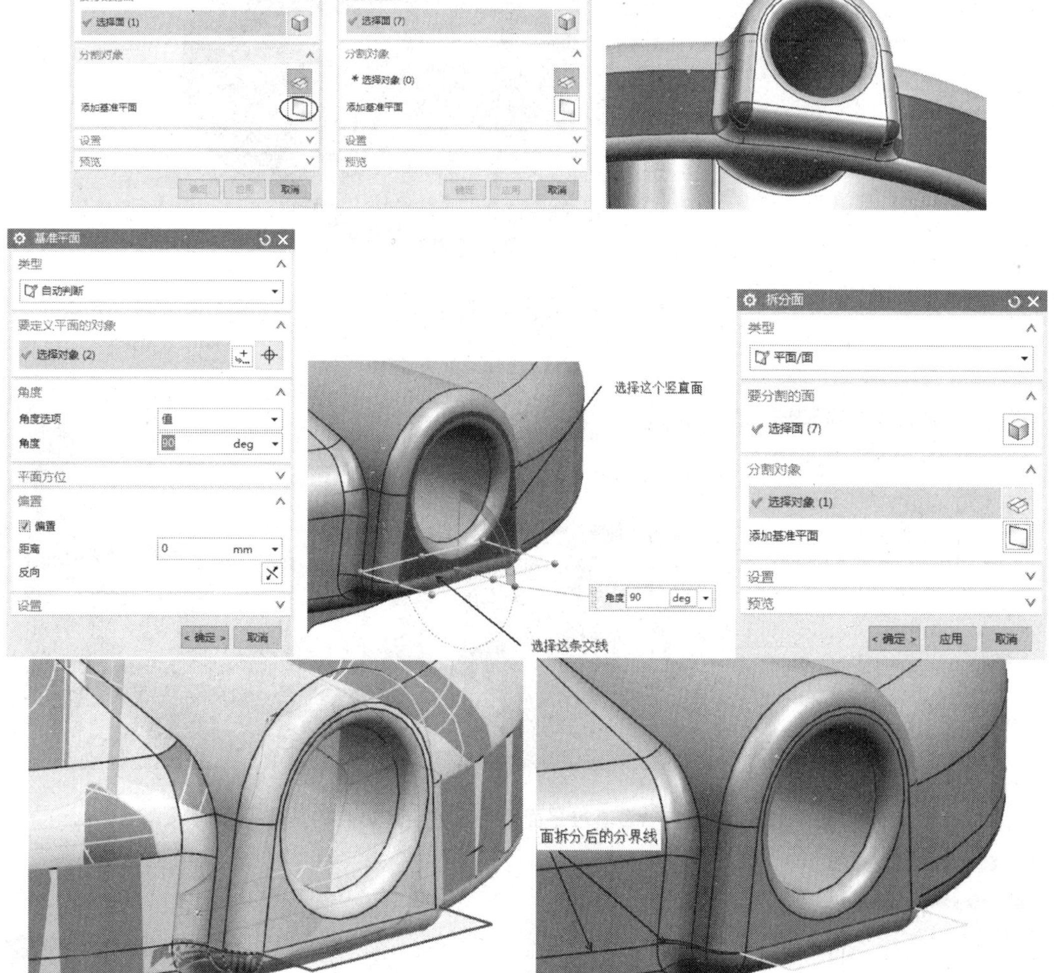

图 1-193　拆分面(第一次)

单击【主页】选项卡中的【基准平面】按钮 基准平面，弹出【基准平面】对话框，将【类型】设置为“YC-ZC 平面”，将【距离】设置为 0，单击【应用】按钮，创建 YZ 基准平面，如图 1-194 所示。继续将【类型】选项设置为“自动判断”，在绘图区选择模型上的 YZ 基准平面和一条直线的端点，单击【应用】按钮，创建与 YZ 基准平面平行且过所选端点的基准平面，如图 1-195 所示。同理创建另一侧与 YZ 基准平面平行且过所选端点的基准平面。

单击【注塑模工具】库中的【拆分面】按钮，弹出【拆分面】对话框，将【类型】选项设置为“平面/面”，在绘图区选择模型上需要拆分的 1 个面，在【分割对象】组中单击【选择对象】按钮，选择上一步骤创建的与 YZ 基准平面平行且过所选端点的两个基准平面，单击【确定】按钮，完成拆分面(第二次)，如图 1-196 所示。

图 1-194　创建 YZ 基准平面

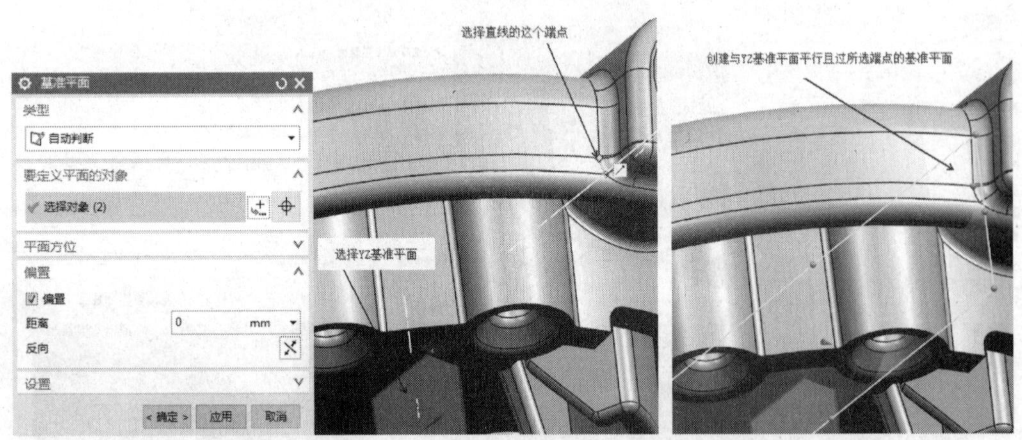

图 1-195　创建与 YZ 基准平面平行且过所选端点的基准平面

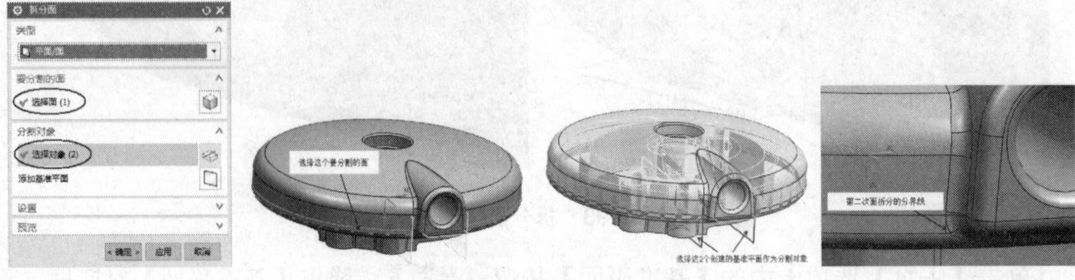

图 1-196　拆分面(第二次)

(8) 检查区域，即划分型芯、型腔区域。单击【检查区域】按钮，弹出【检查区域】对话框，首先在【计算】选项卡内单击【计算】按钮，若脱模方向不对，可在指定脱模方向时单击【反向】按钮，接着切换至【区域】选项卡，单击【设置区域颜色】按钮，使用系统自带的自动辨析功能定义产品的型腔、型芯区域分别为 29 个和 197 个面，这时显示“未定义区域”为 10 个面，勾选这 10 个面归为“型芯区域”，单击【应用】按钮，这时型腔、型芯区域分别为 29 和 207，“未定义区域”为 0，有一个自动划分的型芯面需要归为型腔面，使分型线平整，这时型腔、型芯区域分别为 30 和 206，若是想使型芯区域的形状稍微简单些，可将一个归为型芯区域的圆柱面改为型腔区域，这时型腔、型芯区域分别为 31 和 205，“未定义区域”也为 0，如图 1-197 所示。单击【确定】或【取消】按钮，关闭【检查区域】对话框，完成划分区域。

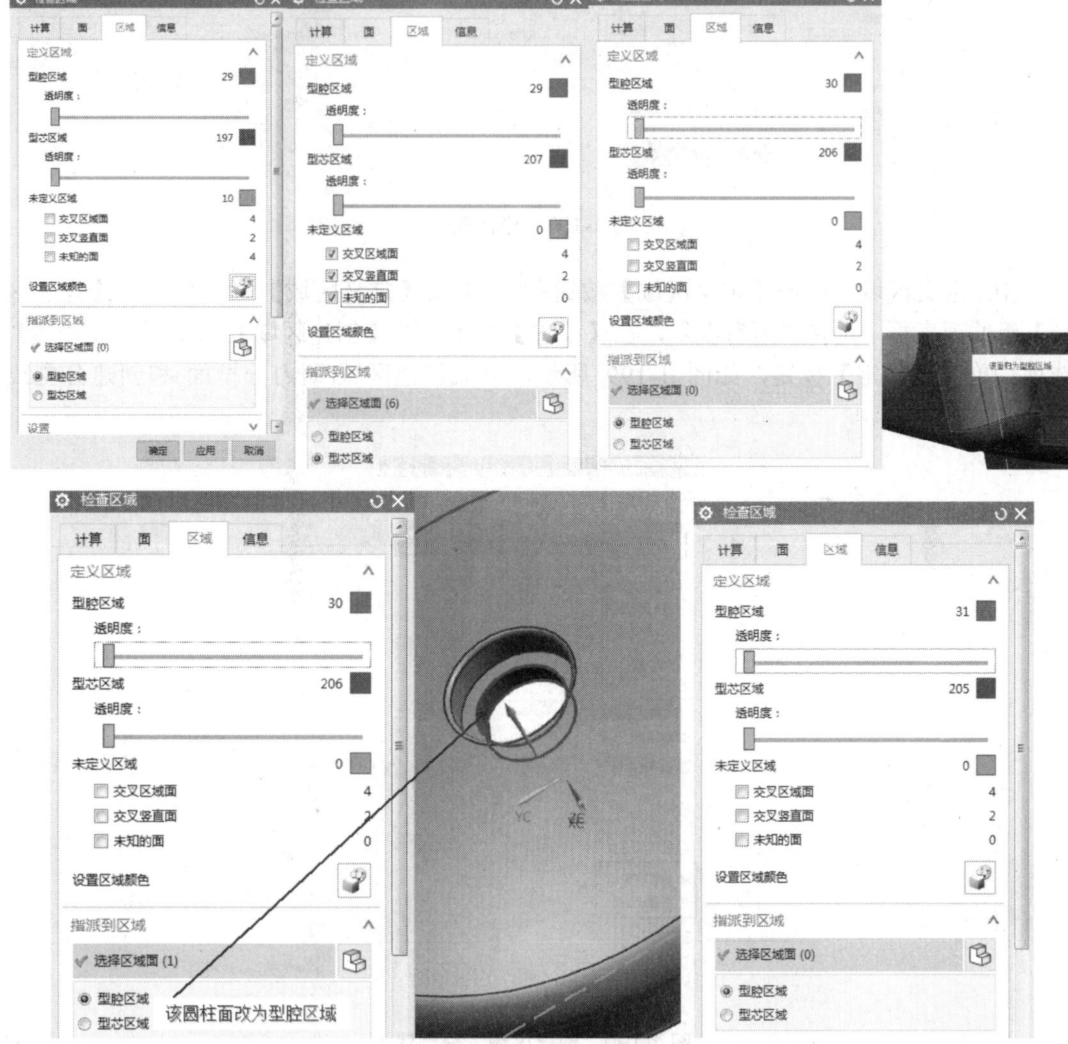

图 1-197 划分型腔、型芯区域

(9) 修补孔。该模型有 1 个孔需要修补，可采用【曲面补片】命令自动创建修补曲面完成。单击【分型刀具】库中的【曲面补片】按钮，弹出【边修补】对话框，将【类型】选项设置为“体”，在绘图区选择实体，单击【确定】或【应用】按钮后，系统自动修补检测到的 1 个破孔，补片后的结果如图 1-198 所示。

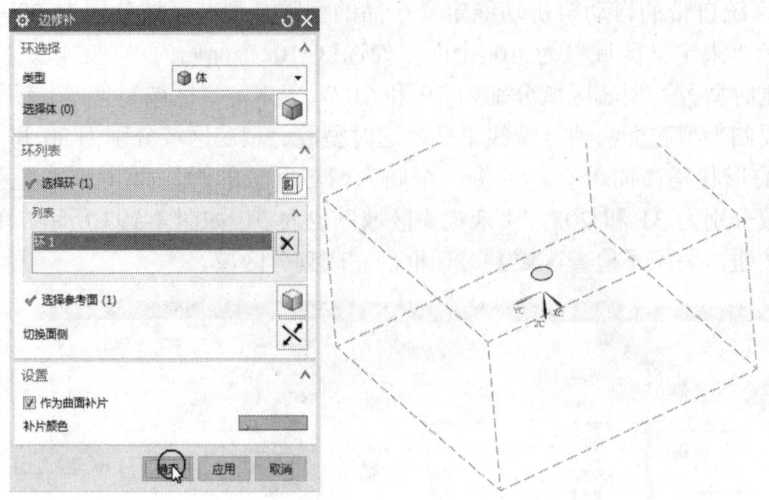

图 1-198　修补孔

(10) 定义区域。单击【定义区域】按钮，弹出【定义区域】对话框，在【定义区域】组的列表框中选择“所有面”，在【设置】组中勾选【创建区域】和【创建分型线】选项，单击【确定】按钮，如图 1-199 所示，完成创建区域(即内分型面)和创建分型线的操作。

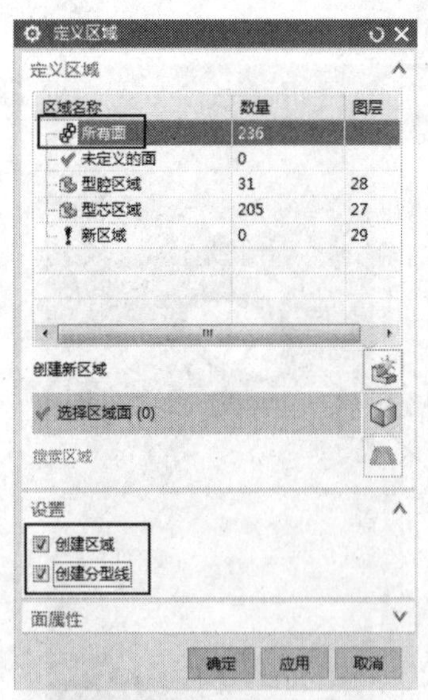

图 1-199　创建区域、分型线

单击【分型导航器】按钮，弹出【分型导航器】对话框，取消【产品实体】复选框的勾选，隐藏基准平面，就会清楚地看到分型线，如图 1-200 所示。

(11) 设计分型面。单击【设计分型面】按钮，弹出【设计分型面】对话框，由于分型面是由有界平面和拉伸曲面两部分组成，需要添加引导线来增加分段，单击【编辑引导线】按钮，弹出【引导线】对话框，方向可选择“对齐到 WCS 轴”，在水平面曲线和竖直曲线分界处添加两条引导线，如图 1-201 所示。

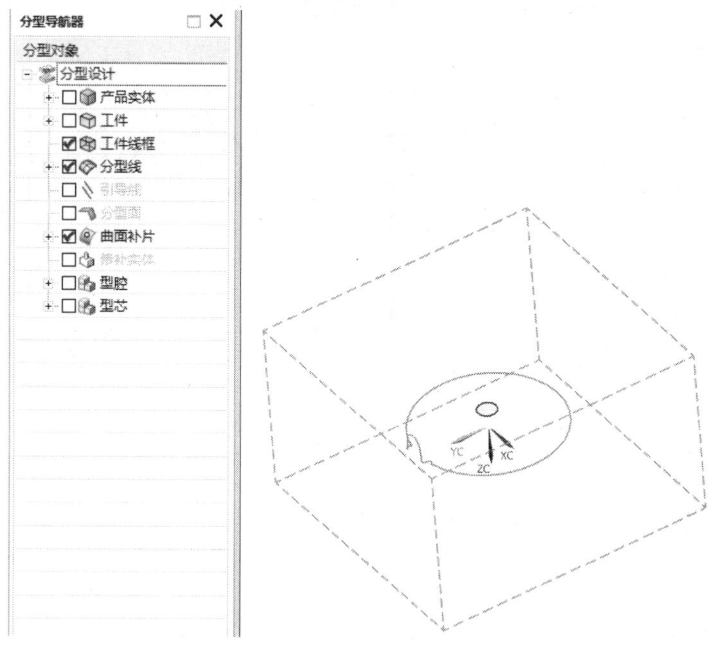

图 1-200　分型导航器及分型线

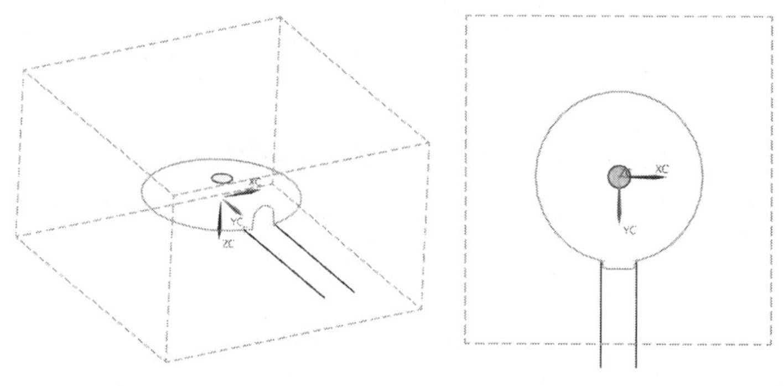

图 1-201　添加引导线

在【引导线】对话框中单击【确定】按钮，返回【设计分型面】对话框，先选择“分段 1”，采用“有界平面”创建分型面，单击【应用】按钮，再分别选择“分段 2”“分段 3”，采用“拉伸”创建分型面，单击【确定】按钮，如图 1-202 所示。

注意：在创建拉伸曲面的分型面时，若弹出【检查几何体】对话框，可单击【取消】按钮，保留创建的拉伸片体，如图 1-203 所示。

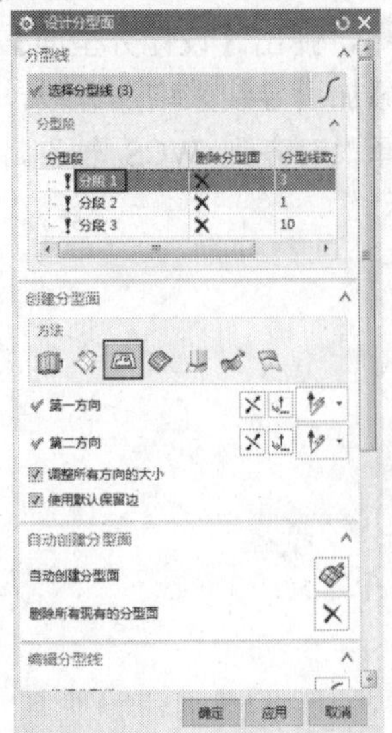

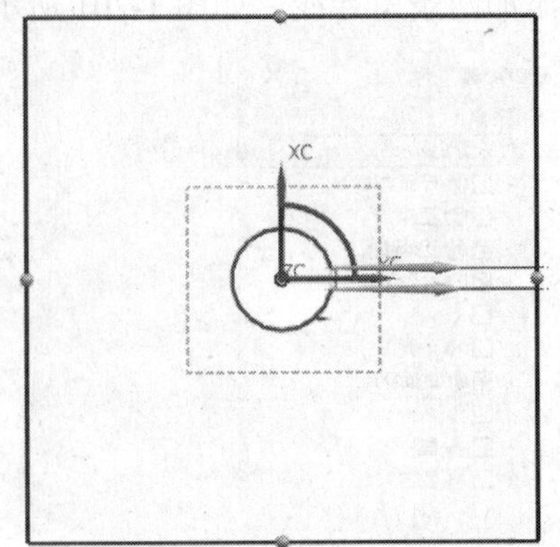

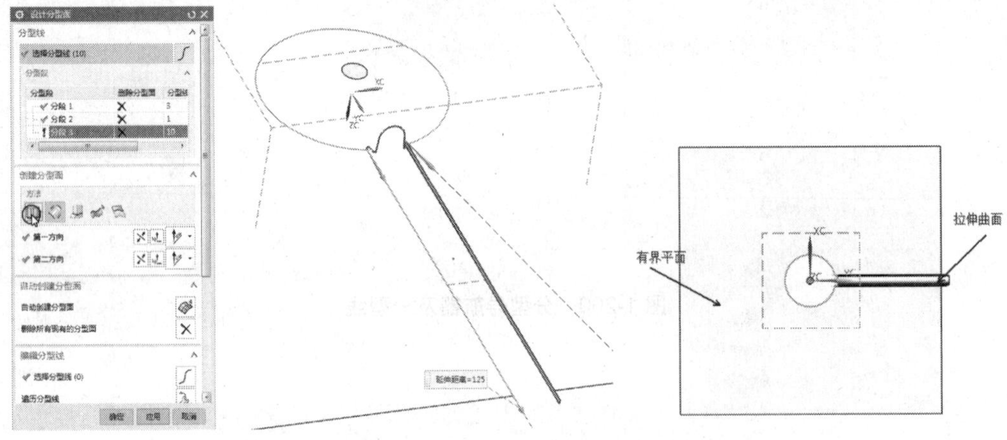

图 1-202　设计分型面(由有界平面和拉伸曲面组成)

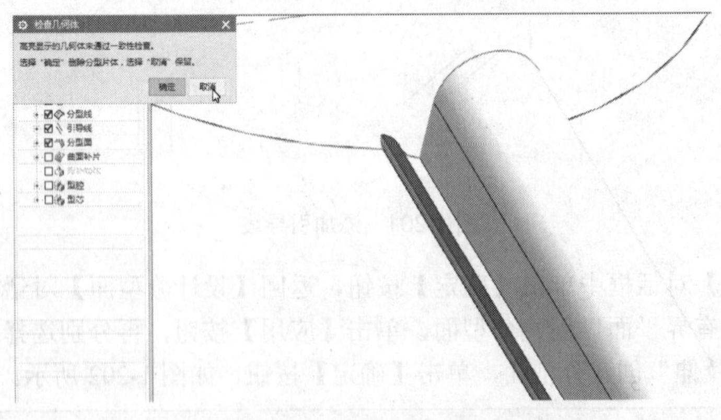

图 1-203　保留创建的拉伸片体

(12) 定义型腔和型芯。单击【定义型腔和型芯】按钮，弹出【定义型腔和型芯】对话框，将【选择片体】选项设置为“所有区域”，单击【确定】按钮，弹出【查看分型结果】对话框，再单击【确定】按钮，得到型腔、型芯，如图 1-204 所示。

图 1-204　定义型腔和型芯

至此，模具设计的第二阶段——分型设计获得型腔和型芯完成。

(13) 通过爆炸图可查看分型结果，如图 1-205 所示。

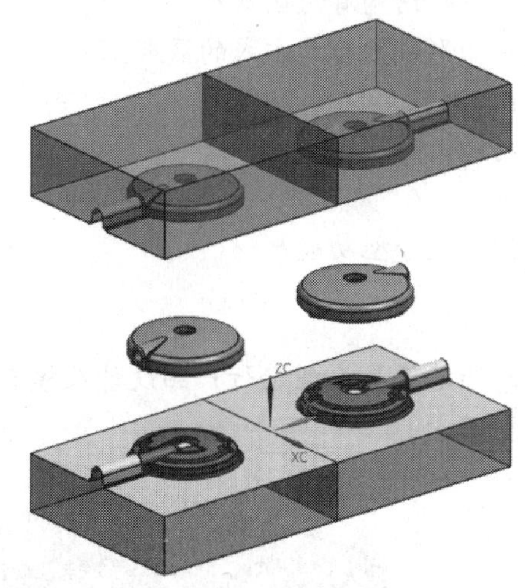

图 1-205　通过爆炸图查看分型结果(两次拆分面)

项 目 小 结

通过电脑桌线盖模具分型设计，熟悉注塑模设计向导 Mold Wizard 的相关知识及基本操作，包括模具初始设置(初始化项目、设置收缩率、设置模具坐标系、定义毛坯工件、型腔布局)和模具分型(划分型腔型芯区域、抽取区域及分型线、设计分型面、创建型腔型芯)，为整个模具设计三个阶段的前两个阶段。

通过六个拓展训练进一步学习电脑桌线盖模具分型项目中没有涉及的操作，其中拓展训练 1-音箱前盖模具分型设计需要修补破孔，拓展训练 2-薄壳模具分型设计需要修改模具坐标系和添加分型引导线，拓展训练 3-开关屏模具分型设计需要修补孔及添加引导线，拓展训练 4-覆盖件模具分型设计需要拆分面及添加引导线，拓展训练 5-四个不同产品的多腔模布局及分型需要用到【多腔模设计】按钮来选择多腔模设计中的活动部件进行相应的布局及分型操作，拓展训练 6-压盖模具分型设计需要修改模具坐标系和添加分型引导线，从而对模具设计第一阶段(初始设置)和第二阶段(分型设计)的相关知识与操作有了比较全面的掌握。

对拓展训练 6-压盖模具分型设计获得的型腔、型芯，会继续在项目 2 中进行细化设计(镶块设计及侧向抽芯设计)。

思 考 训 练

1. 思考题

(1) 模具设计分为哪三个阶段?

(2) 简述【注塑模向导】选项卡中各按钮的功能。

(3) 描述 UG 模具设计的流程及应该注意的要点。

(4) 项目装配结构和产品装配结构有何区别?

(5) 简述矩形平衡布局和矩形线性布局方式的区别。

(6) 如何设置模具坐标系?

(7) 简述注塑模工具的功能。

(8) 如何进行多腔模设计?

(9) 在注塑模向导中如何实现分型功能?

2. 训练题

(1) 对如图 1-206 所示的铅笔玩具模型进行产品设计及模具设计，要求选择合适的布局并进行分型以获得型腔、型芯。

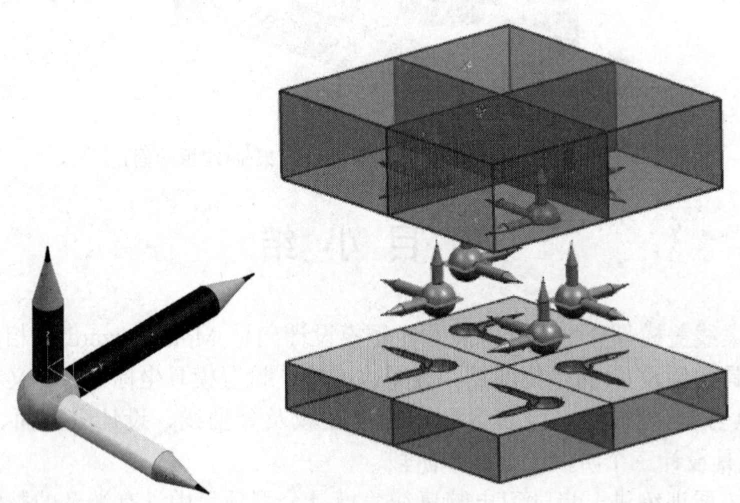

图 1-206　习题图(1)

(2) 对如图 1-207 所示的皂盒(尺寸自定)进行产品设计及模具设计。

(3) 对如图 1-208 所示的滚轴(尺寸自定)进行产品设计及模具设计。

(4) 对如图 1-209 所示的开关罩(尺寸自定)进行产品设计及模具设计。

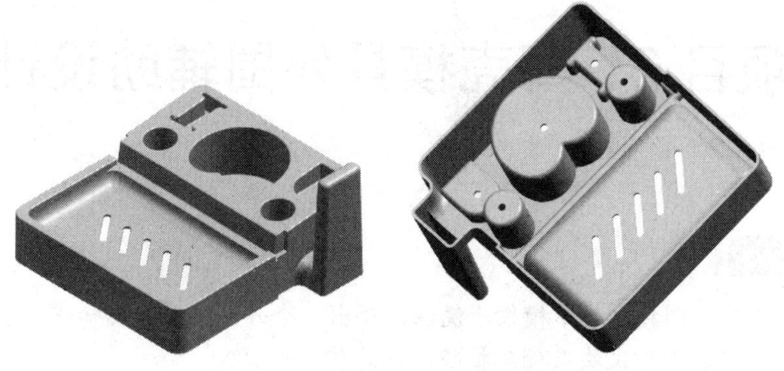

图 1-207　习题图(2)

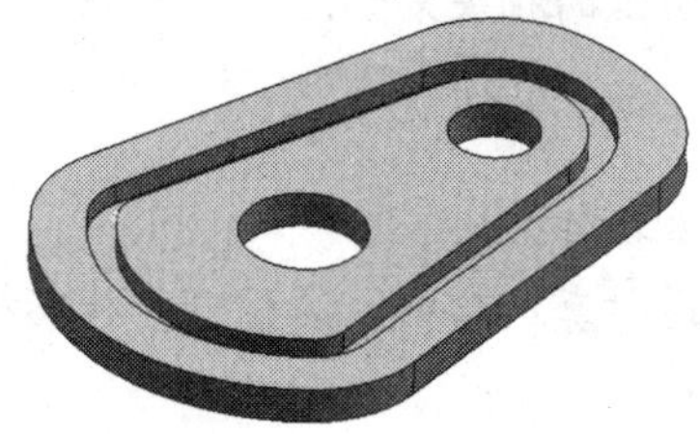

图 1-208　习题图(3)

图 1-209　习题图(4)

项目 2　薄壳模具外围辅助设计

项目目标

知识目标

- 熟悉 UG 注塑模向导中模架、浇注、顶出、冷却系统等相关知识。
- 掌握型芯、型腔镶块及侧向抽芯设计的相关知识。
- 了解电极设计的相关知识。
- 了解物料清单和工程图纸的相关知识。

技能目标

- 能完成添加模架的基本操作。
- 会调入定位环、主流道衬套、顶杆、复位杆等模具标准件。
- 能完成浇口和流道创建。
- 能完成冷却组件创建。
- 能完成型芯、型腔镶块设计及滑块侧向抽芯设计。
- 能完成模具创建腔体的操作。

项目内容

本项目是对项目 1 中的拓展训练 2 已经完成分型设计的薄壳模具进行外围辅助设计，包括添加模架以及设计浇注、顶出、冷却系统等，如图 2-1～图 2-3 所示。

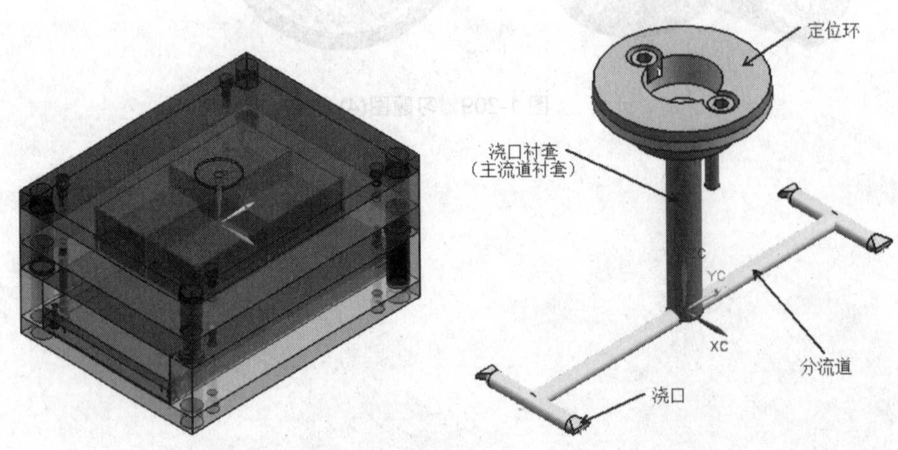

图 2-1　模架及浇注系统

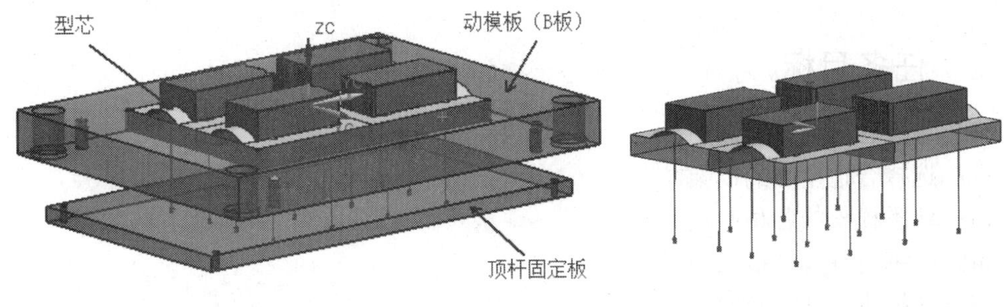

图 2-2　顶出系统

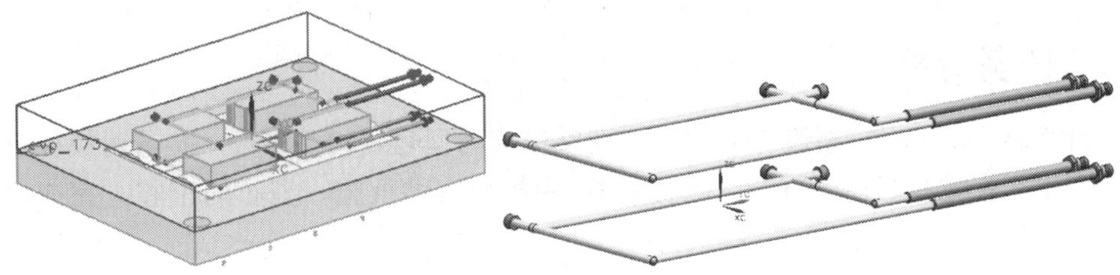

图 2-3　冷却系统

项目分析

项目 1 进行的薄壳模具一模四腔布局初始设置及分型设计属于模具设计的第一、第二阶段，在此进行的外围辅助设计为模具设计的第三阶段，除了包括本项目的添加模架，设计浇注、顶出、冷却系统之外，还包括拓展训练的压盖模具镶块及滑块侧向抽芯设计等。

2.1　任务 1——添加模架

2.1.1　任务描述

为已经完成分型的薄壳模具添加合适的模架，并对容纳型腔、型芯的定模板(A 板)、动模板(B 板)进行创建腔体操作，如图 2-4 所示。

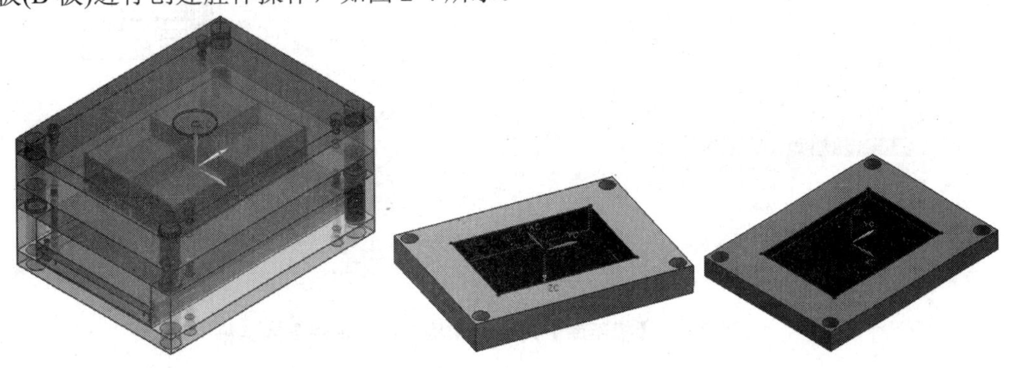

图 2-4　添加模架及创建腔体

2.1.2 任务目标

(1) 掌握相应的模架知识。
(2) 选择合适型号的模架。
(3) 熟悉模架的各种参数。
(4) 熟练进行编辑插入腔的操作。
(5) 熟练进行合并腔的操作。
(6) 熟练进行创建腔体的操作。

2.1.3 任务分析

添加模架后，先根据型腔布局的尺寸调整模架的型号及相关参数，接着对模架进行创建腔体操作，在定模板(A 板)、动模板(B 板)中挖出容纳型腔、型芯的空腔，完成添加模架操作。

2.1.4 任务实施

1. 添加模架

在【注塑模向导】选项卡的【主要库】中单击【模架库】按钮，打开重用库，在【名称】列表框中选择一种模架制造商，例如 DME，在【成员选择】列表框中选择一种模架类型，如 2A。弹出【模架库】对话框和相应的【信息】对话框，如图 2-5 所示。根据【信息】对话框列出的布局信息，修改模架参数，模架编号由 3545 改为 4560，A 板、B 板厚度由 26 分别改为 76 和 56，如图 2-6 所示，单击【应用】或【确定】按钮，完成添加模架操作，如图 2-7 所示。

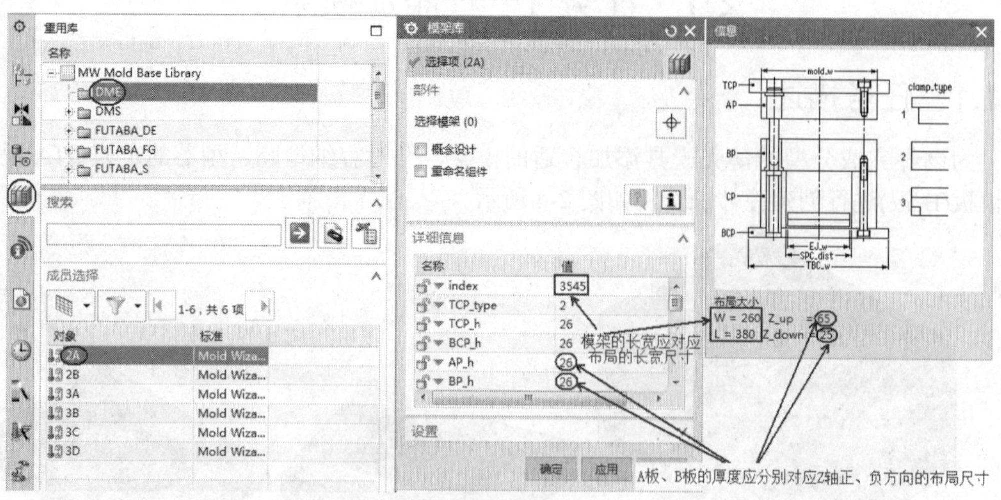

图 2-5 【模架库】对话框和相应的【信息】对话框

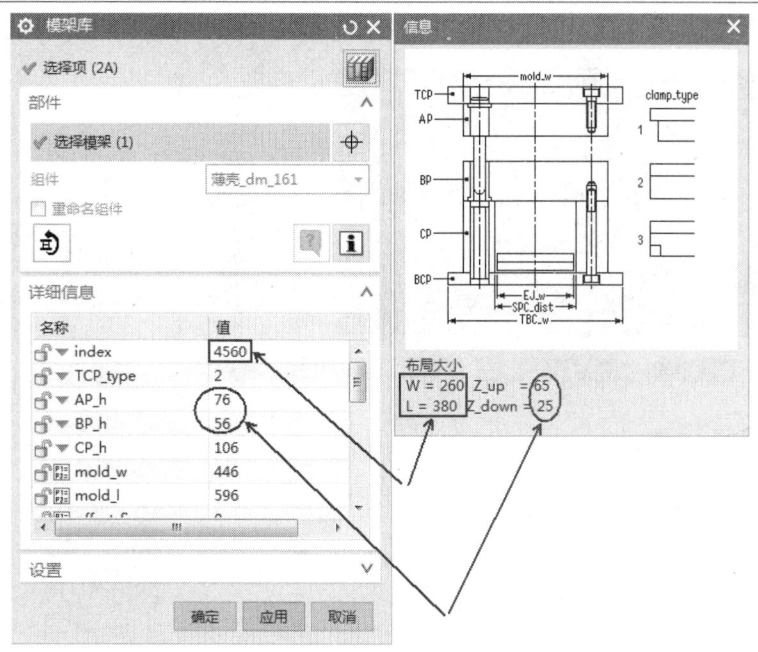

图 2-6　修改模架参数

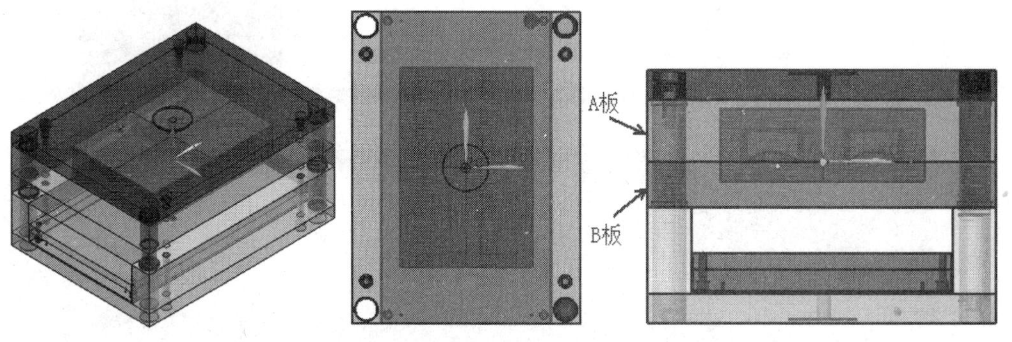

图 2-7　加入的模架

注意： 加入模架后仔细放大观察，发现主分型面与 A 板、B 板分界线并未重合，存在很小的一段差距，这是因为之前修改模具坐标系并没有完全改好，需要再次修改模具坐标系。单击【模具 CSYS】按钮，弹出【模具 CSYS】对话框，选中【当前 WCS】单选按钮，双击工作坐标系 WCS，使之处于可修改状态，通过测量投影距离，得到坐标系原点所在的产品模型最底面到要移到的主分型面的距离为 0.1，单击 Z 轴，输入距离 0.1，使坐标系原点向上移动 0.1，再在【模具 CSYS】对话框中单击【确定】按钮，完成定义模具坐标系，如图 2-8 所示。这时主分型面与 A 板、B 板分界线就完全重合了。

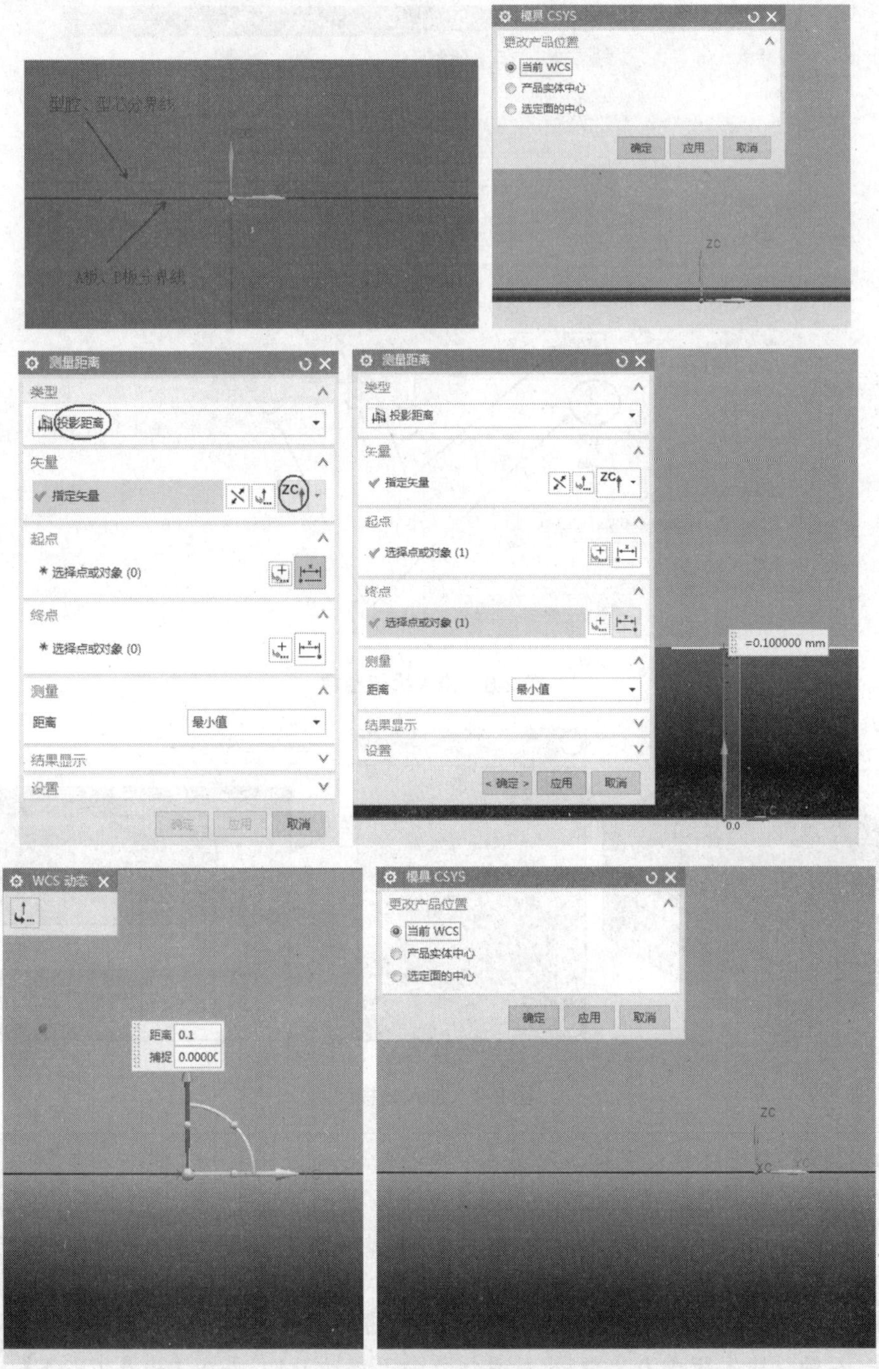

图 2-8　修改模具坐标系

提示： 添加模架时需打开重用库，若没有打开，可通过右键单击【资源条选项】按钮⚙，勾选【重用库】选项即可打开，如图 2-9 所示。

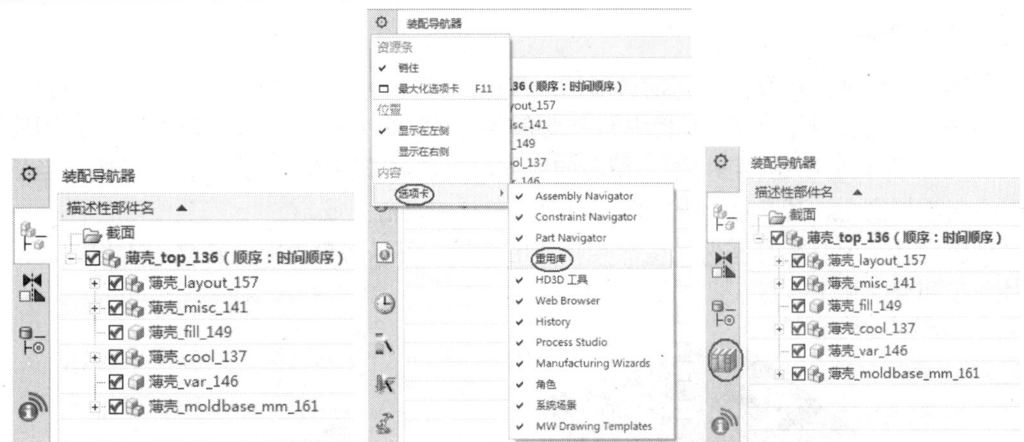

图 2-9　打开重用库

提示： 添加模架后，打开装配导航器，可看到加入的模架所有文件位于二级根目录“薄壳_dm_080”下，展开目录树，模架的动模和定模部分分别为“薄壳_movehalf_087”和“薄壳_fixhalf_085”，如图 2-10 和图 2-11 所示分别为抑制不显示定模和动模。

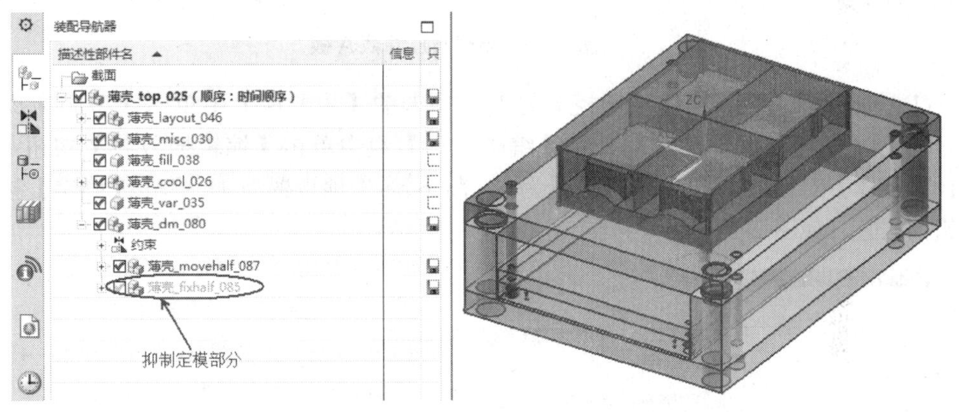

图 2-10　不显示定模

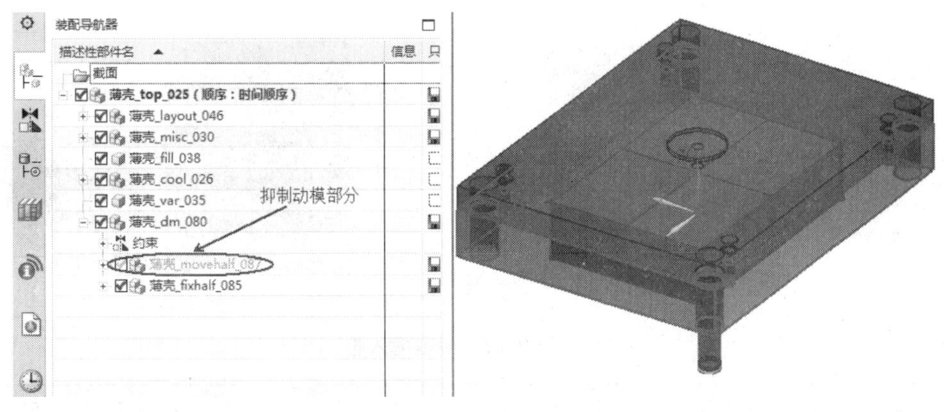

图 2-11　不显示动模

2. 创建腔体

所加入的模架并没有直接在模具部件上挖出空腔位，放置有关的模具部件。当我们先隐藏 A 板，再反隐藏，发现 A 板中间并没有容纳型腔的空腔位，如图 2-12 所示。因此需要在 A 板、B 板上创建容纳型腔、型芯的腔体，可通过【腔体】命令进行减腔，当然还可以为其添加倒角、基准角一类操作，但需要在减腔之前完成。

建腔设计后所有模具零件呈现出实际使用形状，可以将模板零件转化为工程图，便于数控加工和普通加工。

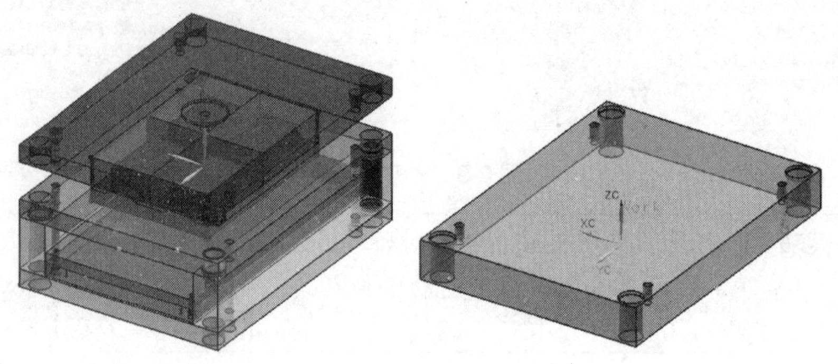

图 2-12　隐藏与反隐藏 A 板

(1) 编辑插入腔。在【注塑模向导】选项卡的【主要库】中单击【型腔布局】按钮，打开【型腔布局】对话框，在【编辑布局】组中单击【编辑插入腔】按钮，打开【插入腔体】对话框，将 R 选项设置为 5，将 type 选项设置为 1，单击【确定】按钮完成编辑插入腔，如图 2-13 所示。

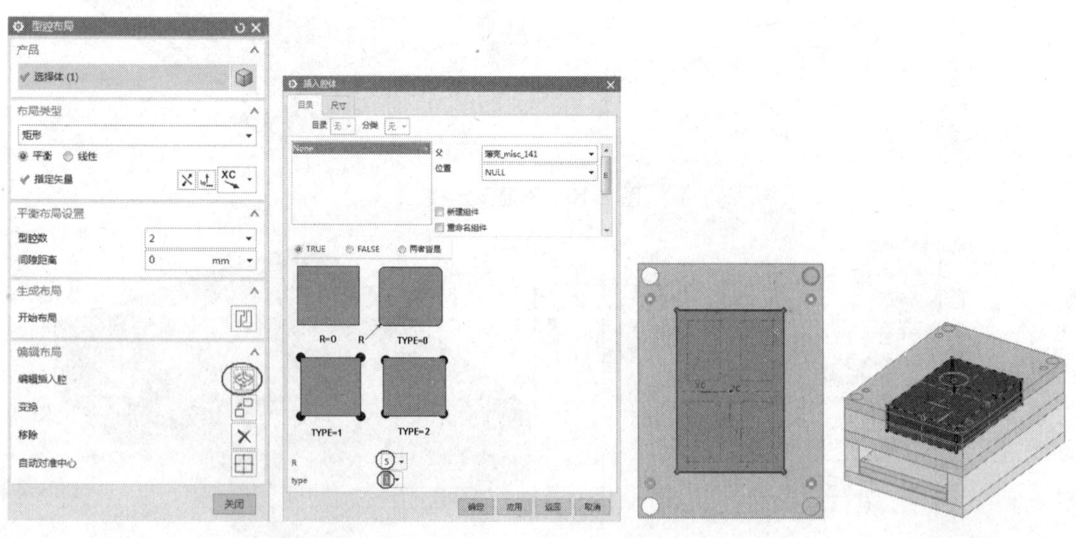

图 2-13　编辑插入腔

提示：若编辑插入腔时，插入腔的尺寸不对，如图 2-14 所示，可能是由爆炸图所导致。

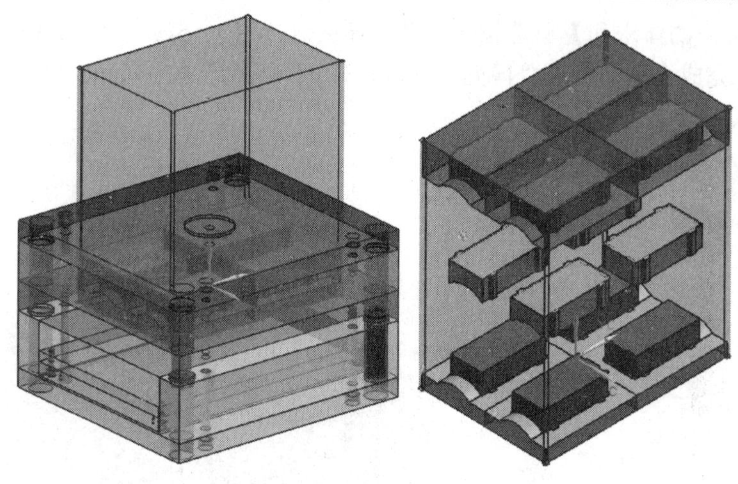

图 2-14 插入腔尺寸不对

爆炸图的存在会使布局尺寸 Z 轴正方向的 65 变为 411(炸开后的尺寸)，如图 2-15 所示，从而产生一系列的问题，所以要在创建爆炸图之前就保存全部文件，再进行添加模架的操作。

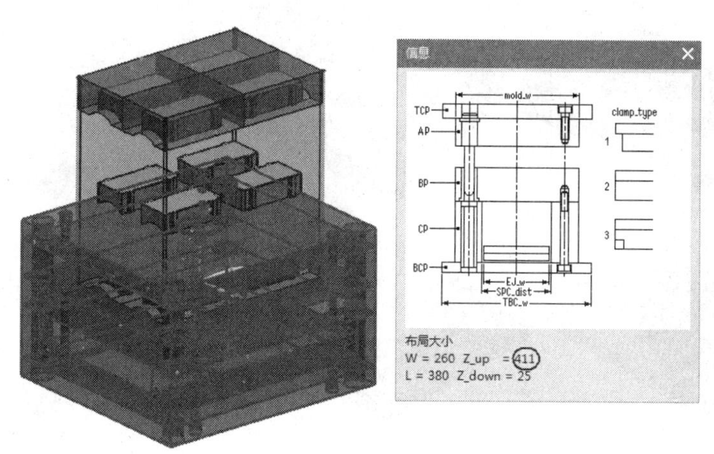

图 2-15 布局尺寸不对

(2) 减去插入腔。在【注塑模向导】选项卡的【主要库】中单击【腔体】按钮，打开【腔体】对话框，将【模式】选项设置为“减去材料”，在绘图区选择 A 板、B 板为目标体，选择插入腔为工具体，单击【确定】按钮完成减腔，通过隐藏与反隐藏 A 板、B 板，可看到其上已挖去容纳型腔、型芯的空腔位，如图 2-16 所示。

提示：创建腔体可以减去“插入腔”，也可以减去“合并腔”后的工件。

“合并腔”包括合并几个布局的型腔、型芯和工件，创建模板上的腔体便是减去合并的工件。

在【注塑模向导】选项卡的【注塑模工具】库中单击【合并腔】按钮，打开【合并腔】对话框，在【组件】列表框中选择“薄壳_comb-cavity_048.prt”，在【设计方法】组中选中【对目标中的体求和】单选按钮，在绘图区选择 4 个型腔，单击【应用】按钮，如图 2-17 所示，完成合并的型腔“薄壳_comb-cavity_048.prt”位于 layout 下的 combined 子装配结构下，如图 2-18 所示。

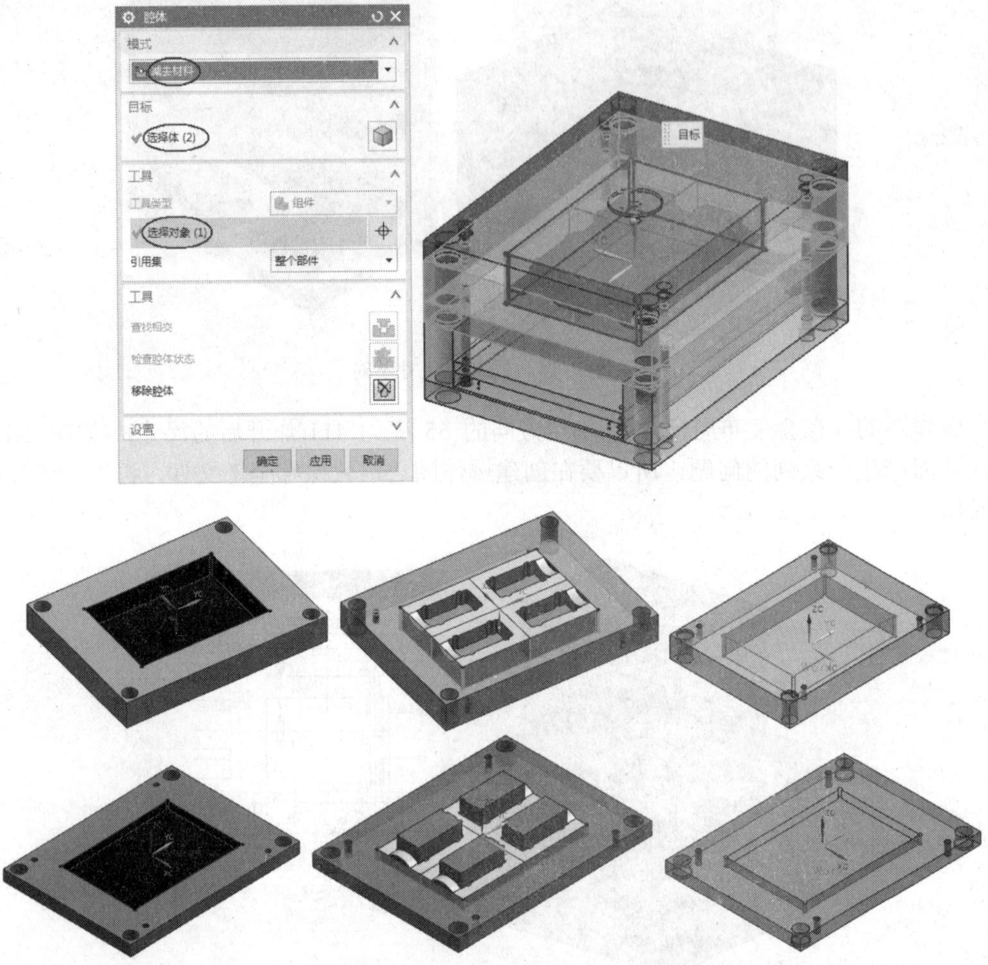

图 2-16　减去插入腔

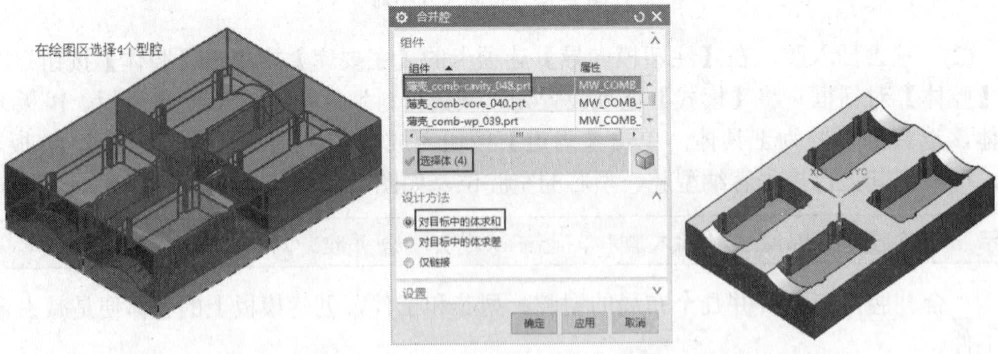

图 2-17　合并腔(合并 4 个型腔)

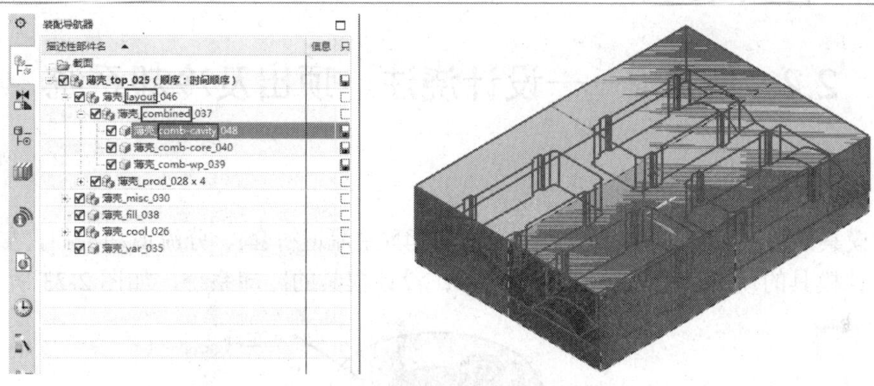

图 2-18　合并的型腔所在的装配结构

在【组件】列表框中选择“薄壳_comb-core_040.prt”，在【设计方法】组中选中【对目标中的体求和】单选按钮，在绘图区选择 4 个型芯，单击【应用】按钮，如图 2-19 所示，完成合并的型芯“薄壳_comb-core_040”位于 layout 下的 combined 子装配结构下，如图 2-20 所示。

图 2-19　合并腔(合并 4 个型芯)

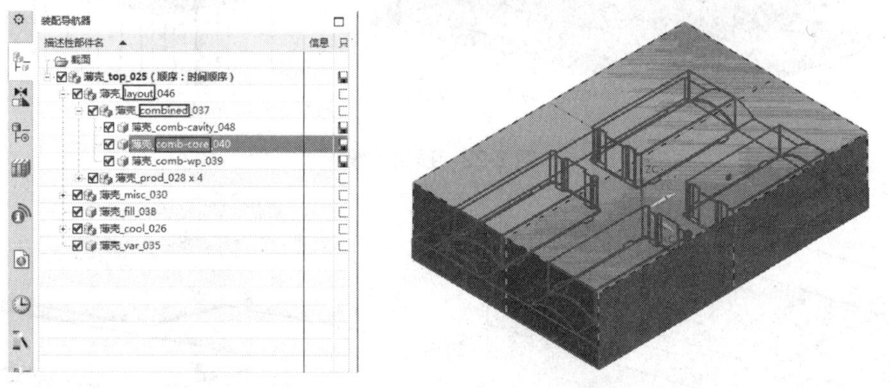

图 2-20　合并的型芯所在的装配结构

同样合并 4 个工件(workpiece)，在 A 板、B 板进行腔体操作时可以减去插入腔，也可以减去合并的工件(薄壳_comb-wp_039)。

2.2 任务 2——设计浇注、顶出及冷却系统

2.2.1 任务描述

设计模具的浇注系统，包括定位环、浇口衬套(主流道衬套)、分流道和浇口，如图 2-21 所示；设计模具的顶出系统，如图 2-22 所示；设计模具的冷却系统，如图 2-23 所示。

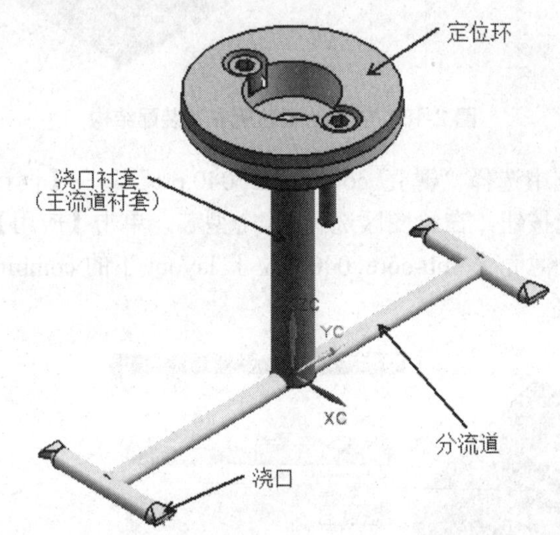

图 2-21 浇注系统

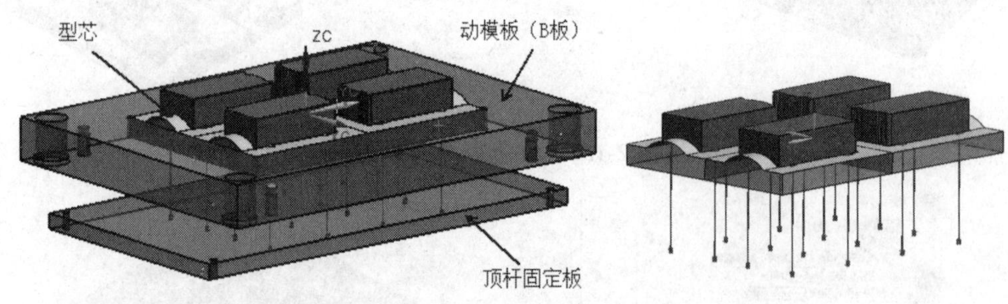

图 2-22 顶出系统

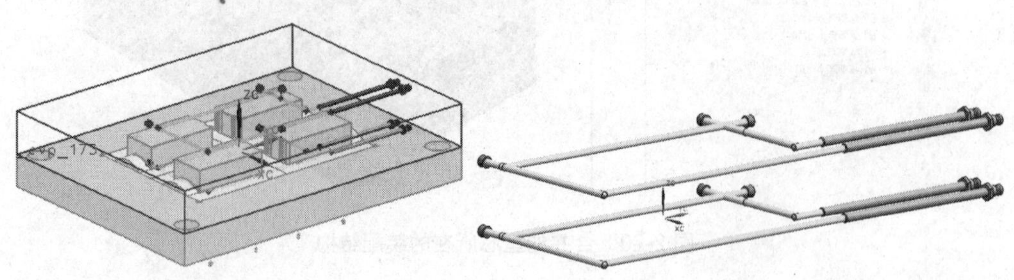

图 2-23 冷却系统

2.2.2　任务目标

(1)　可以调入定位环、主流道衬套、顶杆等模具标准件。
(2)　可以完成浇口和流道创建。
(3)　可以完成冷却组件创建。
(4)　可以完成模具创建腔体的操作。

2.2.3　任务分析

首先调入定位环、主流道衬套，设计分流道及浇口，组成模具的浇注系统；接着继续调入顶杆并修剪，完成模具顶出系统设计；最后在模具型腔、型芯侧创建冷却水道及冷却组件，完成模具冷却系统设计。

2.2.4　任务实施

1. 浇注系统设计

注塑模具的浇注系统包括定位环、浇口衬套、分流道和浇口。

(1)　加入定位环。在【注塑模向导】选项卡的【主要库】中单击【标准件】按钮，添加模具标准件，弹出如图 2-24 所示的【标准件管理】对话框，仅有 FUTABA 和 HASCO 两个公司的标准件建立了定位环，选择 FUTABA 的 Locating Ring(定位环)，采用默认参数，单击【应用】按钮，可以看到加入的定位环，如果要修改参数，比如修改直径(100 改为 120)后，需再次单击【应用】或【确定】按钮，定位环直径变为 120，如图 2-25 所示。

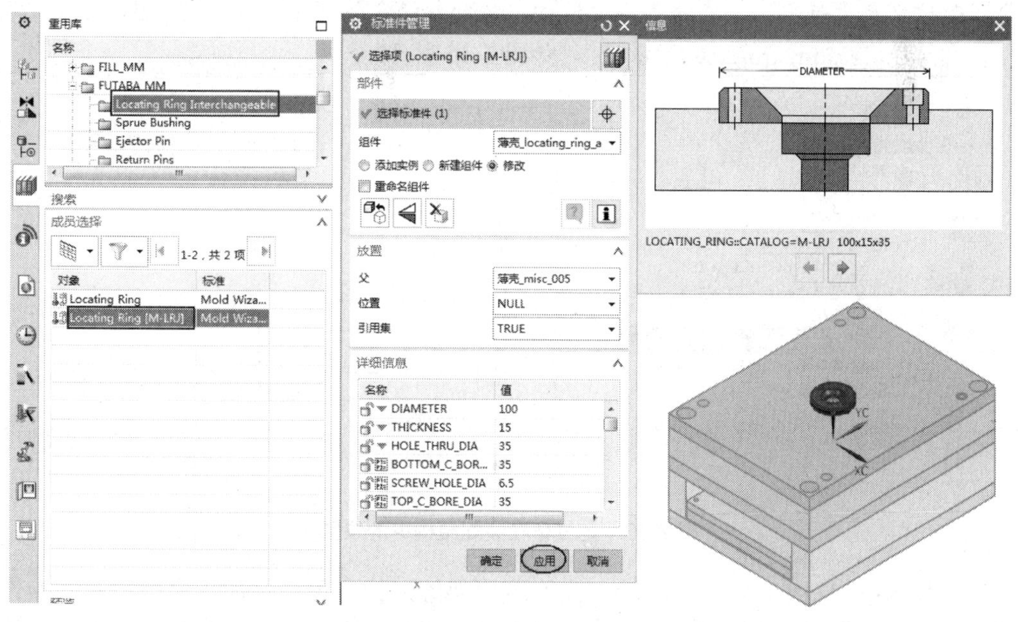

图 2-24　【标准件管理】对话框的定位环设置

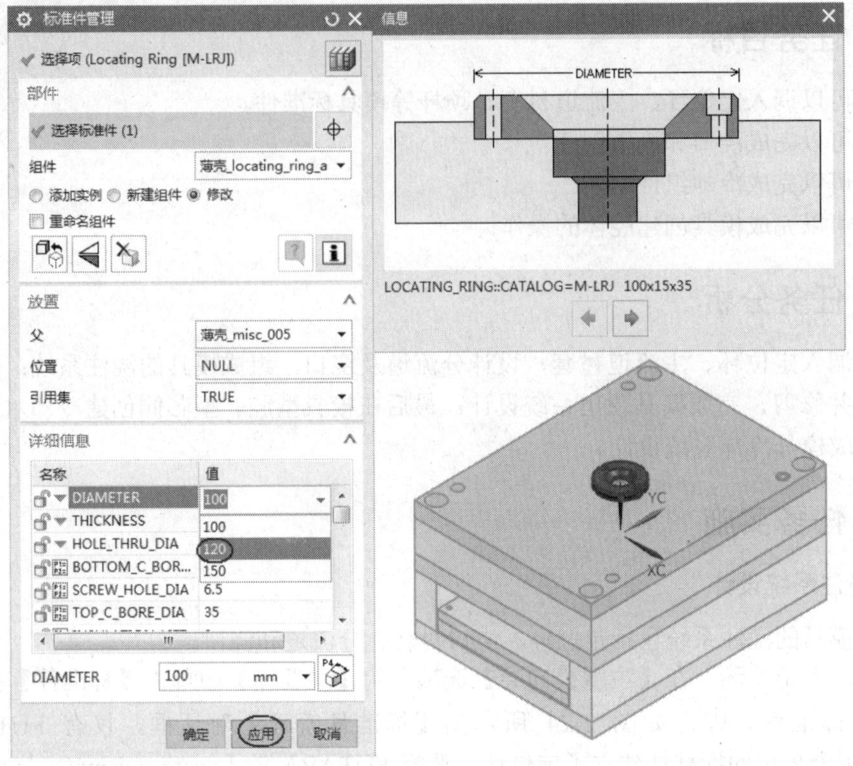

图 2-25　修改定位环参数

调用定位环之后要与定模固定板进行减腔操作。

注意： 定位环属于标准件，在模具装配结构中，加入的定位环位于“薄壳_misc_141”下的“薄壳_locating_ring_assy_191”，如图 2-26 所示。

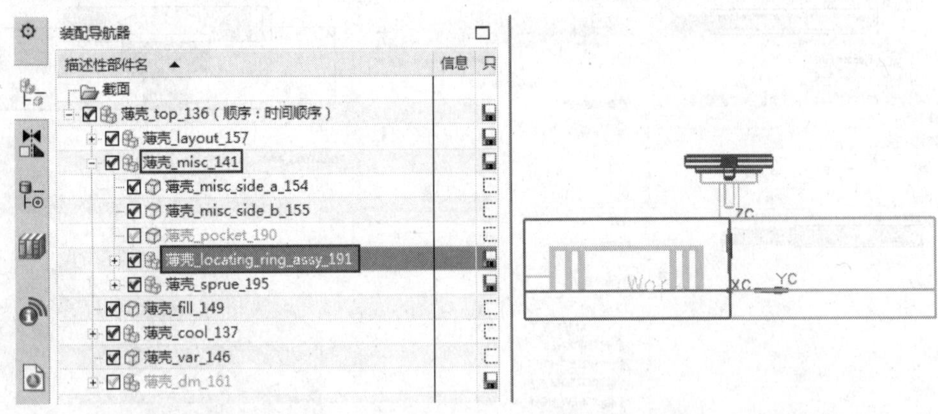

图 2-26　定位环在装配结构中的位置

(2) 加入浇口衬套(主流道衬套)。先隐藏模架等结构，再进行加入浇口衬套的操作。在【注塑模向导】选项卡的【主要库】中单击【标准件】按钮，添加模具标准件，选择 FUTABA 的 Sprue Bushing(浇口衬套)，打开如图 2-27 所示的【标准件管理】对话框，采用默认参数，单击【应用】按钮，可以看到加入的浇口衬套，且浇口衬套与定位环存在重叠部分，需要对浇口衬套进行重定位。单击【重定位】按钮，打开【移动组件】对话框，选择“点到点”变换方式，指定出发点和终止点分别为浇口衬套的最上表面圆的圆心和定位环的最下表面圆的圆心，单击【确定】按钮，完成浇口衬套的重定位，如图 2-28 所示。

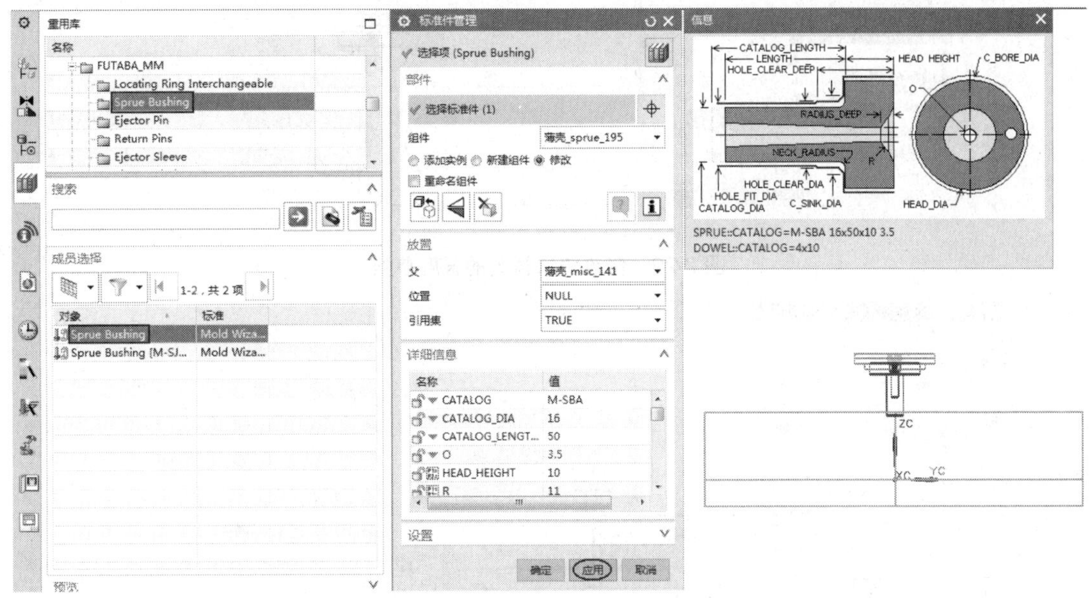

图 2-27　【标准件管理】对话框的浇口衬套设置

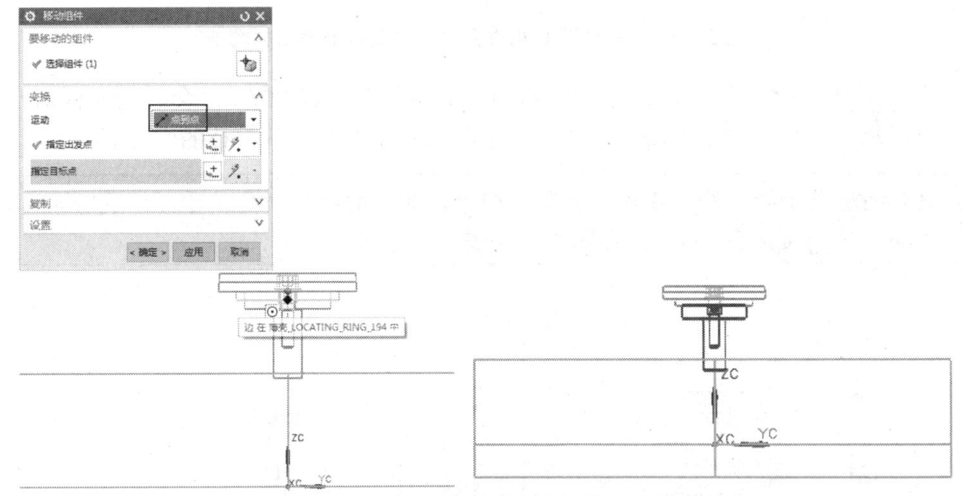

图 2-28　重定位浇口衬套

这时浇口衬托套的长度不够，没有到达分型面，需要修改浇口衬托套的长度参数，由 50 改为 130，使浇口衬套超过分型面的位置，如图 2-29 所示。

浇口衬套设定的长度比实际需要的长，需要将长的部分剪裁掉，而且形状要与成型轮廓面形状一样。在【注塑模向导】选项卡的【注塑模工具】库中单击【修边模具组件】按钮，弹出【修边模具组件】对话框，在【设置】组中将【目标范围】选项设为“任意”

(若目标范围为“产品”，则无法选中浇口衬套)，在绘图区选择浇口衬套，如果修剪方向不对时可以单击【反向】按钮，单击【确定】按钮，完成修剪，如图 2-30 所示。

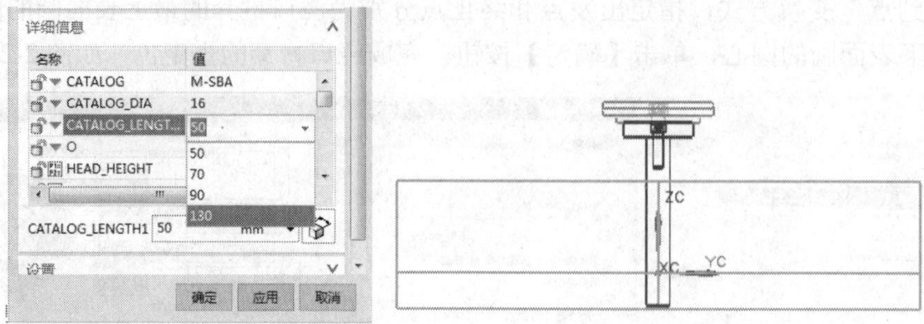

图 2-29 修改浇口衬套的长度参数

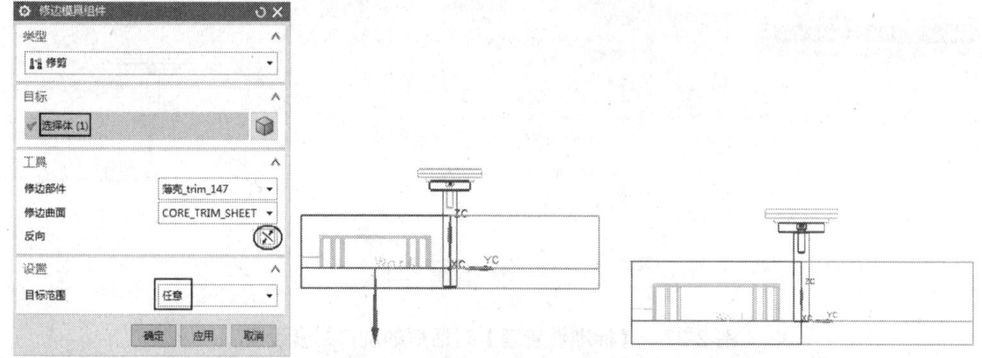

图 2-30 【修边模具组件】对话框及修剪浇口衬套

调用好浇口衬套之后，需要进行减腔，包括定模固定板对浇口衬套、定模板对浇口衬套、型腔对浇口衬套。需要弄清楚这部分的模具结构才不会留下重叠的实体。

注意：浇口衬套属于标准件，在模具装配结构中，加入的浇口衬套位于“薄壳_misc_141”下的“薄壳_sprue_195”，如图 2-31 所示。

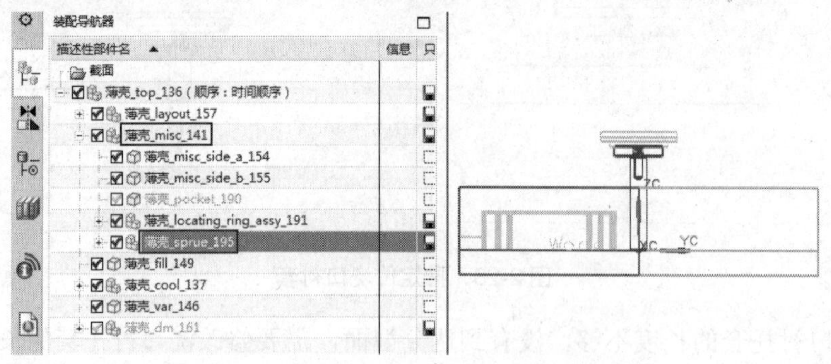

图 2-31 浇口衬套在装配结构中的位置

(3) 分流道设计。需要隐藏定位环、浇口衬套、型腔等结构，再进行分流道设计的操作。在【注塑模向导】选项卡的【主要库】中单击【流道】按钮，弹出【流道】对话框，单击【绘制截面】按钮，选择主分型面作为草图绘制平面，进入草图界面，绘制草图作为分流道的中心线(引导线)，单击【完成草图】按钮，返回【流道】对话框，在【截面】组中将【截面类型】选项设置为 Circular(圆形截面)，横截面直径尺寸为 8，单击【确定】按钮，完成分流道设计，如图 2-32 所示。

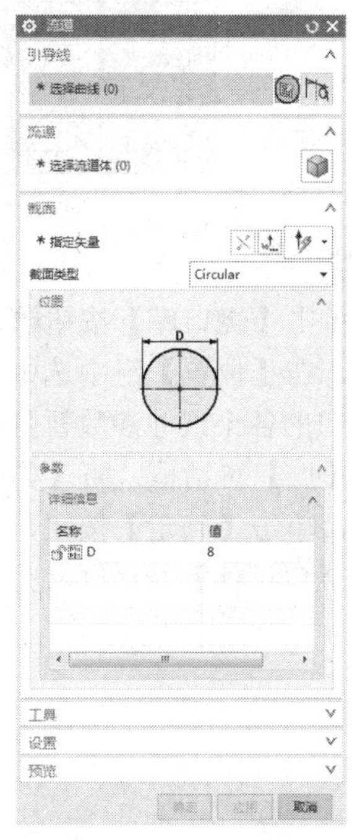

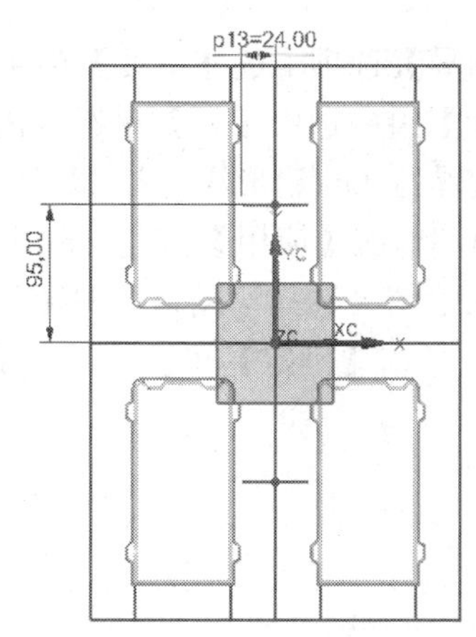

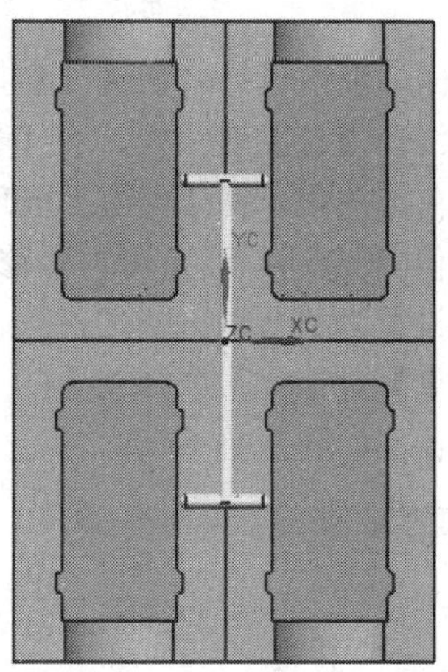

图 2-32　分流道设计

分流道设计完成后，也需要在型腔、型芯中进行减腔操作，因为分流道截面为圆形，所以在型腔和型芯两侧都需要加工分流道，同时还要进行分流道对浇口衬套的修剪，如图 2-33 所示为在型腔和浇口衬套进行的分流道减腔操作。

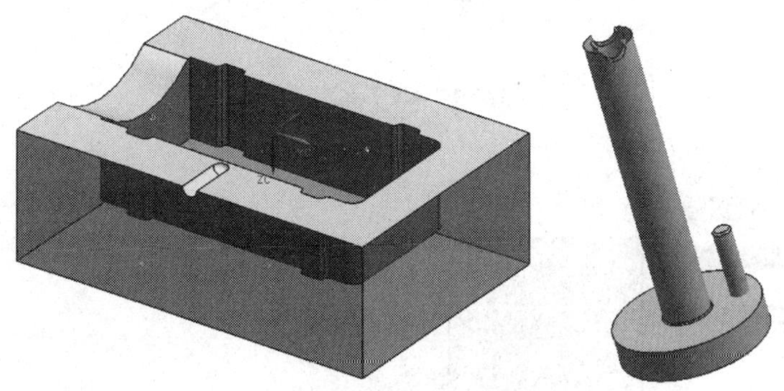

图 2-33　在型腔和定位环上创建分流道腔体

注意：生成的分流道并不位于 fill 二级根节点下，可以打开部件导航器，看到草图和分流道，如图 2-34 所示。

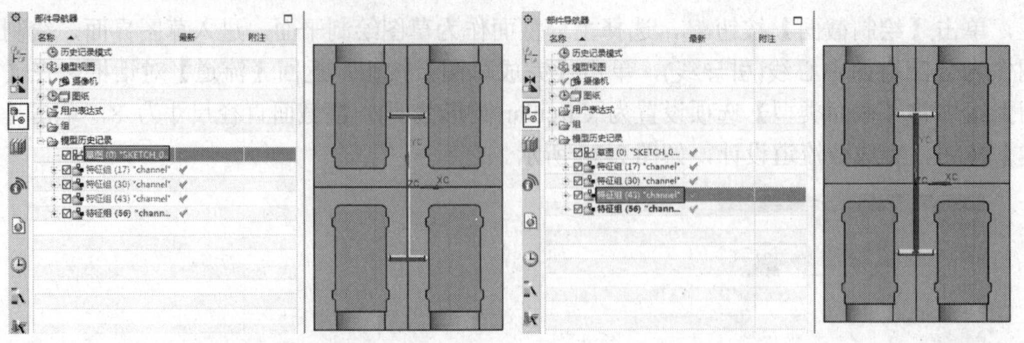

图 2-34　在部件导航器查看分流道的草图及分流道实体

(4) 浇口设计。在【注塑模向导】选项卡的【主要】库中单击【浇口库】按钮，弹出【浇口设计】对话框，在【平衡】组中选中【否】单选按钮，在【位置】组中选中【型腔】单选按钮，将【类型】选项设置为 fan(扇形浇口)。扇形浇口的各个尺寸参数暂且选用默认值(不合适的话，可再做修改)，单击【应用】按钮，弹出【点】对话框，将【类型】选项设置为“自动判断的点”，在绘图区选择草图直线的端点，单击【确定】按钮，弹出【矢量】对话框，选择 X 轴正向，单击【确定】按钮，返回【浇口设计】对话框，完成浇口设计，如图 2-35 所示。

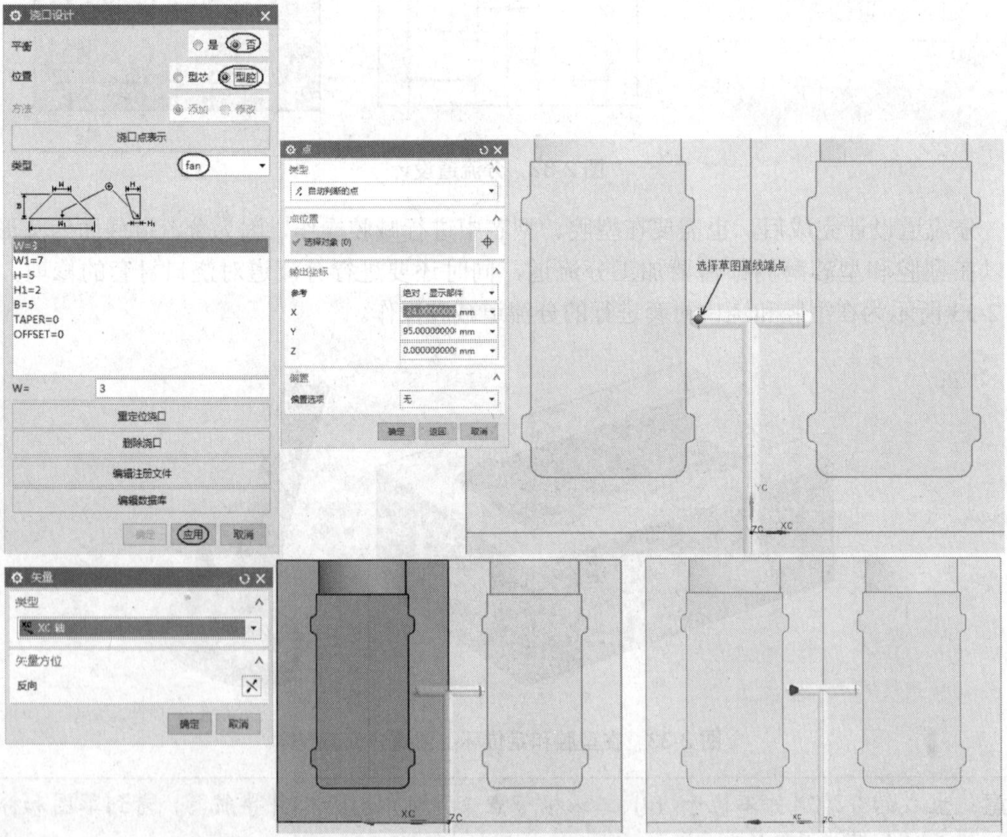

图 2-35　浇口设计

此时浇口的位置和尺寸不合乎要求，需要对浇口进行重定位及修改尺寸参数的操作。

在【浇口设计】对话框中单击【重定位浇口】按钮，弹出 REPOSITION 对话框，选中【变换】单选按钮，在 X 文本框中输入 6，使浇口沿 X 轴正向移动 6mm，单击【确定】按钮，回到【浇口设计】对话框，修改浇口参数，使 B=6，H=4，w1=10，其他尺寸参数不变，单击【应用】按钮，可以看到扇形浇口的形状发生了改变，如图 2-36 所示。若浇口不合乎要求，可继续修改尺寸参数及进行重定位操作，直到合乎要求为止。

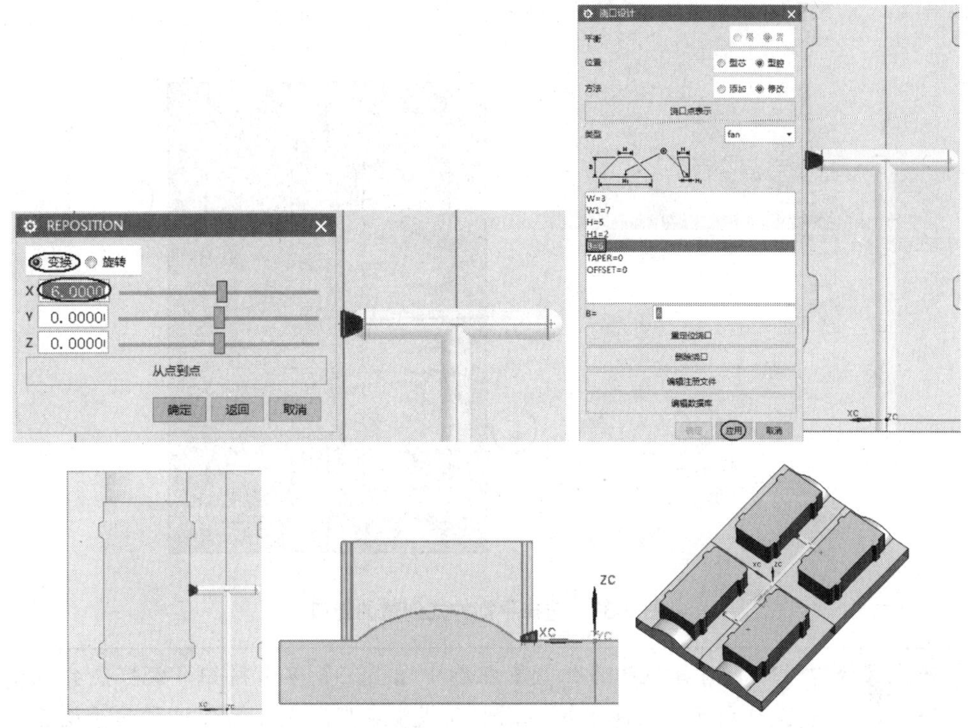

图 2-36　重定位浇口及修改参数

完成第一个浇口设计后，在【浇口设计】对话框的【方法】组中选中【添加】单选按钮，可继续进行第二个浇口的设计及重定位，第二个浇口与第三、四个浇口的设计同理。完成的 4 个浇口如图 2-37 所示。

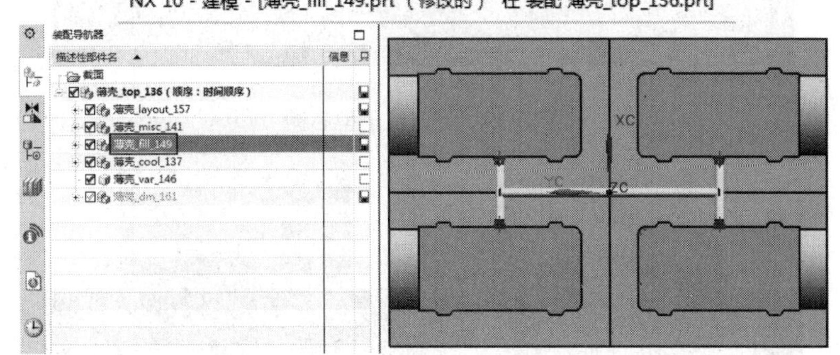

图 2-37　4 个浇口

注意：生成的浇口位于 fill 二级根节点下，而且在进行浇口设计时，当前工作部件会切换至“薄壳_fill_149”，如图 2-37 所示。

提示：若在【浇口设计】对话框的【平衡】组中选中【是】单选按钮，虽然指定一个点可以同时创建 4 个浇口，但其位置可能不合乎要求，如图 2-38 所示。

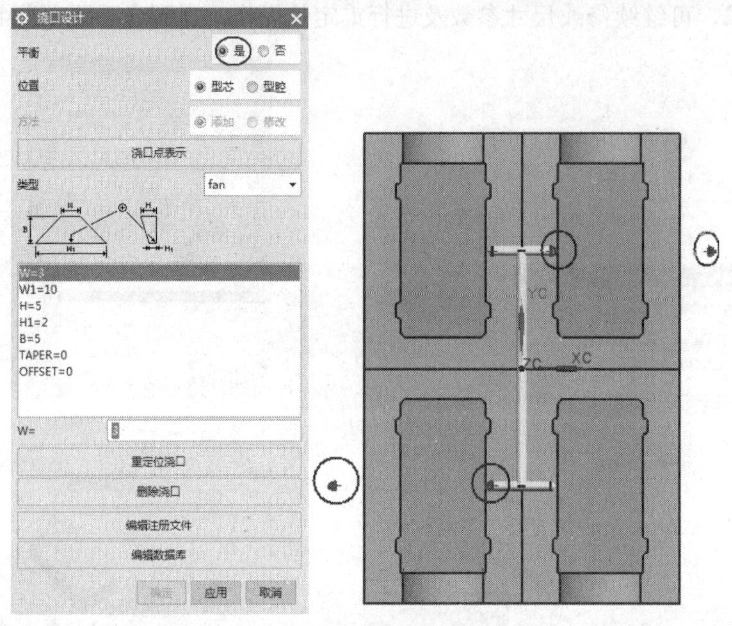

图 2-38　选择平衡方式创建的浇口

提示：若在【浇口设计】对话框的【位置】组选中【型芯】单选按钮，浇口便会位于型芯一侧，如图 2-39 所示，对于本例，因制品成型在型腔侧，显然这种位于型芯侧的浇口位置不合适，所以在【位置】组中应选中【型腔】单选按钮，使浇口位于型腔一侧，如图 2-40 所示。

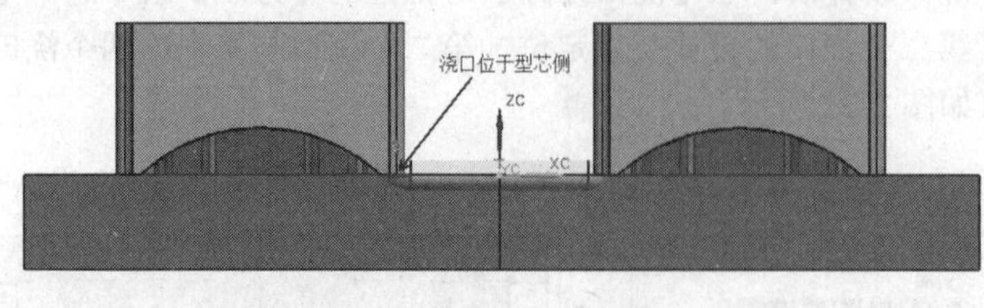

图 2-39　浇口位于型芯侧

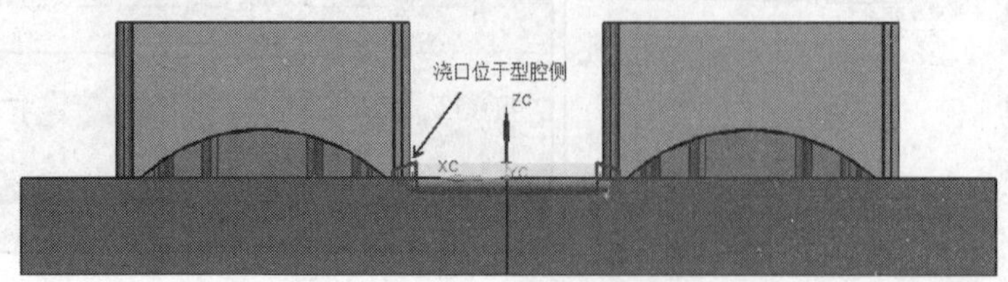

图 2-40　浇口位于型腔侧

浇口设计完成后，需要在型腔进行减腔操作。

至此，完成了定位环、浇口衬套、分流道和浇口的设计，整个浇注系统如图 2-41 所示。

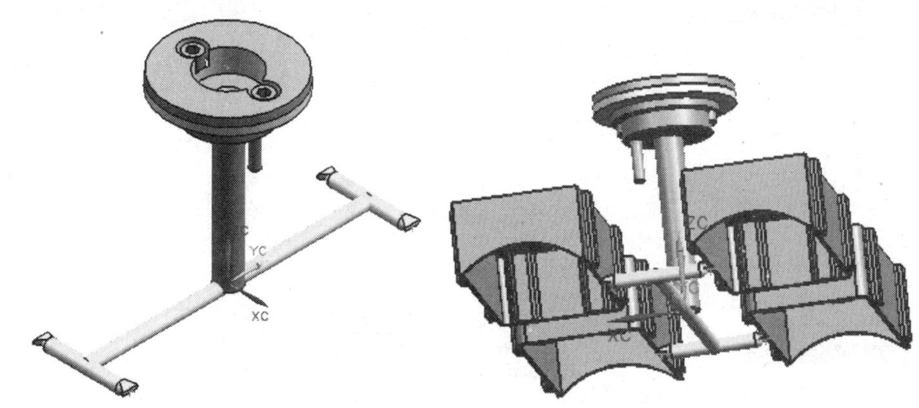

图 2-41　浇注系统

2. 顶出系统设计

采用顶杆顶出，顶出位置可设在制件的 4 个凸耳处。

(1) 添加顶杆。为了更加清楚，可以隐藏前面创建的浇注系统，再进行加入顶出系统的操作。首先通过【曲线】选项卡的【直线】命令绘制定位顶杆的 4 条辅助线(过 2 个圆弧的圆心)，如图 2-42 所示。

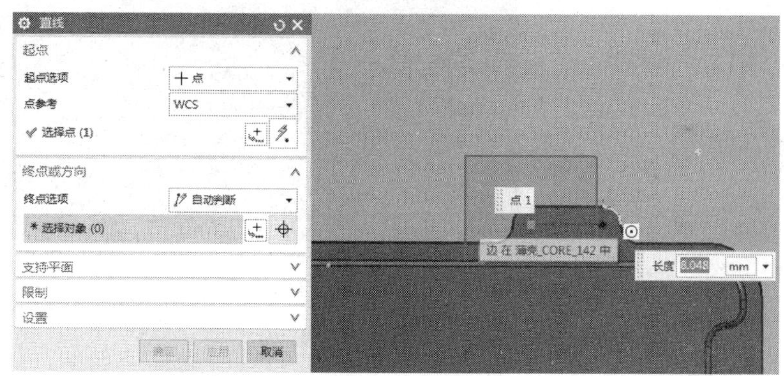

图 2-42　绘制辅助线

单击【注塑模向导】选项卡中的【标准件】按钮，添加模具标准件，弹出【标准件管理】对话框。选择 FUTABA 的 Ejector Pin(顶杆)，从【名称】列表框中选取 Ejector Pin Straight(直顶杆)，此时弹出【信息】对话框，根据【信息】对话框中的参数名称，在【标准件管理】对话框中设置顶杆的各项参数数值，如图 2-43 所示。顶杆直径由 1 改为 2，长度由 100 改为 150 (顶杆长度一般要超出分型面，再由分型面修剪为合适长度，并与分型面的形状吻合)，单击【应用】按钮，弹出【点】对话框，分别选择 4 条辅助线的中点添加顶杆，完成后单击【返回】按钮，返回【标准件管理】对话框，若是参数设置不合适，可继续修改参数，按 Enter 键后单击【应用】按钮完成参数修改，单击【取消】按钮，关闭对话框，完成添加顶杆(共 16 个)操作，如图 2-44 所示。

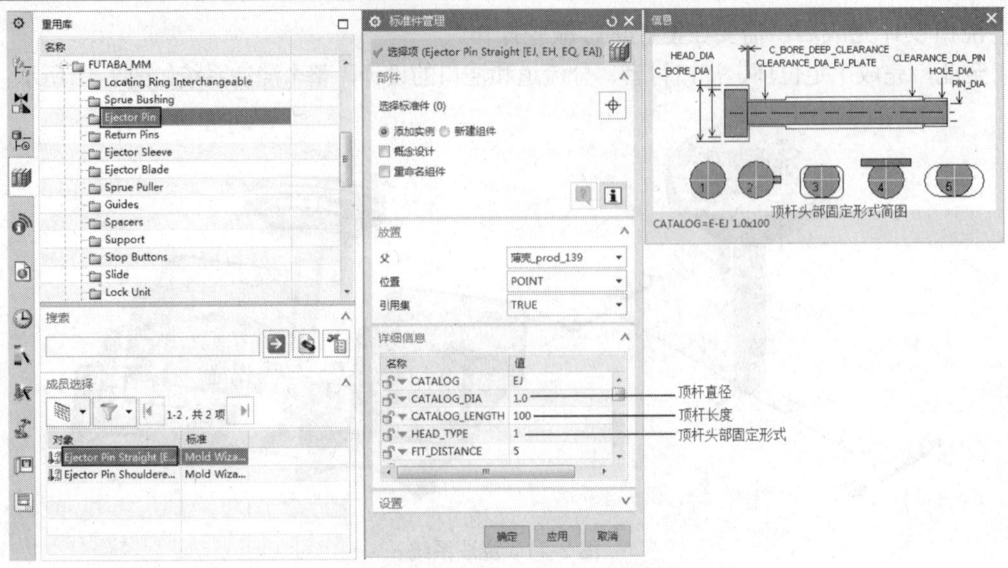

图 2-43 【标准件管理】对话框

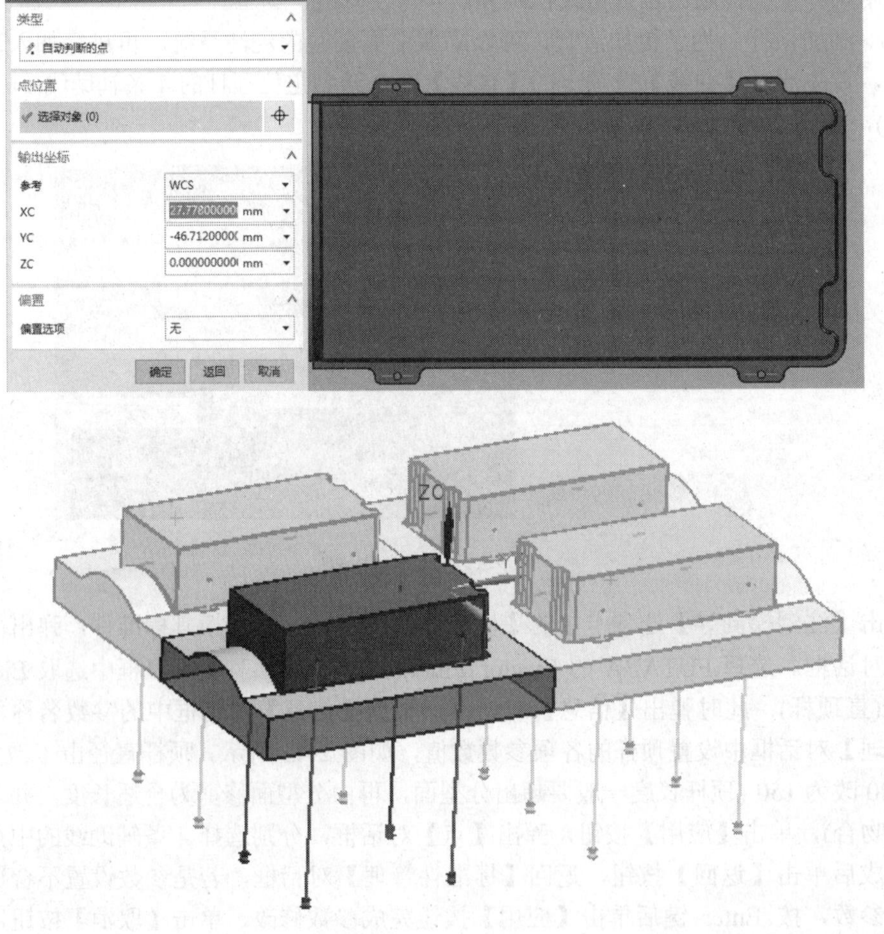

图 2-44 添加顶杆

(2) 修剪顶杆。在【注塑模向导】选项卡的【注塑模工具】库中单击【修边模具组件】按钮，弹出【修边模具组件】对话框，将【目标范围】选项设置为“任意”(若设置为“产品”，可能会选不到顶杆)，单击【反向】按钮，可改变修剪方向，可只选择一个顶杆，单击【确定】按钮，即可完成所有顶杆的修剪，如图 2-45 所示。

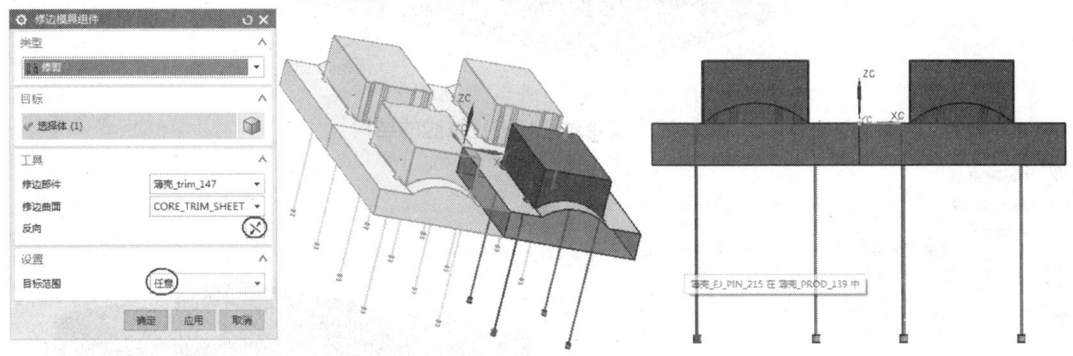

图 2-45　修剪顶杆

也可以在【注塑模向导】选项卡的【注塑模工具】库中单击【顶杆后处理】按钮，弹出如图 2-46 所示的【顶杆后处理】对话框，选择某个顶杆，单击【应用】或【确定】按钮，完成顶杆修剪。在该操作中只修剪选择到的几个顶杆，没有选择到的顶杆，则不会被修剪。

图 2-46　【顶杆后处理】对话框

顶杆设计完成后，需要在型芯及相应模板中进行减腔操作，包括型芯对顶杆、B 板对顶杆、顶杆固定板对顶杆这些会被顶杆穿过的部件，如图 2-47 所示。

注意：生成的顶杆位于四级根节点下的“薄壳_ej_pin_215 × 4”中，其三级根节点为 prod，二级根节点为 layout，一级根节点为 top，如图 2-48 所示。

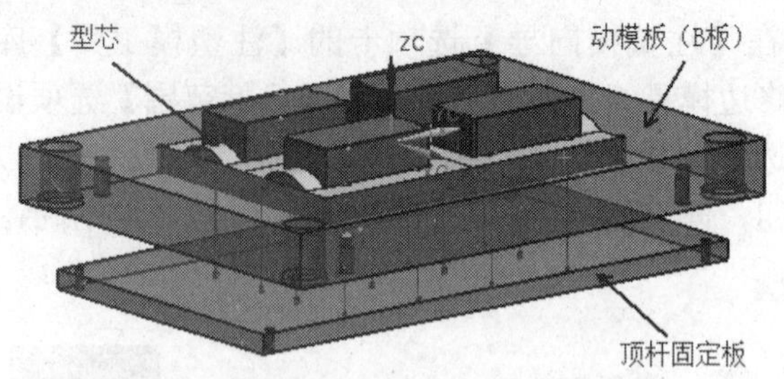

图 2-47　需要对顶杆进行减腔的结构

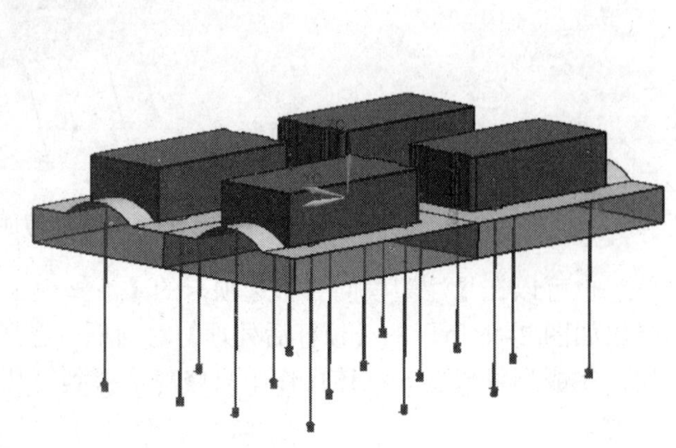

图 2-48　顶杆所在的装配结构

3. 冷却系统设计

冷却系统设计可以通过【冷却工具】库中的【水路图样】按钮，选择或绘制相应草图作为冷却水道的中心线来完成(与创建分流道的方式类似)，再添加水管堵头、水管接头等冷却组件；也可以通过单击【冷却工具】库中的【冷却组件设计】按钮，选择现成的冷却水道及冷却组件模式完成，具体方法如下。

(1) 型芯侧冷却系统设计。为了便于确定冷却水道尺寸，需显示动模板(B 板)。单击【冷却工具】库中的【冷却组件设计】按钮，打开【冷却组件设计】对话框，选择冷却介质类型为 Water，在【成员选择】列表框中选择冷却组件类型为 COOLING_PATTERN，打开【信息】对话框，可先不修改参数，在【冷却组件设计】对话框中直接单击【应用】按钮，加入冷却水道，如图 2-49 所示。

在【冷却组件设计】对话框中修改相应参数后，按 Enter 键并单击【应用】按钮，inlet_position 由 1 改为 3，Extension_length 由 63 改为 170，z_core_level 由−30 改为−35，LEN(长度)由 150 改为 300，WID(宽度)由 200 改为 190，其他参数不变，获得如图 2-50 所示的冷却水道。

(2) 型腔侧冷却系统设计。为了便于确定冷却水道尺寸，需显示型腔和定模板(A 板)。

单击【冷却工具】库中的【冷却组件设计】按钮，打开【冷却组件设计】对话框，选择冷却介质类型为 Water，在【成员选择】列表框中选择冷却组件类型为 COOLING_PATTERN，打开【信息】对话框，在【冷却组件设计】对话框中指定加入冷却水道为型腔侧 CAVITY，直接单击【应用】按钮，加入冷却组件，如图 2-51 所示。

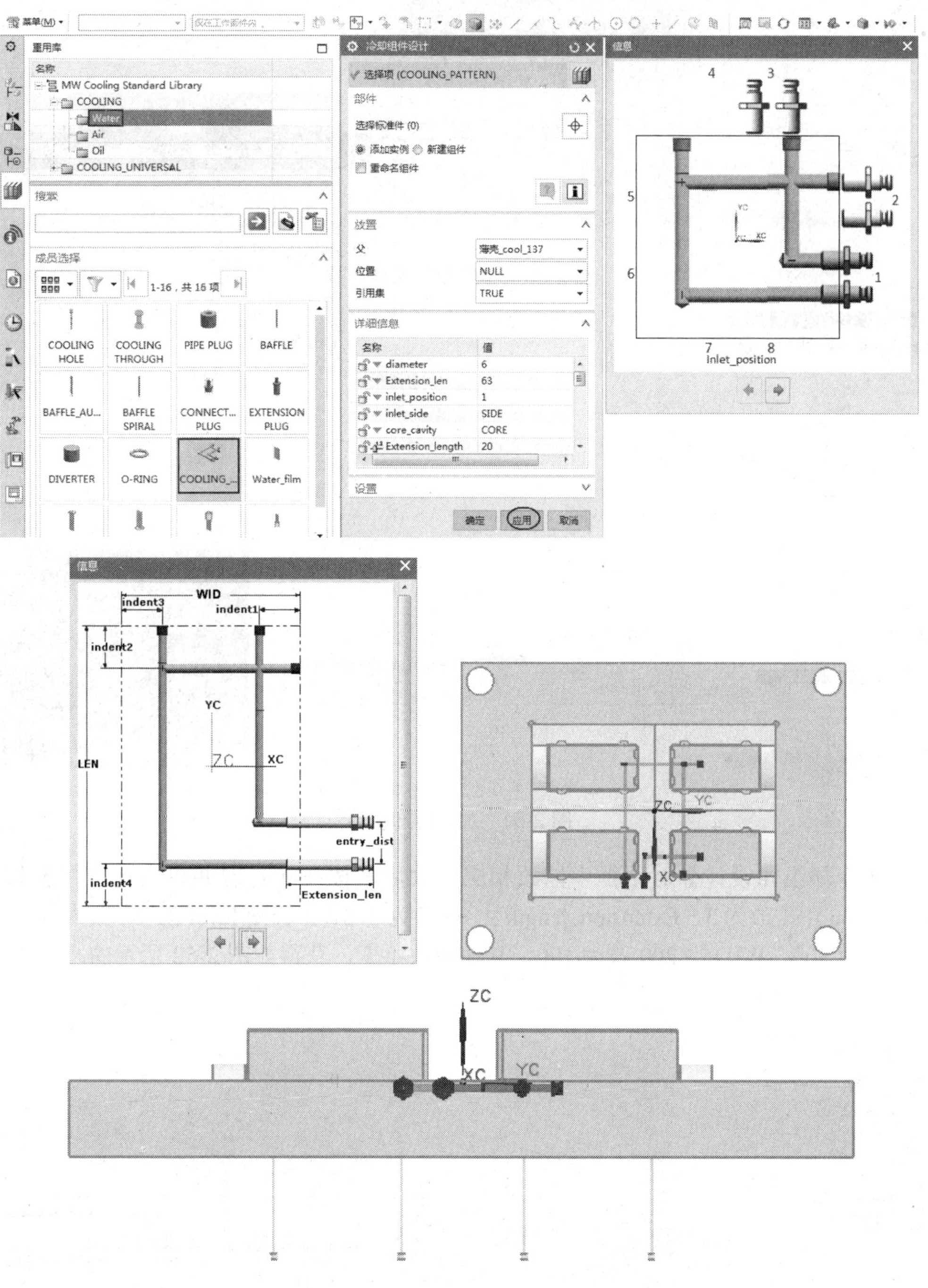

图 2-49　加入冷却组件

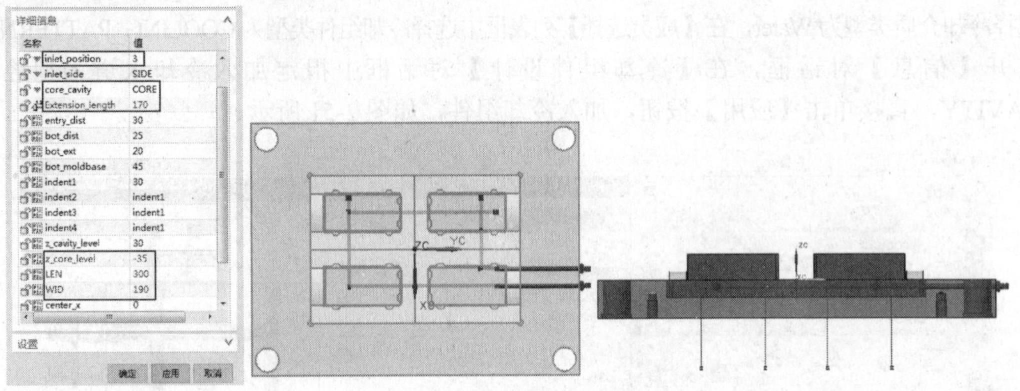

图 2-50　修改冷却组件参数

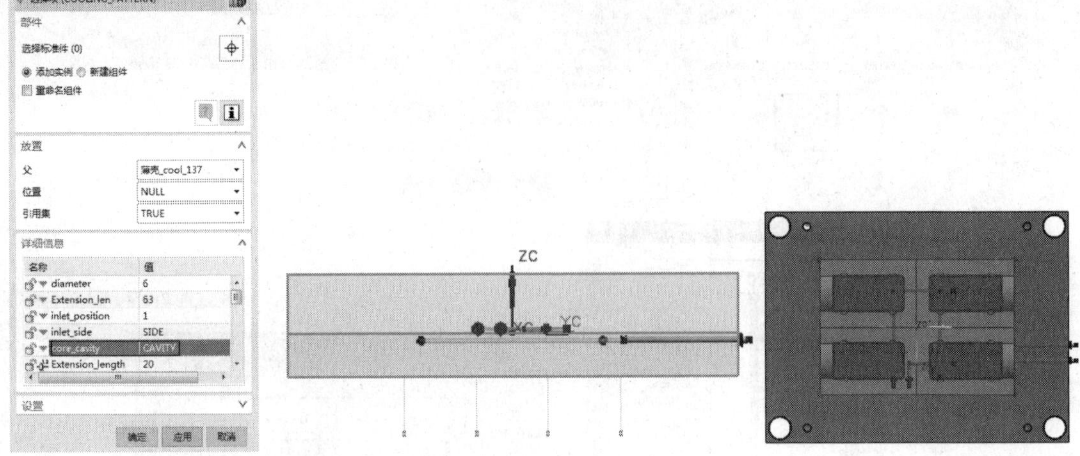

图 2-51　加入冷却组件

在【冷却组件设计】对话框中修改相应参数后，按 Enter 键并单击【应用】按钮，inlet_position 由 1 改为 3，Extension_length 由 63 改为 170，z_core_level 由-30 改为-45，LEN 由 150 改为 300，WID 由 200 改为 190，其他参数不变，获得如图 2-52 所示的冷却水道。

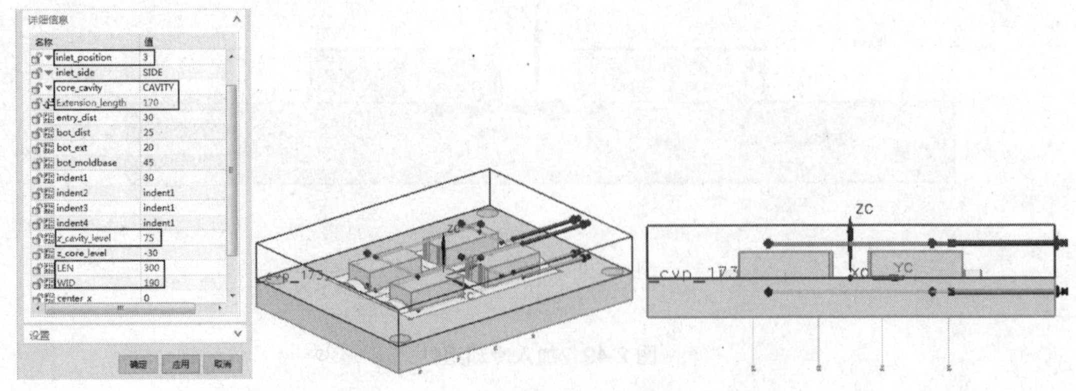

图 2-52　修改冷却组件参数

完成的冷却系统设计如图 2-53 所示。同样需要在型腔、型芯及相应模板(A 板、B 板)进行减腔操作。

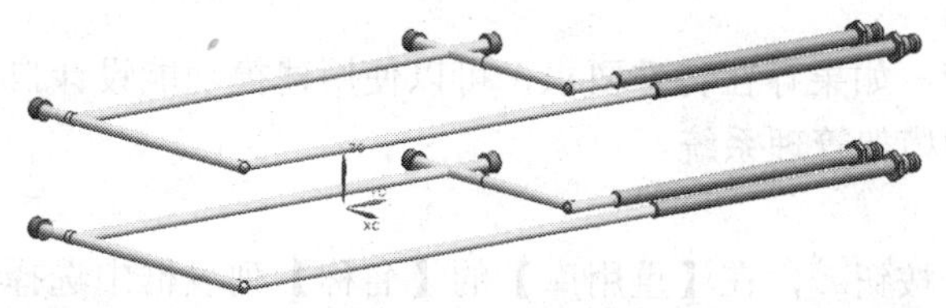

图 2-53　完成的冷却系统

注意：生成的冷却系统位于 cool 二级根节点下，型腔、型芯侧的冷却系统分别为“薄壳_cooling_asy_216”和“薄壳_cooling_asy_222”，如图 2-54 所示。

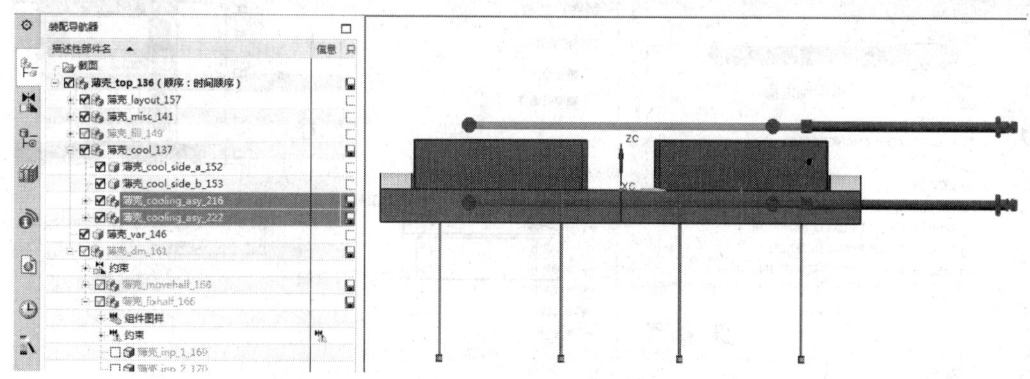

图 2-54　冷却系统所在的装配结构

2.3　相 关 知 识

2.3.1　模架和标准件(Mold Base and Standard Part)

1. 模架(Mold Base)

模架是实现型芯和型腔的装夹、顶出和分离的机构，其结构、形状和尺寸都已标准化和系列化，用户也可对模架库进行扩展以满足特殊需要。

1)　模架简述

根据模架尺寸和配置要求，模架包括标准模架、可互换模架、通用模架、自定义模架。每一种模架都具有不同的特性，以适应不同的情况。

- 标准模架：用于要求使用标准目录模架的情况。模具长度、宽度、模板的厚度和模具行程等模架参数可以通过【模架库】对话框进行配置和编辑。如果模具设计要求使用非标准的配置，如增加板或重定位组件，选用可互换模架更为合适。
- 可互换模架：以标准结构的尺寸为基础，用于需要非标准设计选项的情况。系统提供了 60 种可互换模架，并可详细配置各个组件和组件系列。如果可互换模架无法满足用户需要，则可以选择使用通用模架。

- 通用模架：用于自定义模架结构，可以配置不同模架板来组合数千种模架。如果配置和安装一个通用模架，需要设置每一种区域的模架板的叠加状况和每块模板的厚度。
- 自定义模架：如果存在特殊要求，可以使用建模功能设计自己的模架并添加到注塑模向导的模架管理系统。

2) 模架库

单击【模架库】按钮，在【重用库】的【名称】列表框中选择一种模架制造商，例如 FUTABA_DE，在【成员选择】列表框中选择一种模架类型，如 DC，弹出【模架库】对话框和相应的【信息】对话框，如图 2-55 所示。

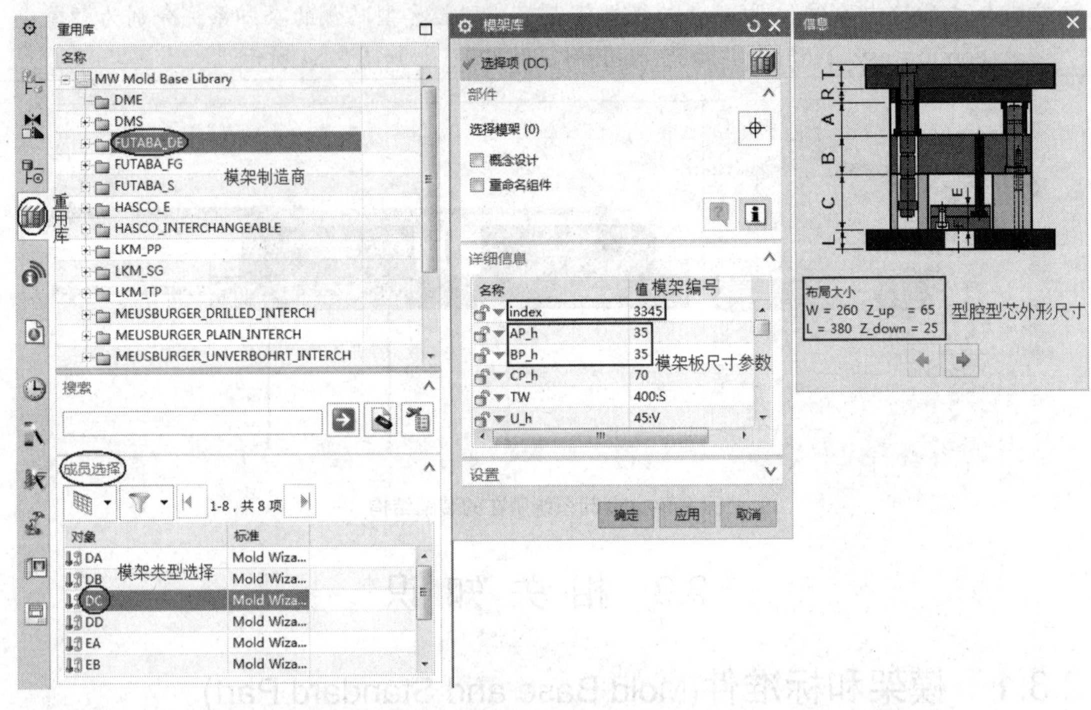

图 2-55 【模架库】和【信息】对话框

【模架库】对话框可以实现以下功能。

- 登记模架模型到注塑模向导的库中。
- 登记模架数据文件以控制模架的配置和尺寸。
- 复制模架模型到注塑模向导工程中。
- 编辑模架的配置和尺寸。
- 移除模架。

下面介绍常用的模架库的使用方法。

(1) 名称。在【名称】列表框中可以选择标准模架制造商，系统提供了 16 种模架，包括美国 DME 公司、日本 FUTABA 公司、德国 HASCO 公司、中国香港 LKM 公司 4 家世界著名公司生产制造的标准模架和标准件及通用模架 UNIVERSAL，如图 2-56 所示。

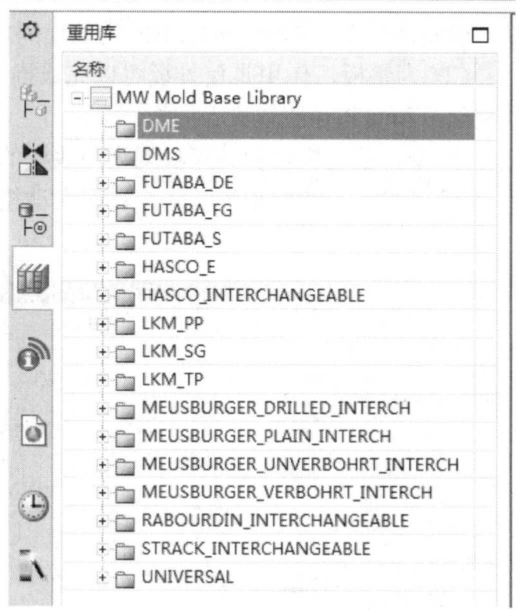

图 2-56　名称

在【名称】列表框中选择 UNIVERSAL 选项，可以随意设置所需的、不同标准模架的模板配置，如图 2-57 所示。

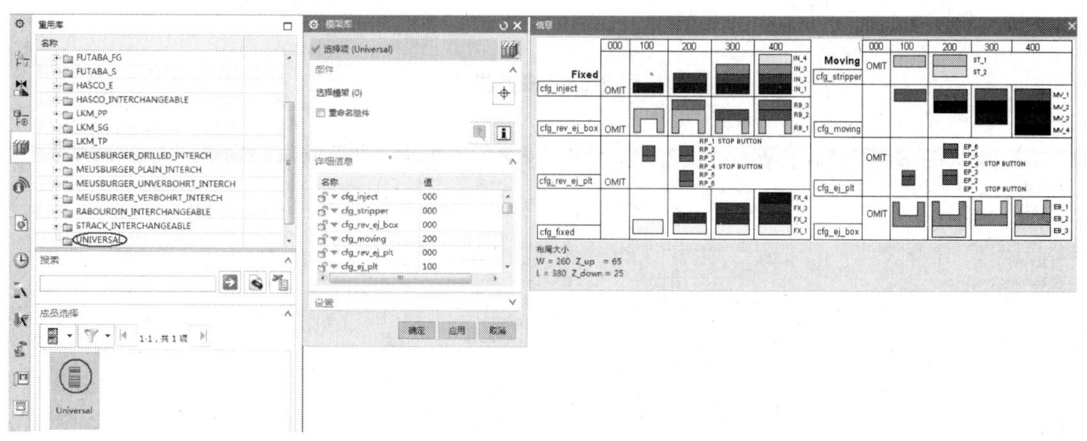

图 2-57　通用模架 UNIVERSAL

(2) 模架类型选择。在【成员选择】列表框中可以选择多种标准模架类型，如 DME 模架包括 2A(二板式 A 型)、2B(二板式 B 型)、3A(三板式 A 型)、3B(三板式 B 型)、3C(三板式 C 型)、3D(三板式 D 型)6 种类型，如图 2-58 所示。

二板式模架是以分型面为界的两部分，一部分固定于注塑机的固定板上不动，另一部分固定在注塑机的动板上随动板运动，这是最简单的结构，一个分型面，一个开模方向，使用顶出杆和顶管，可以形成不带侧向凹凸特征的所有塑件。

如图 2-59 所示二板式 A 型，是定模板和动模板均为一块板的类型。TCP 为定模座板，即固定连接定模部分和安装在注塑机上的板；AP 为定模固定板(定模板)，即镶嵌凹模或直接加工成型腔的板，一般是成型塑件的外表面；BP 为动模固定板(动模板)，即镶嵌凸模或直接加工成凸模的板；CP 为垫板，作用是使推板可以完成推动而形成空间；BCP 为动模座板，即固定连接动模部分和安装在注塑机上的板。

如图 2-60 所示二板式 B 型，是定模板和动模板均为两块板的类型。字母组的含义和二板式 A 型一样，其中多了动模垫板 SPP，是为了防止镶嵌在动模固定板上的凸模或其他零件后退的板。

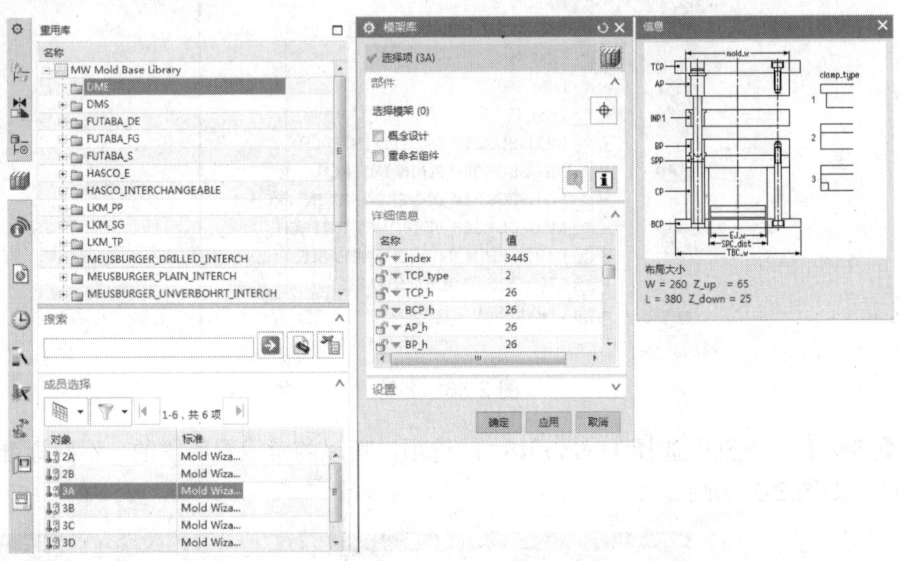

图 2-58 模型类型

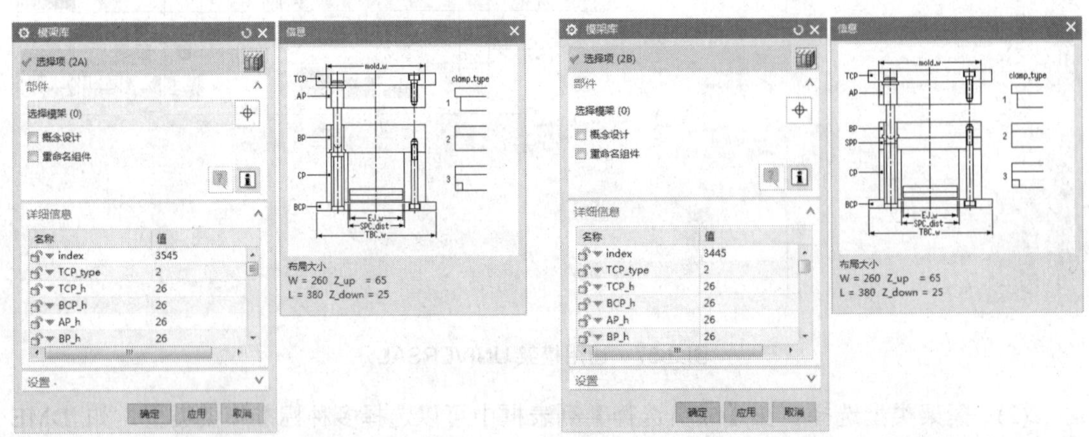

图 2-59 二板式 A 型　　　　图 2-60 二板式 B 型

三板式模具具有 3 个主要部分，在模具打开时形成两个分型面。塑件由两相邻部分的分界中取出，浇注系统则由另外两相邻的部分之间取出。三板式组成包括定模板(也叫浇道、流道或锁模板)、中间板(也叫型腔板、浇口板或浮动板)、动模板。浇注系统常在定模板和中间板(浮动板)之间，而塑件则在中间板(浮动板)和动模固定板之间，型腔和浇口一般在中间板(浮动板)部分，有时流道和浇口以镶拼方式开在中间板(浮动板)部分。

DME 模架三板式 A 型是在二板式 B 型基础上增加一个浮动板，位于定模固定板和动模固定板之间，如图 2-61 所示。

- 三板式 B 型是在二板式 B 型基础上增加两个浮动板，如图 2-62 所示。
- 三板式 C 型是在二板式 A 型基础上增加一个浮动板，如图 2-63 所示。
- 三板式 D 型是在二板式 A 型基础上增加两个浮动板，如图 2-64 所示。

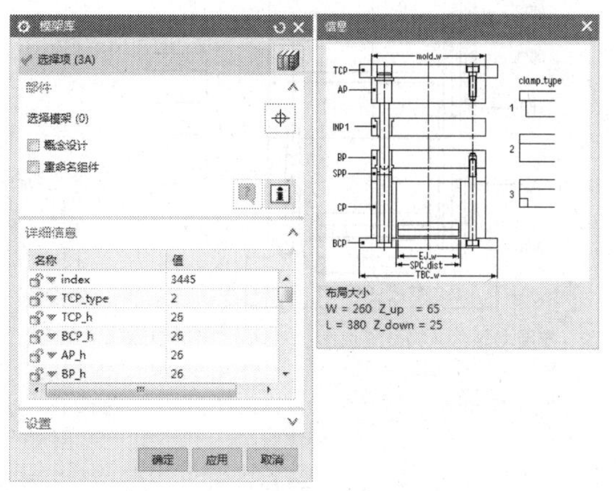

图 2-61　三板式 A 型

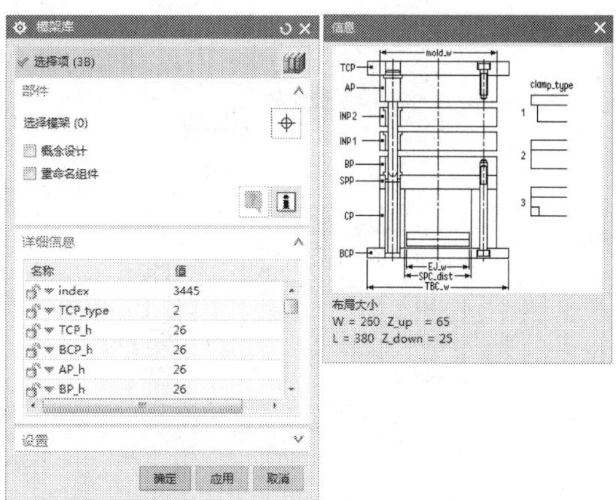

图 2-62　三板式 B 型

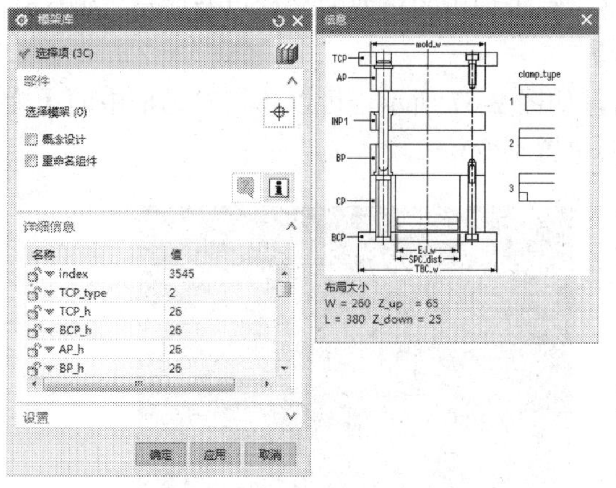

图 2-63　三板式 C 型

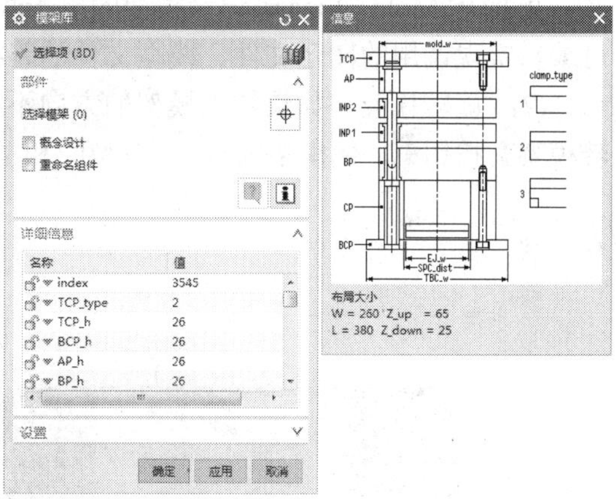

图 2-64　三板式 D 型

(3) 模架编号列表。在【模架库】对话框中，单击 “index”名称右边小三角，打开模架编号列表，如图 2-65 所示，模架编号的含义为“宽度×长度”，如 3545 的含义表示模架的宽度和长度分别为 350mm 和 450mm，系统根据型腔布局的大小确定适合的模架宽度和长度，并自动选择接近的模架编号。

(4) 模架板尺寸参数表达式列表。在【模架库】对话框中，当选中某个模架编号时，表达式列表会列出当前编号模架的所有相关尺寸和参数，选中某表达式可以修改参数。

(5) 布局信息。在【信息】对话框中，【布局大小】组列出当前布局型腔的尺寸，包括 W(型腔宽度)、L(型腔长度)、Z_up(上模高度)、Z_down(下模高度)。其中 W、L 为 X 向、Y 向的尺寸，Z_up 和 Z_down 为型腔和型芯模板的厚度参数，如图 2-66 所示。这些布局信息只有在【布局】对话框中做过自动对准中心操作之后才会显示，否则不显示。

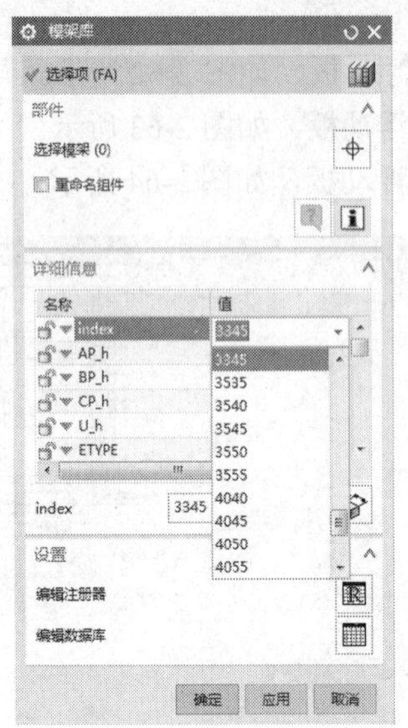

图 2-65 【模架库】对话框中的模架编号列表图

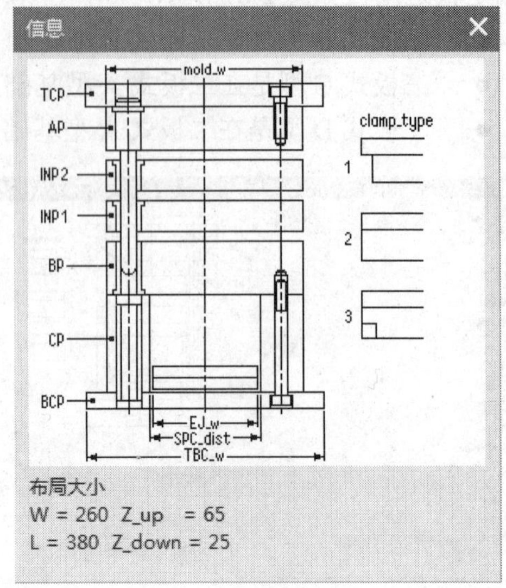

图 2-66 布局信息

(6) 编辑注册器。在如图 2-65 所示的【模架库】对话框中，单击【编辑注册器】按钮，可打开 Mold Wizard 记录模架的电子表格，编辑列出的模架的名称以及成员类型，还可编辑实现调用的图示文件、模型文件的路径等。

(7) 旋转模架。如果加入模架的方向不对，如图 2-67 所示，可以单击对话框中的【旋转模架】按钮，使模架旋转 90° (型腔和型芯位置不变)。

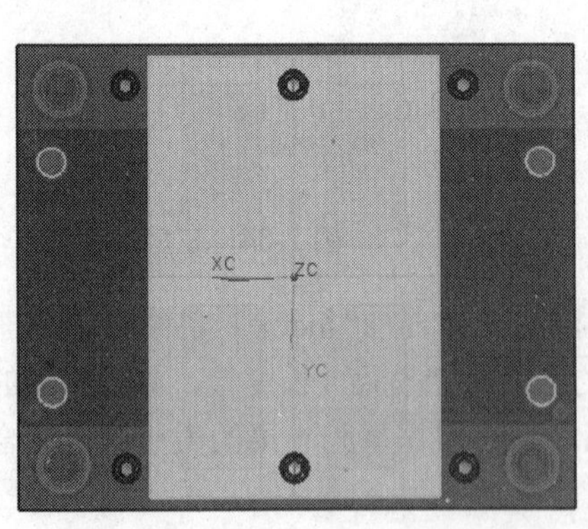

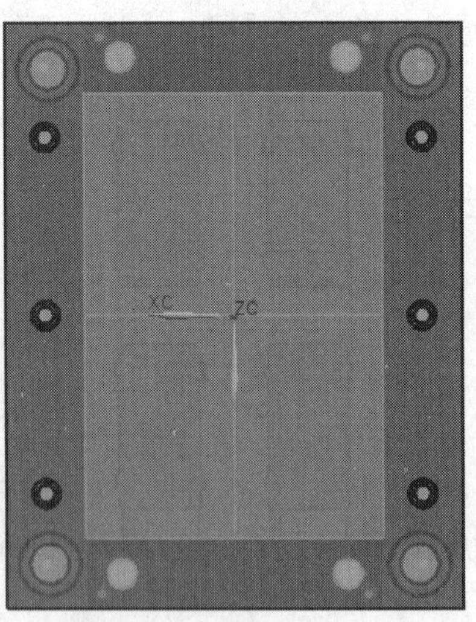

图 2-67 需旋转模架

完成相应的设置后，单击对话框中的【应用】按钮，便可以在视图窗口中加入模架，如图 2-68 所示。

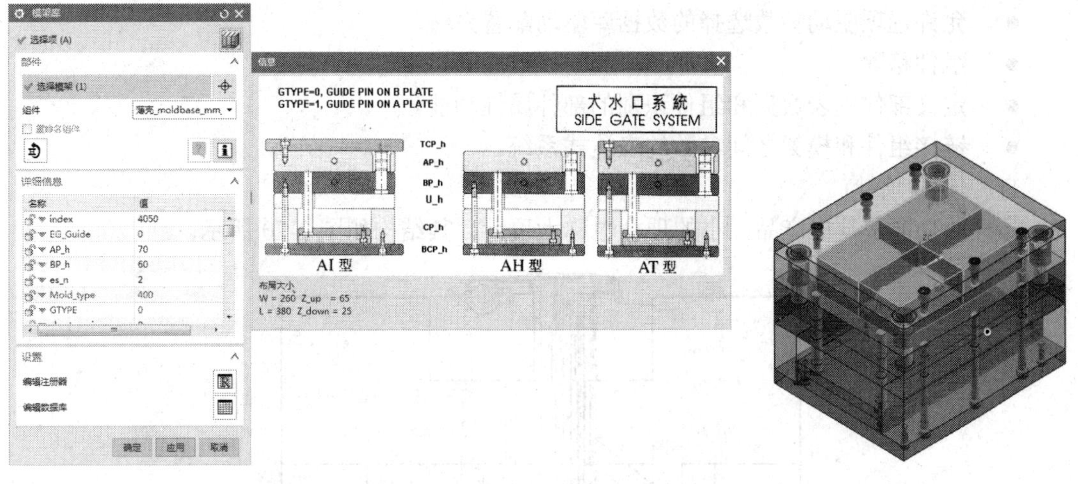

图 2-68　加入模架

2. 标准件(Standard Part)

注塑模向导模块将模具中经常使用的标准组件(如顶杆、弹簧、螺钉、定位环、浇口套等标准件)组成标准件库，用于标准件的管理安装和配置。也可以自定义标准件库来匹配公司的标准件设计，并扩展到库中以包含所有的组件或装配。

单击【注塑模向导】选项卡中的【标准件】按钮，添加模具标准件，弹出如图 2-69 所示的【标准件管理】对话框。

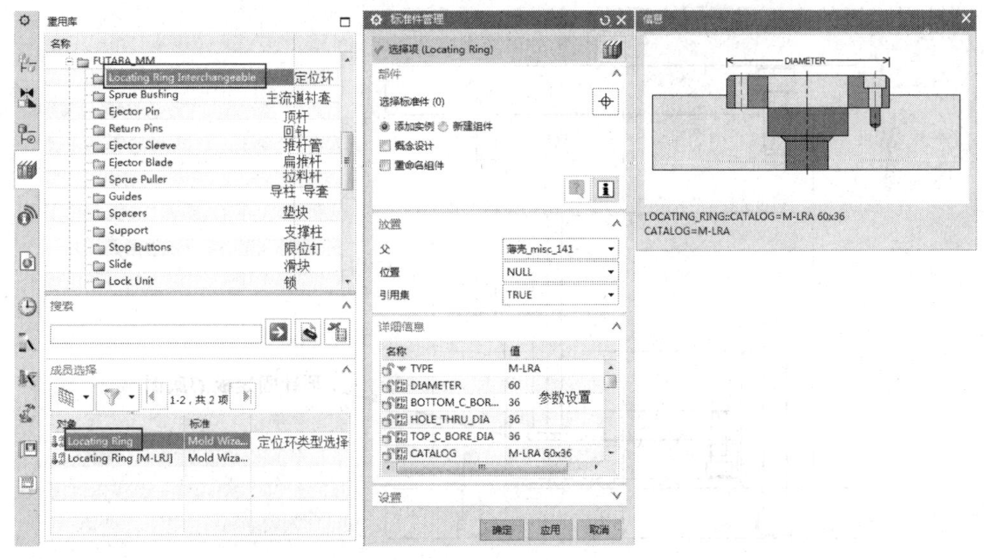

图 2-69　【标准件管理】对话框

在【标准件管理】对话框中提供了以下功能。

- 组织及显示目录和组件的选择库的登记系统。
- 复制、重命名及添加组件到模具装配中的安装功能。
- 确定组件在模具装配的方向、位置或匹配标准件的功能。

- 允许选项驱动参数选择的数据库驱动配置系统。
- 组件移除。
- 定义部件列表数据和组件识别的部件属性功能。
- 链接组件和模架之间参数的表达式系统。

1) 顶杆(顶针)

顶杆的功能是顶出产品，小的顶杆也称为顶针，其结构如图 2-70 所示。

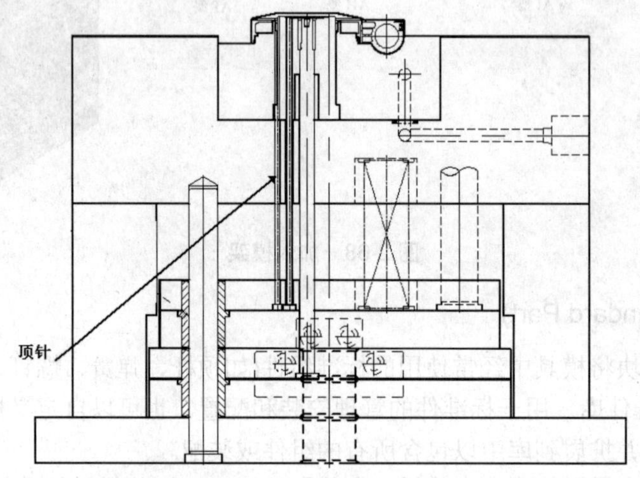

图 2-70 顶杆(顶针)示意图

顶针固定板的底面用于固定顶针，如图 2-71 所示。

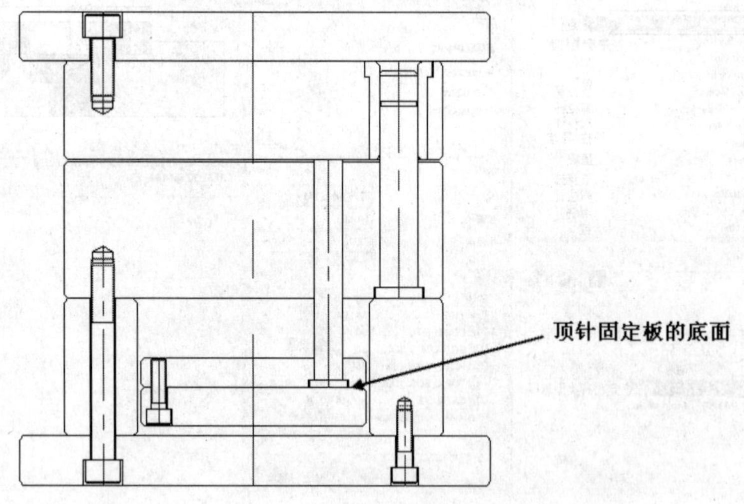

图 2-71 固定顶针的位置

可以改变用标准件功能创建顶杆的长度，并设定配合的距离(与顶杆孔有公差配合的长度)。顶杆功能需要用到形成型腔型芯的分型片体(或已完成型腔型芯的提取区域)，因此在使用顶杆功能之前必须先创建型腔型芯。

在使用标准件创建顶杆时，必须选择一个比要求值大的顶杆，才可以通过后处理的方法将它调整至合适的长度。

如果在标准件形式中选择 Ejection(顶出)，再选择 Ejector Pin Straight (直顶杆)。此时就变成了如图 2-72 所示的【标准件管理】对话框，可以在其中设置顶杆的各项参数。

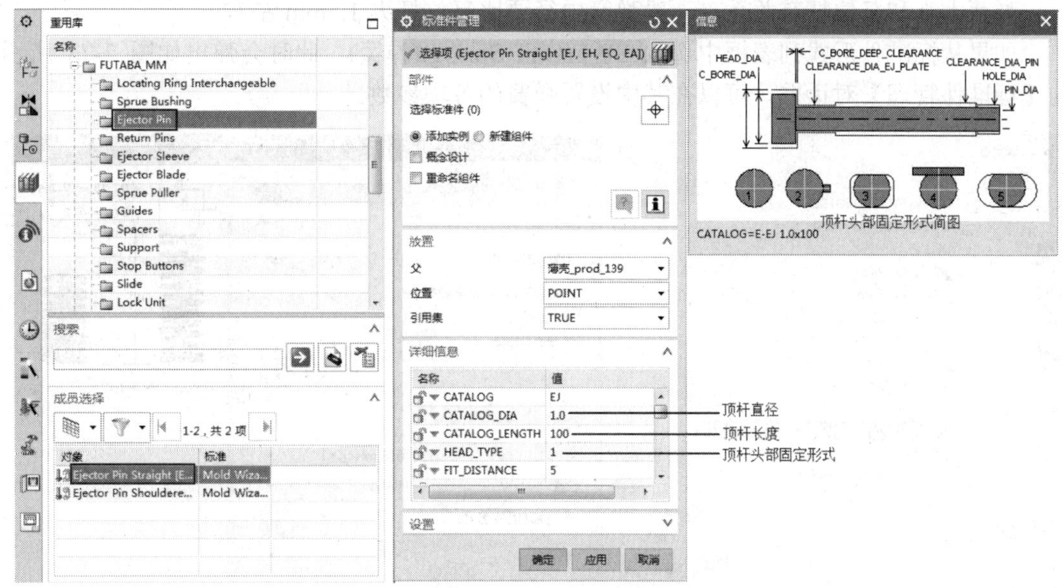

图 2-72　【标准件管理】对话框的顶杆设置

其中需要注意以下参数。

(1)　配合距离(TIMING_PIN_DIA)。

配合距离值控制模具上顶杆孔的最低点到顶杆偏置孔的最高点之间的距离。

(2)　顶杆长度(CATALOG_LENGTH)。

顶杆的名义长度，用于确定顶杆的总体长度。

顶杆引用集包含 TRUE 和 FALSE 体。TRUE 体反映顶杆实体的大小，FALSE 体反映需要被修剪下去形成顶杆孔的实体，有别于真正的顶杆实体。系统为每个顶杆创建并保存一个新部件文件。这是因为顶杆之间可能存在不同，有必要将它们分开。

顶针的修剪过程如下所述。

顶针后处理对话框使用两个步骤来执行修剪过程：目标体(要修剪的顶杆)和工具片体。

在工具片体选择步骤中可以使用【修剪部件】和【修剪曲面】对话框选项。

(1)　修剪部件。

使用修剪部件可以定义包含顶杆修剪面的文件。默认值为修剪部件，可以使用修剪组件页面上的功能来添加另外的组件到修剪部件中。

(2)　修剪曲面。

使用修剪曲面可以定义上面选择修剪部件的哪些面用来修剪顶杆。每个修剪部件包含多个修剪片体。选择面可以直接选择任意面，再将它们链接到顶杆组件中以修剪顶杆。

2)　弹簧

一般来说，弹簧的选择和顶杆的顶出距离有关系。顶出距离加 5～10mm 的余量，为弹簧的变形量，而弹簧一般形变为其本身的 1/3，所以弹簧变形量的 3 倍就是弹簧的长度。

例如：顶出距离为 8mm，加上预留量 10mm，也就是说，弹簧至少形变 18mm 才够用。18×3=54(mm)，应选择 54mm 的标准弹簧长度。

弹簧大小和复位杆有关系。一般弹簧内径要比复位杆大 1.5mm 左右。

如果从标准件形式列表框中选取 SWF(Coil Spring)(弹簧)，此时会弹出如图 2-73 所示的【标准件管理】对话框，可以在其中设置弹簧的各项参数。

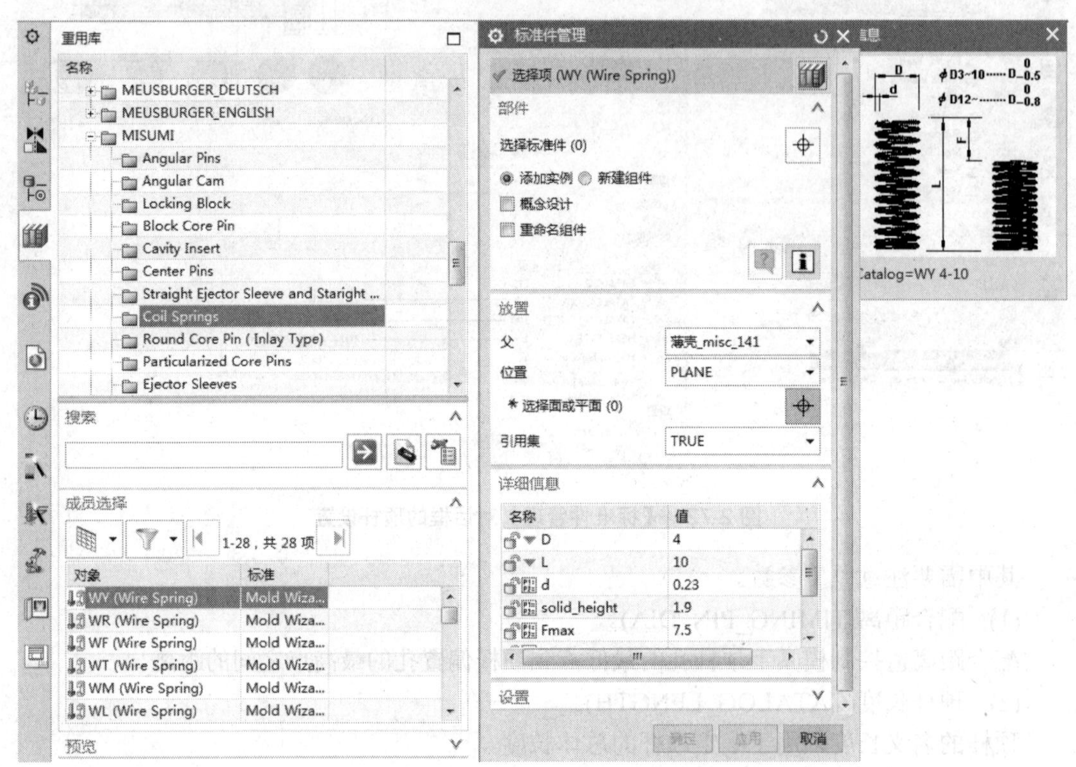

图 2-73 设置弹簧参数

3) 定位环

定位环的作用是使得注塑机的喷嘴更快更好地和模具的浇口衬套相接触。常用的定位环形式有以下两种，如图 2-74、图 2-75 所示。应该尽量选用第二种定位环的形式，因为这样可以缩短流道长度，但是要保证浇口衬套的大端与型芯保持 15～20mm 的距离。

如果从标准件形式列表框中选取 Locating Ring(定位环)，此时便会弹出如图 2-76 所示的【标准件管理】对话框，可以在其中设置定位环的各项参数。定位环在 UG 环境下的模具装配是自动搜取定模固定板的中心位置进行装配，一般情况下无须进行手工定位。

仅有 FUTABA 和 HASCO 两个公司的标准件建立了定位环，如果想要调用符合自己公司的定位环还要手工定义。调用好定位环之后需要注意定位环要与定模固定板进行减腔操作。

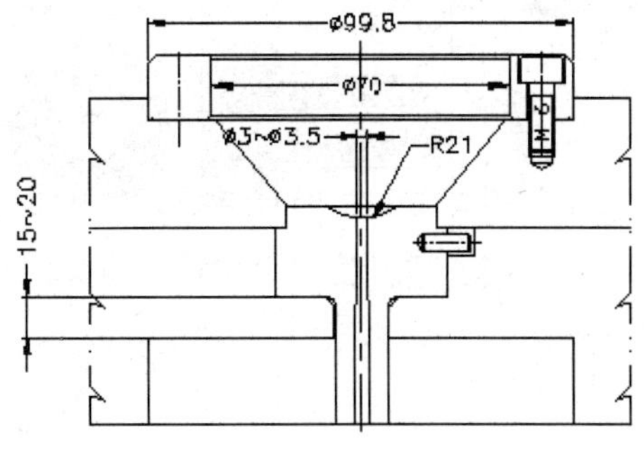

图 2-74　第一种形式

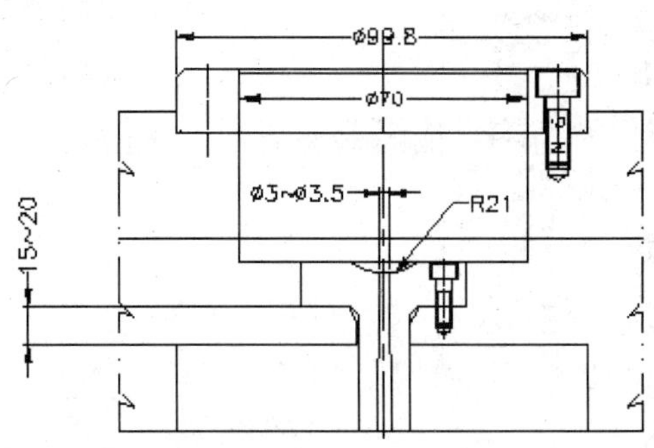

图 2-75　第二种形式

图 2-76　【标准件管理】对话框的定位环设置

4)　浇口衬套(主流道衬套)

浇口衬套与注塑机喷嘴在同一水平轴线上并与其相连接，方便将熔融塑料注入模具中的理想位置，通常注入至分型面。浇口衬套通常作为独立零件固定在模具上，以使熔料可以更准确地注入模具型腔中。

如果从标准件形式列表框中选取 Sprue Bushing(浇口衬套)，此时便会弹出如图 2-77 所示的【标准件管理】对话框，可以在其中设置浇口衬套的各项参数。

合理填写各项参数，调出浇口衬套。这里需要注意以下两个参数。

- CATALOG_DIA：浇口衬套的名义直径，即 UG 中浇口衬套实体的小端直径。
- CATALOG_LENGTH：浇口衬套的名义长度，即 UG 中浇口衬套实体的小端长度，通常这个长度无法一次调准，需要调出后再进行测量和修改；如果长度无法精确调准，可以先调得长些，再使用分型面对其进行修改。

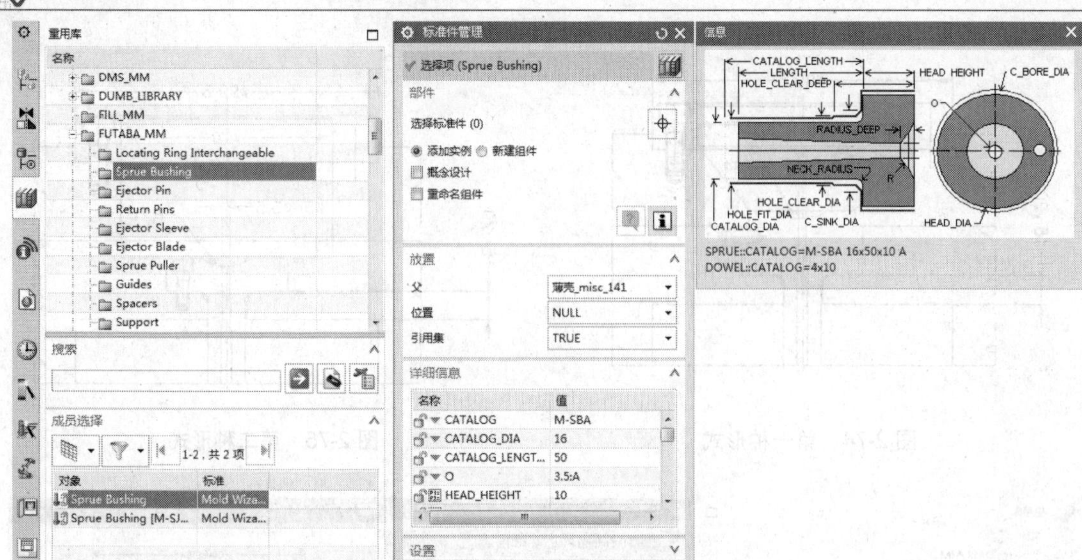

图 2-77　【标准件管理】对话框的浇口衬套设置

2.3.2　滑块/抽芯及镶块(Slider/Lifter and Insert)

塑料产品常存在侧向凹凸或侧孔结构，单纯靠上下模的开模动作无法脱模。因此，必须将侧向凸凹特征做成活动的拼块，称为滑块。滑块先行脱模，然后上下模完成开模动作。完成滑块抽出和复位的机构称为抽芯机构。产品脱模前需要进行侧抽芯，必须使用滑块或斜顶抽芯机构。

在设计型芯和型腔块过程中，可以创建子镶块用于发生强烈磨损的型腔或型芯区域，或用于简化型腔型芯制造，所以有时采用镶块的设计是出于强度及加工工艺方面的考虑。

1. 滑块和斜顶抽芯机构

(1)　滑块抽芯的作用。

在设计一个塑胶产品模具时，有时会出现部分区域无法在分模方向成型或者开模方向发生干涉，需要向外部(少数向内部)拉出成型部分，这就需要使用滑块来形成抽芯成型，如图 2-78 所示。

(2)　斜顶抽芯的作用。

在设计一个塑胶产品的模具时，有时会出现有的区域无法在分模方向成型或者开模方向发生干涉，需要向内部拉出成型部分并顶出产品，这就需要用斜顶来形成抽芯成型，如图 2-79 所示。

在【注塑模向导】选项卡中单击【滑块和浮升销库】按钮，弹出如图 2-80 所示的【滑块和浮升销设计】对话框。在此可以选择标准件类型、设置和编辑滑块和抽芯的组件尺寸。

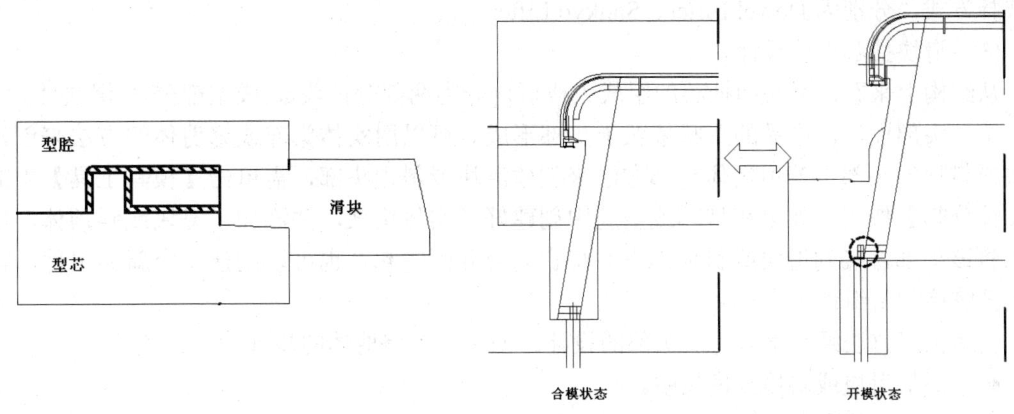

图 2-78　滑块抽芯示意图

图 2-79　斜顶抽芯示意图

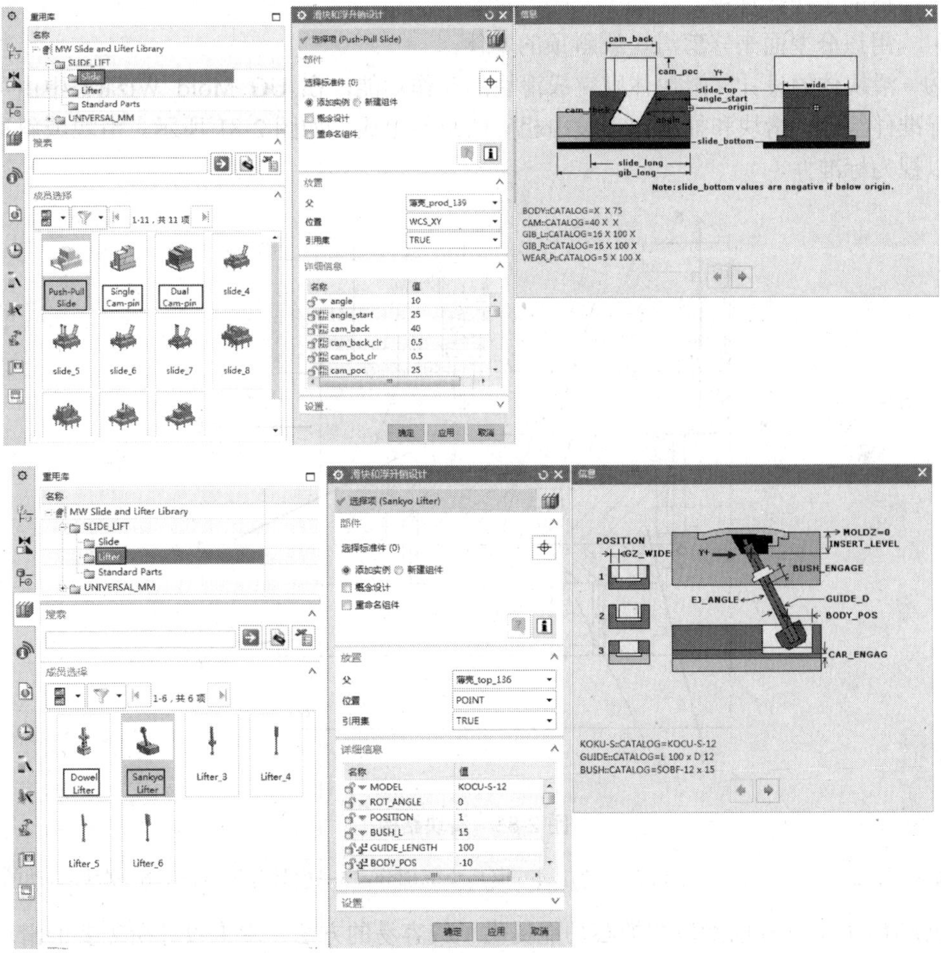

图 2-80　【滑块和浮升销设计】对话框

在如图 2-80 所示的【成员选择】的【对象】组中可以知道滑块抽芯机构有 3 种选择方式，分别为 Push-Pull Slide、Single Cam-pin Slide、Dual Cam-pin Slide，斜顶抽芯机构有两种选择方式，分别为 Dowel Lifter、Sankyo Lifter。

(3) 滑块抽芯机构设计。

从结构上来看，滑块和抽芯的组成大概可以分为两部分：头部(成型部分)和滑块体。

① 头部设计。产品的形状依赖于头部形成。可以用实体头部或修剪体的方法来创建滑块或斜顶的头部。若用实体头部方法来创建滑块或斜顶头部，需单击【模具工具】中的【实体分割】按钮。如果在型芯或型腔中创建好了实体头部，并添加了滑块或斜顶体，便可以将该头部链接到滑块或斜顶体中并将它们合并到一起。也可以创建一个新的组件，再将头部链接到新组件中。

实体头部方法经常用于滑块头部的设计。创建一个修剪体的步骤如下所述。

- 添加滑块或斜顶到模架中。
- 设定滑块和抽芯的本体作为工作部件。
- 使用 NX 的【装配】中【Wave 几何链接器】命令将型芯或型腔分型面链接到当前的工作部件中。
- 用该分型面来修剪滑块或斜顶的本体。

② 滑块体的设计。滑块体则完成滑块的动作功能，在 UG Mold Wizard 中由可自定义的标准件组成。滑块和抽芯体一般由相应的组件组成，如图 2-81 所示。滑块或斜顶的装配可以视为标准件。

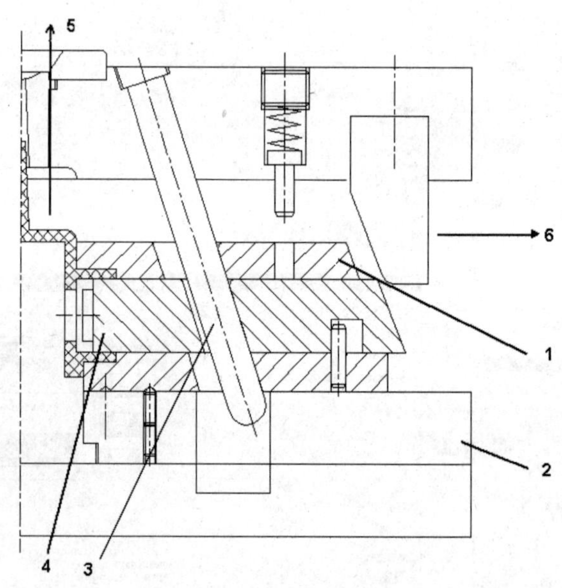

图 2-81 滑块结构

1—滑块体；2—底板；3—驱动体(斜导销)；4—模具头部部分；5—模具开模方向；6—滑块运动的方向

UG Mold Wizard 的滑块和抽芯功能提供了较容易的方法，用来设计所需要的滑块抽芯机构，如图 2-82 所示。

(4) 滑块装配树的结构。

滑块调用好之后，就会在特征树中形成一个装配结构。滑块体组件 proj_sld 由 5 个部件组成，分别为 proj_bdy、proj_wp、proj_gb_l、proj_gb_r、proj_cm，如图 2-83 所示。

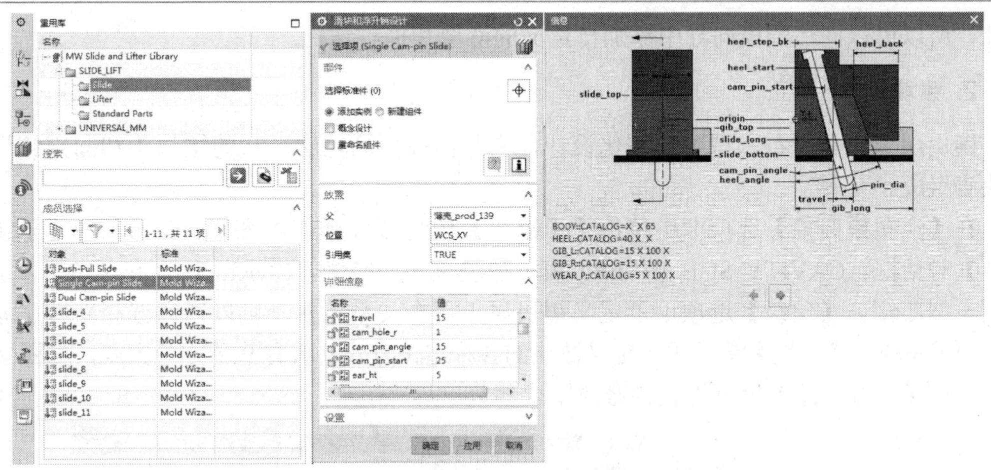

图 2-82　【滑块和浮升销设计】对话框中滑块抽芯机构设计

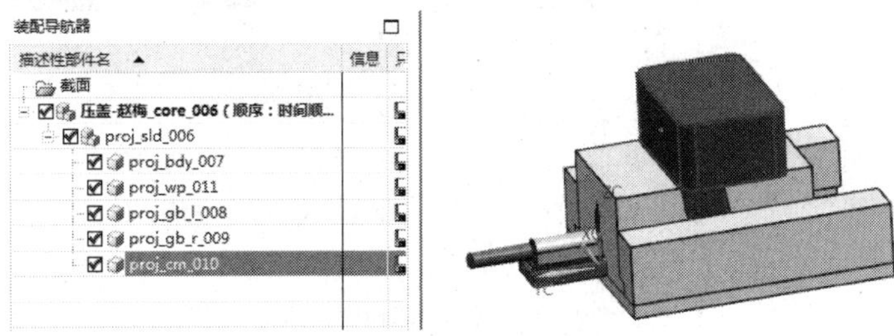

图 2-83　滑块装配结构

(5)　斜顶抽芯机构设计。

UG Mold Wizard 也为斜顶功能提供了较容易的方法，用来设计所需要的斜顶抽芯机构，如图 2-84 所示。

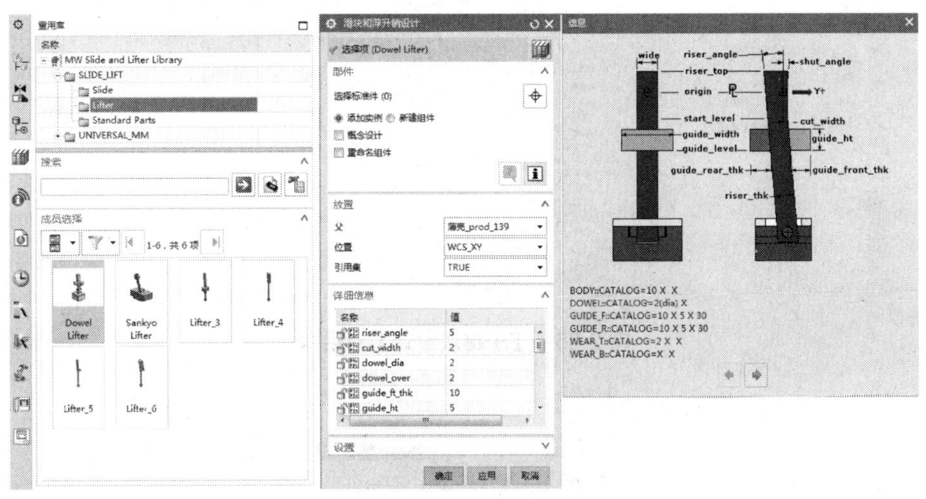

图 2-84　【滑块和浮升销设计】对话框中斜顶抽芯机构设计

注塑模向导提供了几种类型的滑块和抽芯结构。因为标准件功能是一个开放式结构的设计，所以可以向注塑模向导中添加自定义的滑块和抽芯结构。

2. 镶块

镶块用于模具型芯、型腔的细化设计，它是由成型品轮廓形状的镶块头和固定镶块的镶块脚组成。

在【注塑模向导】选项卡中单击【子镶块】按钮，弹出如图 2-85 所示的【子镶块设计】对话框。CAVITY SUB INSERT 表示镶块位于型腔侧，CORE SUB INSERT 表示镶块位于型芯侧。【父级】选项用于定义镶块属于哪个父系组件，可以通过选择新的父系组件来编辑镶块。【位置】选项用于定义镶块的各种定位方式，共有 9 种定位方式，如图 2-86 所示。在【详细信息】组可以选择修改镶块参数。

图 2-85 【子镶块设计】对话框

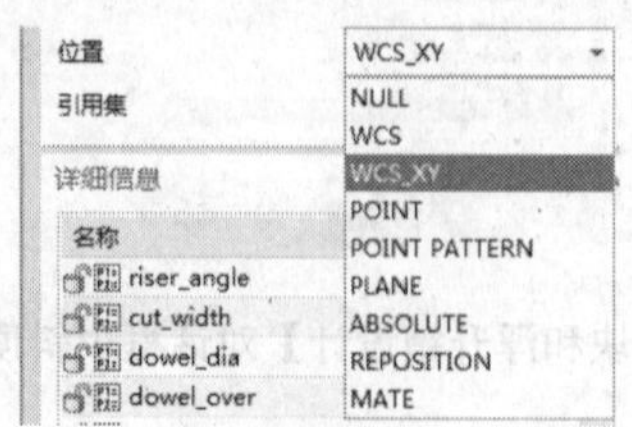

图 2-86 9 种定位方式

2.3.3　浇口和流道系统(Gate and Runner System)

1. 浇口(Gate)

浇口是上模底部开的一个进料口，目的在于将熔融的塑料注入型腔，使其成型。

在【注塑模向导】工具栏中单击【浇口】按钮，弹出如图 2-87 所示的【浇口设计】对话框。

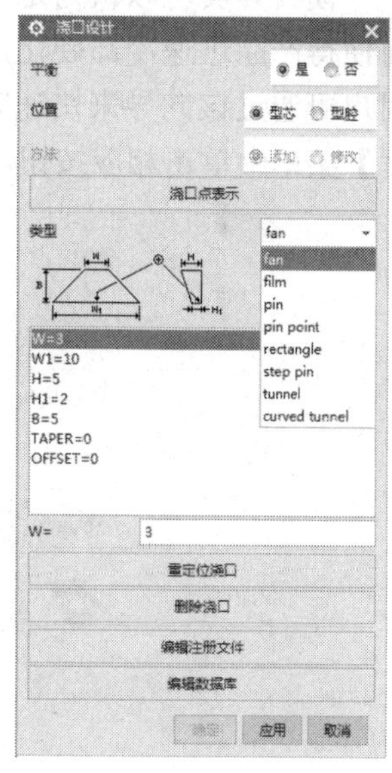

图 2-87　【浇口设计】对话框

2. 流道(Runner)

流道是熔融塑料通过注塑机进入浇口和型腔前的流动通道。分流道是指塑料经过主流道进入浇口之前的路径。分流道设计的主要工作是定义流动路径和流道截面形状，而分流道的生成过程就是某一流道截面沿着引导线扫描生成的扫描实体。

分流道的直径一般为 3～12mm，对于一些流动性好的材料，产品较小时，流道最小可设计到 2mm 的尺寸。一般来说，流道越长，直径越大。分流道各处需注意设计圆角过渡，以减小压力的损失，如图 2-88 所示。

在【注塑模向导】工具栏中单击【流道】按钮，弹出如图 2-89 所示的【流道】对话框，设置参数，完成模具的最终设计。

绘制流道曲线，对于三板模具需要选择水口板的上表面，对于二板模选择分型面作为放置面。若分型面不是平面，则需要通过【投影曲线】命令先将曲线投影到分型面上，再进入【流道】对话框选择该投影曲线创建分流道。

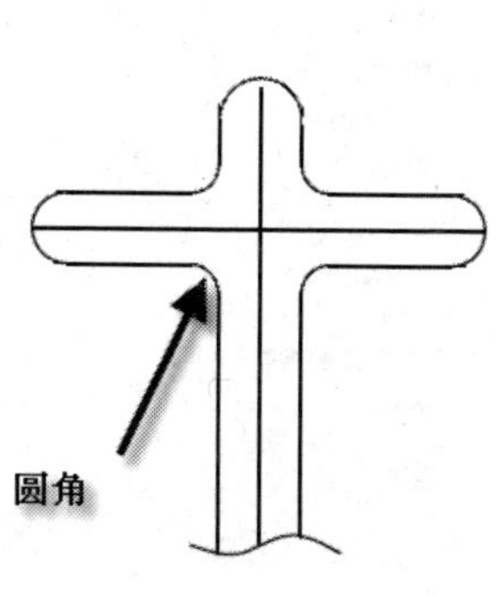

图 2-88　分流道的圆角过渡

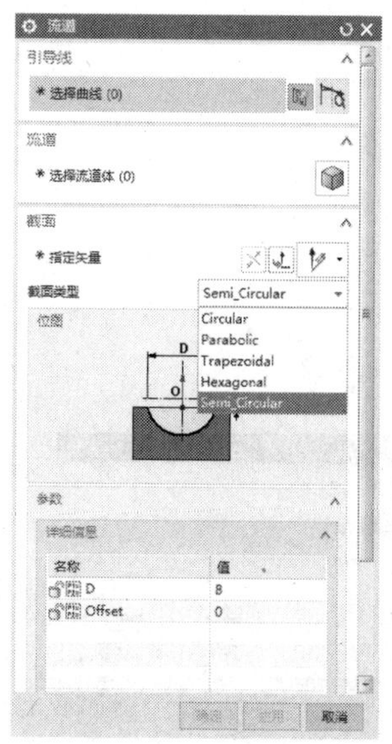

图 2-89　【流道】对话框

2.3.4 冷却组件设计(Cooling Component Design)

模具其实可以认为是一个热交换系统，由熔液产生的热量通过冷却水道交换出去，从而使得产品迅速冷却硬化，进行产品的顶出。Mold Wizard 提供了冷却水道的设计向导，用户可通过该向导来快速完成冷却水道的设计。在【注塑模向导】选项卡中的【冷却工具库】菜单中单击相应按钮，如图 2-90 所示，弹出相应的冷却水道设计对话框。

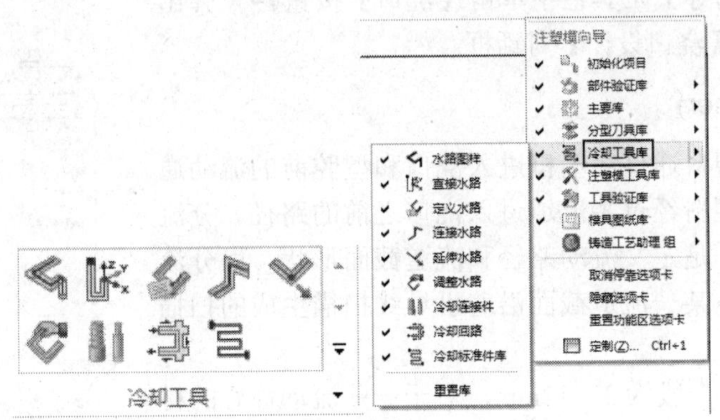

图 2-90 【冷却工具库】菜单

(1) 单击【冷却工具库】中的【水路图样】按钮，弹出如图 2-91 所示的【图样通道】对话框。在【通道路径】组可以指定曲线或绘制草图，在【设置】组可以输入通道直径数值，完成冷却水路设计。

(2) 单击【冷却工具库】中的【直接水路】按钮，弹出如图 2-92 所示的【直接水路】对话框，可以在两点之间创建冷却水路。

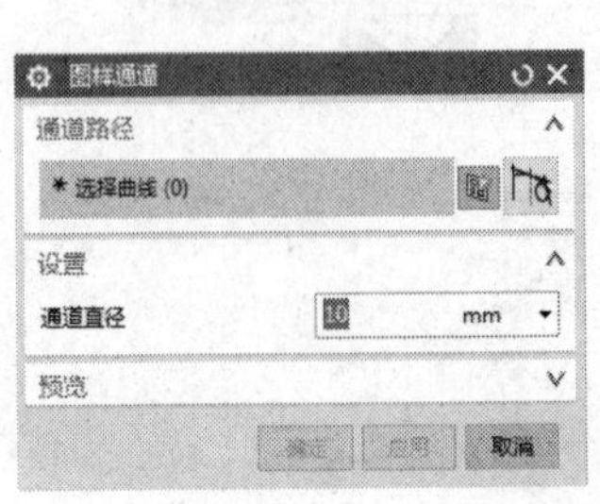

图 2-91 【图样通道】对话框

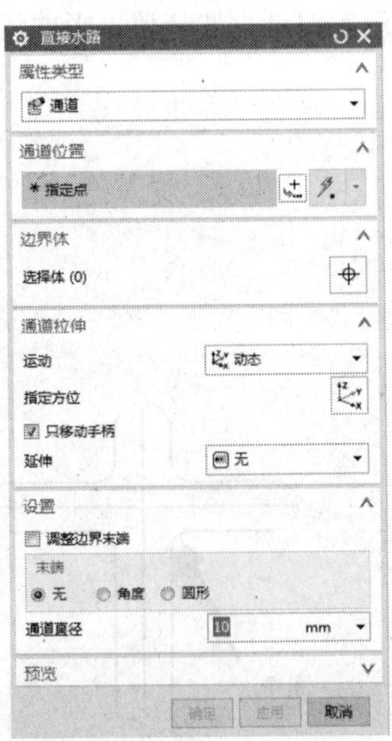

图 2-92 【直接水路】对话框

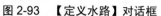

(3) 单击【冷却工具库】中的【定义水路】按钮，弹出如图 2-93 所示的【定义水路】对话框，可以将选定的实体定义为冷却水路或挡板。

(4) 单击【冷却工具库】中的【连接水路】按钮，弹出如图 2-94 所示的【连接水路】对话框，可以在两个水路之间创建连接水路。

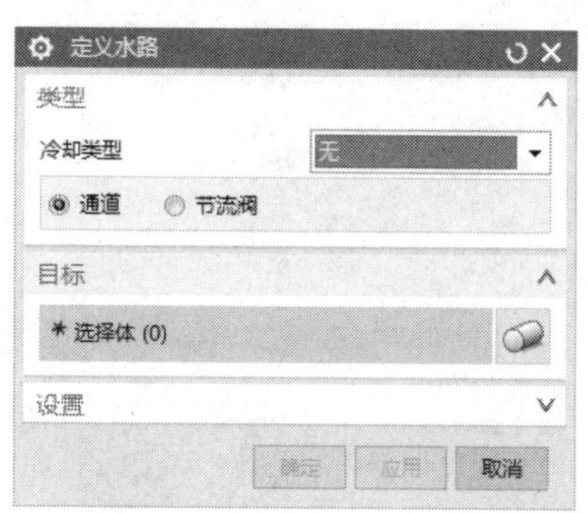

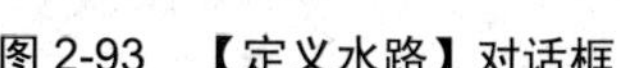
图 2-93　【定义水路】对话框

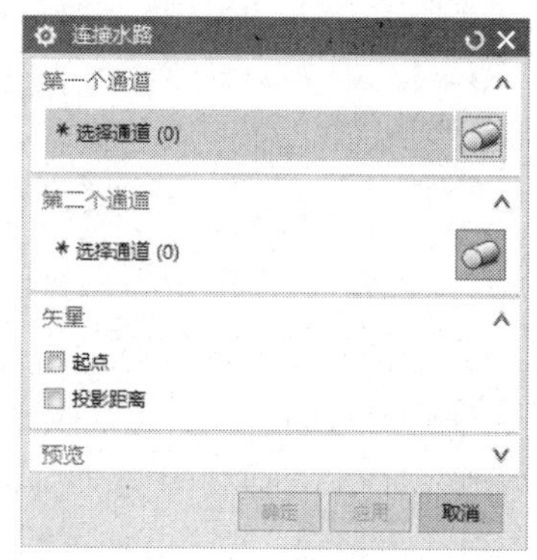

图 2-94　【连接水路】对话框

(5) 单击【冷却工具库】中的【延伸水路】按钮，弹出如图 2-95 所示的【延伸水路】对话框，可以将一组冷却水路延伸一定距离或延伸至某一选择的边界实体。

(6) 单击【冷却工具库】中的【调整水路】按钮，弹出如图 2-96 所示的【调整水路】对话框，可以移动冷却水路或调整挡板孔长度。

图 2-95　【延伸水路】对话框

图 2-96　【调整水路】对话框

(7) 单击【冷却工具库】中的【冷却连接件】按钮，弹出如图 2-97 所示的【冷却连接件】对话框，可以创建用于冷却连接件的概念标准件。

(8) 单击【冷却工具库】中的【冷却回路】按钮，弹出如图 2-98 所示的【冷却回路】对话框，可以将冷却水路组合为一个回路。

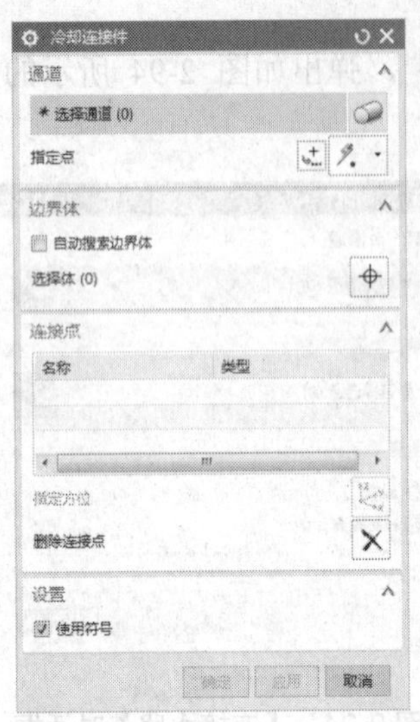

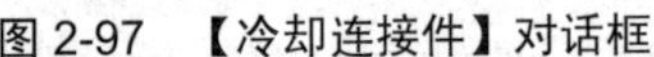

图 2-97 【冷却连接件】对话框

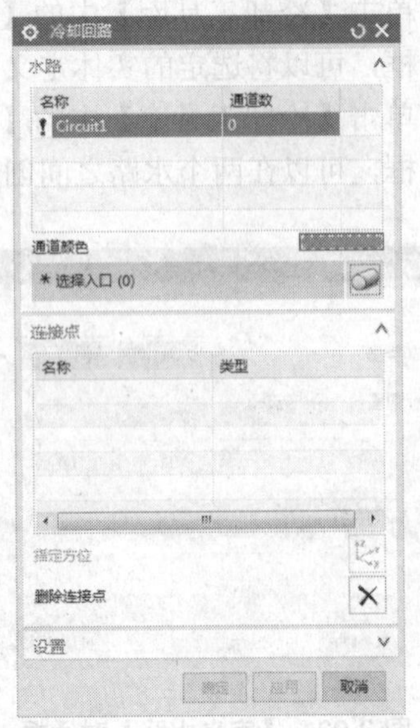

图 2-98 【冷却回路】对话框

(9) 单击【冷却工具库】中的【冷却组件设计】按钮，弹出如图 2-99 所示的【冷却组件设计】对话框，标准件名称有 Water、Air、Oil 三种冷却介质，在 Water 中选择 COOLING HOLE，弹出【信息】对话框，完成相应设置可以添加或编辑冷却标准件。

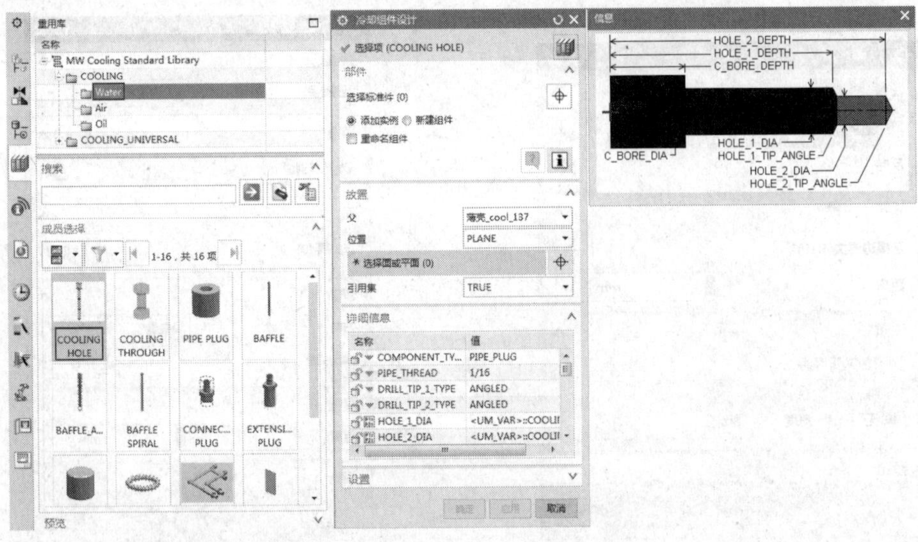

图 2-99 【冷却组件设计】对话框

2.3.5 电极(Electrode)

1. 电极概述

有些型腔、型芯或者镶件是有狭小的凸起或沟槽，或表面呈现比较复杂的曲面形状，需要使用特种加工的方法解决，该加工方法使浸没在工作液中的工具和工件之间不断产生脉冲性的火花放电，依靠每次放电时产生的局部、瞬间高温把金属材料逐次微量蚀除下来，进而将工具的形状反向复制到工件上，这种加工方法称为电火花加工。工具电极就是用于成型零件难以成型的部分，其材料通常采用紫铜、黄铜或石墨，因此电极也被称为铜公。

下面以图表的方式详细介绍模具中哪些部位需要拆铜公，如表 2-1 所示。

表 2-1　需要拆铜公的部位

序　号	需要电火花加工的部位	图　解	铜公(电极)图
1	模具中存在直角或尖角的部位	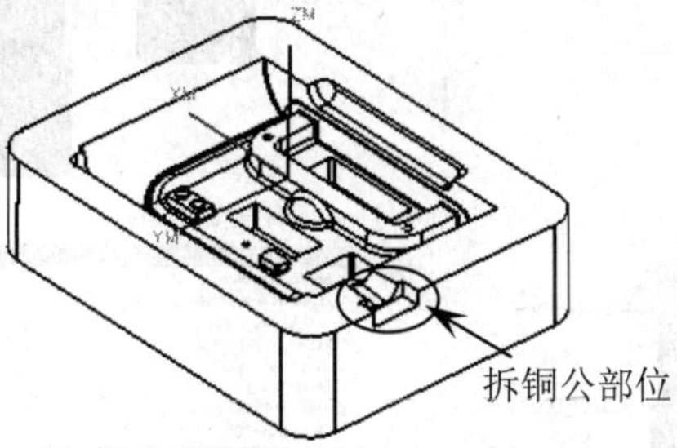 拆铜公部位	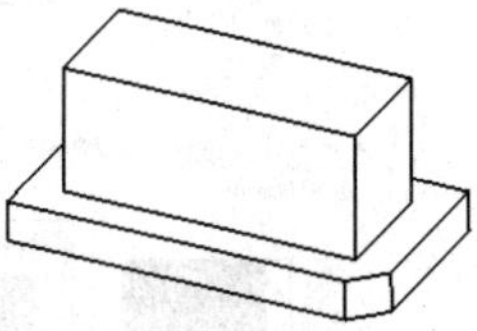
2	圆角位太深且所在位置狭窄	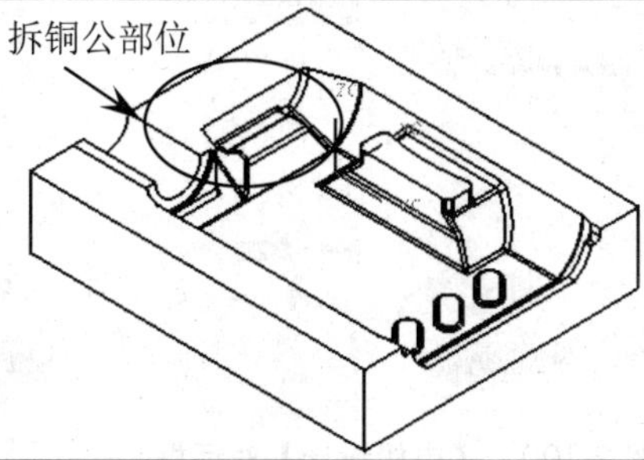 拆铜公部位	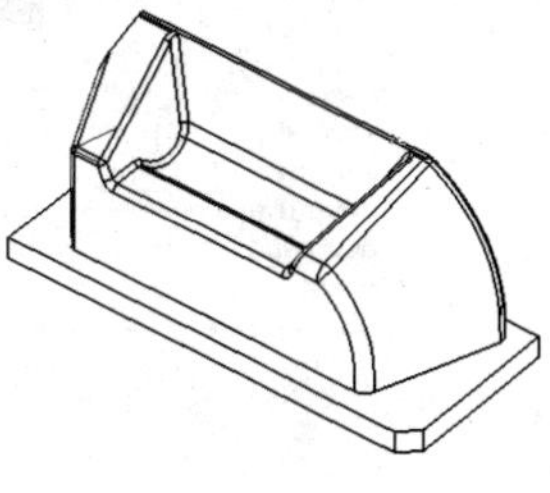
3	由曲面与直壁或斜壁组成的角位	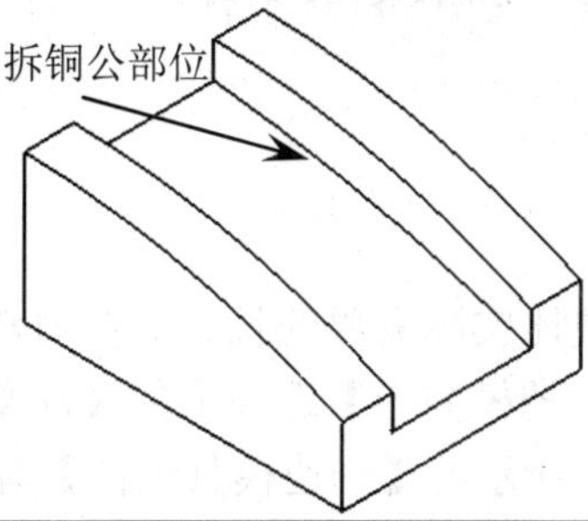 拆铜公部位	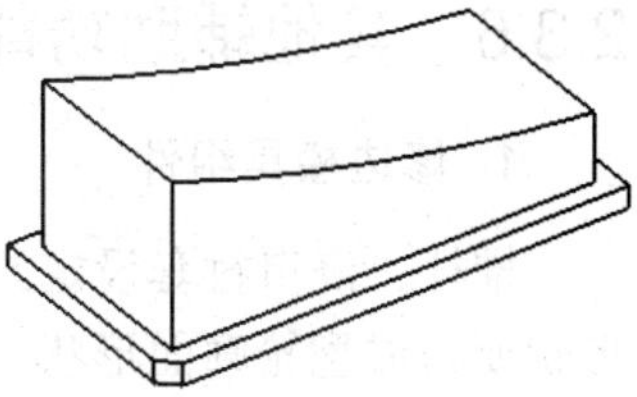
4	模具结构中存在较深且窄的部位	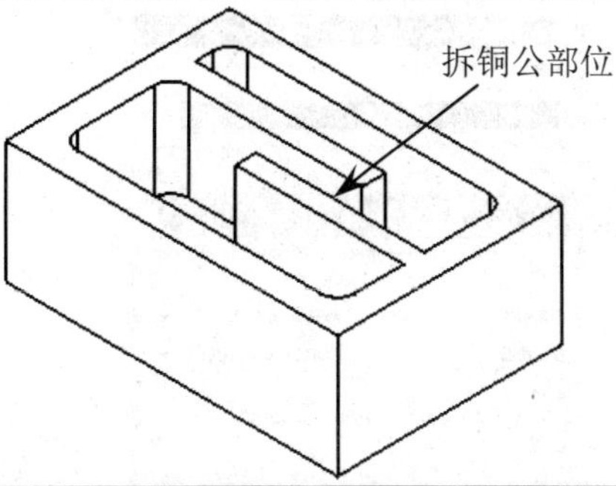 拆铜公部位	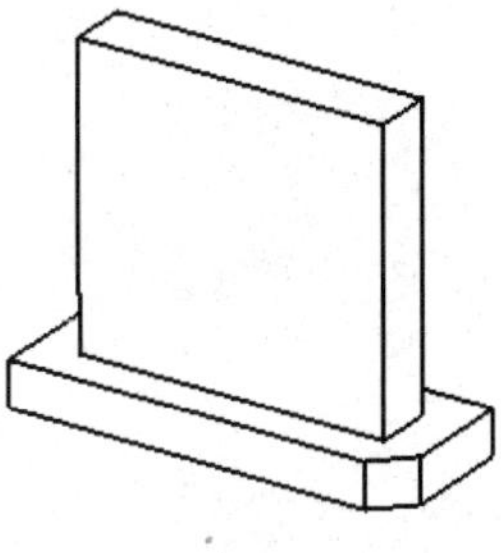

除了以上情况需要拆铜公外，一些因表面精度和粗糙度要求特别高的部分，使用普通的数控加工难以达到要求时，应在客户的要求下使用电火花加工。

2. 电极设计

创建电极和出电极工程图，可以使用 Mold Wizard 提供的电极设计向导进行快速设计。在【注塑模向导】选项卡的主要库中单击【电极】按钮，弹出如图 2-100 所示的【电极设计】对话框，在【目录】和【尺寸】选项卡中设置相应参数进行电极设计。

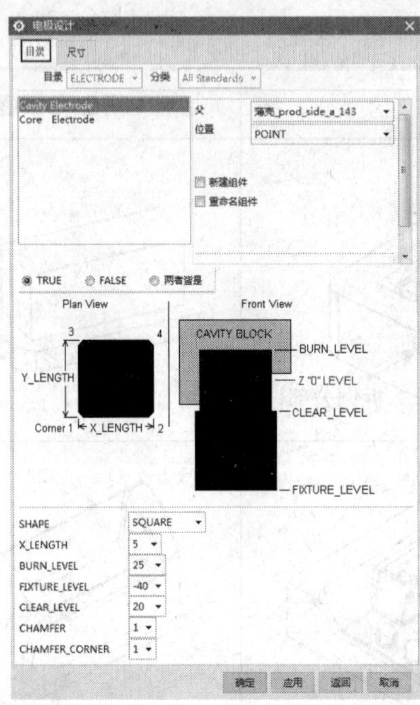

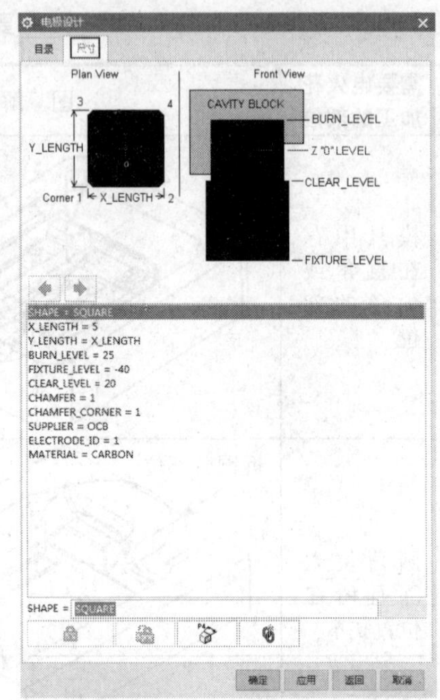

图 2-100　【电极设计】对话框

2.3.6　其他辅助功能

1. 修边模具组件

推杆、浇口衬套设定的标准长度要比实际需要的长，需要剪裁掉长的部分，而且头部形状要与成型轮廓面形状一样。在【注塑模向导】选项卡的【注塑模工具】库中单击【修边模具组件】按钮，弹出如图 2-101 所示的【修边模具组件】对话框。

图 2-101　【修边模具组件】对话框

2. 腔体创建

对模具部件建腔就是在模具部件上挖出空腔位，放置有关的模具部件。在【注塑模向导】选项卡的【主要库】中单击【腔体】按钮，弹出【腔体】对话框。选择模架的相应部件作为目标体，选择创建的定位环、浇口套、冷却道、顶杆等作为刀具体，完成腔体创建，如图 2-102 所示。

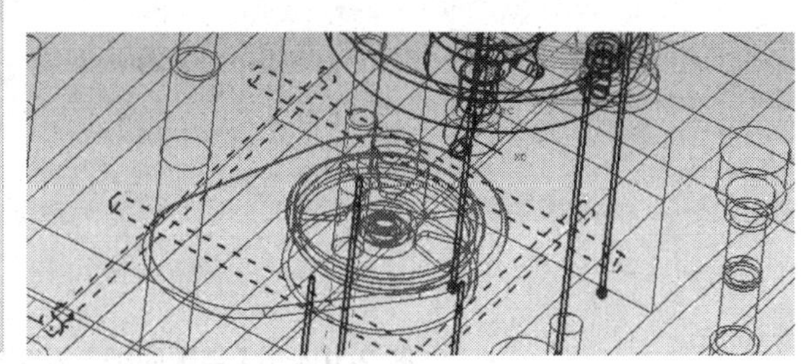

图 2-102　腔体创建

3. 物料清单

创建模具零件的材料列表清单，在【注塑模向导】选项卡的【主要库】中单击【物料清单】按钮，弹出如图 2-103 所示的【物料清单】对话框。

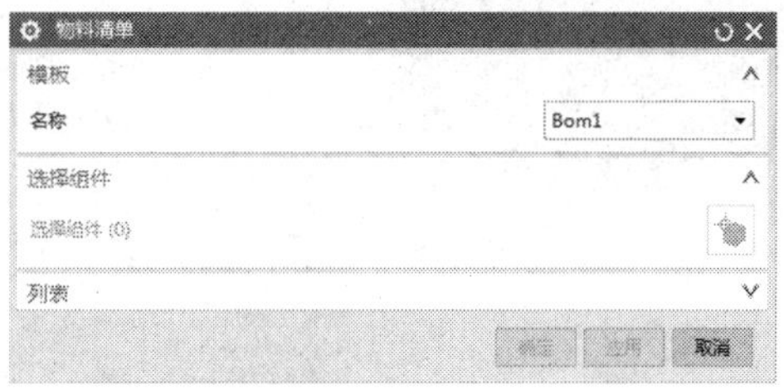

图 2-103　【物料清单】对话框

4. 模具图纸

模具图纸包括模具装配图纸及组件图纸(零件工程图，供零件加工时使用)。

(1) 创建装配图纸。

在【注塑模向导】选项卡的【模具图纸库】中单击【装配图纸】按钮，弹出如图 2-104 所示的【装配图纸】对话框，分别指定可见性、图纸及视图。

① 【可见性】选项-指派固定侧、可动侧属性。在【装配图纸】对话框中，将【类型】选项设置为“可见性”，按图 2-105 所示进行操作，指派固定侧(定模侧)为属性 A，指派可动侧(动模侧)为属性 B。

图 2-104 【装配图纸】对话框

图 2-105 指派属性

② 【图纸】选项-调入图纸。在【装配图纸】对话框中，将【类型】选项设置为“图纸”选项，在【图纸类型】组中选中【主模型】单选按钮，单击【新建主模型文件】按钮，打开【新建部件文件】对话框，指定文件名及文件类型，单击 OK 按钮，返回【装配图纸】对话框，在【模板】列表框中选择 A0 图纸，单击【应用】按钮完成 A0 空白图纸的调入，如图 2-106 所示。

③ 【视图】选项-生成视图。在【装配图纸】对话框中，将【类型】选项设置为“视图”，在【模板中的预定义视图】列表框中，依次选择型腔 CORE、CAVITY，分别单击

【应用】按钮，生成两个视图(CORE、CAVITY)，如图 2-107 所示。

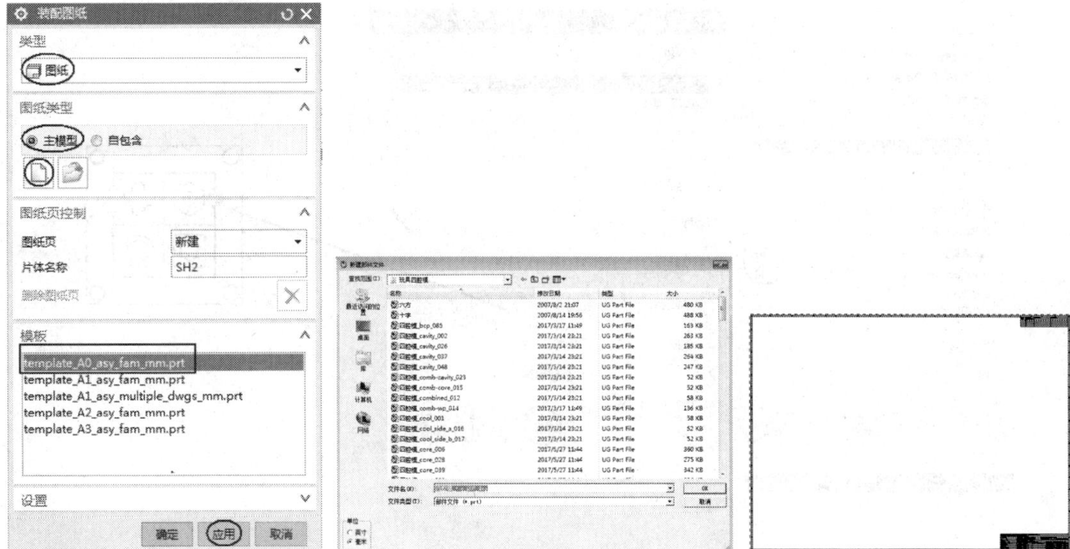

图 2-106　调入图纸

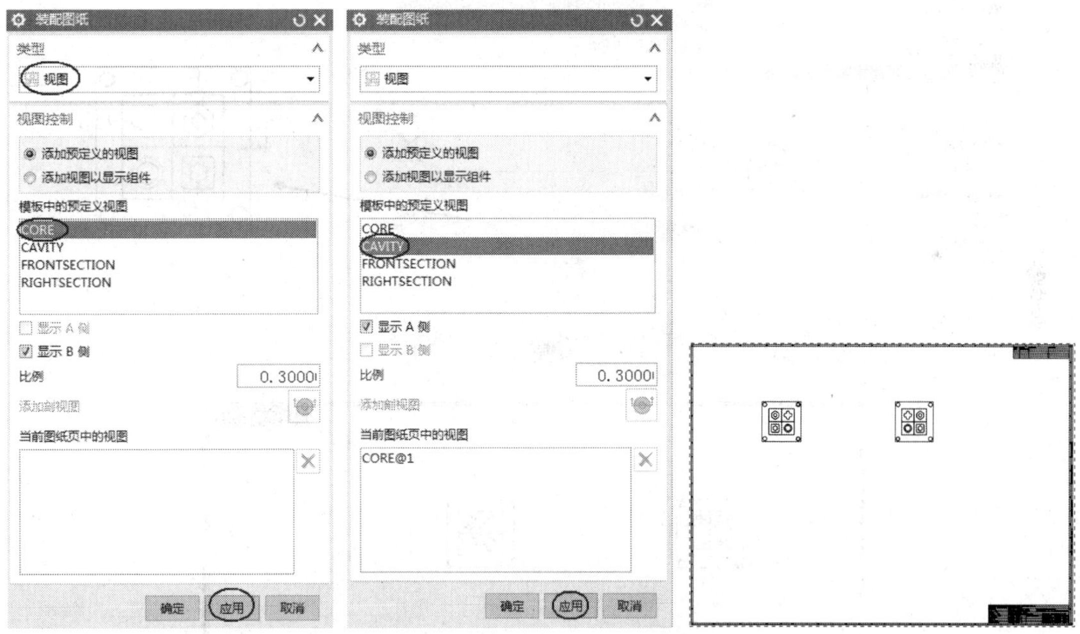

图 2-107　生成视图(CORE、CAVITY)

继续在【模板中的预定义视图】列表框中，依次选择主视图 FRONTSECTION、右视图 RIGHTSECTION，再分别单击【添加剖视图】按钮，打开【截面线创建】对话框，指定铰链线方向和定义截面线，分别单击【确定】按钮，生成另外两个视图(主视图 FRONTSECTION、右视图 RIGHTSECTION)，如图 2-108 所示。

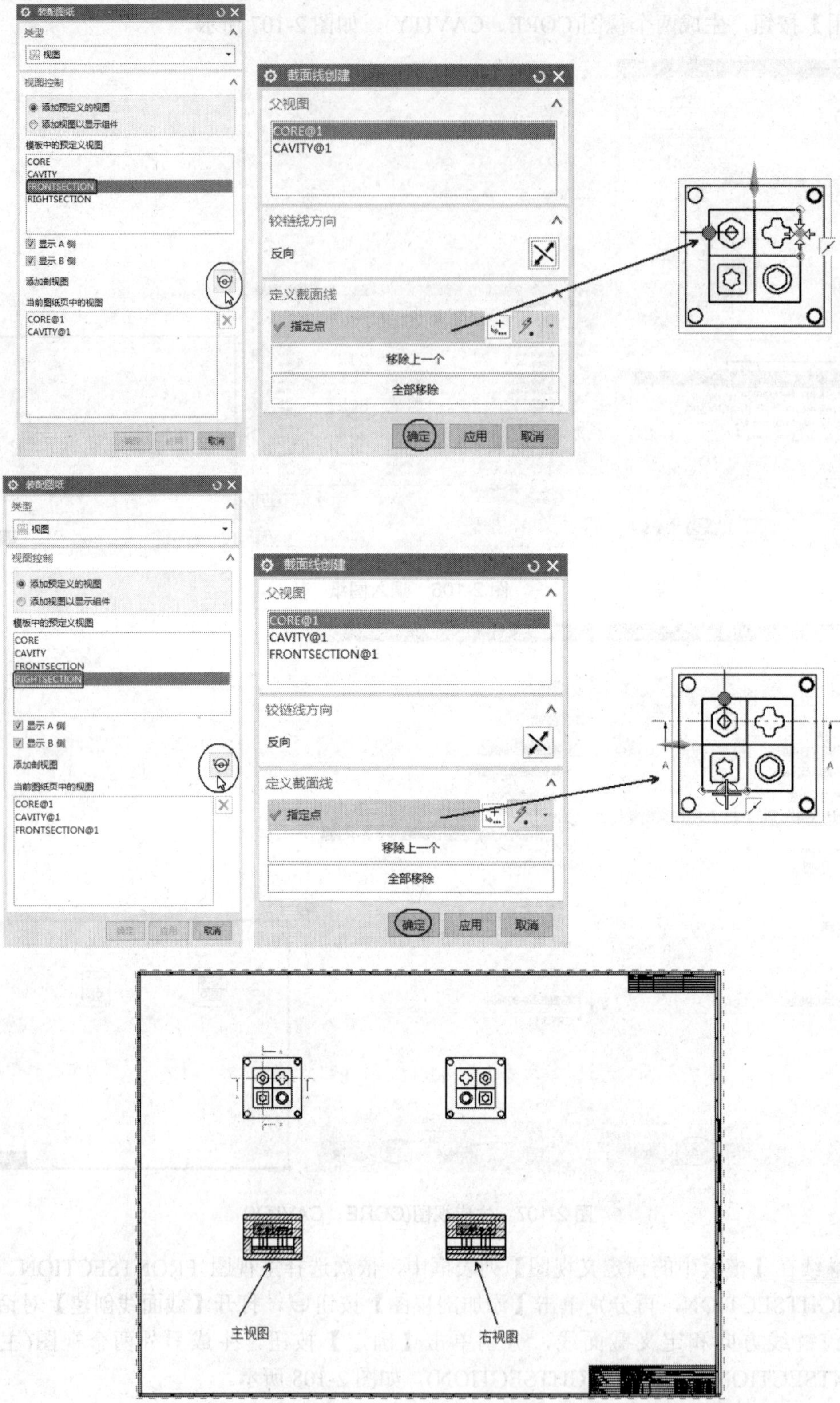

图 2-108　生成视图(主视图 FRONTSECTION、右视图 RIGHTSECTION)

(2) 创建组件图纸。

在【注塑模向导】选项卡的【模具图纸库】中单击【组件图纸】按钮，弹出如图 2-109 所示的【组件图纸】对话框，在【图纸】组中选中【创建图纸】单选按钮，其【组件类型】选项中包含多种类型，如螺钉、SPRUE(浇口衬套)等，选择一种组件，单击【创建图纸】按钮，即可创建某一组件的图纸。

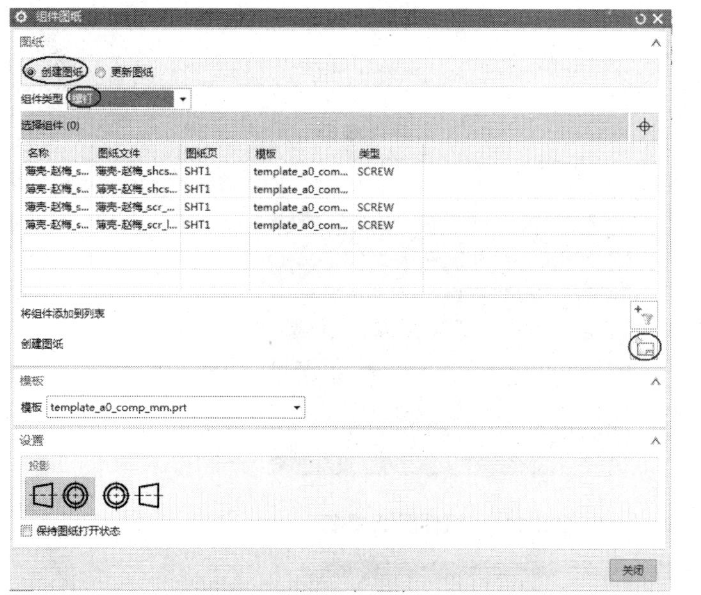

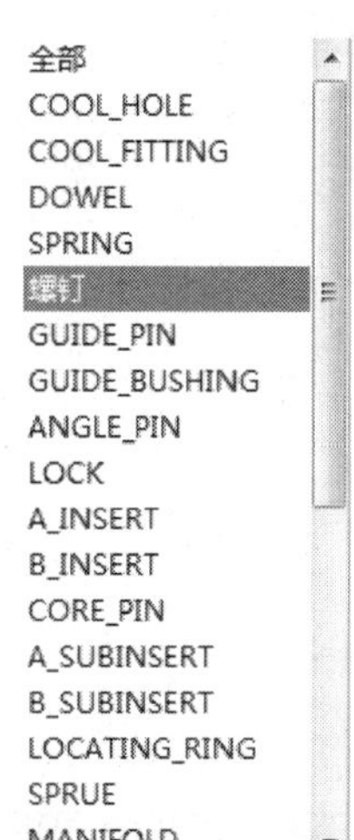

图 2-109　【组件图纸】对话框

如图 2-110～图 2-112 所示分别为动模、螺钉、推杆的组件图纸。

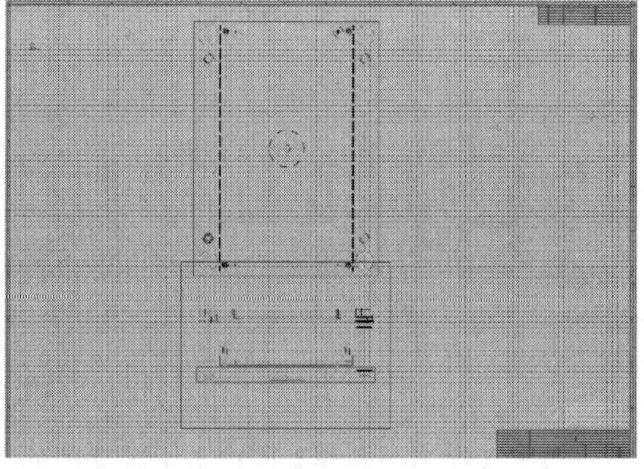

图 2-110　组件图纸-movehalf(动模)

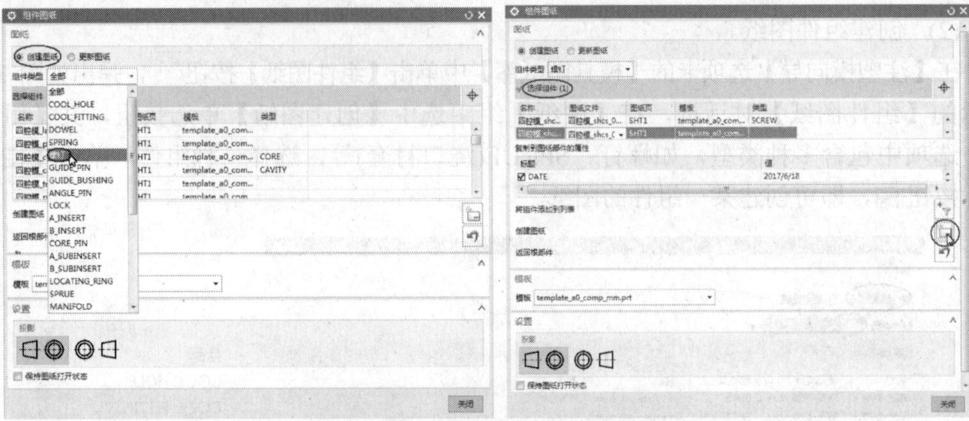

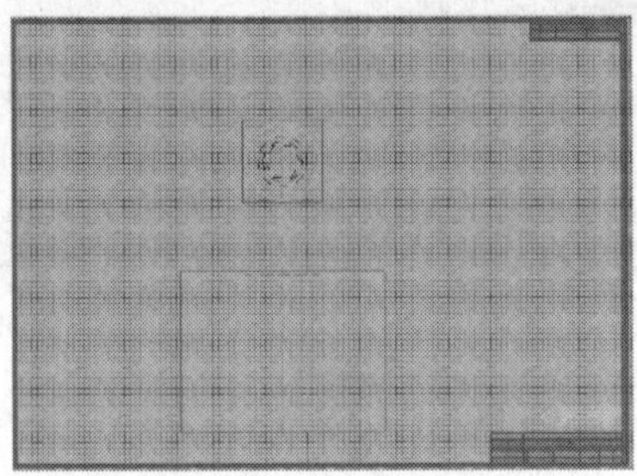

图 2-111　组件图纸-螺钉

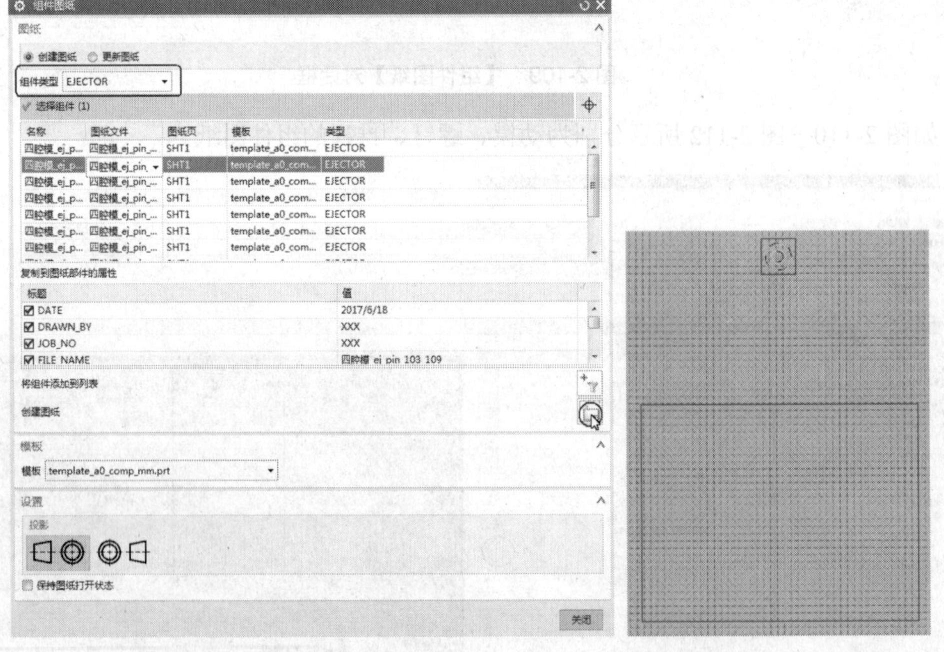

图 2-112　组件图纸-EJECTOR(推杆)

以上【注塑模向导】选项卡中各功能的介绍基本是遵循其工具栏上的排列顺序进行讲解，每个图标都能完成一项设计任务。利用 Mold Wizard 模块可以缩短模具开发时间，再结合 UG 的 CAM 加工模块，可以有效地缩短模具的制造周期，以满足产业竞争的需要。

2.4　拓 展 训 练

2.4.1　压盖模具镶块设计及滑块设计

对项目 1 中的拓展训练 6 创建的模具型腔、型芯进行镶块设计，如图 2-113 所示。

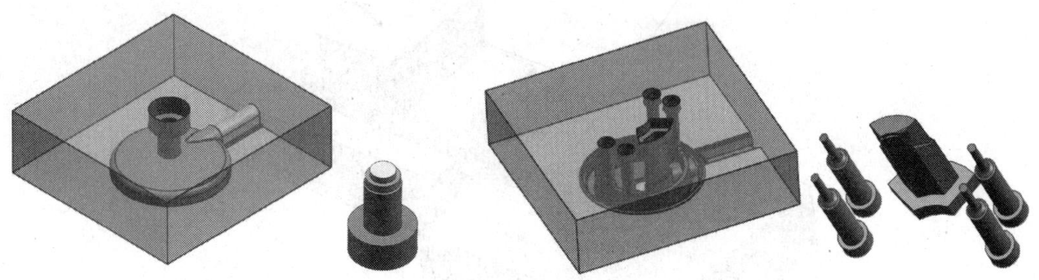

图 2-113　型腔镶块(1 个)与型芯镶块(共 5 个)

对该模具的型芯进行侧向抽芯设计，如图 2-114 所示。

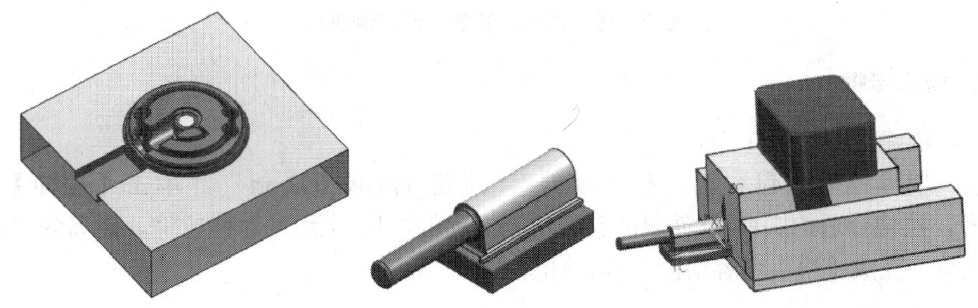

图 2-114　型芯的侧向抽芯设计

1. 分析

内镶块用于型芯和型腔的细化设计，主要用于简化型芯和型腔的加工及强度问题；它由镶块头和用于固定镶块的脚组成，如图 2-115 所示。镶块头可通过创建合适的包容块，再经交、并、差布尔运算得到。

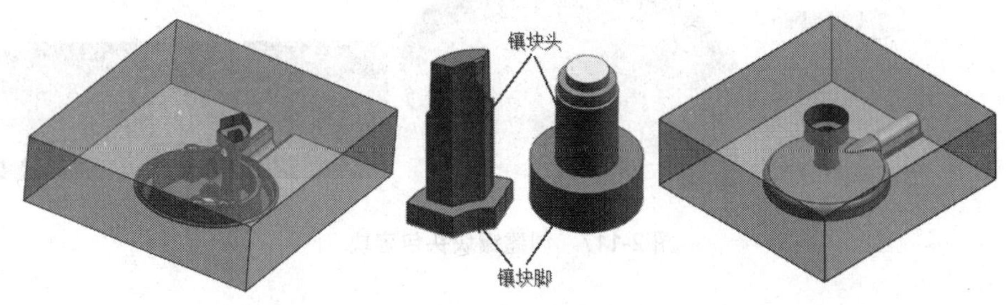

图 2-115　镶块头与镶块脚

型芯的侧向抽芯设计包括创建头部(成型部分)和滑块体两部分，如图 2-116 所示。产品的形状依赖于头部形成，侧向抽芯的头部创建与镶块头创建方法一致，都可以通过创建合适的包容块，再经交、并、差布尔运算得到；而滑块体则具有完成侧向抽芯的动作功能，可在【注塑模向导】选项卡的主要库的【滑块和浮升销库】中调用，可以视为标准件。

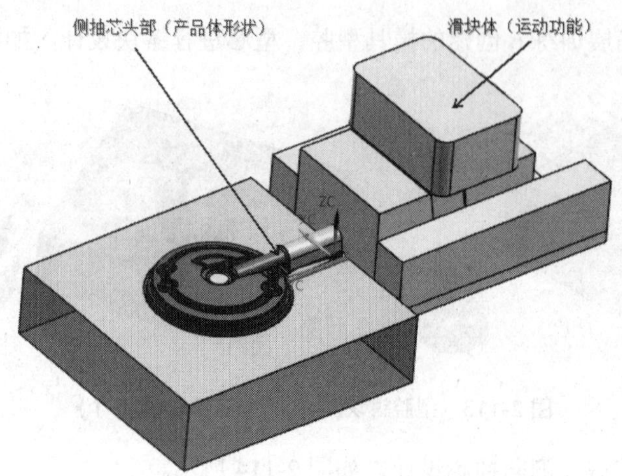

图 2-116　侧向抽芯的头部与滑块体

2. 操作步骤

(1) 创建型腔镶块(1 个)。

① 创建镶块头包容块。打开零件 “压盖_cavity_002.prt”，单击【拉伸】按钮 拉伸，拉伸合适的圆曲线(需要能包容住要拆除的镶块形状)，对称拉伸，距离为 15，无布尔运算，完成镶块头包容块的创建，如图 2-117 所示。

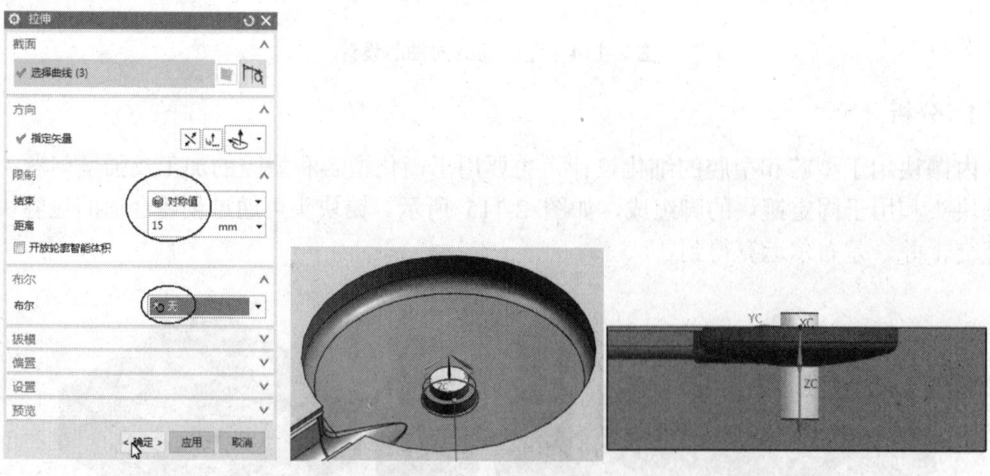

图 2-117　创建镶块头包容块

② 创建镶块脚。单击【草图】按钮，选择型腔底面作为绘制草图的平面，如图 2-118 所示。

进入草图环境，单击【圆】按钮○，绘制直径为 20 的圆(与包容块圆柱同心)，如图 2-119 所示。

完成草图并退出后，拉伸草图中的圆曲线并与镶块头包容块求和，创建镶块脚，如图 2-120 所示。

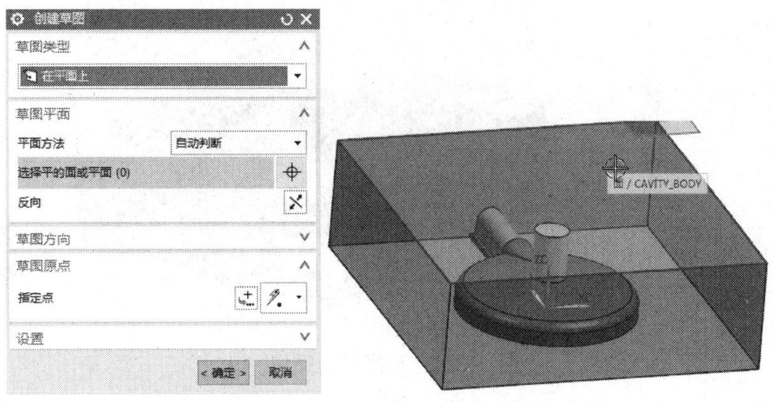

图 2-118　选择绘制草图的平面

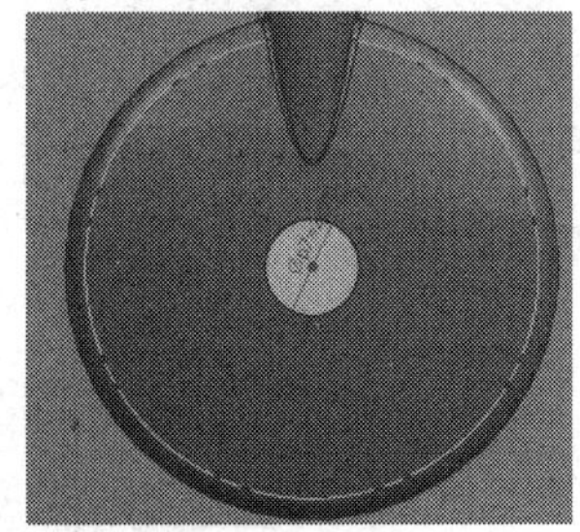

图 2-119　绘制圆

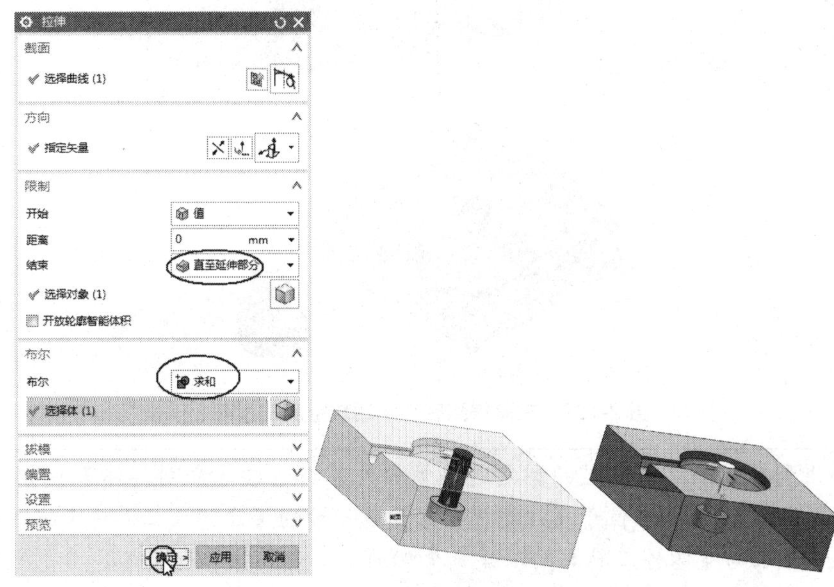

图 2-120　创建镶块脚

③ 求交得到镶块。单击【相交】按钮，选择型芯体为“目标”，选择上一步的拉伸实体为“工具”，在【设置】组中勾选【保存目标】复选框，单击【确定】按钮，完成求交，得到镶块。隐藏型芯实体，观察镶块的形状，如图 2-121 所示。

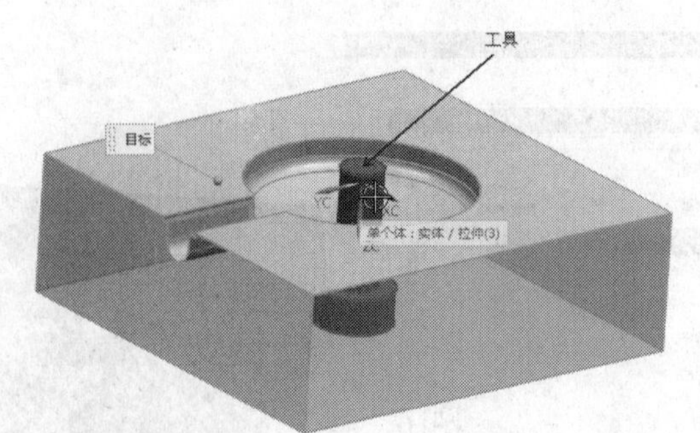

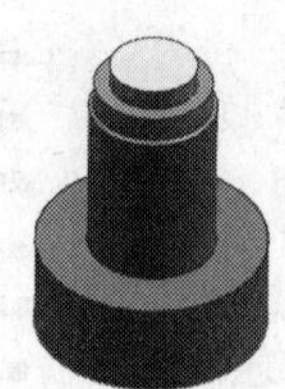

图 2-121 求交创建镶块

④ 求差得到有容纳镶块空腔的型芯。单击【减去】按钮，选择型芯体为“目标”，选择求交获得的镶块为“工具”，在【设置】组中勾选【保存工具】复选框，单击【确定】按钮，完成求差，隐藏及反隐藏型芯实体，观察有容纳镶块空腔的型芯与镶块，合乎要求，如图 2-122 所示，完成型腔镶块设计。

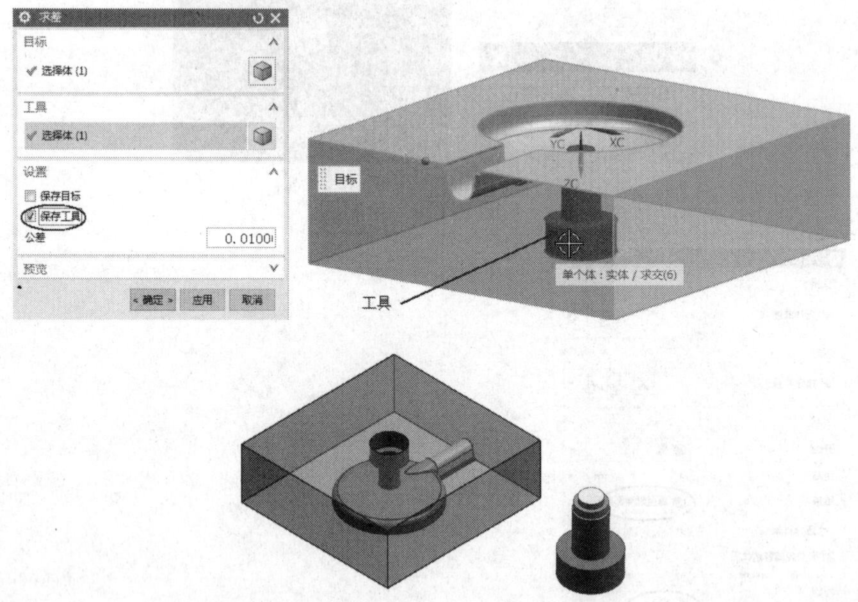

图 2-122 求差得到有容纳镶块空腔的型芯

> **提示：** 求差得到有容纳镶块空腔的型芯这一步骤也可以通过【分割实体】按钮完成，【分割实体】按钮位于【注塑模向导】选项卡的【注塑模工具库】中，分割实体的操作结果与【保存工具】的求差完全相同，二者的操作也类似，分别选择目标及工具即可完成，如图 2-123 所示。

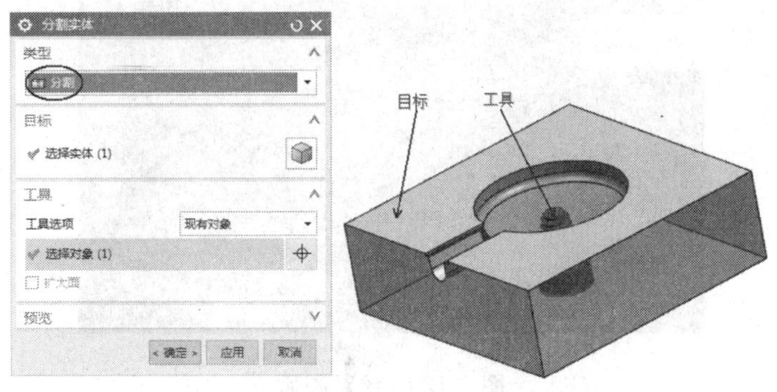

图 2-123　分割实体

(2)　创建型芯镶块(共 5 个)。

①　绘制草图。打开零件 “压盖_core_006.prt”，选择底面作为草图平面，如图 2-124 所示。

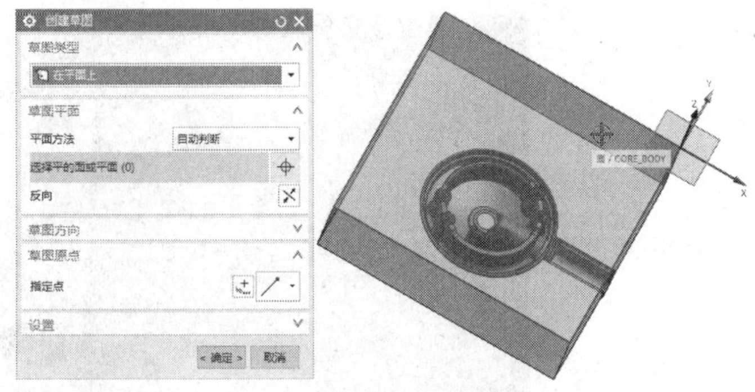

图 2-124　选择草图平面

进入草图，单击【投影曲线】按钮，选择如图 2-125 所示曲线，单击【确定】按钮完成曲线投影。

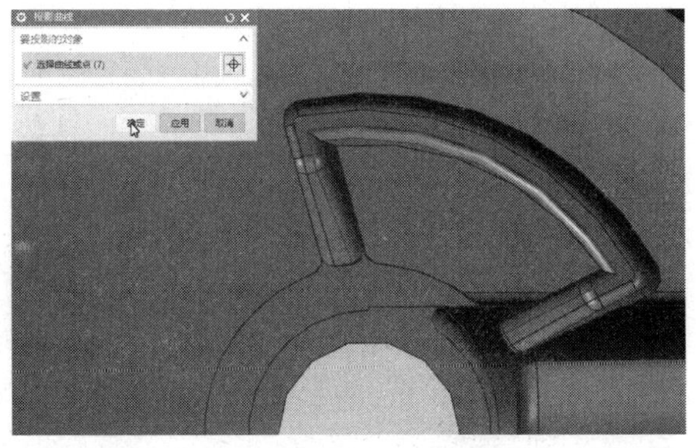

图 2-125　投影曲线

单击【圆弧】按钮，绘制如图 2-126 所示过投影曲线的 2 个端点、半径为“15”的圆弧。

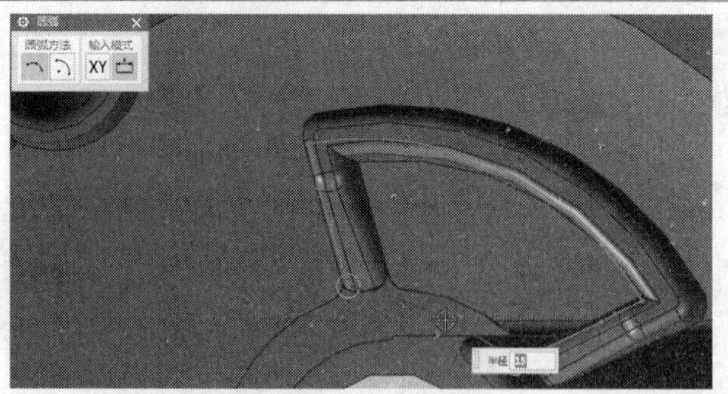

图 2-126　绘制圆弧

单击【偏置曲线】按钮，绘制偏置距离为 3 的曲线，如图 2-127 所示。完成草图绘制，退出草图。

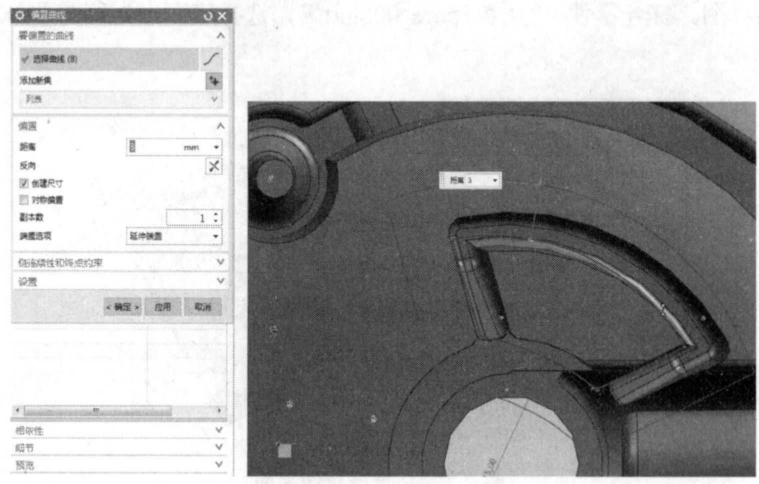

图 2-127　偏置曲线

② 创建镶块头包容块及镶块脚。拉伸草图中的内圈曲线，创建镶块头包容块，如图 2-128 所示。

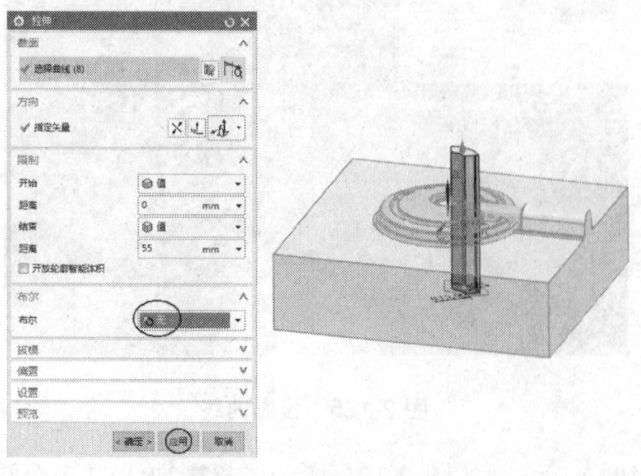

图 2-128　创建包容块拉伸一

拉伸草图中的外圈曲线并与镶块头包容块求和，创建镶块脚，如图 2-129 所示。

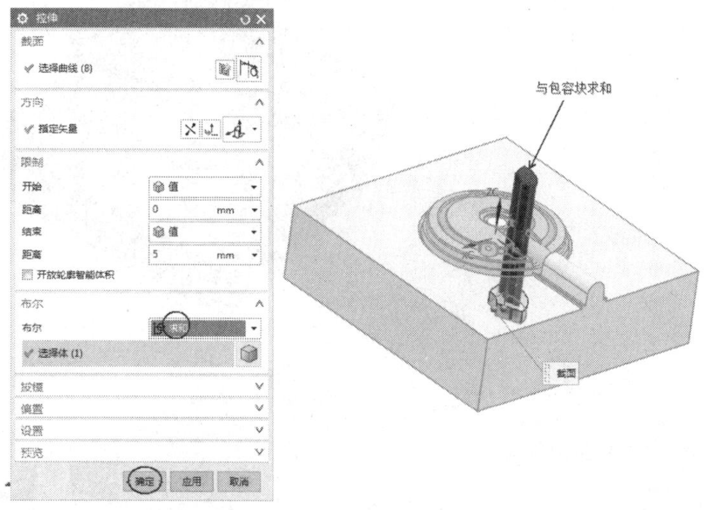

图 2-129　创建包容块拉伸二

③　求交得到镶块。单击【相交】按钮，选择型芯体为“目标”，选择上一步的拉伸实体为“工具”，在【设置】组中勾选【保存目标】复选框，单击【确定】按钮，完成求交，得到镶块。隐藏型芯实体，观察镶块的形状，如图 2-130 所示。

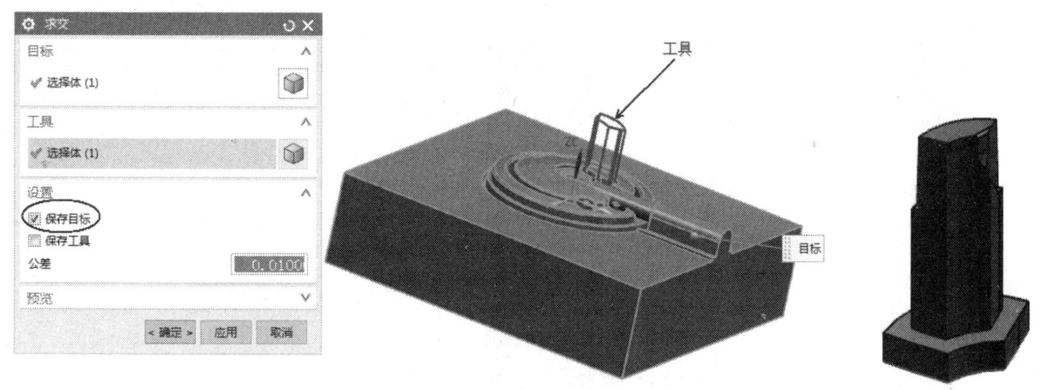

图 2-130　求交创建镶块

④　求差得到有容纳镶块空腔的型芯。单击【减去】按钮，选择型芯体为“目标”，选择镶块为“工具”，在【设置】组中勾选【保存工具】复选框，单击【确定】按钮，完成求差，隐藏及反隐藏型芯实体，观察有容纳镶块空腔的型芯与镶块，合乎要求，如图 2-131 所示，完成 1 个型芯镶块设计。

另外 4 个圆柱凸起镶块的设计可参考型腔镶块设计完成，拉伸圆柱凸起底部合适大小的圆，可对称拉伸，距离为 20，接着选择型芯底部平面作为草图平面，进入草图绘制直径为 8 的 4 个圆，退出草图进行拉伸，并分别与前一步的拉伸求和，接着通过求交、求差完成 4 个型芯镶块设计及型芯上容纳镶块的空腔创建，如图 2-132 所示。

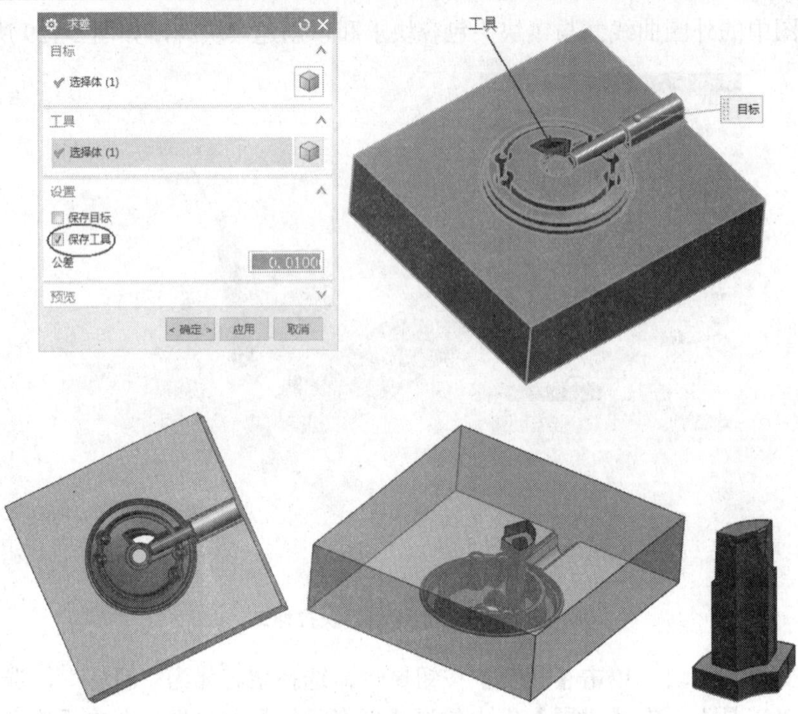

图 2-131　求差得到有容纳镶块空腔的型芯

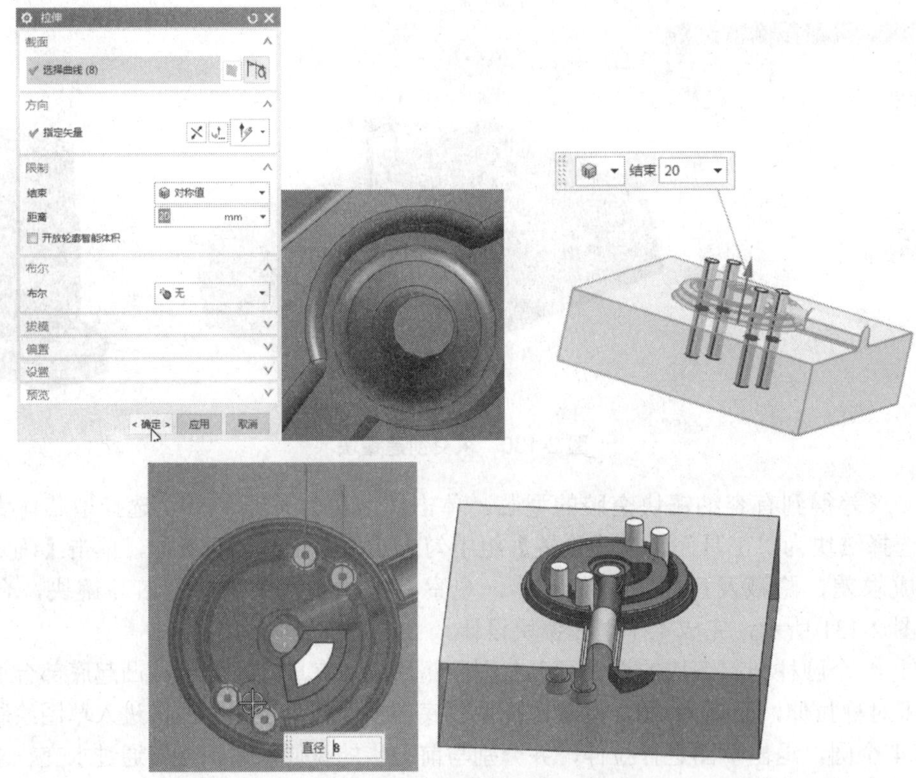

图 2-132　4 个圆柱凸起的镶块设计

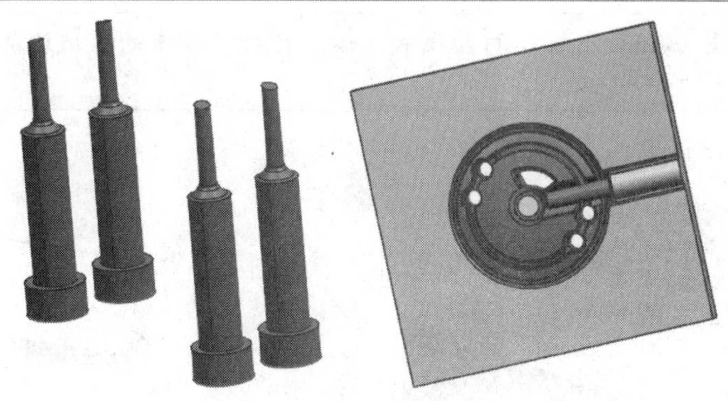

图 2-132　4 个圆柱凸起的镶块设计(续)

(3) 创建型芯侧的侧向抽芯。

① 创建侧向抽芯头部包容块。单击【曲线】选项卡的【直线】按钮，绘制如图 2-133 所示的直线。

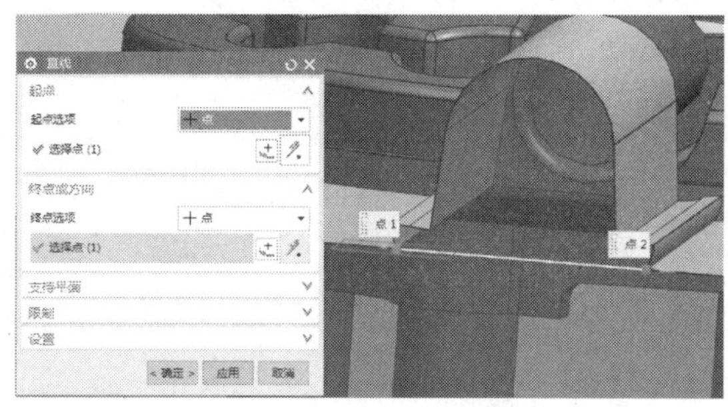

图 2-133　绘制直线

单击【主页】选项卡的【拉伸】按钮 拉伸，拉伸如图 2-134 所示的包容块，注意拉伸的距离要合适(比如拉伸距离为 28.5)，既要包容住需要的形状，又不能破坏其他形状，单击【应用】按钮。

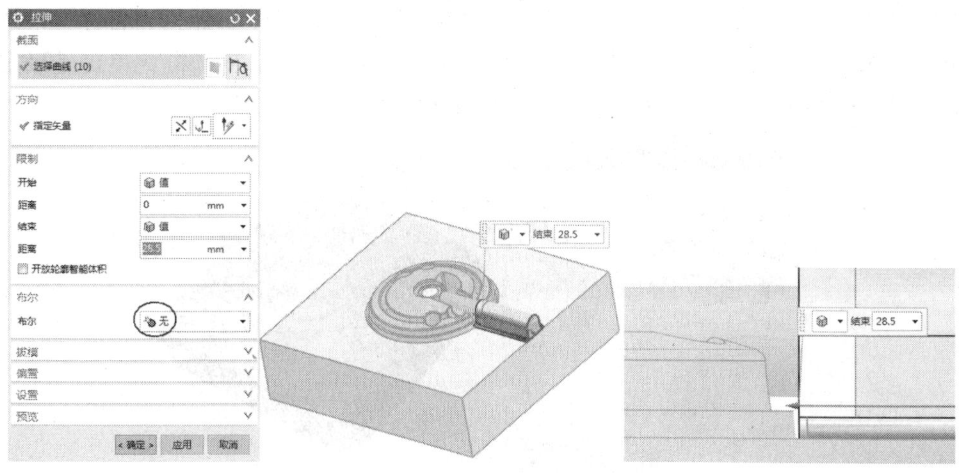

图 2-134　包容块拉伸一

注意：也可拉伸图 2-133 中绘制的直线成片体，再拉伸片体的区域边界成为长方体包容块，如图 2-135 所示。

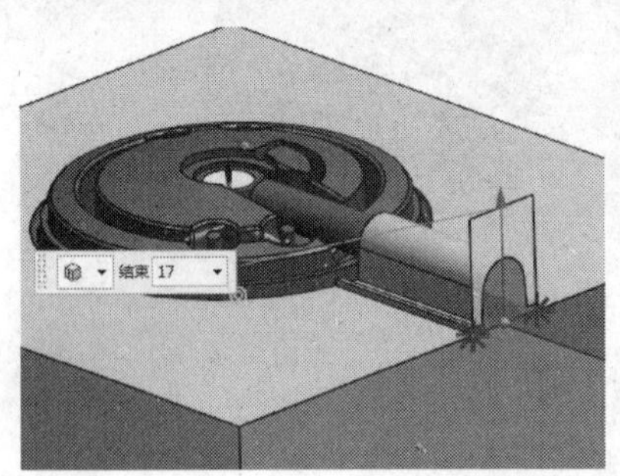

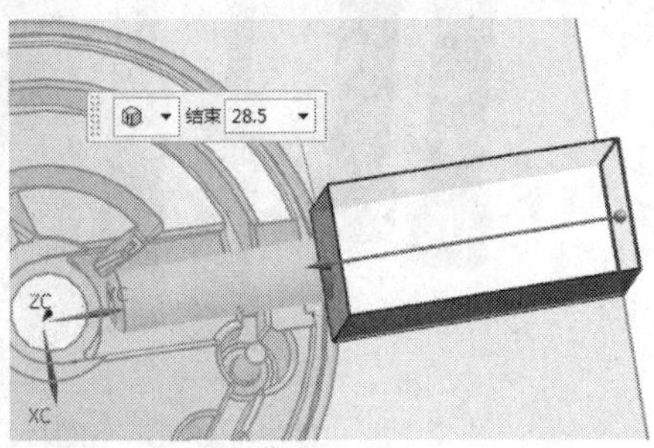

图 2-135　包容块拉伸一(长方体)

继续拉伸圆柱根部的小圆，拉伸到圆柱另一端面，并与之前拉伸求和，如图 2-136 所示。

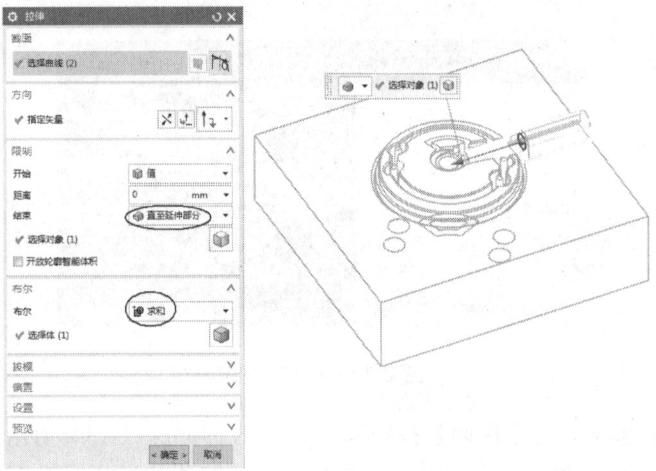

图 2-136　包容块拉伸二

② 求交得到侧向抽芯头。单击【相交】按钮 相交，选择型芯体为“目标”，选择上一步的拉伸实体为“工具”，在【设置】组中勾选【保存目标】复选框，单击【确定】按钮，完成求交，得到侧向抽芯头的形状，如图 2-137 所示。

图 2-137　求交

隐藏型芯实体，观察侧向抽芯头的形状，合乎要求，如图 2-138 所示。

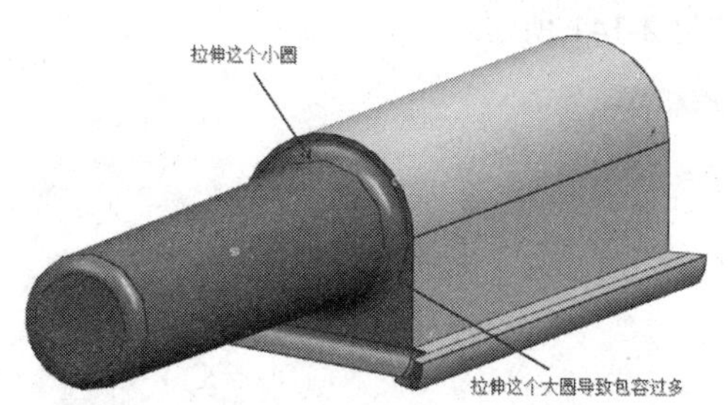

图 2-138　侧向抽芯头部

注意：若拉伸大圆会导致包容过多，便会出现一小块不应该被包容的形状，如图 2-139 所示。

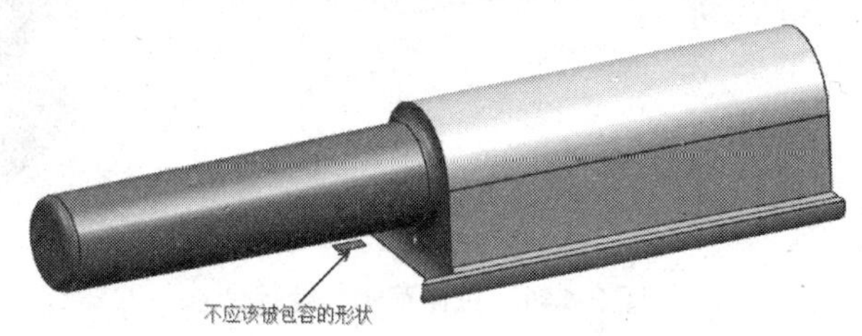

图 2-139　侧向抽芯头部包容过多

③　创建侧向抽芯底部的挂台。选择侧抽的底面创建草图，进入草图后，先偏置 2 条曲线(偏置距离为 3)，接着使用直线连接 2 条偏置曲线，得到矩形的草图，如图 2-140 所示，退出草图环境。

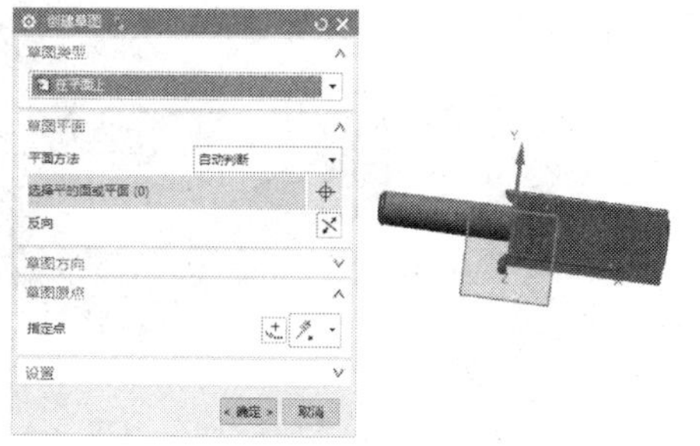

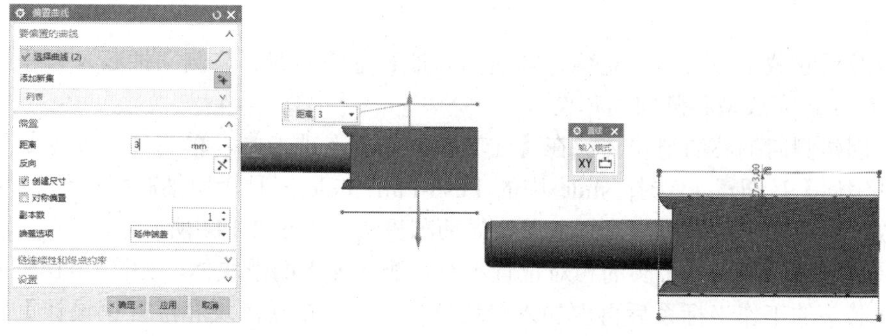

图 2-140　选择草图平面及绘制草图

拉伸刚刚创建的草图，其拉伸距离为 5，并与之前的侧抽求和，创建侧向抽芯头部的挂台，以起导向作用，如图 2-141 所示。

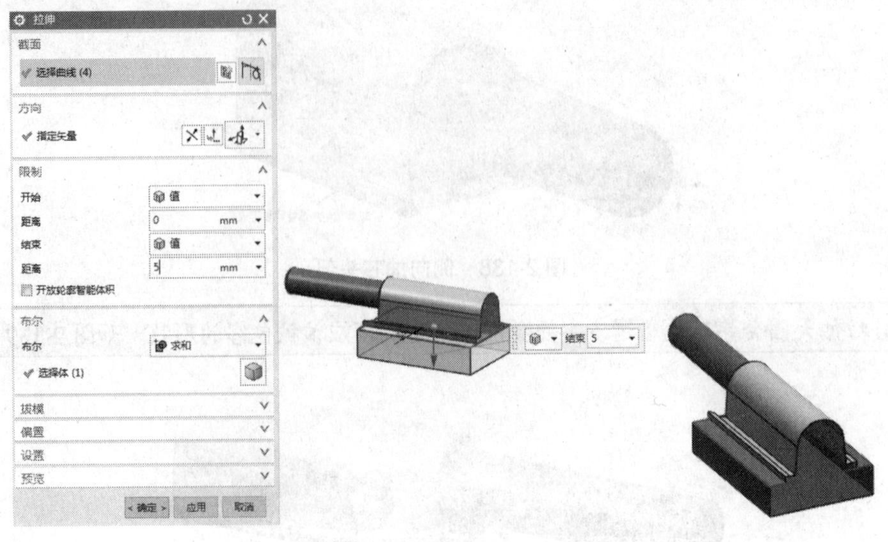

图 2-141　拉伸草图创建挂台

④　求差得到有容纳侧向抽芯空腔的型芯。单击【减去】按钮，选择型芯体为“目标”，选择侧向抽芯为“工具”，在【设置】组中勾选【保存工具】复选框，单击【确定】按钮，完成求差，如图 2-142 所示。

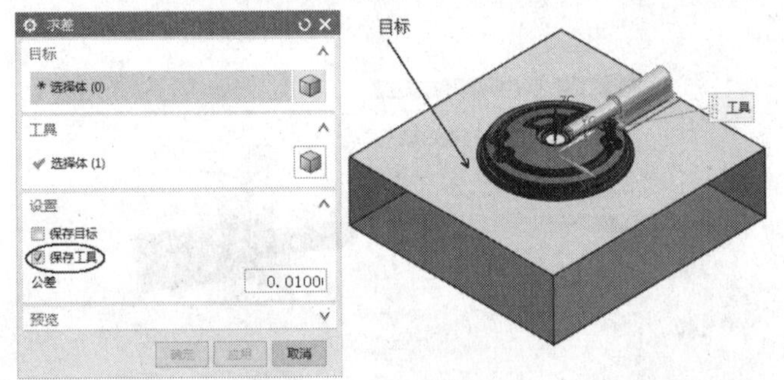

图 2-142　求差

隐藏及反隐藏型芯实体，观察有容纳侧向抽芯空腔的型芯与侧向抽芯，合乎要求，如图 2-143 所示，完成型芯侧向抽芯设计。

⑤　创建侧向抽芯的滑块体。在【注塑模向导】选项卡中，单击【主要库】中的【滑块和浮升销库】按钮，选择 slide 中的 Push-Pull Slide(三种滑块抽芯机构的一种)，不做参数修改，单击【应用】按钮，加入滑块体抽芯机构，如图 2-144 所示。

但是滑块体与侧向抽芯头的相对位置不对，删除加入的滑块体，如图 2-145 所示，改变侧向抽芯头的工作坐标系后再次加入滑块体，并接着在【滑块和浮升销设计】对话框中单击【重定位】按钮，在弹出的【移动组件】对话框中，将【运动】选项设置为“点到点”，分别选择 2 处中点作为出发点和目标点，完成滑块体的重定位，如图 2-146 所示。

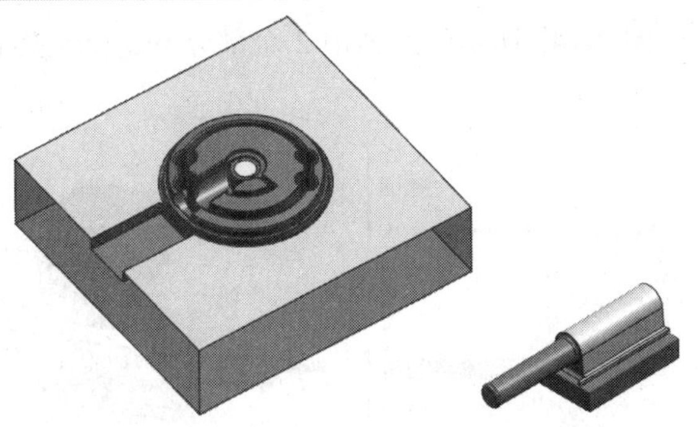

图 2-143　有容纳侧向抽芯空腔的型芯与侧向抽芯

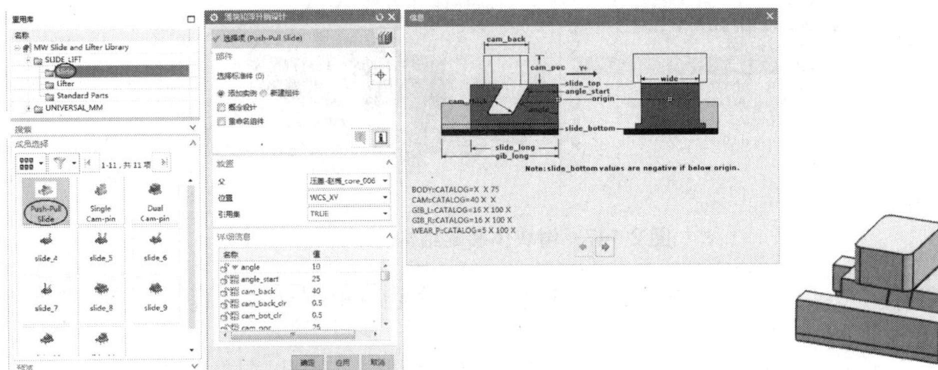

图 2-144　加入滑块体抽芯机构

图 2-145　改变侧向抽芯头的工作坐标系后再次加入滑块体

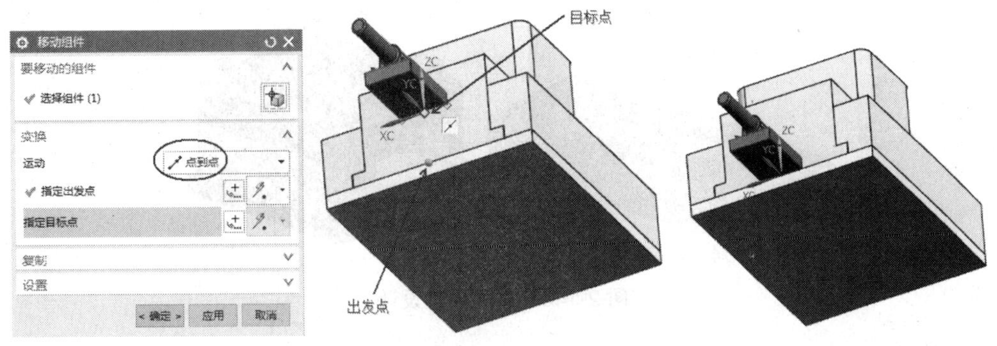

图 2-146　滑块体的重定位

滑块体组件 proj_sld 由 5 个部件组成，分别为 proj_bdy、proj_wp、proj_gb_l、

proj_gb_r、proj_cm。如图 2-147 所示的是其中 2 个部分 proj_cm 及 proj_bdy 所在滑块体装配树中的位置。

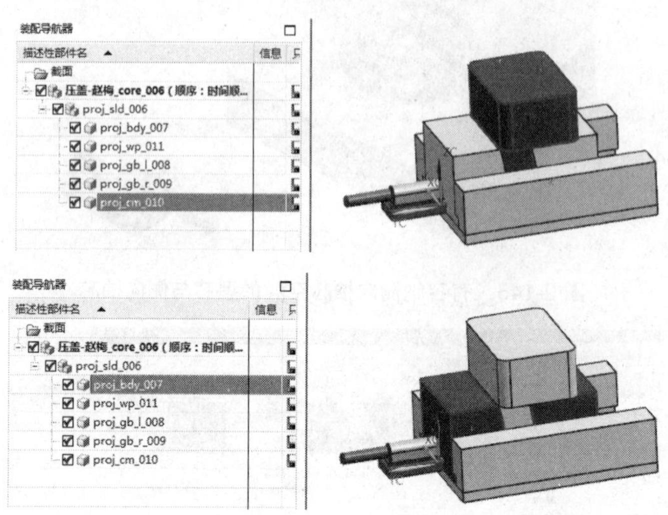

图 2-147　滑块体装配结构

滑块体的各个参数，如斜销角度、各滑板的尺寸大小可根据开模行程大小及模架大小来确定，在此未做改动。

2.4.2　茶匙模具设计(全过程)

对茶匙进行模具 CAD 全过程设计，包括第一、第二阶段的模具一模两腔布局初始设置及分型设计，以及第三阶段的添加模架，设计浇注、顶出、冷却系统等的外围辅助设计，如图 2-148 所示。

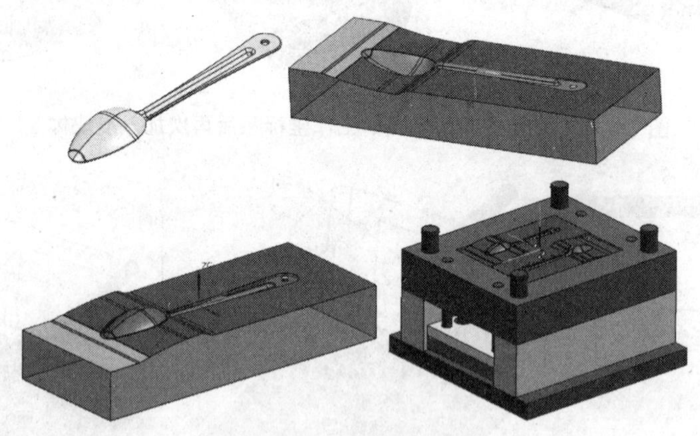

图 2-148　茶匙模具设计

1. 分析

在模具设计的第一阶段建立一模两腔平衡布局后，第二阶段的分型设计需要进行面拆分、修补破孔、添加分型引导线，最后在第三阶段的模具外围辅助设计时添加模架并设计浇注、顶出、冷却系统等。

2. 操作步骤

(1) 加载模型及项目初始化。

① 打开模型文件 teaspoon.prt，如图 2-149 所示。

② 单击【初始化项目】按钮，打开如图 2-150 所示对话框，设置收缩为 1.022，单击【确定】按钮。

(2) 确定坐标系。

单击【模具 CSYS】按钮，需要将产品的坐标系与模具的坐标系重合在一起。比较保险的做法是，在产品没有加载之前就调整好产品的坐标系到一个比较合理的位置，再加载进来，这里以选择当前坐标系的方式进行，即坐标系方位不变，如图 2-151 所示。

图 2-149　茶匙模型

图 2-150　【初始化项目】对话框

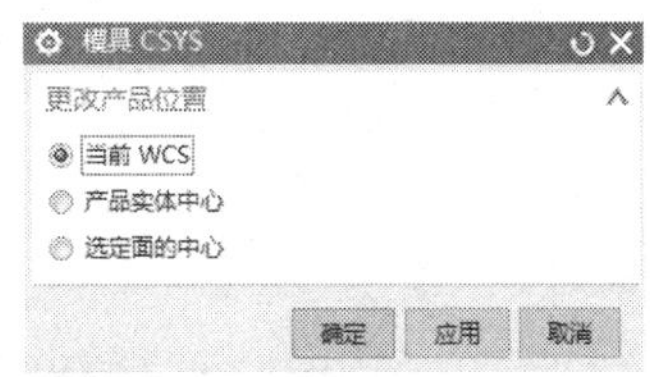

图 2-151　确定模具坐标系

(3) 设置收缩率。

如果在初始化项目对话框中没有设置收缩率，如图 2-152 所示的收缩率为 1，也可单击【收缩率】按钮，进行产品的缩放处理，如图 2-153 所示，如比例因子设为 1.008，需要特别小心收缩率的设置，最好和客户进行沟通，从而确定产品的收缩率。

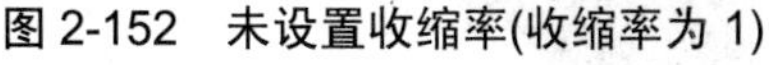

图 2-152　未设置收缩率(收缩率为 1)

图 2-153　比例因子设为 1.008

这里缩放的比例原点可以是坐标系原点，在特殊的情况下(产品的筋板比较多的情况下)，可以选择非均匀比例缩放。比例缩放完成之后，仍然可以进行修改，方法与添加的方法一致。

(4) 定义工件。

定义工件即为产品添加模胚。单击【工件】按钮，为产品自由添加所需要的胚料大小和形状。在打开的对话框中将 Z 轴方向偏置数值分别设置为-30、25，单击【确定】按钮，得到的工件毛坯如图 2-154 所示。

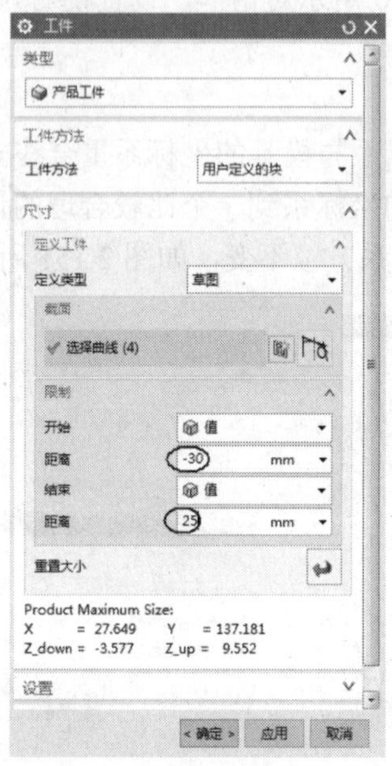

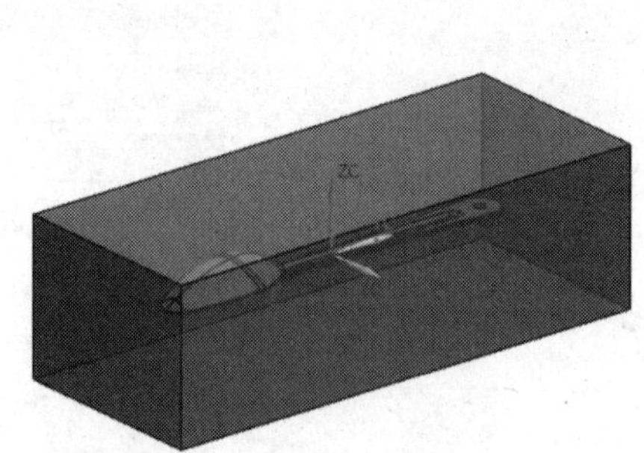

图 2-154 工件

(5) 型腔布局。

单击【型腔布局】按钮，打开【型腔布局】对话框，将【型腔数】选项设置为 2，将 Y 向【间隙距离】设置为 0，沿 X 轴正向布局，单击【开始布局】按钮，完成型腔布局。再单击【自动对准中心】按钮，关闭对话框，创建一模两腔结构，如图 2-155 所示。

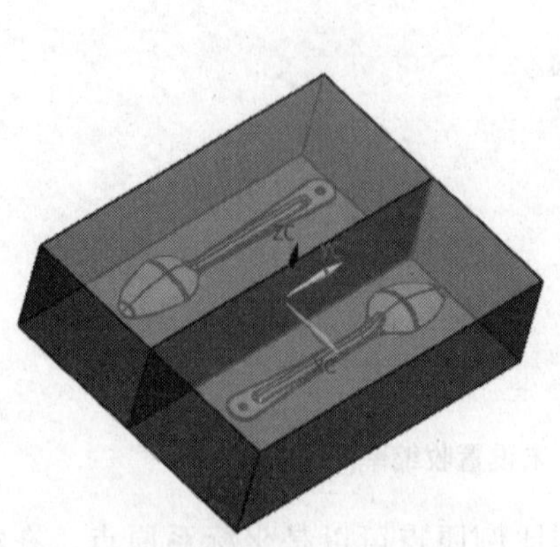

图 2-155 创建一模两腔结构

(6) 分型。

此步骤包括很多小步骤，需要一步步完成。最终的目的是做成中空(布尔减除产品)的、被分模面分开的型芯、型腔。

① 修补破孔。单击【曲面补片】按钮，打开【边修补】对话框，将【类型】选项设置为“体”(即自动修补)，并在绘图区选择茶匙实体，单击【确定】或【应用】按钮，工件上的破孔即被修补完成，如图 2-156 所示。

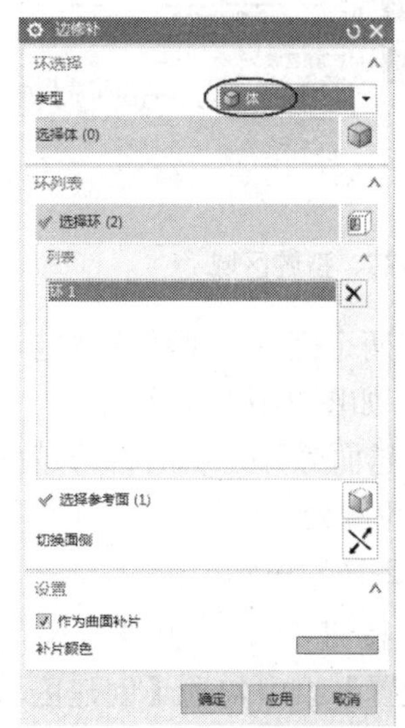

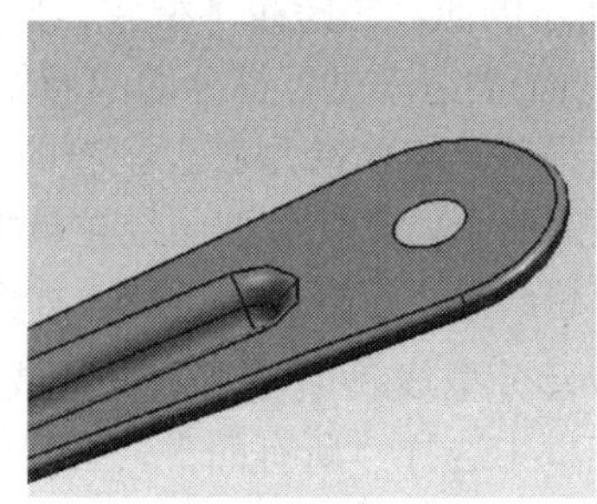

图 2-156　修补孔

② 确定型芯、型腔区域。单击【检查区域】按钮，使用系统自带的自动辨析功能来区分产品的型芯、型腔区域，并进行计算，如图 2-157 所示。

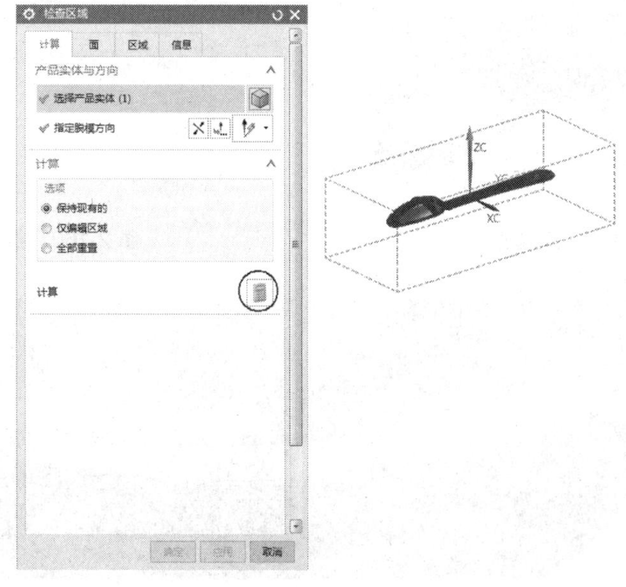

图 2-157　计算型芯、型腔区域

接着切换至【区域】选项卡，这里划分好的型芯、型腔区域不完全符合要求，需要手工来修改，修改的方法如图 2-158 所示。

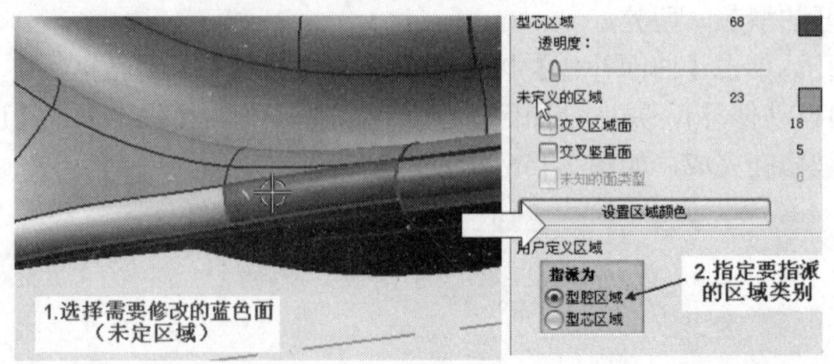

图 2-158　手工修改型芯、型腔区域

如图 2-159 所示的面，它跨越了型腔、型芯两个区域，被称为“跨越面”，需要使用“等斜度”(即 0 度面)类型来进行拆分面的操作，如图 2-160 所示。

这样拆分的结果就是将横跨型芯、型腔的跨越面分开，从而将跨越面分割成符合型芯或型腔要求的单独的两个面，使分型面经过最大轮廓处，如图 2-161 所示。

最终调整到理想结果，符合两个标准，如图 2-162 所示。

③　定义区域及分型线。单击【定义区域】按钮，打开【定义区域】对话框，在【定义区域】列表框中选择“所有面”，在【设置】组中勾选【创建区域】和【创建分型线】复选框，单击【确定】按钮，完成创建区域(即内分型面)和创建分型线的操作，如图 2-163 所示。

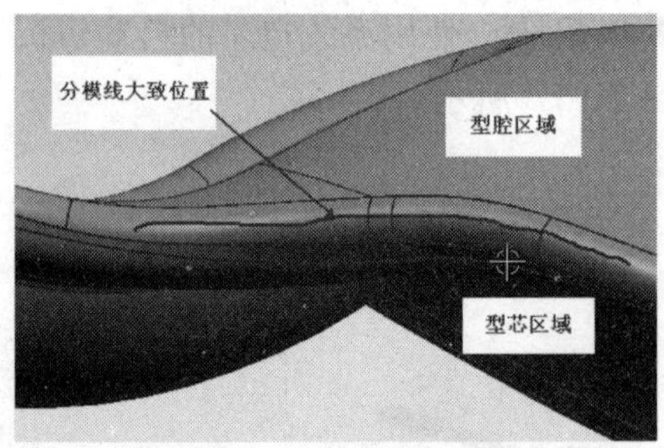

图 2-159　跨越面

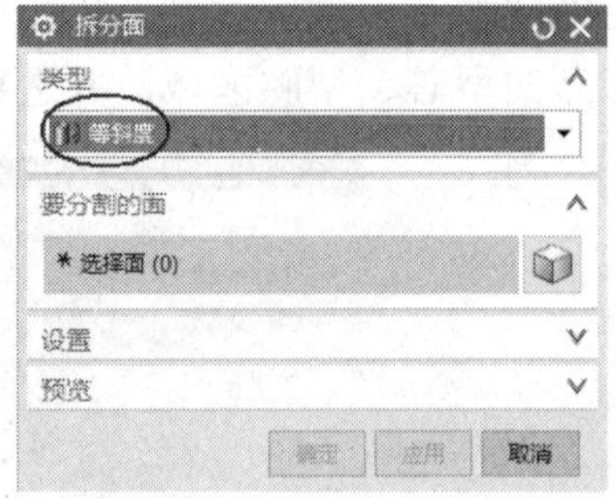

图 2-160　拆分面

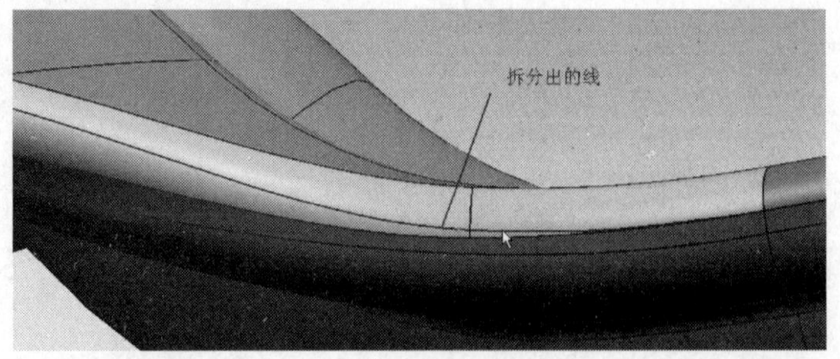

图 2-161　拆分后重新划分型芯、型腔区域

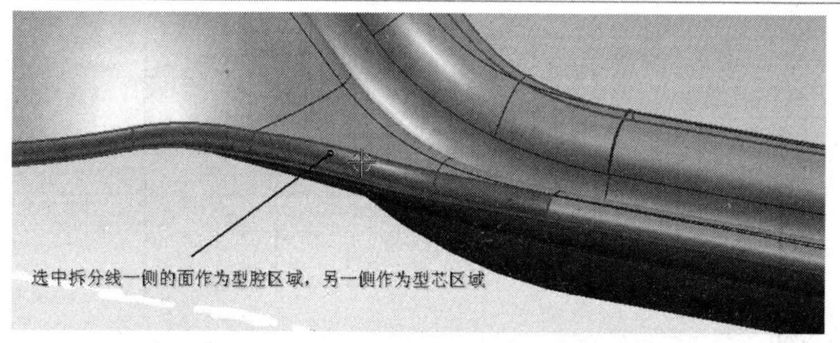

图 2-161　拆分后重新划分型芯、型腔区域(续)

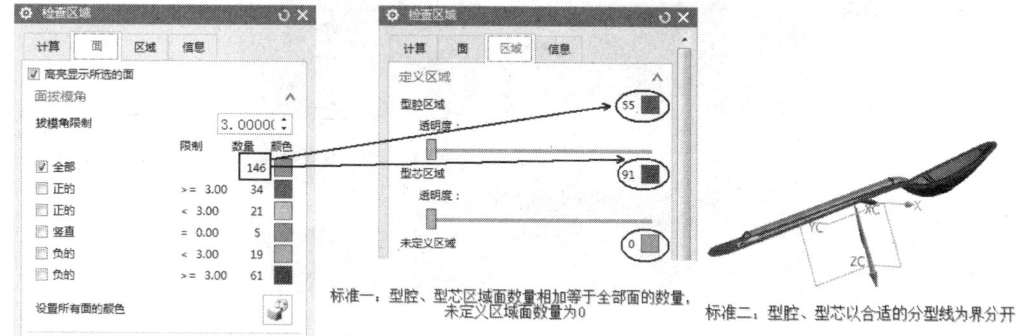

图 2-162　两个标准

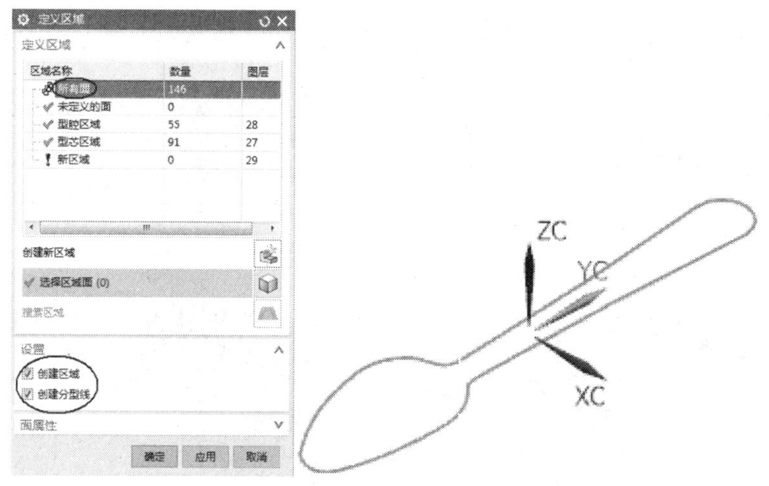

图 2-163　创建区域及分型线

④　设计分型面。这个步骤是分型的重要一环，不但要设计出外分型面，而且要易于加工。

单击【设计分型面】按钮，进行外分型面设计，首先分析如图 2-164 所示分型线的形状，此分型线不在一个平面上且转角比较多，需要将其分成若干段单独处理，即添加引导线处理。在对话框中单击【编辑引导线】按钮，添加如图 2-165 所示的两条引导线。

分别对被引导线分成的 4 段线段采取不同的创建分型面的方式，如图 2-166 所示。

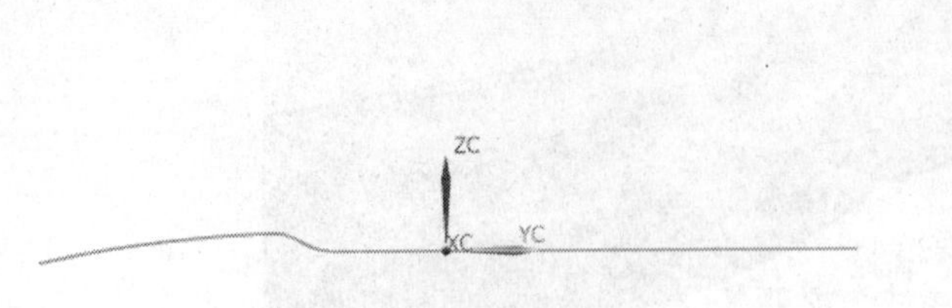

图 2-164　分型线的形状

图 2-165　添加引导线

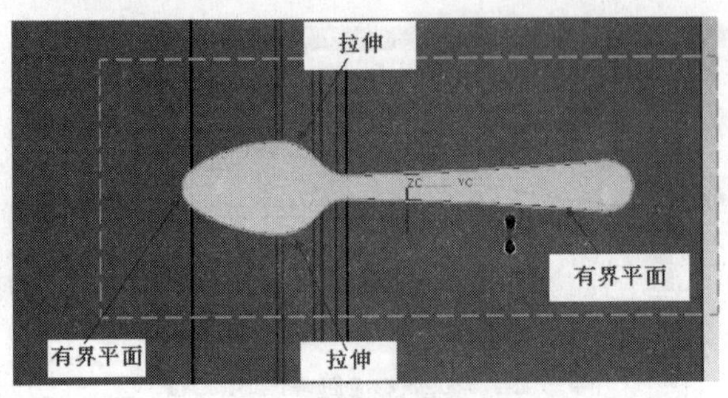

图 2-166　不同的创建分型面的方式

此时分型面基本设计完成，从主视图方向观察方框中的分型面，以这样的分型面分型获得的型腔、型芯的外分型面会存在较大面积的曲面，既难以加工，又会影响产品质量，如图 2-167 所示。

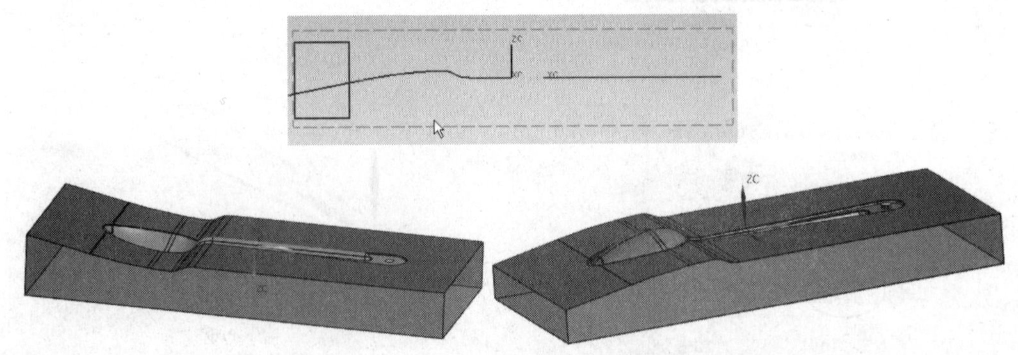

图 2-167　分型面难以加工的部分

可用一段水平面替换一部分曲面分型面，如图 2-168 所示。

注意： 调整分型面时，若调整前已经完成分型获得型腔、型芯，需先抑制分型，再进行如图 2-168 调整分型面的操作。

⑤　拆分型芯、型腔。单击【定义型腔和型芯】按钮，打开【定义型腔和型芯】对话框，将【选择片体】选项设置为“所有区域”，单击【确定】按钮，弹出【查看分型结果】对话框，再单击【确定】按钮，得到型腔、型芯，采用曲面分型面和平面分型面获得的型腔、型芯分别如图 2-169 所示。

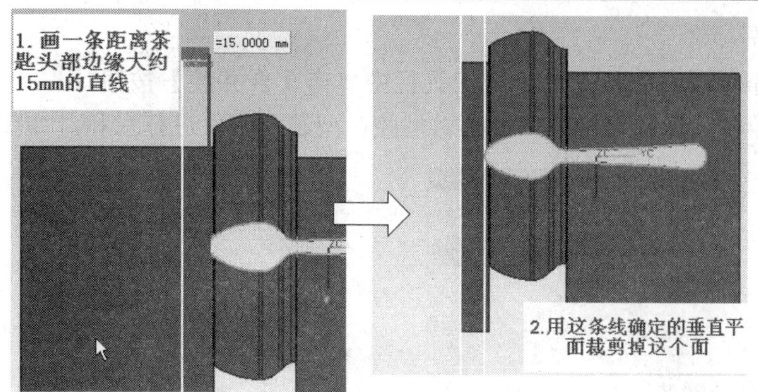

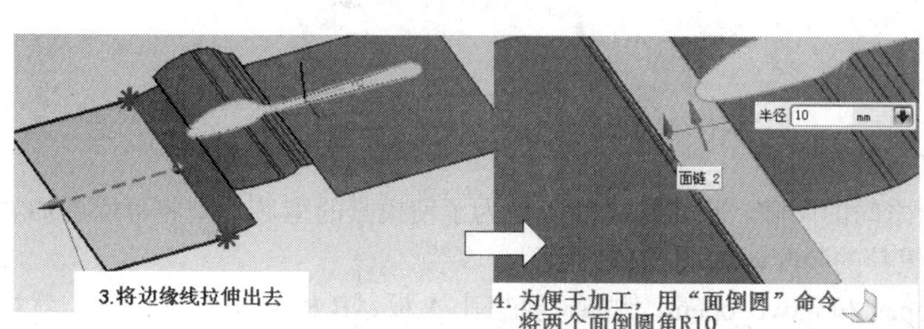

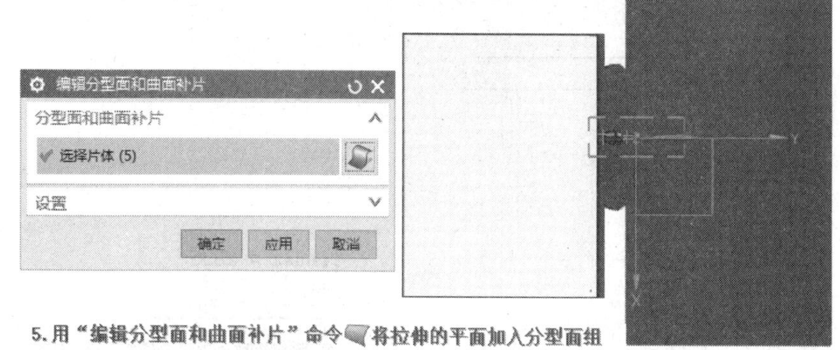

图 2-168　调整分型面

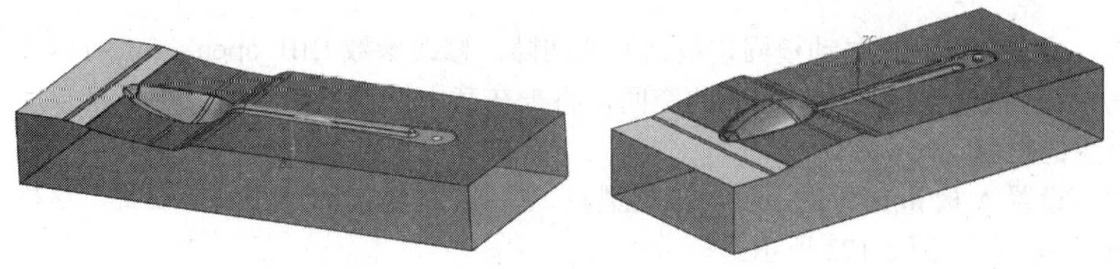

图 2-169　创建型腔、型芯

(7) 合并腔。

单击【注塑模工具】按钮，在工具栏中单击【合并腔】按钮，打开【合并腔】对话框，并在绘图区选择目标体，分别对型腔、型芯及工件进行求和，如图 2-170 所示。

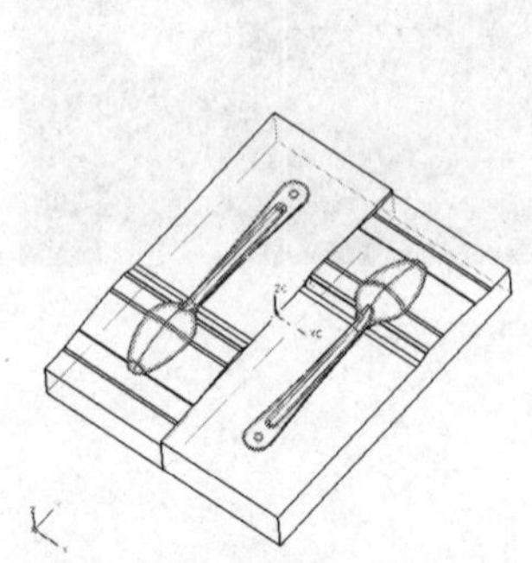

图 2-170　合并腔

(8) 模架。

模架选用龙记的 CI2530 型。

① 设置 A、B 板之间的间隙。设置这个间隙是为了使模具的型芯、型腔可以更加紧密地贴合在一起，方便模具的装配，如图 2-171 所示。

修改的参数为 fix_open 和 move_open，例如，要想让 A 板、B 板的间隔为 1mm，就得设置模架参数，如图 2-172 所示，需要注意这里输入参数以后要按 Enter 键用以确定。

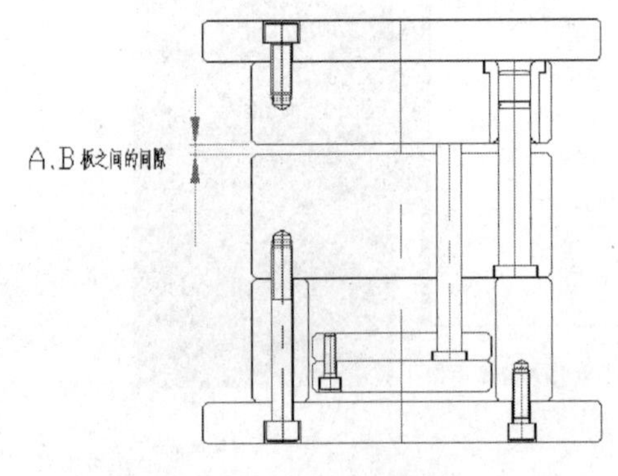

图 2-171　模架示意图

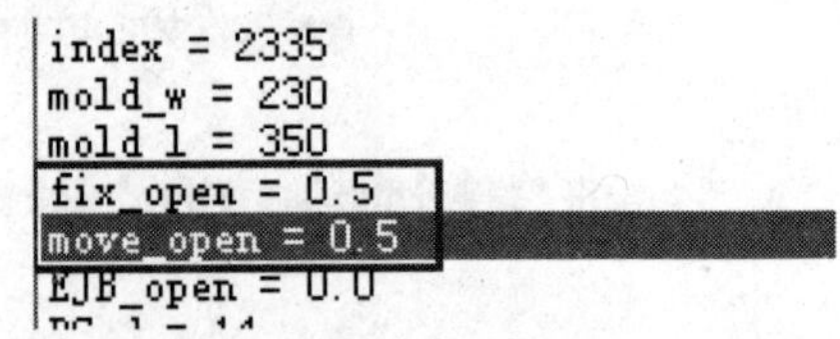

图 2-172　模架参数

② 设置顶针底板与动模固定板之间的间隙。修改参数 EJB_open=−5，可以使得顶针底板与动模固定板之间保持 5mm 的空间，将来在其中设置数颗限位钉用以排除注塑产品时所产生的垃圾。

③ 设置 A 板和 B 板的厚度。根据型腔、型芯 Z 轴方向尺寸进行设置，这样就为模具选出了模架，如图 2-173 所示。

需要注意的是，这样选择的模架会使得复位杆没有顶上 A 板(因为 A 板和 B 板之间加了 1mm 的间隙)，需要将复位杆加长 1mm，如图 2-174 所示，具体步骤如下。

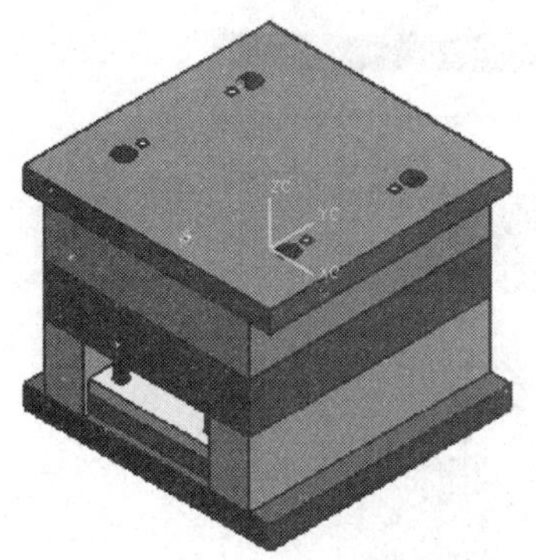

图 2-173　模架

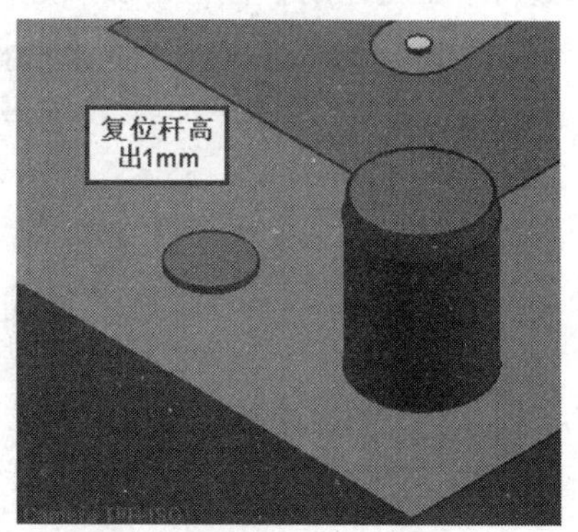

图 2-174　复位杆加长 1mm

a. 单击复位杆为显示部件。

b. 单击其上表面，使其向上偏置 1mm。

④　创建腔体。刚刚调用的模架与模具的型芯、型腔是重叠的，必须将模板和型芯、型腔进行减腔操作，这样才能使得它们不产生干涉。方法如下所述。

在【注塑模向导】选项卡中单击【腔体】按钮，选择 A 板、B 板作为目标，选择如图 2-175 所示“合并腔”时产生的工件零件——teaspon_comb-wp_015 作为工具，因为它具有完整的立方体性质，便于减腔，创建腔体结果如图 2-176 所示。当然还可以为其添加倒角、基准角一类操作，不过要在减腔之前完成。

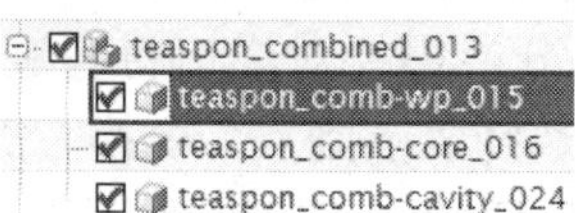

图 2-175　选择 teaspon_comb-wp_015 零件作为工具

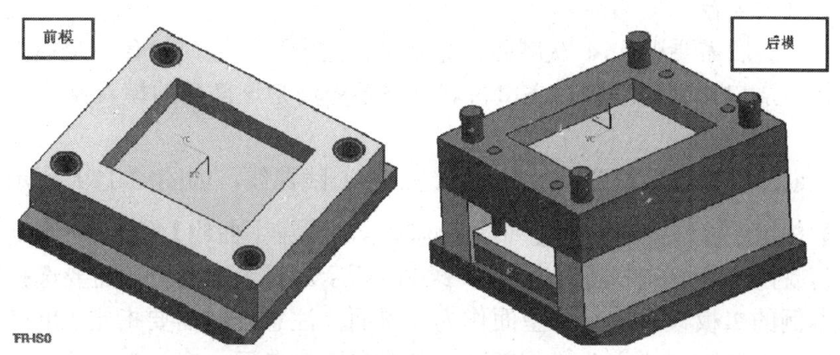

图 2-176　创建腔体

(9)　浇注系统。

注塑模具的浇注系统包括定位环、浇口衬套、分流道和浇口。

①　定位环。在【注塑模向导】选项卡的【主要库】中单击【标准件】按钮添加模具标准件，弹出如图 2-177 所示的【标准件管理】对话框，仅有 FUTABA 和 HASCO 两

个公司的标准件建立了定位环，选择 FUTABA 的 Locating Ring(定位环)，采用默认参数或修改参数，单击【应用】按钮，加入定位环，其定位环要与定模固定板进行减腔操作。

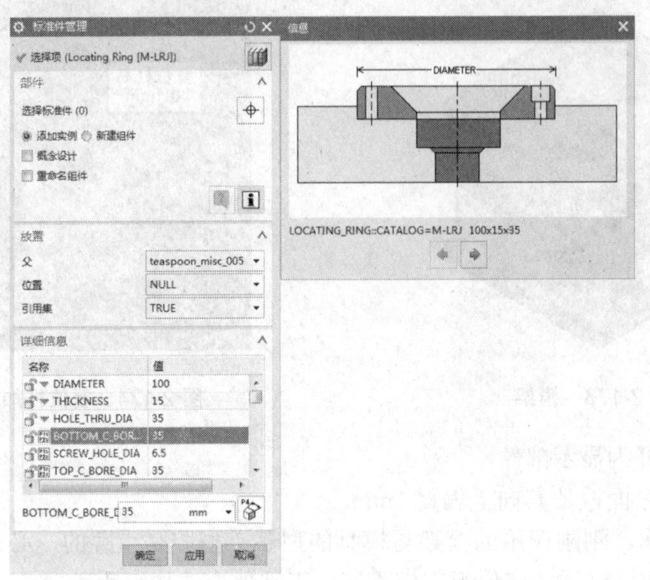

图 2-177 加入定位环

② 浇口衬套。在【注塑模向导】选项卡的【主要库】中单击【标准件】按钮，添加模具标准件，选择 FUTABA 的 Sprue Bushing(浇口衬套)，打开如图 2-178 所示的【标准件管理】对话框，采用默认参数或修改参数，单击【应用】按钮，可以看到加入浇口衬套，浇口衬套与定位环有重叠部分，需要对浇口衬套进行重定位，单击【重定位】按钮，打开【移动组件】对话框，选择“点到点”变换方式，指定出发点和终止点分别为浇口衬套的最上表面圆的圆心和定位环的最下表面圆的圆心，单击【确定】按钮，完成浇口衬套的重定位，在浇口衬套和定位环调用好之后还需要对超出分型面的浇口衬套进行修剪，使其与分型面吻合。

加入浇口衬套后需要进行 4 次减腔，分别是：定位环对浇口衬套、定模固定板对浇口衬套、定模板对浇口衬套和型腔对浇口衬套，需要弄清楚这部分的模具结构才不会留下重叠的实体。

③ 分流道。首先进入草图，绘制分流道的中心线曲线，如图 2-179 所示，接着通过【投影曲线】按钮(该按钮位于【曲线】选项卡的【派生曲线】组)，将绘制的分流道的中心线投影到放置分流道的曲面上，如图 2-180 所示。对于三板模具需要选择水口板的上表面；对于本例的二板模具选择分型面作为放置面，注意这时需要指定 fill(该二级根节点放置浇口、流道的文件)部件作为工作部件，曲线在该节点下。

在【注塑模向导】选项卡的【主要库】中单击【流道】按钮，弹出如图 2-181 所示的【流道】对话框，在【引导线】组中选择投影曲线作为分流道的中心线(引导线)，在【截面】组中将【截面类型】设置为 Circular(圆形截面)，横截面直径尺寸为 4，单击【确定】按钮，完成分流道设计，如图 2-182 所示为定位环、浇口衬套和分流道的样子，注意这里的流道并没有和其他部件进行修剪。

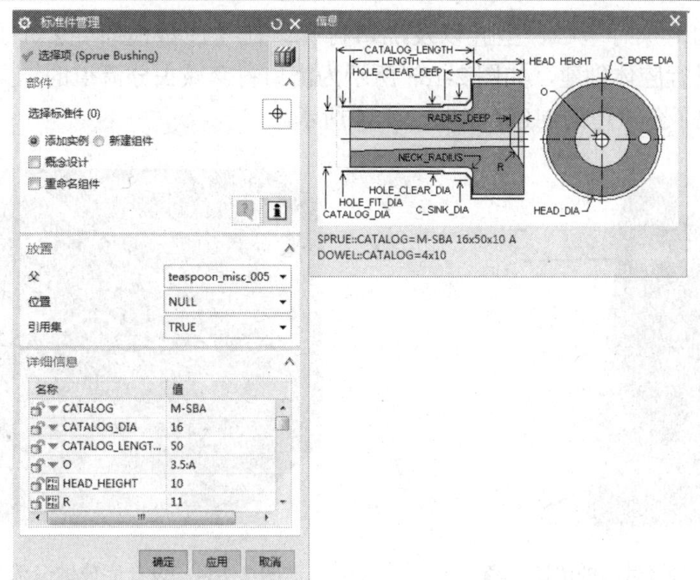

图 2-178　加入浇口衬套

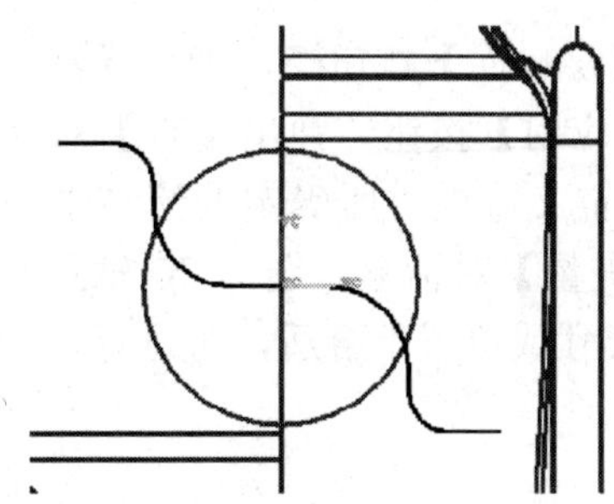

图 2-179　绘制分流道的中心线

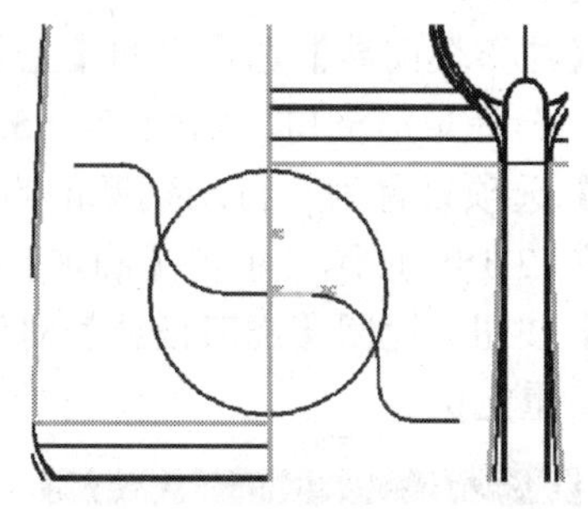

图 2-180　在分型面上投影流道中心线

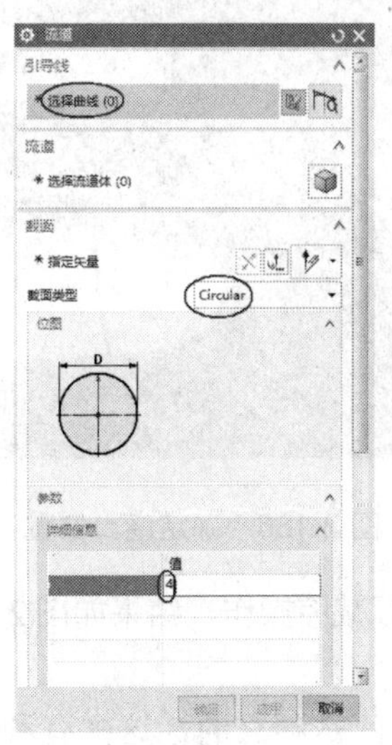

图 2-181　【流道】对话框

图 2-182　定位环、浇口衬套和分流道

需要修剪的对象有型芯、型腔以及浇口衬套。在【注塑模向导】工具栏中单击【腔体】按钮，进行腔体创建，如图 2-183 所示为浇口衬套减去分流道的结果。

到此，完成了分流道的创建，如图 2-184 所示。

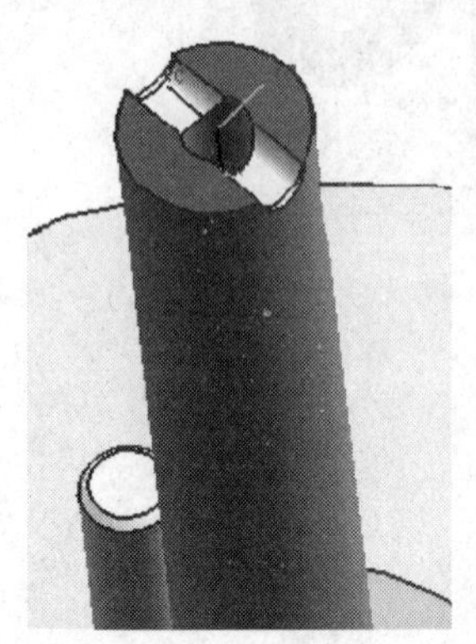

图 2-183　减去分流道后的浇口衬套

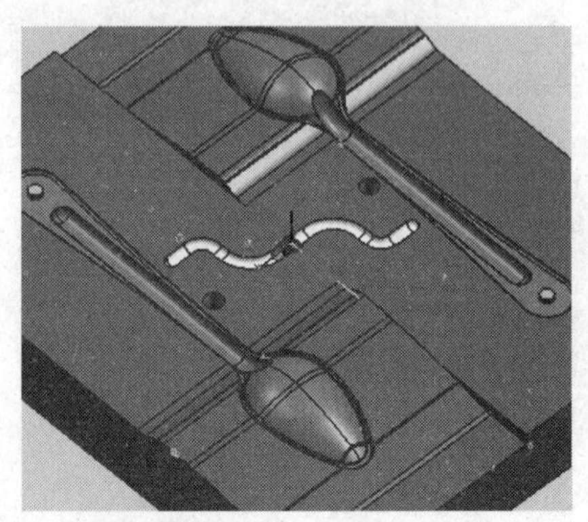

图 2-184　设计完成的分流道

④ 浇口。常用的浇口形式有大水口、点浇口、侧边浇口等形式，这里选择最简单的矩形侧边浇口。

在【注塑模向导】选项卡的【主要库】中单击【浇口库】按钮，弹出【浇口设计】对话框，选择矩形浇口，如图 2-185 所示，单击【应用】按钮，弹出【点】对话框，将【类型】选项设置为“自动判断的点”，选择前面定义流道时所确定的流道中心线的端点，如图 2-186 所示。单击【确定】按钮，弹出【矢量】对话框，选择 X 轴正向，单击【确定】按钮，返回【浇口设计】对话框，若浇口尺寸或位置不合适，可进行尺寸参数修改及浇口重定位。

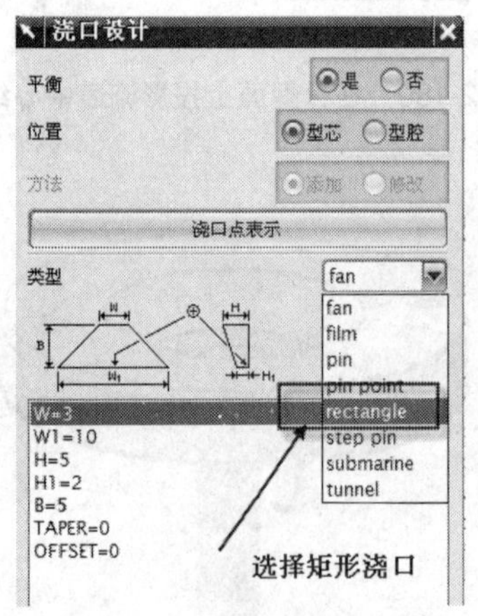

图 2-185　选择矩形浇口

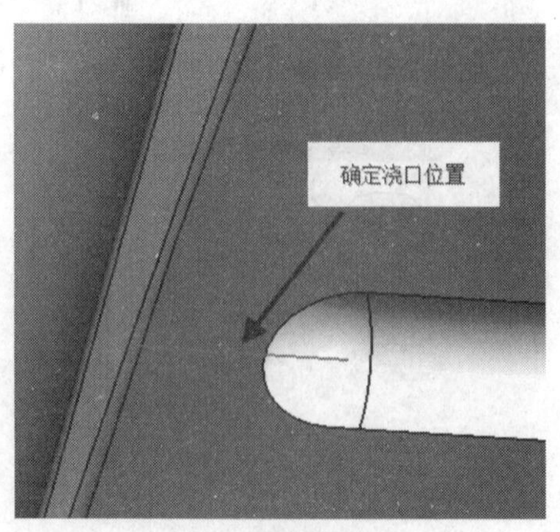

图 2-186　确定浇口位置

完成的矩形浇口如图 2-187 所示，同样需要对浇口进行减腔操作，结果如图 2-188 所示。

(10) 顶针。

使用 UG 的注塑模向导所建立的顶针，各个顶针之间是独立的，这样有利于对顶针进行单独的操作。调用顶针需要注意几个关键尺寸，如图 2-189 所示。

① 单击【注塑模向导】选项卡中的【标准件】按钮，添加模具标准件，弹出【标准件管理】对话框。选择 FUTABA 的 Ejector Pin(顶杆)，从标准件形式列表框中选取 Ejector Pin Straight(直顶杆)，此时弹出【信息】对话框，根据【信息】对话框中的参数名称，在【标准件管理】对话框中设置顶杆的各项参数，如图 2-190 所示。

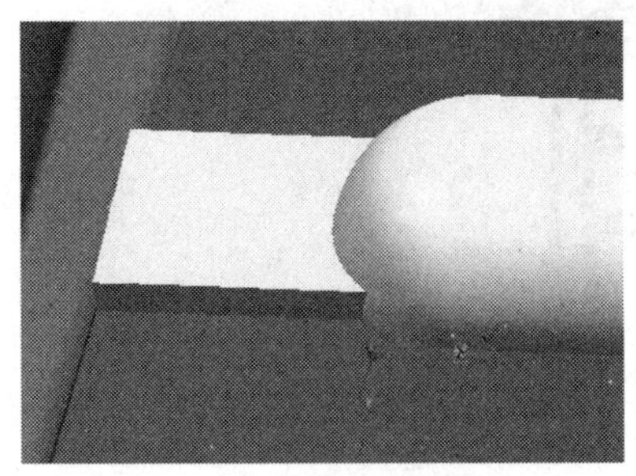

图 2-187　矩形浇口

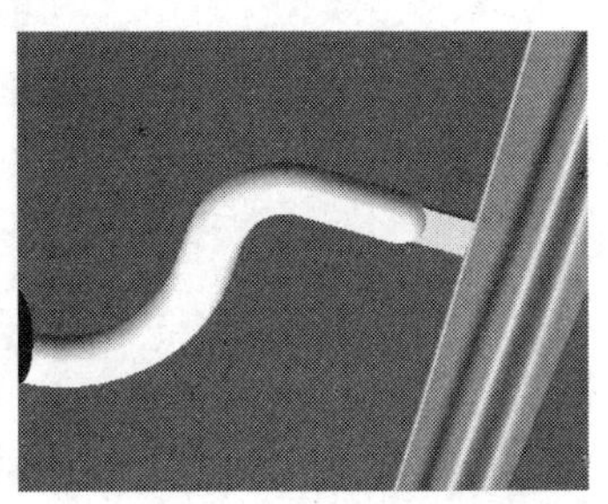

图 2-188　浇口的腔体创建

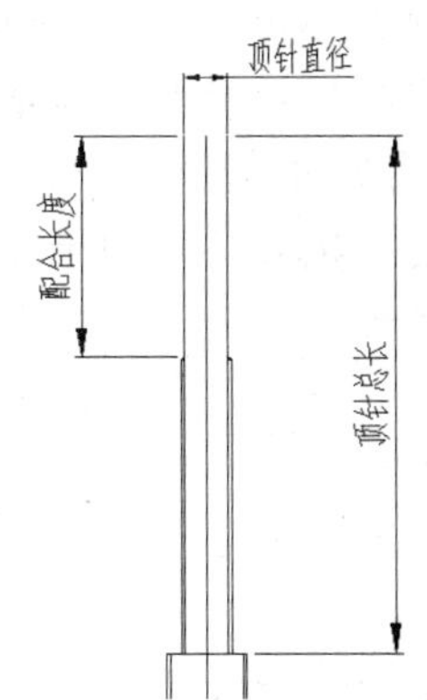

图 2-189　顶针的几个关键尺寸

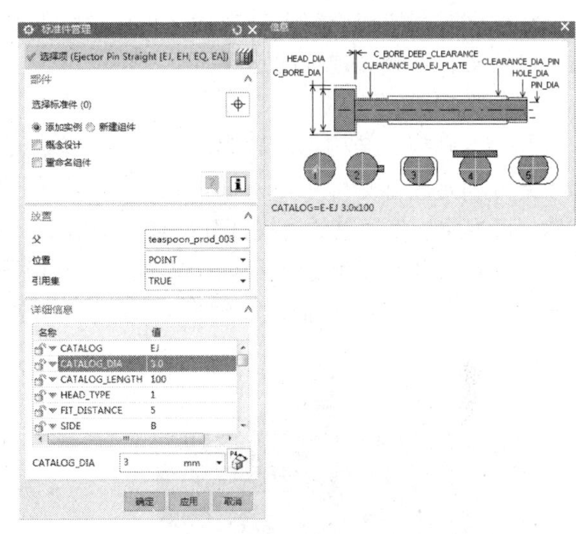

图 2-190　【标准件管理】对话框及【信息】对话框

顶杆长度一般要超出分型面，再由分型面修剪为合适长度，使其与分型面的形状吻合，注意不要将顶针的总长度超出分型面太多，一般超出 2～3mm 即可，如图 2-191 所示。

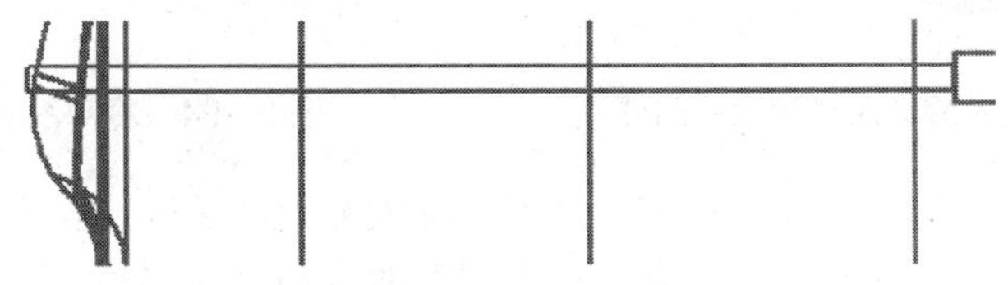

图 2-191　顶针长度比分型面高出 2～3mm

② 单击【应用】按钮，弹出【点】对话框，分别选择 4 个顶针位置，俯视图如图 2-192 所示。若确定的点为具有小数的点，通常将顶针的小数位去掉而圆整。完成后单击【返

回】按钮，回到【标准件管理】对话框，若是参数设置不合适，可继续修改参数。

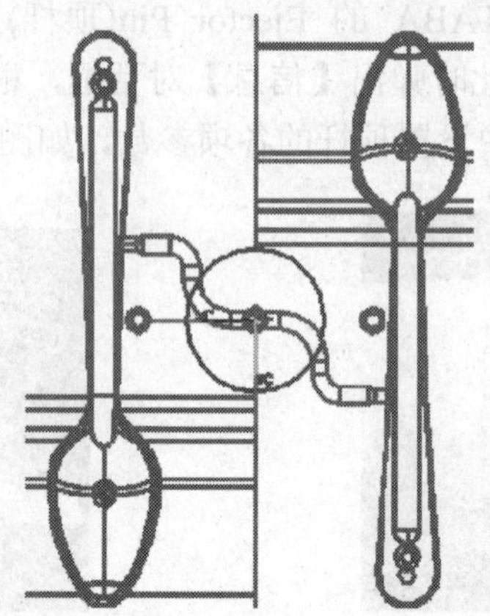

图 2-192　4 个顶针的位置

③　对顶针进行修剪，修剪工具为分型面。

注意此时需要在确定顶针之后，进行顶针的减腔操作。减腔的对象包括顶针对 B 板、顶针对型芯、顶针对顶针固定板。

(11) 冷却道。

因为本套模具结构相对较为简单，冷却系统不用设计在侧抽芯等结构上，只需设计在动模部分和定模部分即可，下面以动模部分为例进行设计。首先通过装配导航器设置各个部件的可视化，将模具的动模部分单独显示出来，未设置冷却系统的模具如图 2-193 所示。

动模部分的冷却水道流经两个零件——动模固定板和型芯，需要注意由于需要添加密封圈的原因，冷却系统需要按照如图 2-194 所示的路线进行设计。

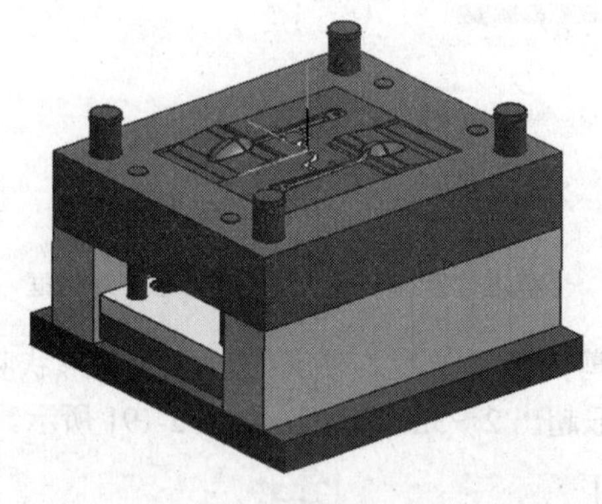

图 2-193　未设置冷却系统的动模部分

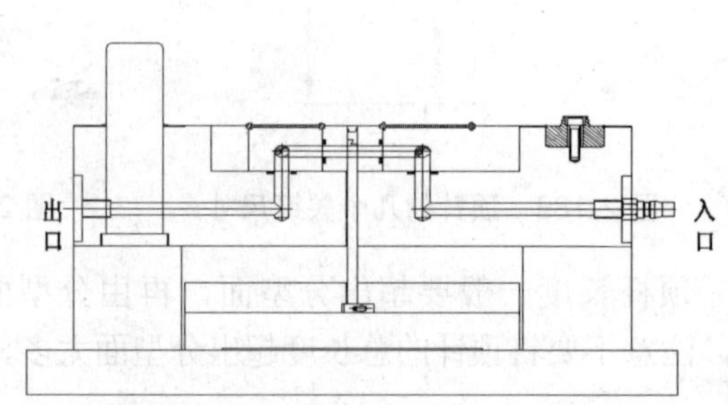

图 2-194　冷却系统的设计路线

由于构建冷却水道要求各个孔的定位点坐标为整数，所以一般方法是事先构建合适的曲线作为冷却水道的参考。需要注意，这里构建的冷却水道仍然为冷却水道的实体，需要后续进行减腔操作，并且冷却水道的放置要避开复位杆，否则不利于模具的安装使用。

绘制如图 2-195 所示的直线作为冷却水道的路线(这里只绘制一半，另一半做出冷却水道后镜像即可)，需要避让开有孔的部分，同时注意冷却水道的坐标亦需要圆整。

单击【注塑模向导】选项卡的【冷却工具库】中的【水路图样】按钮，弹出如图 2-196 所示的【图样通道】对话框。在【通道路径】组中可以指定曲线，在【设置】组中可以输入通道直径数值，完成冷却水路设计。冷却水道的长度方向可以通过【冷却工具库】的【延伸水路】按钮或【调整水路】按钮进行修改。最后将型芯中的冷却水道设置成如图 2-197 所示的样子，钻削之后的冷却水孔如图 2-198 所示。

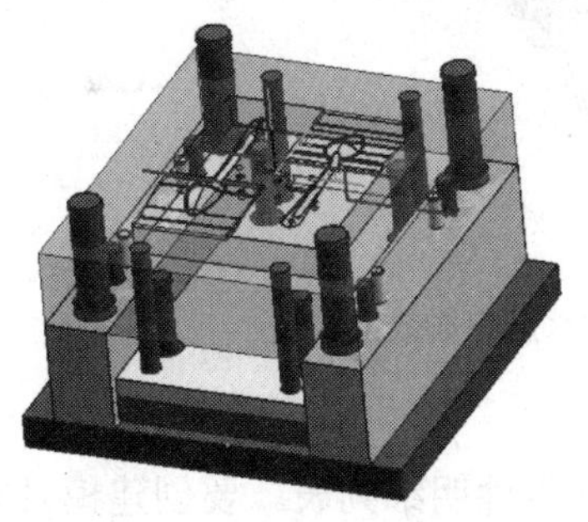

图 2-195　设计冷却水道中心线

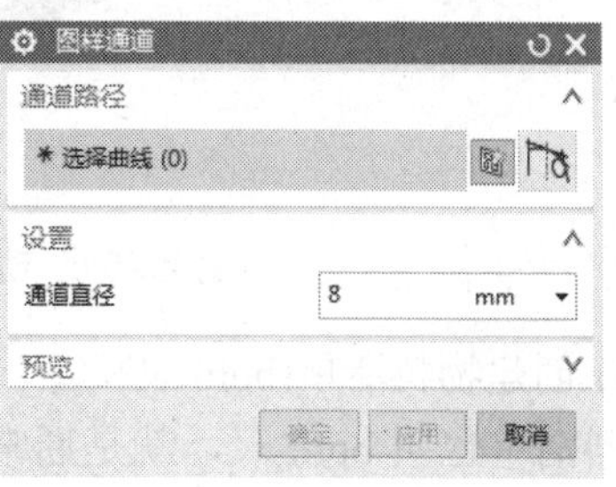

图 2-196　【图样通道】对话框

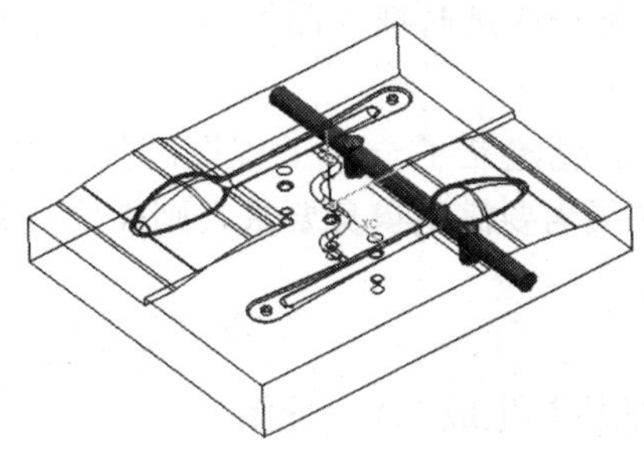

图 2-197　冷却水道

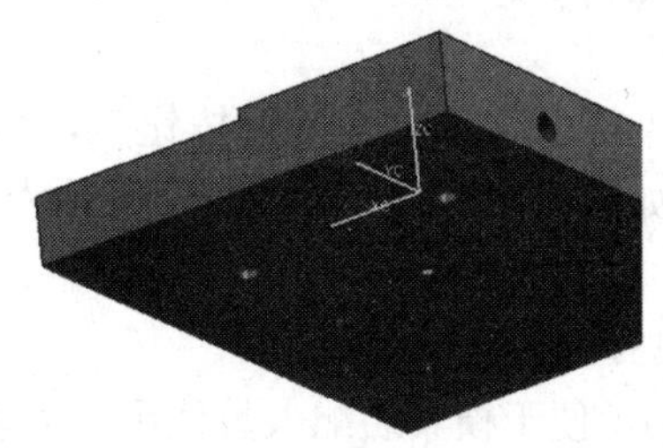

图 2-198　钻削冷却水道

镜像相同的冷却水道实体，完成型芯部分的冷却水道设计，如图 2-199 所示。同样的方法完成动模固定板的冷却水道的设计，如图 2-200 所示。

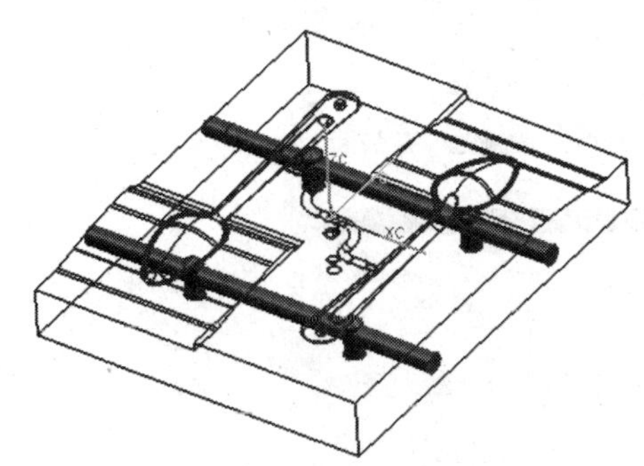

图 2-199　型芯部分的冷却水道

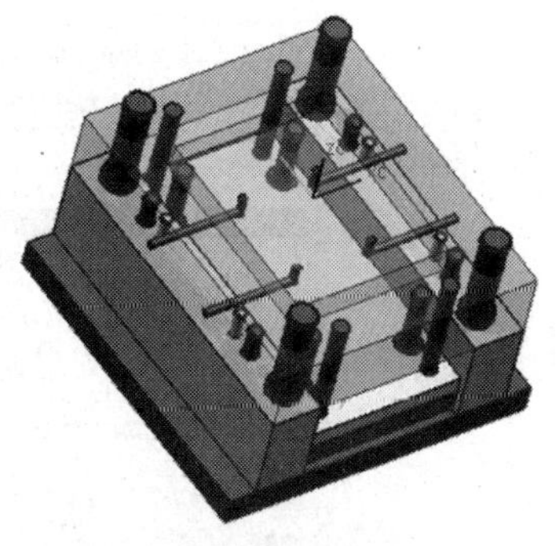

图 2-200　动模模板部分的冷却水道

最后需要通过【腔体】按钮在模板、型芯等进行冷却水道的减腔操作，最终结果如图 2-201 所示。

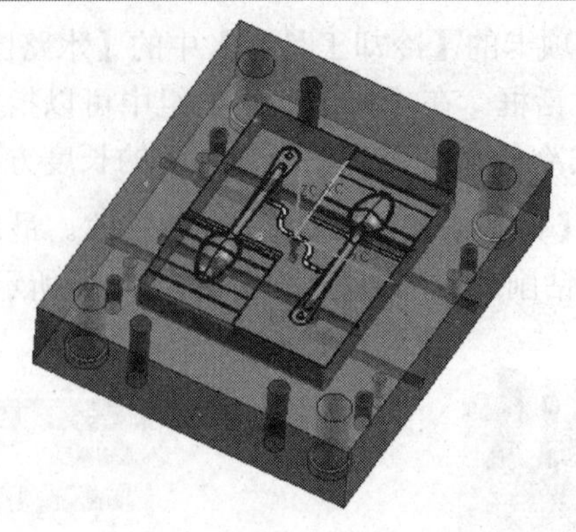

图 2-201　动模模板部分的冷却水道完成效果

(12) 创建物料清单(bom 表)。

物料清单也叫 bom 表，就是通常所说的装配图的零件明细列表。要创建模具零件列表清单，需要在【注塑模向导】选项卡中单击【物料清单】按钮，弹出如图 2-202(a)所示的【物料清单】对话框。在这里可以修改各个零件的数量、名称、毛坯或规格大小、材料、供应商等信息。定义好这些信息后便可以在出装配图纸时插入图纸中，而不需要额外输入了。

单击【部件导航器】按钮，可以看到其中已经建立了一个工程图(创建的物料清单)，如图 2-202(b)所示。其中各项为英文语言，如果需要满足自身要求，则需要对其事先定义。

(13) 建立模具装配图。

为了便于模具装配人员使用，需要将 3D 设计的模具生成 2D 工程图。

Mold Wizard 中自带装配图命令，该功能是使用设置好的一些模板，这些模板如果不经过修改，通常不能满足用户或公司的需要。除此以外，还可以通过 UG 的工程图模块手工进行装配图的设计。

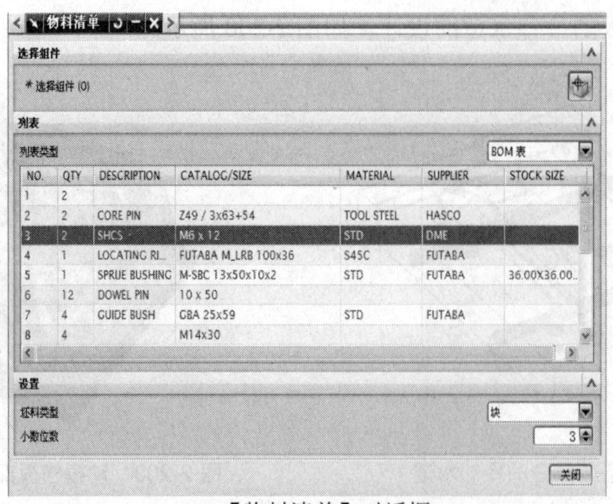

(a) 【物料清单】对话框

图 2-202　物料清单

NO.	QTY	DESCRIPTION	CATALOG/SIZE	MATERIAL	SUPPLIER	STOCK SIZE
17	1		2530 · C1 · 60 · 60			
16	4	GUIDE PIN	GPA 25x92x59	STD	FUTABA	
15	4	RETURN PIN	RPN 15x115	STD	FUTABA	
14	4	GUIDE PIN	GPA 16x102x24	STD	FUTABA	
13	4	GUIDE BUSH	EBB 16x32	STD	FUTABA	
12	4		M8x25			
11	4		M14x115			
10	4		M10x30			
9	1		P20			
8	4		M14x30			
7	4	GUIDE BUSH	GBA 25x59	STD	FUTABA	
6	12	DOWEL PIN	10 x 50			
5	1	SPRUE BUSHING	M-SBC 13x50x10x2	STD	FUTABA	36.00X36.00X85.50
4	1	LOCATING RING	FUTABA M_LRB 100x36	S45C	FUTABA	
3	2	SHCS	M6 x 12	STD	DME	
2	2	CORE PIN	Z49 / 3x63+54	TOOL STEEL	HASCO	
1	2					

(b) 物料清单列表

图 2-202　物料清单(续)

通过【模具图纸库】中的【装配图纸】按钮可生成茶匙模具的装配图，如图 2-203 所示。

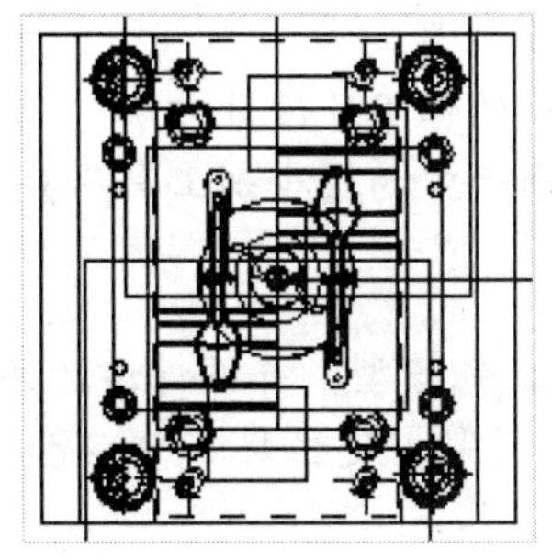

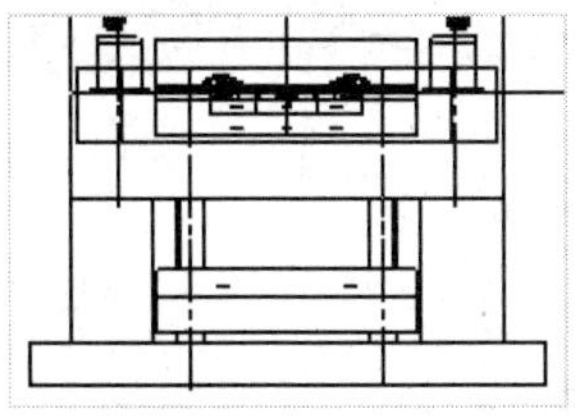

图 2-203　生成的装配图

项 目 小 结

在前面项目 1 中进行的薄壳模具一模四腔布局初始设置及分型设计属于模具设计的第一、第二阶段，在此进行的外围辅助设计属于模具设计的第三阶段。通过对薄壳模具进行外围辅助设计，详细学习了添加模架，以及设计浇注、顶出、冷却系统等相关知识与基本操作。

通过对前面项目 1 的拓展训练 6-压盖进行镶块及滑块侧抽设计，学习了模具细化设计的基本操作。

最后通过对茶匙进行全过程的模具设计，包括第一、第二阶段的模具一模两腔布局初始设置及分型设计，以及第三阶段的添加模架，设计浇注、顶出、冷却系统等的外围辅助设计，从而对模具 CAD 设计的全过程有一个全面的认识与掌握。

模具设计的第三阶段——外围辅助设计虽不如第二阶段——分型设计那样需要一定的技巧与灵活性，但这一阶段的设计工作非常烦琐，工作量大，需要耐心仔细对待。

思考训练

1. 思考题

(1) 模架的主要功能是什么？它是由几部分组成的？

(2) 简述标准件中定位圈(Locating Ring)、浇口衬套(Sprue Bushing)、顶杆(Ejector Pin)复位弹簧(spring)、芯杆(Core Pin)、推杆管(Ejector Sleeve)、导向机构(Guides)的作用及调入操作步骤。

(3) 简述分流道及浇口的设计步骤。

(4) 简述滑块和斜顶抽芯机构的作用及设计方法。

(5) 简述【注塑模向导】选项卡中的【冷却工具库】各命令的作用。

2. 训练题

(1) 创建如图 2-204 所示的旋钮模型，并设计该产品的模具，要求选择合适的布局并进行分型获得型腔、型芯，添加模架、定位环、浇口套、顶杆、流道及浇口、冷却水道等，并建腔。

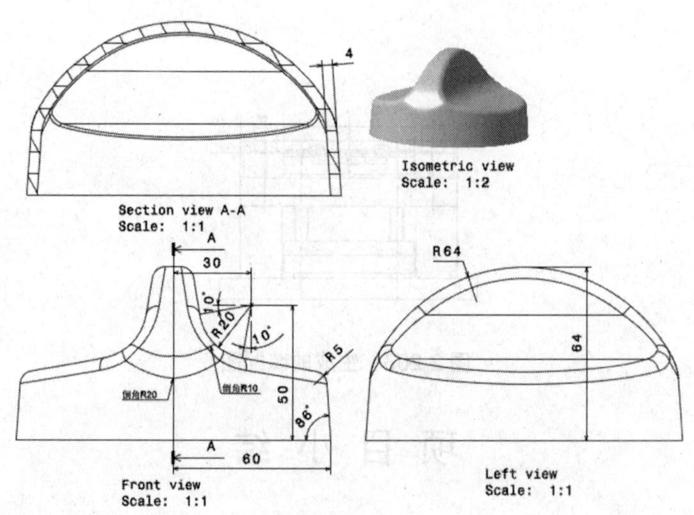

图 2-204　习题图

(2) 选择完成项目 1 及其拓展训练、习题的模具外围辅助设计，包括添加模架、定位环、浇口套、顶杆、流道及浇口、冷却水道等。

项目 3　茶匙模具型腔 UG CAM

项目目标

知识目标

- 了解 UG 加工模块的相关知识。
- 掌握 UG CAM 粗加工编程的相关知识。
- 掌握 UG CAM 精加工编程的相关知识。

技能目标

- 能完成 UG CAM 编程的准备工作。
- 掌握 UG CAM 粗加工编程的基本操作。
- 掌握 UG CAM 精加工编程的基本操作。

项目内容

对项目 2 的拓展训练 2 中完成的茶匙模具成型零件——型腔进行 UG CAM 编程，包括粗加工和精加工，加工仿真结果如图 3-1 所示。

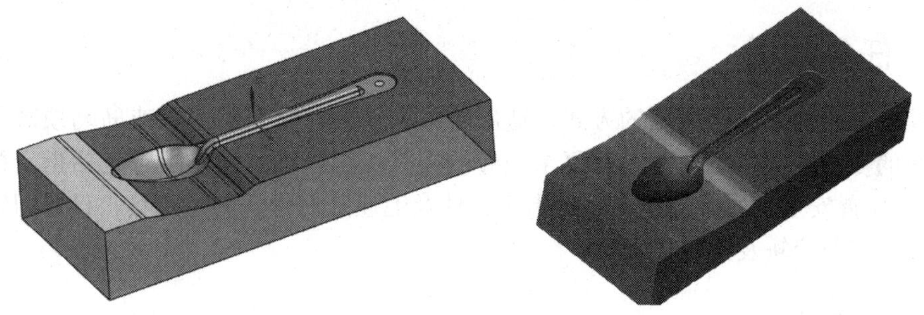

图 3-1　茶匙型腔及加工仿真结果

项目分析

茶匙模具成型零件——型腔的 UG CAM 编程包括粗加工和精加工。

在进行粗加工编程时首先需要对加工模型进行分析及准备(包括创建毛坯、改变坐标系等)，接下来进行粗加工编程，包括指定机床坐标系 MCS、设置安全平面、创建工序、指定部件及毛坯几何体、创建刀具、设置刀轨参数、生成刀轨、修剪刀轨及刀轨仿真等。

在进行精加工编程时，需要根据不同形状的部位选择合适的精加工方法及刀具进行加工。固定轮廓铣常用于精加工轮廓形状，所以对型腔分型面的曲面部分、茶匙头部、柄部采用固定轮廓铣，对分型面的平面部分采用面铣，并选用不同形状、大小的刀具进行精加工。

对于过于细小而无法进行数控机床加工的部分，可采用电火花加工，需要设计电极。

3.1 任务 1——茶匙模具型腔粗加工

3.1.1 任务描述

对茶匙模具的成型零件——型腔进行 CAM 编程，完成型腔的三次粗加工，刀轨如图 3-2 所示。

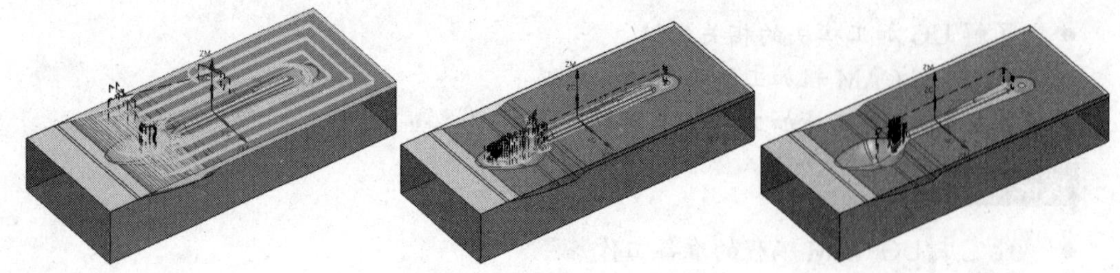

图 3-2 茶匙型腔的三次粗加工

3.1.2 任务目标

(1) 掌握 UG CAM 编程的相关知识及基本操作。
(2) 可以完成进入加工环境及加工环境配置的操作。
(3) 可以完成型腔铣编程的基本操作。

3.1.3 任务分析

型腔铣是粗加工经常采用的方式，适用于加工侧面与底面不垂直或岛屿顶部和腔体底部为曲面的零件，特别适用于具有复杂型腔的模具。型腔铣的操作步骤包括指定机床坐标系 MCS、设置安全平面、创建工序、指定部件及毛坯几何体、创建刀具、设置刀轨参数、生成刀轨、修剪刀轨及刀轨仿真等。

3.1.4 任务实施

粗加工的作用是快速去除毛坯上的多余材料，因此需要尽量使用大的开粗刀具，其开粗刀具多为平底圆角刀具，可以有效避免加工时应力集中而导致刀具崩坏。

1. 加工前准备

准备工作包括创建毛坯和改变工作坐标系 WCS。

(1) 复制并打开文件。先将模具型腔文件“teaspoon_cavity_.prt”复制一份并打开，其工件流道、浇口衬套的孔不需要在本步骤中加工，因此，处理的方法是将原始的工件放到一个图层中，再复制出一个图层的工件，在新的图层中将这些不加工的部位进行简化或者删除，如图 3-3 所示。

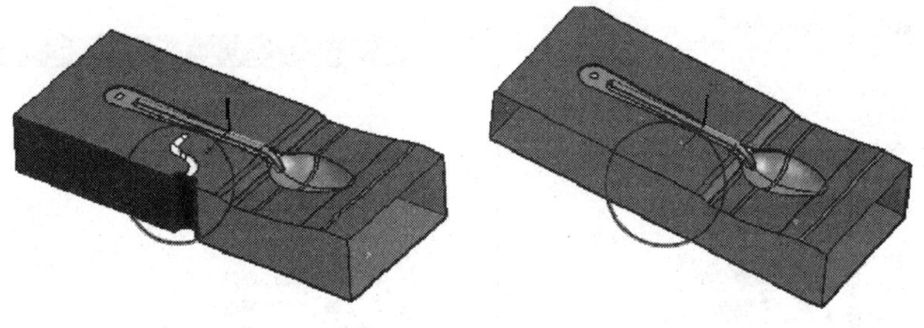

图 3-3　使用简化命令处理不需要加工的部位

(2) 创建毛坯。在【注塑模向导】选项卡的【注塑模工具】组中单击【创建方块】按钮，弹出【创建方块】对话框，将【类型】选项设置为“有界长方体”，框选全部 269 个特征，将【间隙】选项设置为 0，创建包容体方块作为加工的毛坯，如图 3-4 所示。

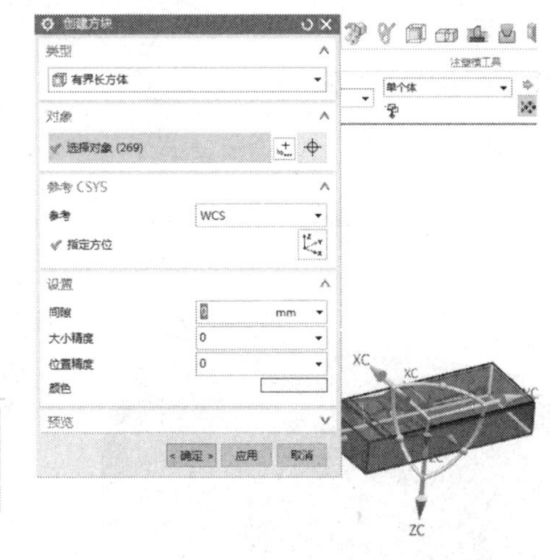

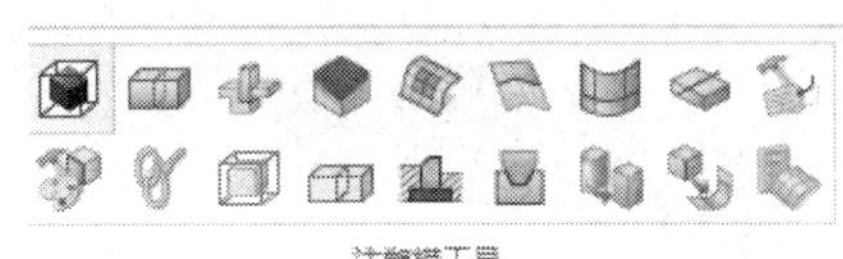

图 3-4　创建毛坯

提示： 间隙默认为 1，需修改间隙为 0，否则会影响后续的加工范围。

(3) 改变工作坐标系 WCS。将工作坐标系定义在产品最高点的中心处，这就是编程原点，也是在数控机床上加工时的工件坐标系，二者要严格重合，否则就会造成加工错误。

执行菜单中的【格式】| WCS |【定向】命令，打开 CSYS 对话框，在【类型】列表框中选择“对象的 CSYS”选项，在绘图区选择型腔的上表面，单击【确定】按钮，完成改变工作坐标系 WCS 的操作，这时型腔的工作坐标系 WCS 与绝对坐标系的 *Z* 轴方向是相反的，如图 3-5 所示，所以在后续的指定机床坐标系操作时应指定工作坐标系 WCS 作为机床坐标系，而不是指定绝对坐标系，改变的是 WCS，绝对坐标系是不能改变的。

提示： 也可以执行菜单中的【编辑】|【移动对象】命令，对型腔实体及包容方块(毛坯)旋转 180° (绕 *X* 轴或 *Y* 轴)，再移动这两者使毛坯最上表面的中心位于绝对坐标系的原点，这样绝对坐标系与型腔实体及毛坯的相对位置就符合加工要求了，在后续的指定机床坐标系的操作时便可以指定绝对坐标系作为机床坐标系。

图 3-5　改变工作坐标系 WCS

2. 第一次粗加工

(1) 进入加工环境及加工环境配置。执行【应用模块】|【加工】命令，或按快捷键 Ctrl+Alt+M，进入加工环境。第一次进入加工环境，会弹出【加工环境】对话框，进行加工环境配置，在【CAM 会话配置】列表框中选择 cam-general 选项，在【要创建的 CAM 设置】列表框中选择 mill-contour 选项，单击【确定】按钮，完成加工环境配置，如图 3-6 所示。

(2) 更改“程序顺序视图”为“几何视图”。如图 3-7 所示在【工序导航器】窗格的空白处右击，在弹出的快捷菜单中执行【几何视图】命令，或单击【几何视图】按钮，进入几何视图。

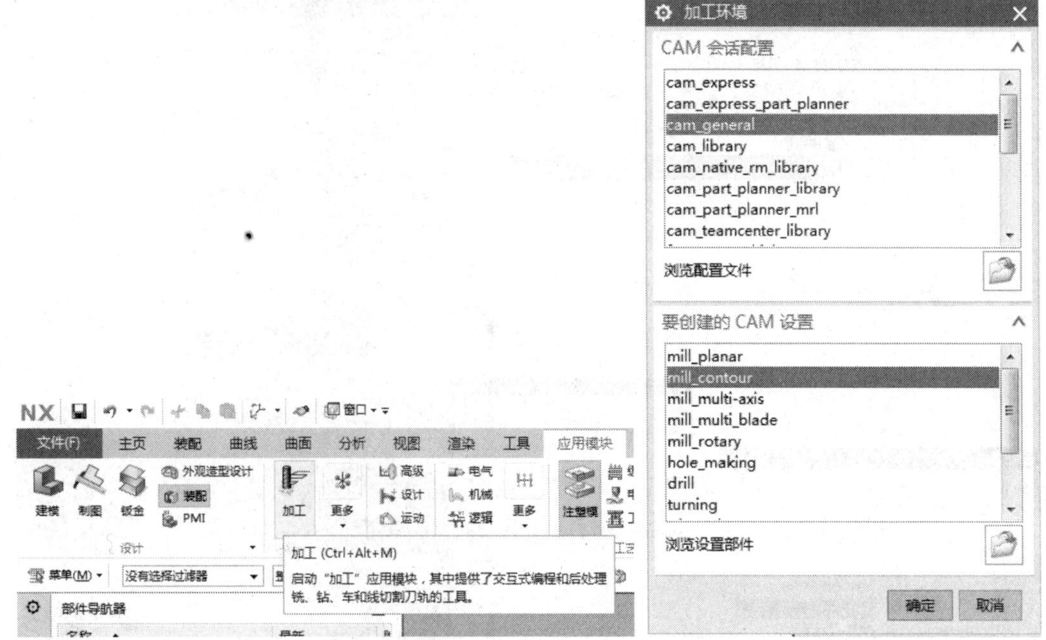

图 3-6　进入加工环境及加工环境配置

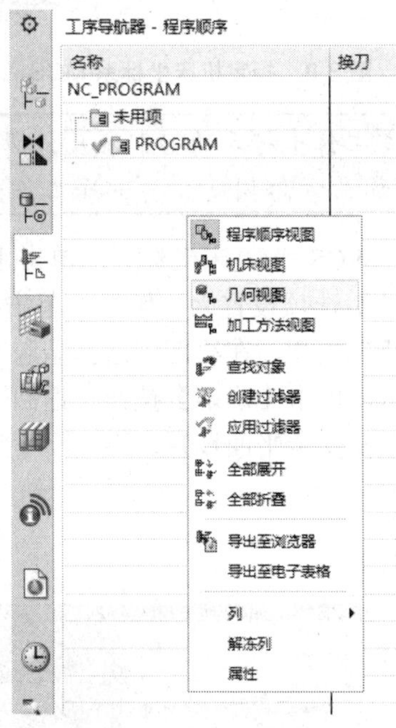

图 3-7　进入几何视图

(3)　设置机床坐标系及安全平面。在几何视图中，双击机床坐标系 MCS_MILL，弹出【MCS 铣削】对话框，单击【指定 CSYS】选项后的按钮指定机床坐标系，弹出 CSYS 对话框，指定 WCS 为机床坐标系，如图 3-8 所示。

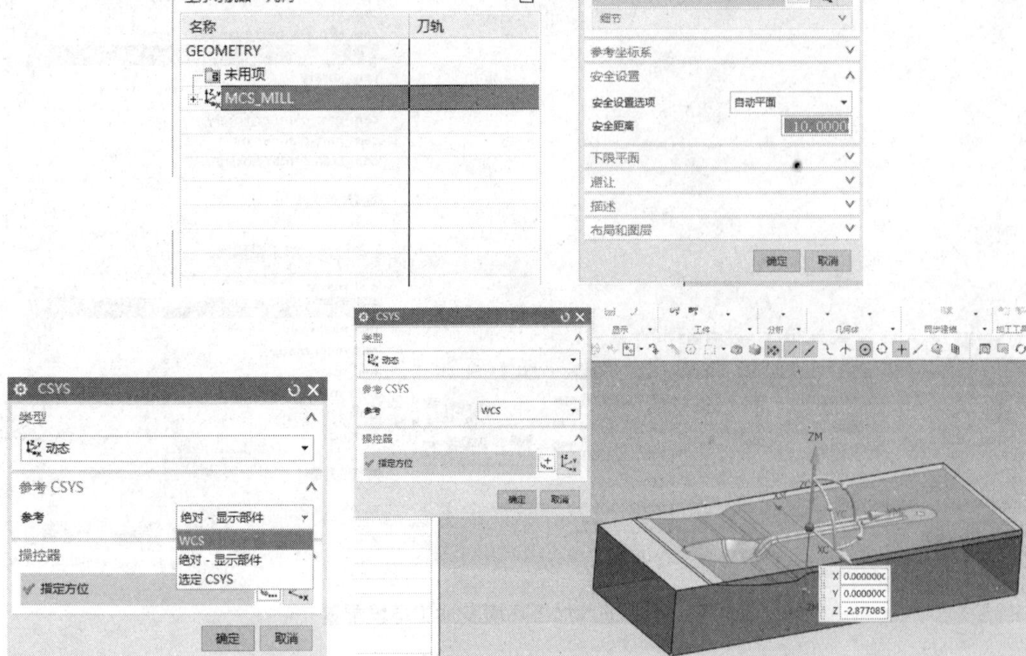

图 3-8　指定机床坐标系 MCS

提示：绝对坐标系的 Z 轴方向与工作坐标系的 Z 轴相反，所以不能将默认绝对坐标系作为加工坐标系，这样会使加工方向相反，要选择工作坐标系 WCS 为加工坐标系。

在 CSYS 对话框中指定了 WCS 为机床坐标系后单击【确定】按钮，返回【MCS 铣削】对话框，将【安全设置选项】选项设置为“刨”，单击【平面对话框】按钮，弹出【刨】对话框，选择“自动判断”类型，在绘图区选择型腔上表面，输入偏置距离为 20，即安全平面距离，如图 3-9 所示，单击【确定】按钮，返回【MCS 铣削】对话框，再单击【确定】按钮，完成机床坐标系及安全平面设置。

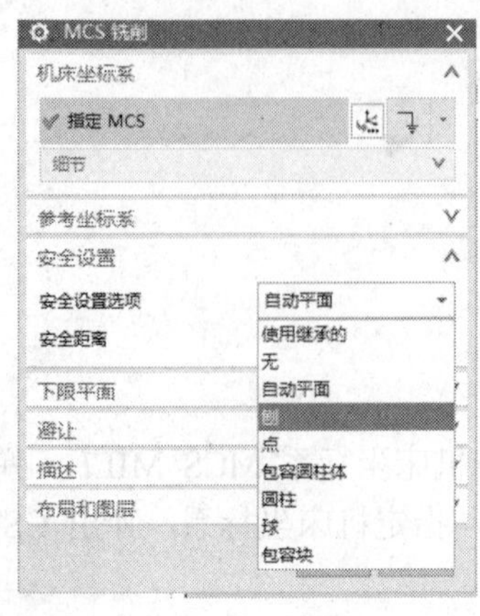

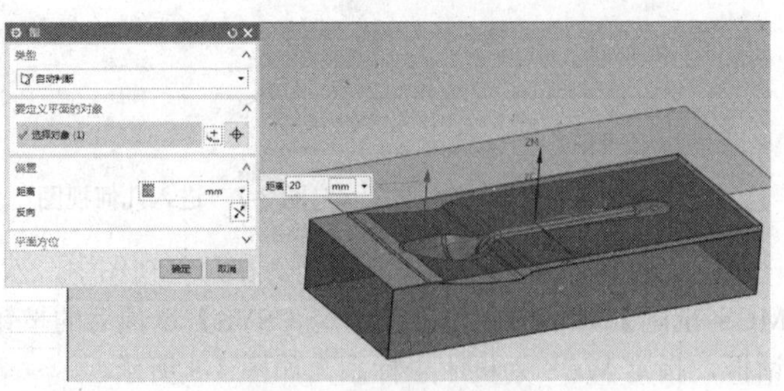

图 3-9　设置安全平面

提示：若不指定安全平面距离，则会采用默认的安全距离，即 10mm。

(4) 创建第一次粗加工工序。在【主页】选项卡中单击【创建工序】按钮，或右击，在弹出的快捷菜单中执行【插入】|【工序】命令，打开【创建工序】对话框，在【工序子类型】组中单击【型腔铣】按钮，单击【确定】按钮，如图 3-10 所示。

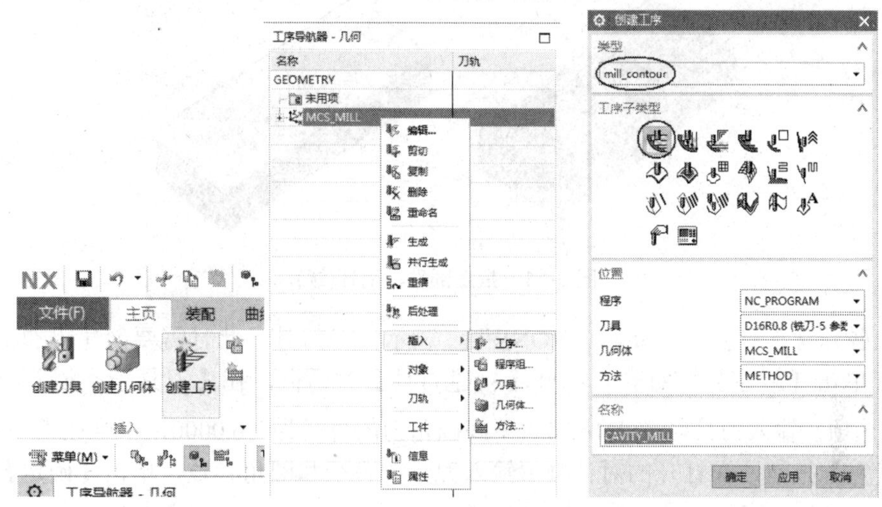

图 3-10　创建型腔铣工序

在打开的【型腔铣】对话框中可以指定部件、指定毛坯、创建刀具并进行刀轨设置及生成刀轨等一系列具体操作。

① 在【几何体】组中指定部件、指定毛坯。在打开的【部件几何体】、【毛坯几何体】对话框中选择型腔实体作为部件，选择创建的方块作为毛坯，如图 3-11 所示。

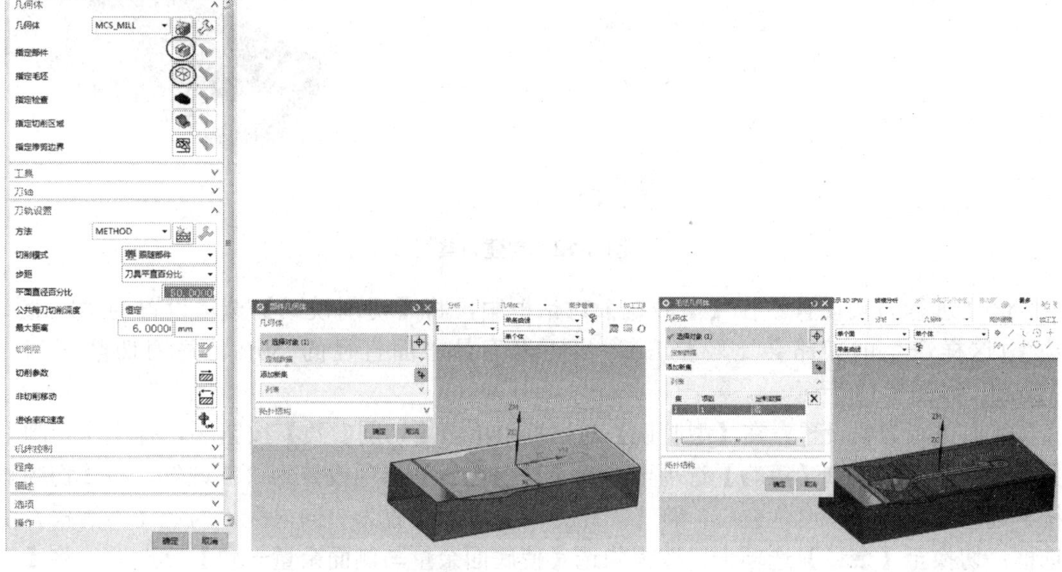

图 3-11　指定部件、毛坯

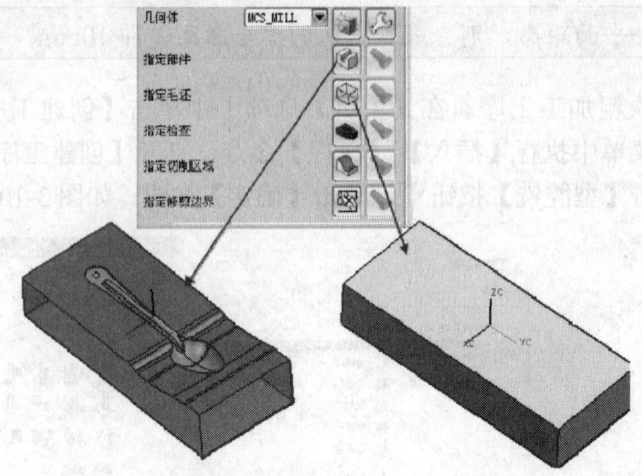

图 3-11　指定部件、毛坯(续)

② 展开【工具】组，显示“NONE”，表示没有刀具，此时需要创建粗加工的第一把刀具。单击【新建】按钮，打开【新建刀具】对话框，在【刀具子类型】组中选择 MILL 选项，输入刀具名称 D16R0.8(平底圆角刀的直径为 16.0000，下半径为 0.8000)，单击【确定】按钮，在打开的对话框中输入刀具的直径和圆角参数，单击【确定】按钮返回上一级对话框，完成刀具创建，如图 3-12 所示。

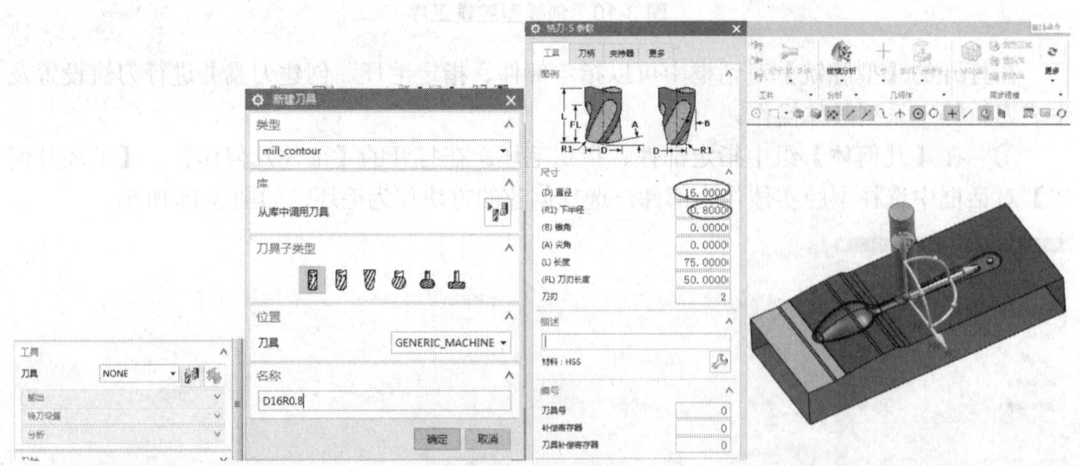

图 3-12　创建刀具

③ 进行刀轨设置。在【型腔铣】对话框中，将【切削模式】选项设置为“跟随周边”(这样产生的刀路会比较整齐)，步距为刀具平面直径的 50%，每刀切削深度为 0.5mm，如图 3-13 所示。

④ 进行刀轨设置。在【型腔铣】对话框中单击【切削参数】按钮，弹出【切削参数】对话框，切换到【策略】选项卡，将【切削方向】选项设置为“顺铣”，将【切削顺铣】选项设置为“深度优先”，将【刀路方向】选项设置为“向内”，勾选【岛清根】复选框；切换至【余量】选项卡，取消勾选【使底面余量与侧面余量一致】复选框，将【部件侧面余量】选项设置为 0.35，将【部件底面余量】选项设置为 0.15，如图 3-14 所示。单

击【确定】按钮，返回【型腔铣】对话框。

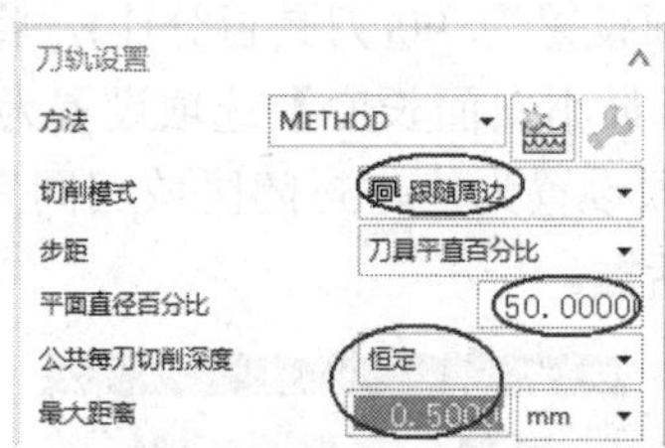

图 3-13　刀轨设置之一

图 3-14　刀轨设置之二

提示：若选择“跟随部件”的切削模式，就不会有“壁”“岛清根”选项，如图 3-15 所示。

图 3-15　“跟随部件”切削模式下的【切削参数】对话框

⑤　进行刀轨设置。在【型腔铣】对话框中单击【非切削移动】按钮，弹出【非切

削移动】对话框，切换至【进刀】选项卡，在【封闭区域】组中，将【进刀类型】选项设置为“螺旋”，将【直径】选项设置为 90(刀具百分比)，将【斜坡角】选项设置为 3，将【高度】选项设置为 0.5，将【最小斜面长度】选项设置为 40(刀具百分比)。在【开放区域】组中，将【进刀类型】选项设置为“与封闭区域相同”，如图 3-16 所示。单击【确定】按钮，返回【型腔铣】对话框。

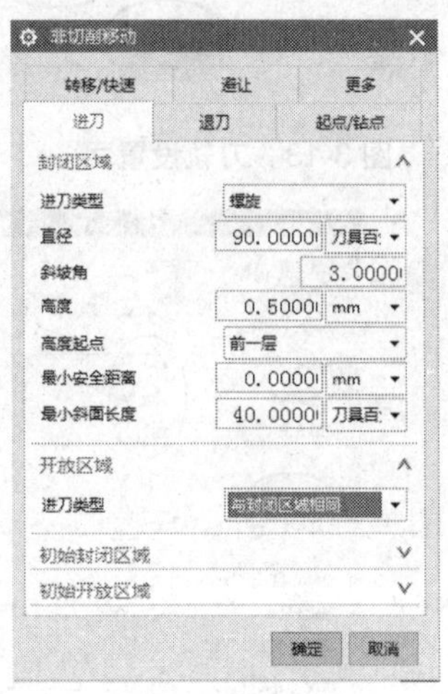

图 3-16　刀轨设置之三

【刀轨设置】组中的其他参数在此不再进行设置，使用默认参数。

⑥　生成刀轨。在【型腔铣】对话框的【操作】组中单击【生成】按钮，生成第一次粗加工的刀轨，如图 3-17 所示。

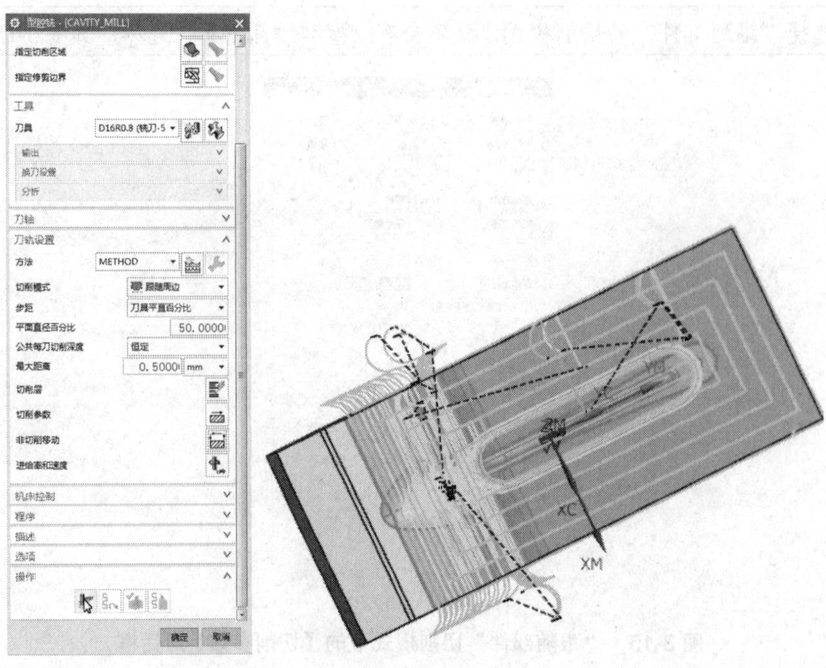

图 3-17　生成刀轨

生成第一次粗加工的刀轨时，会弹出【操作编辑】提示框，如图 3-18 所示，这是因为粗加工使用直径较大的刀具，其作用是快速去除毛坯上的多余材料，所以太小的区域无法进刀，接下来会选择一把小一些(大约是第一次粗加工刀具直径的一半)的刀具(D8R0.8)进行二次粗加工。

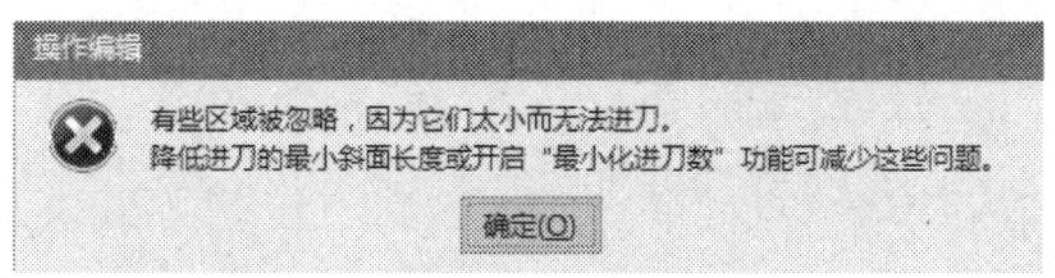

图 3-18　无法进刀警告

⑦　修剪刀轨。生成的刀轨有一些空刀跳刀，可以在【型腔铣】对话框的【几何体】组中单击【指定修剪边界】按钮，弹出【修剪边界】对话框，将外部的刀具路径修剪掉，如图 3-19 所示。这样一来，需要加大水平入刀的距离以防止刀具与工件发生碰撞。

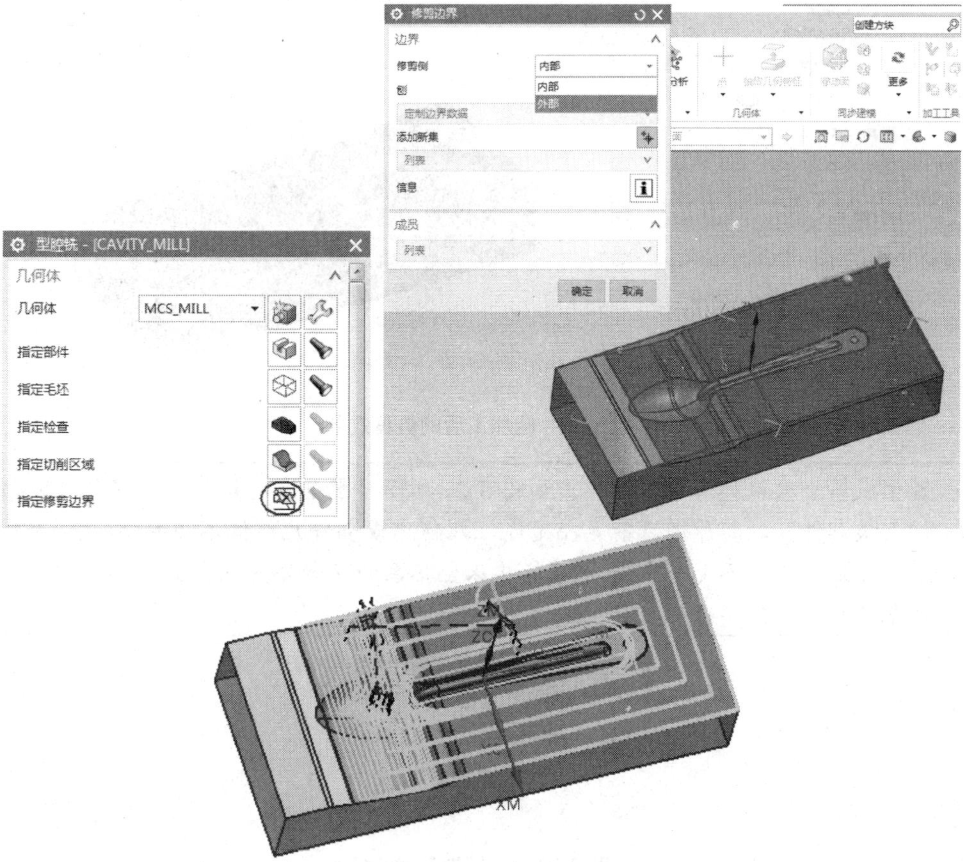

图 3-19　修剪刀轨

⑧　刀轨仿真。在【型腔铣】对话框的【操作】组中单击【确认】按钮，弹出【刀轨可视化】对话框，使用 2D 的方式仿真，可通过滑动条来调整动画速度，单击【播放】按钮，观看仿真过程，仿真结果如图 3-20 所示。

图 3-20　粗加工后的仿真效果

提示：若生成第一次粗加工刀轨时弹出如图 3-21 所示“警告”对话框：“不能在任何层上切削该部件”，其原因可能是指定毛坯几何体或部件几何体不正确(部件和毛坯指反了或指定多个，不是一个)，也可能机床坐标系的 Z 轴不是向上的，而是向下的。这时需重新修改指定正确，再生成刀路轨迹。

图 3-21　“警告”对话框

提示：每次修改参数或设置之后，必须重新生成刀路轨迹，如图 3-22 所示。

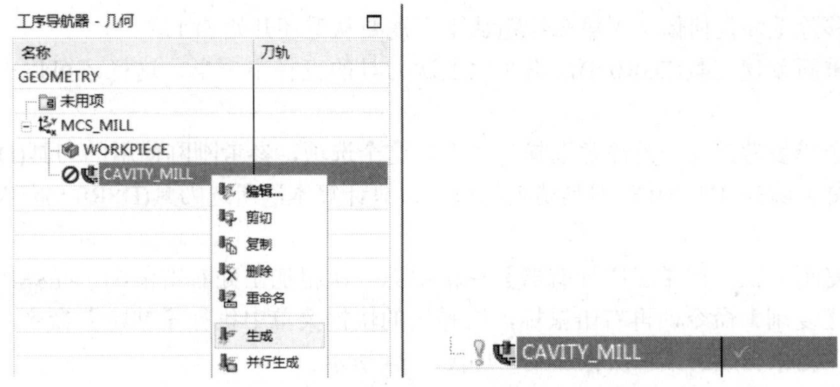

图 3-22　重新生成刀轨

提示：若在刀轨设置时选择“跟随部件”的切削模式，则会生成如图 3-23 所示往复及空刀很多的刀轨，所以不选择这种切削模式。

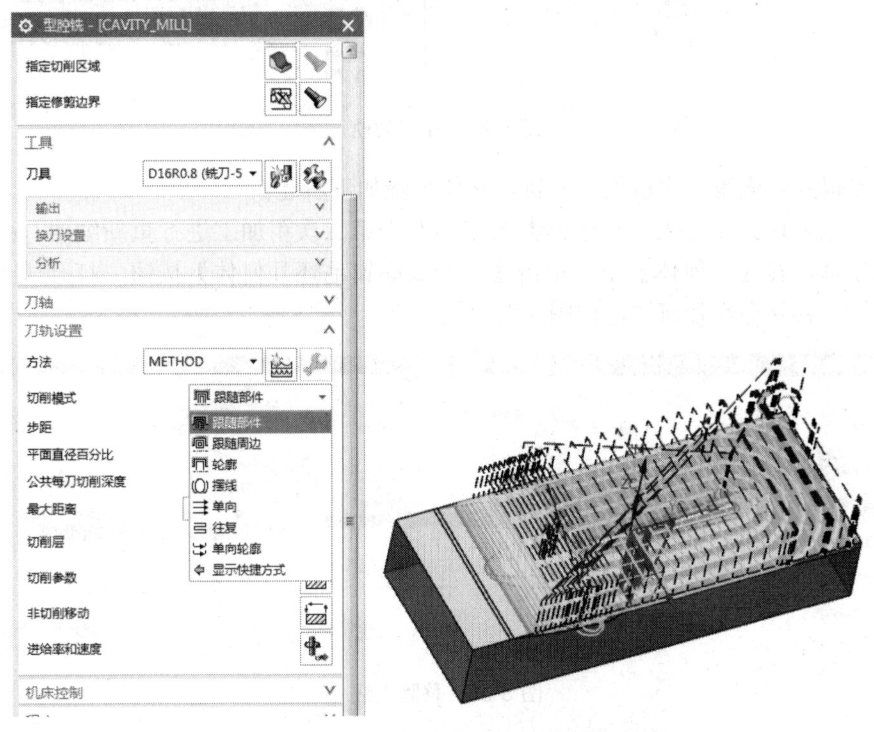

图 3-23　“跟随部件”的切削模式

3. 第二次粗加工

由于第一次粗加工有些过小的区域无法进刀，接下来的操作就是使用小一些的刀具(D8R0.5)进行二次开粗。第二次粗加工在各个加工的表面上也要留有余量。

可以将刚刚进行的第一次粗加工进行复制、粘贴操作，这样二次粗加工就可以继承上一步的操作参数。需要注意这一步操作(第二次粗加工)与上一个操作(第一次粗加工)仅存在三处区别。

① 移除毛坯几何体，因第二次粗加工不需要从毛坯开始加工。

② 重新创建刀具(D8R0.5)，需要比上次刀具的直径小一半，这样才可以去除剩余的材料。

③ 选择参考刀具，需注意选择参考刀具这个选项，参考刚刚使用的刀具(D16R0.8)，不需要重复去除掉 D16R0.8 刀具切削的材料，只计算本次所选刀具(D8R0.5)要继续去除的材料。

(1) 复制刀轨。在【工序导航器】窗格中第一次粗加工处右击鼠标，在弹出的快捷菜单中执行【复制】命令，再右击鼠标，在弹出的快捷菜单中执行【粘贴】命令，得到需要重新编辑、尚未生成的第二次粗加工，如图 3-24 所示。

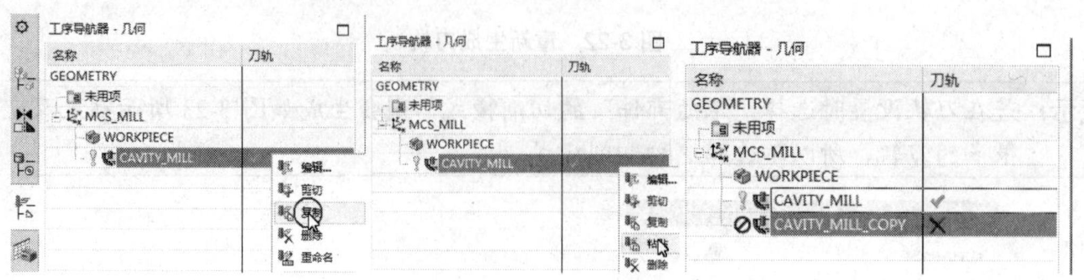

图 3-24 复制刀轨

(2) 编辑并生成第二次粗加工刀轨，具体步骤如下所述。

① 移除毛坯。在【工序导航器】窗格中双击第二次粗加工进行重新编辑，弹出【型腔铣】对话框，在【几何体】组中单击【选择或编辑毛坯几何体】按钮，打开【毛坯几何体】对话框，移除毛坯几何体，如图 3-25 所示。

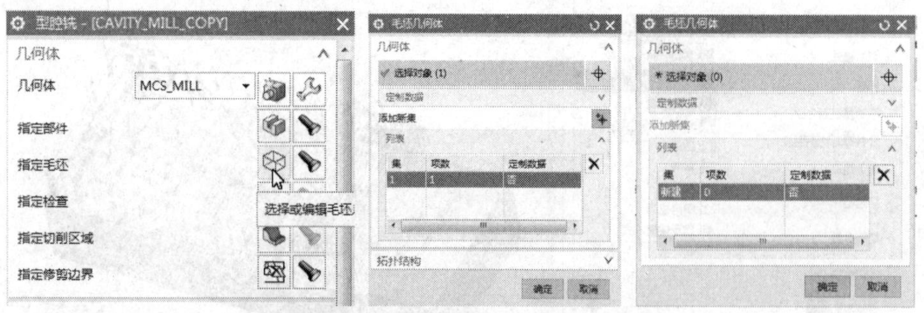

图 3-25 移除毛坯

② 新建刀具 D8R0.8。在【型腔铣】对话框的【工具】组中单击【新建】按钮，弹出【新建刀具】对话框，在【刀具子类型】组中选择 MILL 选项，输入刀具名称 D8R0.8，单击【确定】按钮，在打开的对话框中输入刀具的直径和圆角参数，单击【确定】按钮，返回上一级对话框，完成刀具创建，如图 3-26 所示。

③ 修改切削参数：空间范围、余量。在【型腔铣】对话框中，单击【切削参数】按钮，弹出【切削参数】对话框，切换至【空间范围】选项卡进行设置，将【参考刀具】选项设置为 D16R0.8；切换至【余量】选项卡进行设置，取消勾选【使底面余量与侧面余量一致】复选框，将【部件侧面余量】选项设置为 0.25，将【部件底面余量】设置为 0.1，

如图 3-27 所示。单击【确定】按钮，返回【型腔铣】对话框。

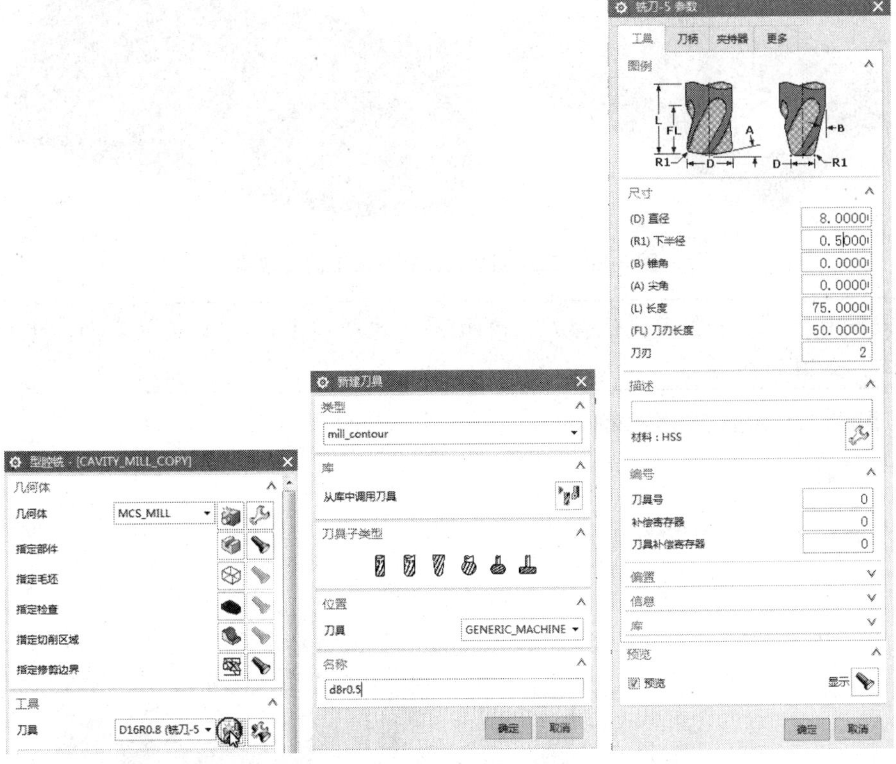

图 3-26　新建刀具

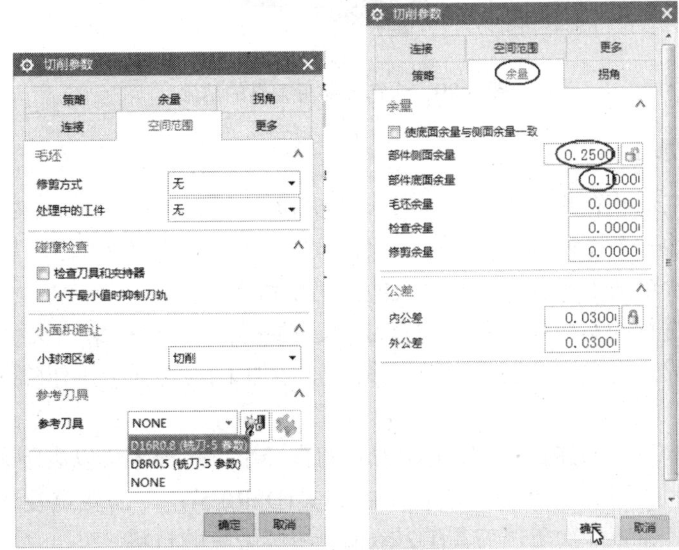

图 3-27　修改切削参数

④　生成二次粗加工刀轨并仿真。在【型腔铣】对话框的【操作】组中单击【生成】按钮，生成第二次粗加工的刀轨，刀轨及加工仿真效果如图 3-28 所示。

图 3-28　二次粗加工刀轨及加工仿真效果

提示： 若没有参考前一把刀，便会加工前面(第一次粗加工)已经加工的表面，进行重复加工，如图 3-29 所示。

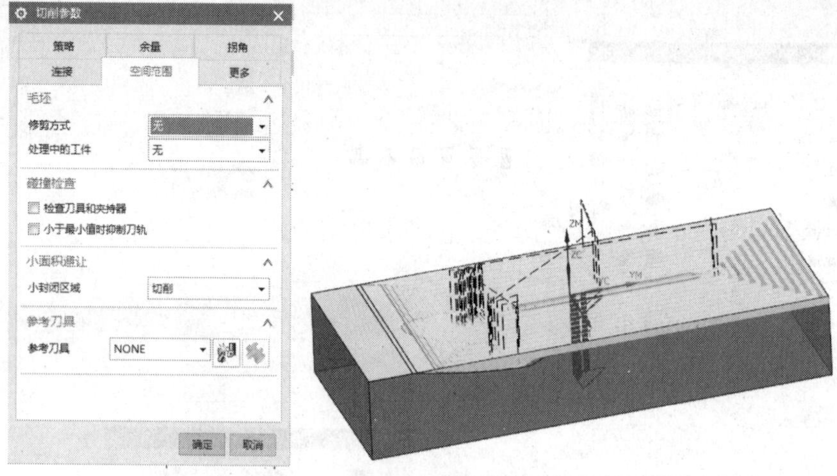

图 3-29　未选择参考刀具的结果

4. 第三次粗加工

第二次粗加工仍然有些过小的区域(手柄部分)无法进刀，是因为 D8R0.5 的刀具无法下切，所以还要增加一个操作，再次进行开粗，此时选择刀具为 D2R0.5，从而将手柄完全粗加工出来。第三次粗加工在各个加工的表面上仍要留有余量。

可以将刚刚进行的第二次粗加工进行复制、粘贴操作，这样第三次粗加工就可以继承上一步的操作参数。需要注意这一步操作(第三次粗加工)与上一个操作(第二次粗加工)仅存在两处区别。

① 重新创建刀具(D2R0.5)，比上次刀具的直径小，这样才可以去除剩余的材料。

② 选择参考刀具，需要参考刚使用的刀具(D8R0.5)，不需要重复去除掉 D8R0.5 刀具切削的材料，只计算本次所选刀具(D2R0.5)要继续去除的材料。

第三次粗加工的操作主要步骤包括如图 3-30 所示的复制前次刀轨、如图 3-31 所示的新建刀具 D2R0.5、如图 3-32 所示的修改切削参数(空间范围、余量)。

第三次粗加工生成的刀轨如图 3-33 所示。

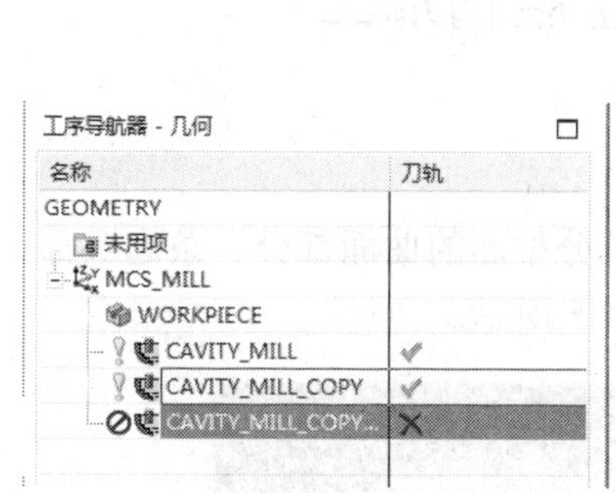

图 3-30　复制刀轨

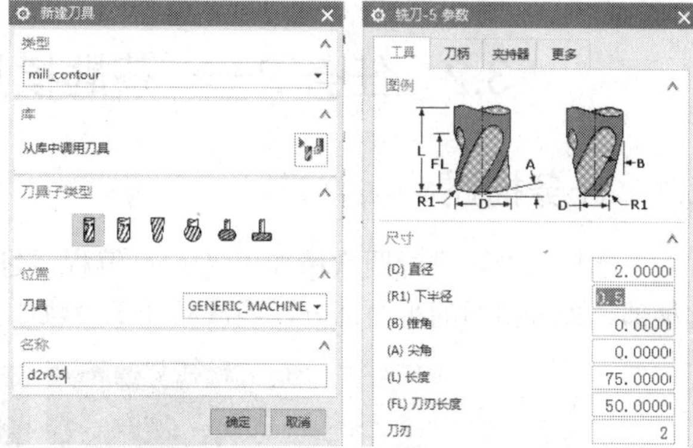

图 3-31　新建刀具

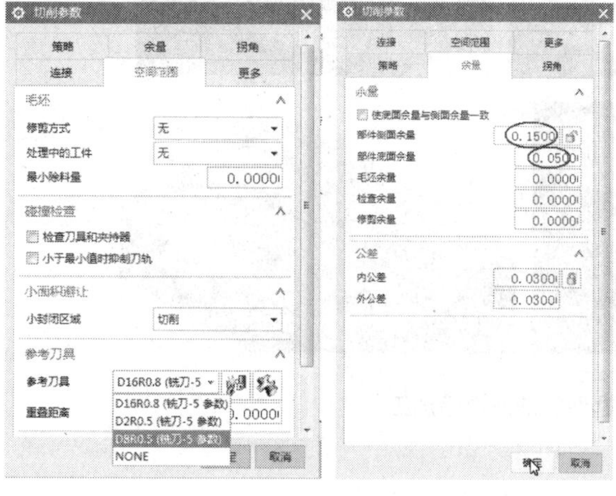

图 3-32　修改切削参数　　　　图 3-33　生成的刀轨

可以把三次粗加工生成的刀轨全部选中进行仿真，如图 3-34 所示，观察三次粗加工的效果。

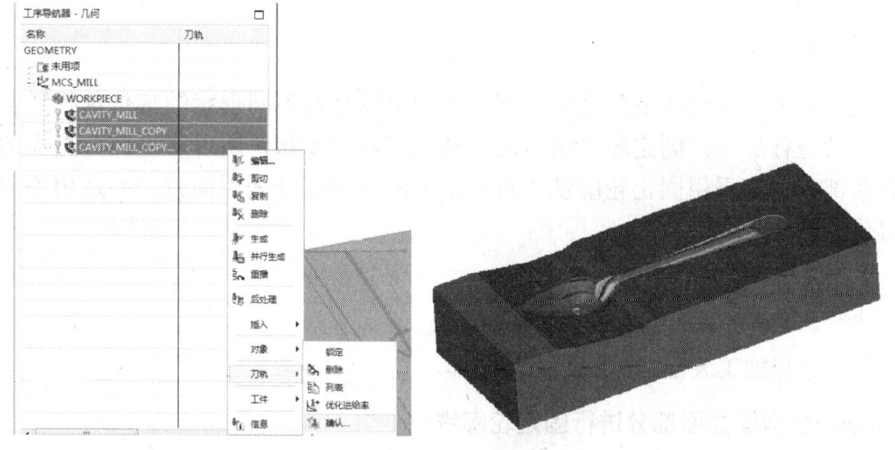

图 3-34　选中三次粗加工观察仿真效果

3.2 任务 2——茶匙模具型腔精加工

3.2.1 任务描述

对茶匙模具型腔进行四次精加工 CAM 编程，包括外分型面的曲面部分、茶匙头部、茶匙柄部、外分型面的平面部分，四次精加工刀轨如图 3-35 所示。

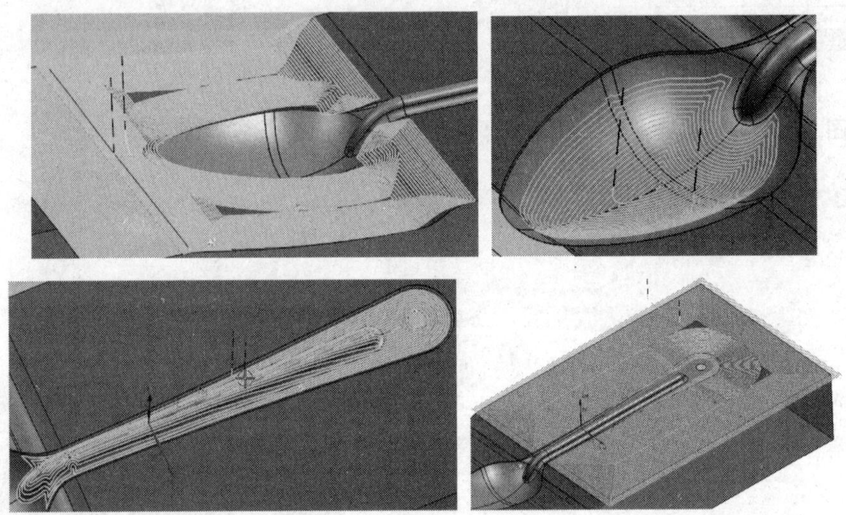

图 3-35 茶匙型腔的四次精加工

3.2.2 任务目标

(1) 掌握精加工编程的相关知识。
(2) 能完成固定轮廓铣的操作。
(3) 能完成面铣的操作。

3.2.3 任务分析

粗加工将绝大部分余料去除之后，接下来便可以针对不同形状的部位选择适合的精加工方法及刀具进行加工。固定轮廓铣常用于精加工轮廓形状，所以对型腔分型面的曲面部分、茶匙头部、柄部采用固定轮廓铣，对分型面的平面部分采用面铣，并选用不同形状、大小的刀具进行这四次精加工。

3.2.4 任务实施

为了便于选择加工表面，可隐藏毛坯实体。

1. 对型腔分型面曲面部分进行固定轮廓铣

(1) 在【主页】选项卡中单击【创建工序】按钮，或右击，在弹出的快捷菜单中执

行【插入】|【工序】命令，弹出【创建工序】对话框，在【工序子类型】组中选择“固定轮廓铣”选项，单击【确定】按钮，弹出【固定轮廓铣】对话框，在【几何体】组中指定部件，如图 3-36 所示。

图 3-36　打开【固定轮廓铣】对话框并指定部件

(2)　在【几何体】组中指定切削区域，弹出【切削区域】对话框，选择型腔分型面的曲面部分的 18 个面作为切削区域，如图 3-37 所示。

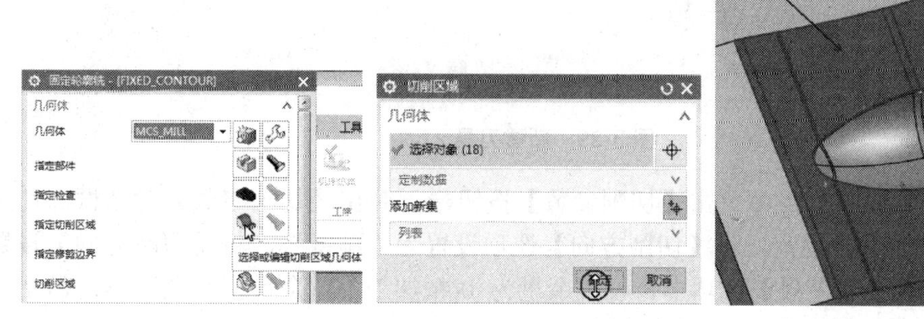

图 3-37　选择切削区域

(3) 在【驱动方法】组中将【方法】选项设置为“区域铣削”，弹出【区域铣削驱动方法】对话框，在【非陡峭切削】组中将【非陡峭切削模式】选项设置为“跟随周边”，将【刀路方向】选项设置为“向内”，将【切削方向】选项设置为“顺铣”，最大步距为恒定 0.5，如图 3-38 所示，单击【确定】按钮，返回【固定轮廓铣】对话框。

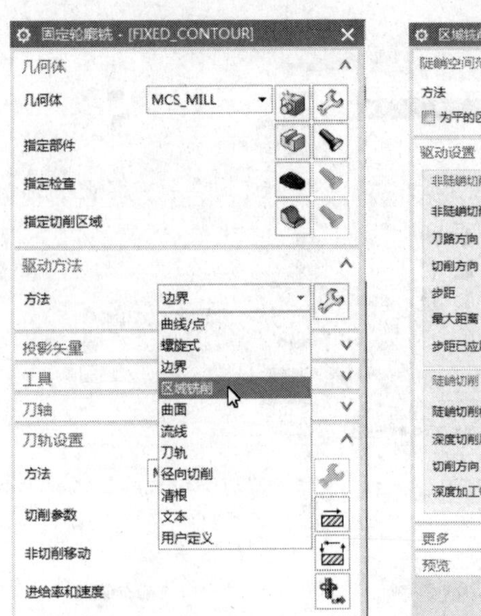

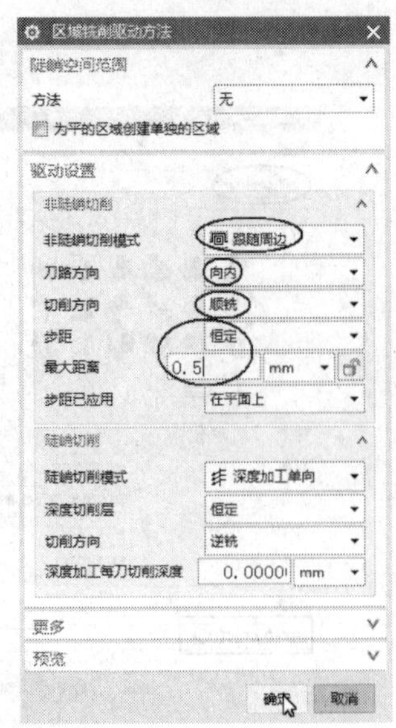

图 3-38　区域铣削驱动方法的设置

(4) 在【工具】组中单击【新建】按钮，弹出【新建刀具】对话框，在【刀具子类型】组中选择 MILL 选项，输入刀具名称 d6r0.5(平底圆角刀的直径为 6，下半径为 0.5)，单击【确定】按钮，在弹出的对话框中输入刀具的直径和圆角参数，单击【确定】按钮，返回上一级对话框，完成刀具创建，如图 3-39 所示。

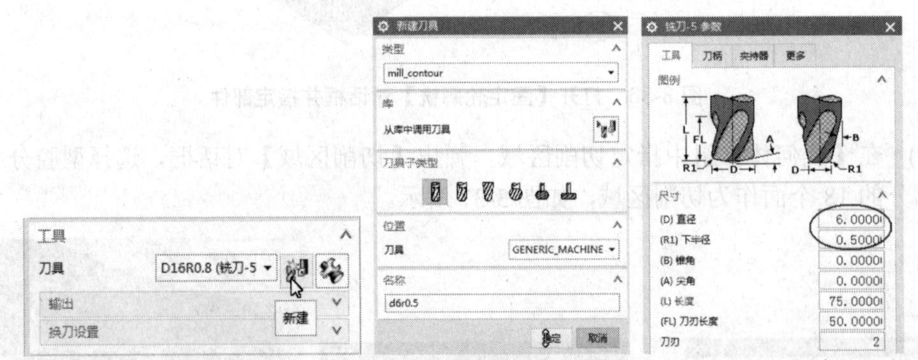

图 3-39　新建刀具

(5) 在【刀轨设置】组中单击【切削参数】按钮，弹出【切削参数】对话框，切换至【策略】选项卡进行设置，将【切削方向】选项设置为“顺铣”，将【刀路方向】设置为“向内”；切换至【余量】选项卡，设置余量为 0(精加工不留余量)，如图 3-40 所示。单击【确定】按钮，返回【型腔铣】对话框。

(6) 在【固定轮廓铣】对话框的【操作】组中单击【生成】按钮，生成第一次精加工的刀轨，如图 3-41 所示。也可进行刀轨仿真观察加工效果。

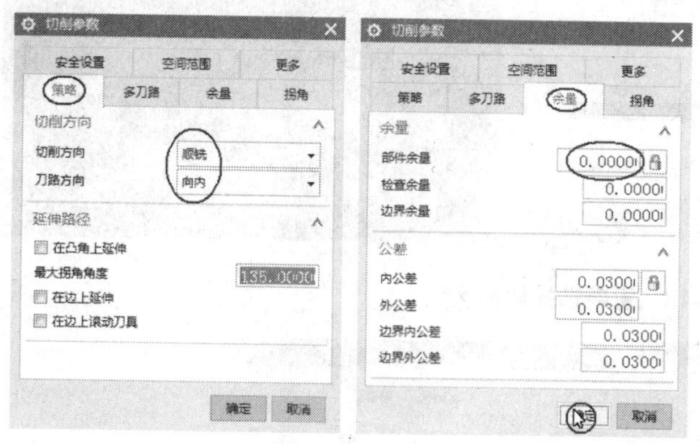

图 3-40　切削参数设置

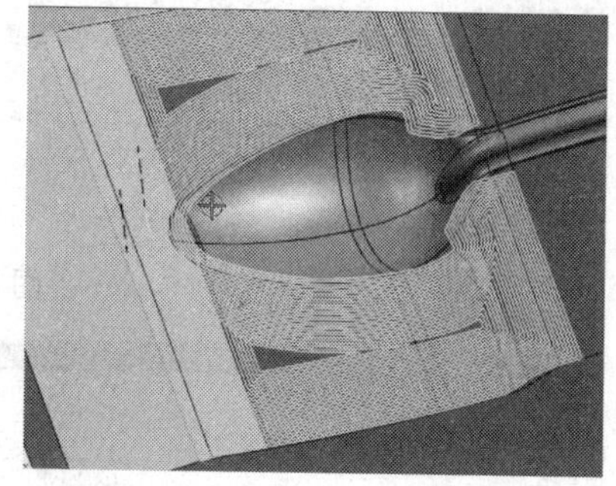

图 3-41　生成的刀轨及仿真效果

2. 对型腔的茶匙头部进行固定轮廓铣

由于茶匙头部也需要采用固定轮廓铣的加工方法，可以复制、粘贴第一次精加工(分型面曲面)的操作参数，但是需要重新选择切削区域并新建一把小些的刀具(D3 球刀)进行茶匙头部的精加工。

(1) 复制刀轨。在【工序导航器】窗格中复制第一次精加工，如图 3-42 所示，得到需要重新编辑、尚未生成的第二次精加工。

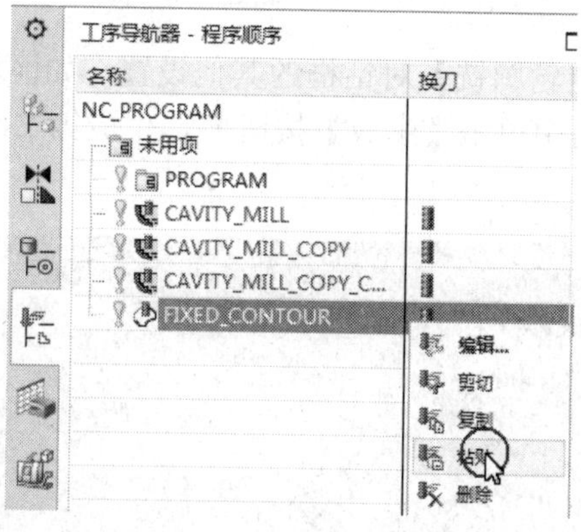

图 3-42　复制刀轨

(2) 编辑并生成茶匙头部的加工刀轨，具体步骤如下所述。

① 重新选择切削区域。在【固定轮廓铣】对话框的【几何体】组中指定切削区域，弹出【切削区域】对话框，先删除型腔分型面的曲面部分的 18 个面，再选择型腔的茶匙头部曲面部分的 10 个面作为切削区域，如图 3-43 所示。

② 新建球头铣刀 D6。在【固定轮廓铣】对话框的【工具】组中单击【新建】按钮，弹出【新建刀具】对话框，在【刀具子类型】组中选择 BALL_MILL 选项，输入刀具名称 D6，单击【确定】按钮，在弹出的对话框中输入刀具的直径，单击【确定】按钮，返回上一级对话框，完成刀具的创建，如图 3-44 所示。

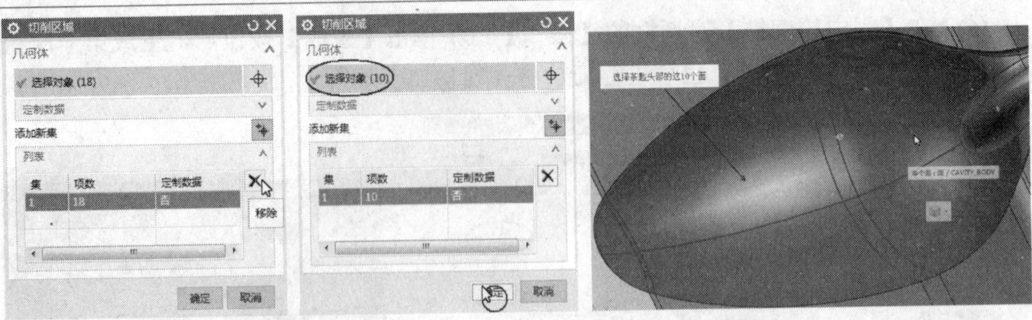

图 3-43 重新选择切削区域

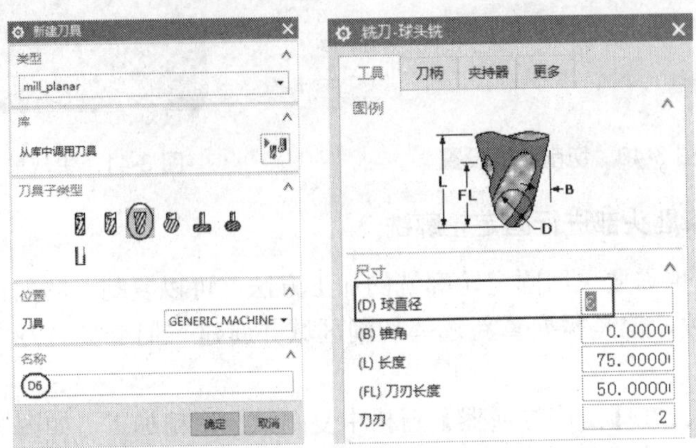

图 3-44 新建刀具

③ 生成刀轨。【固定轮廓铣】对话框的其他设置，如区域铣削驱动方法、切削参数可保持不变，在【操作】组中单击【生成】按钮，生成第二次精加工的刀轨，如图 3-45 所示。

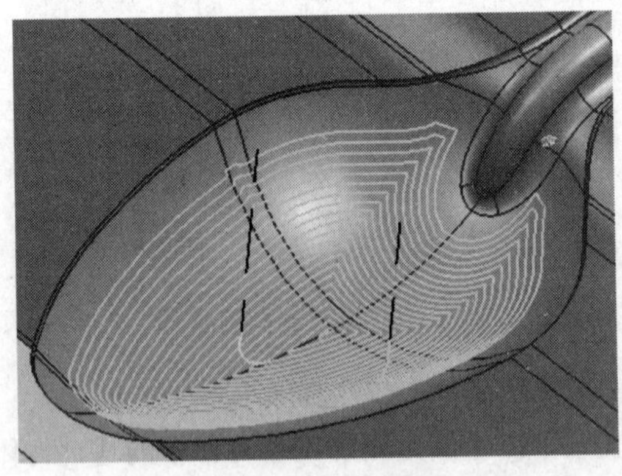

图 3-45 生成的刀轨

3. 对型腔的茶匙柄部进行固定轮廓铣

茶匙柄部的精加工可以复制、粘贴上一步骤茶匙头部的操作参数，但是需要删除上一步骤茶匙头部的切削区域，并重新选择茶匙柄部的切削区域，如图 3-46 所示。因茶匙柄部的圆角更小，因此需要新建一把更小些的刀具(D2 球头铣刀)进行茶匙头部精加工，生成的刀轨如图 3-47 所示。

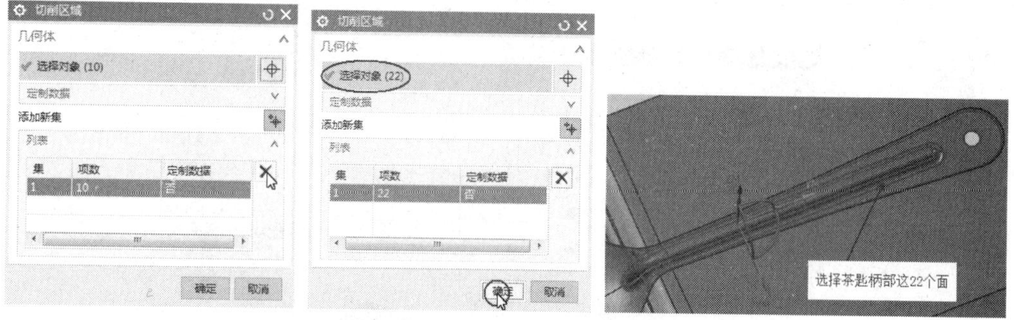

图 3-46　重新选择切削区域

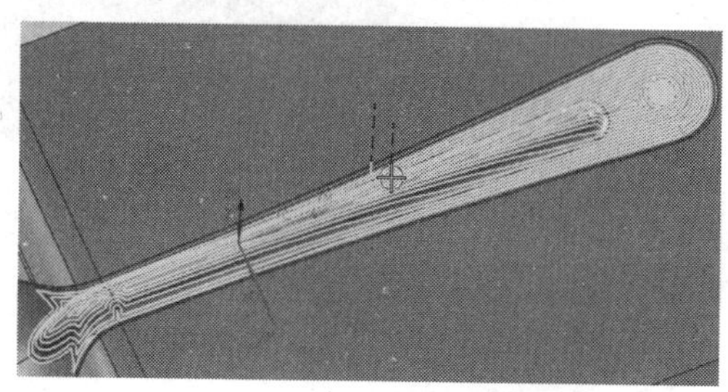

图 3-47　生成的刀轨

4. 对型腔分型面平面部分进行面铣

对型腔分型面的平面部分需要新建平底刀(不带圆角)进行面铣。

(1) 在【主页】选项卡中单击【创建工序】按钮，或右击，在弹出的快捷菜单中执行【插入】|【工序】命令，弹出【创建工序】对话框，将【类型】选项设置为 mill_planar，在【工序子类型】组中选择“边界面铣削”选项，单击【确定】按钮，打开【面铣】对话框，在【几何体】组指定部件，如图 3-48 所示。

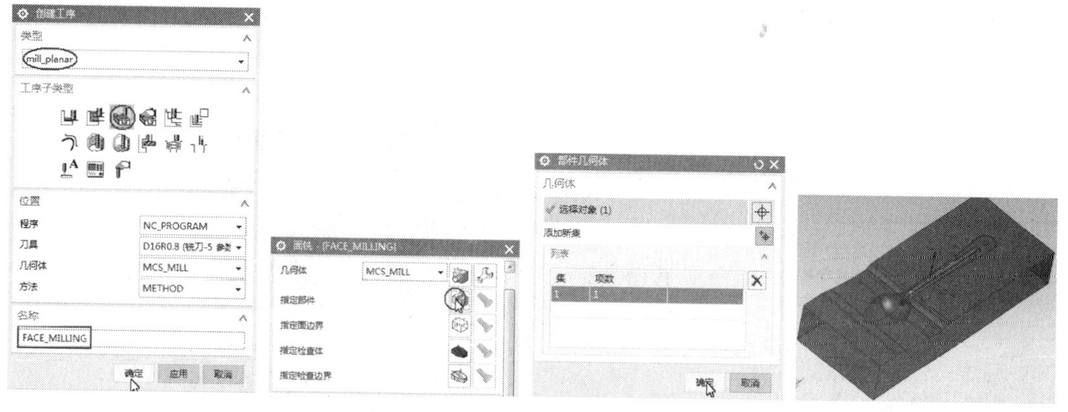

图 3-48　打开【面铣】对话框并指定部件

(2) 在【几何体】组中指定面边界，打开【毛坯边界】对话框，选择型腔分型面的平面部分的 1 个面作为毛坯边界(另一个小的平面部分不需加工)，如图 3-49 所示。

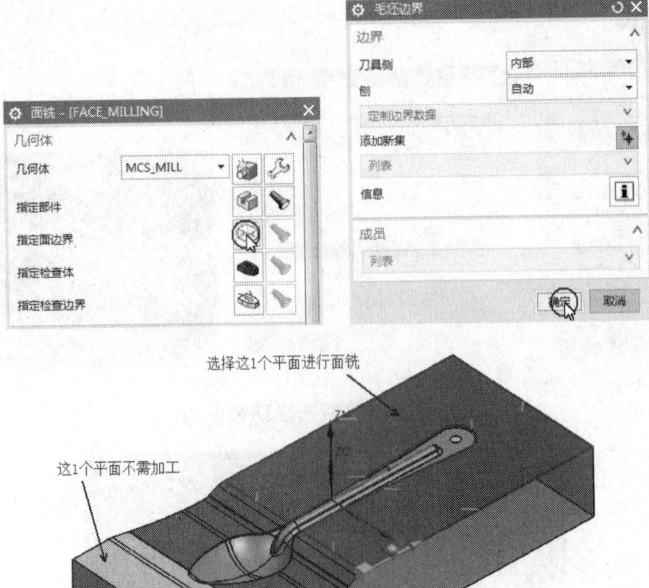

图 3-49　指定面边界

(3) 在【工具】组中单击【新建】按钮，弹出【新建刀具】对话框，在【刀具子类型】组中选择 MILL 选项，输入刀具名称 D8(平底刀的直径为 6，圆角为 0)，单击【确定】按钮，在弹出的对话框中输入刀具参数，单击【确定】按钮，返回上一级对话框，完成刀具的创建，如图 3-50 所示。

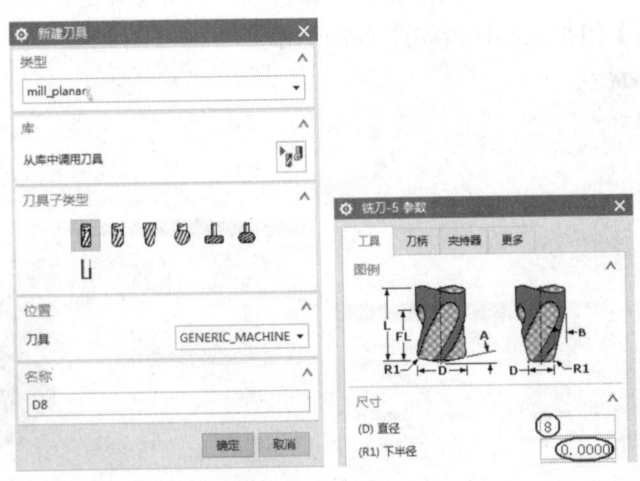

图 3-50　新建刀具

(4) 刀轨设置，具体步骤如下所述。

① 在【刀轨设置】组中将【切削模式】选项设置为“跟随周边”(这样产生的刀路会

比较整齐)，将【步距】选项设置为恒定 0.5mm，将【毛坯距离】为 0.3mm，如图 3-51 所示。

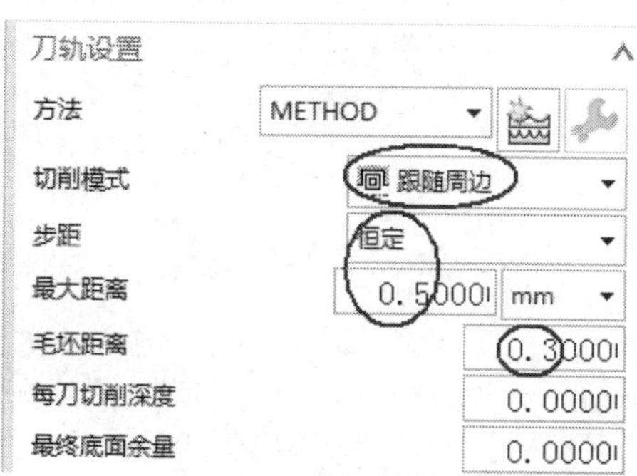

图 3-51　刀轨设置之一

② 单击【切削参数】按钮，弹出【切削参数】对话框，切换至【策略】选项卡进行设置，将【切削方向】选项设置为"顺铣"，将【刀路方向】选项设置为"向内"；切换至【余量】选项卡进行设置，余量设置为 0，如图 3-52 所示。单击【确定】按钮，返回【型腔铣】对话框。

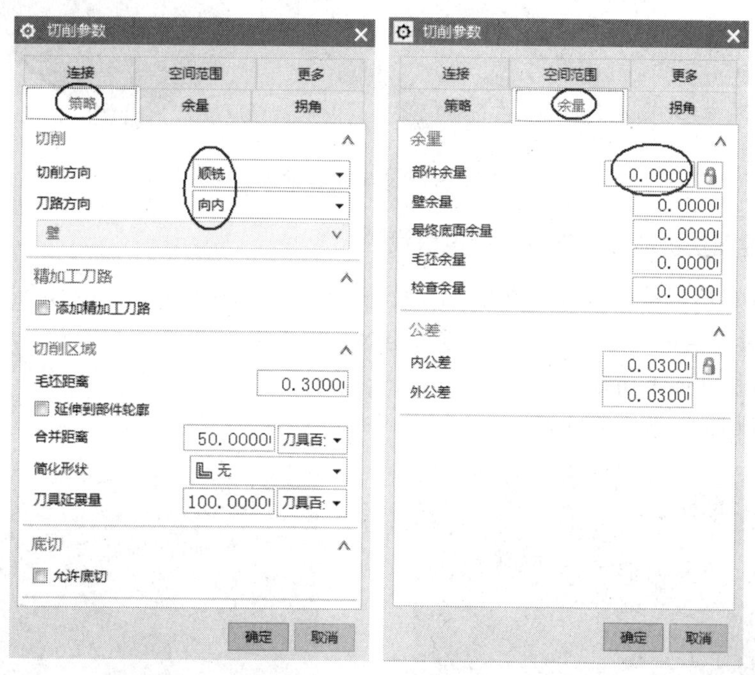

图 3-52　刀轨设置之二

(5) 在【操作】组中单击【生成】按钮，生成第四次精加工的刀轨，如图 3-53 所示。

可以把三次粗加工和四次精加工生成的刀轨全部选中进行仿真，如图 3-54 所示，观察三次粗加工的刀轨及仿真效果。

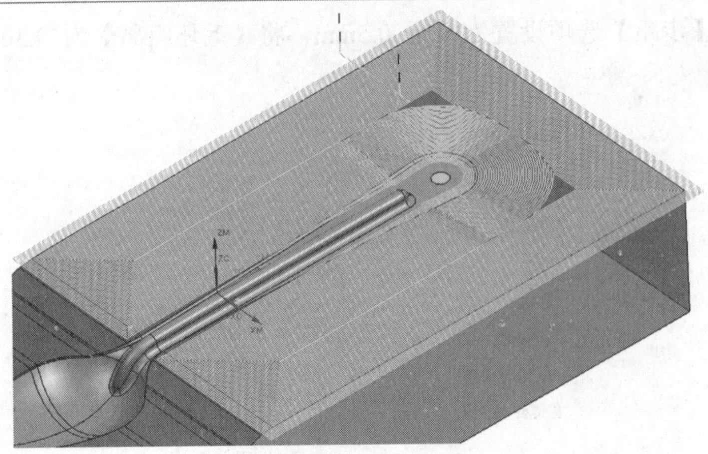

图 3-53　生成的刀轨

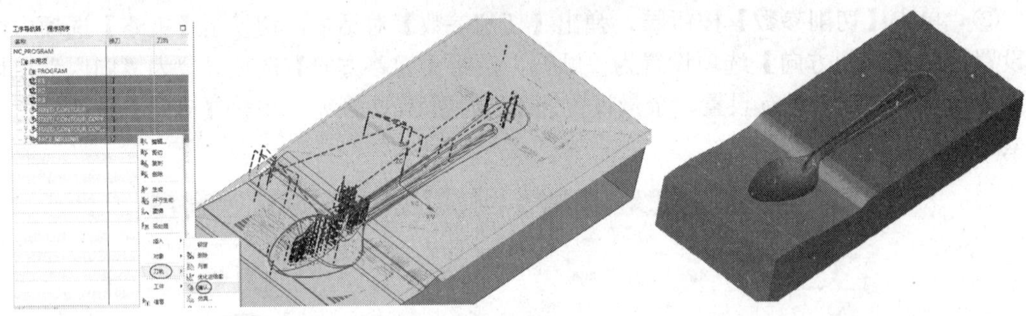

图 3-54　观察仿真效果

5. 对型腔无法机加工的部分进行电极设计

通过仿真观察到茶匙柄部有两个位置没有加工到，如图 3-55 所示，这两个区域太小了，D2 的刀具无法进入，需设计电极进行电火花加工。

制作电极步骤如下所述。

(1) 在未加工区域上方绘制矩形，如图 3-56 所示。

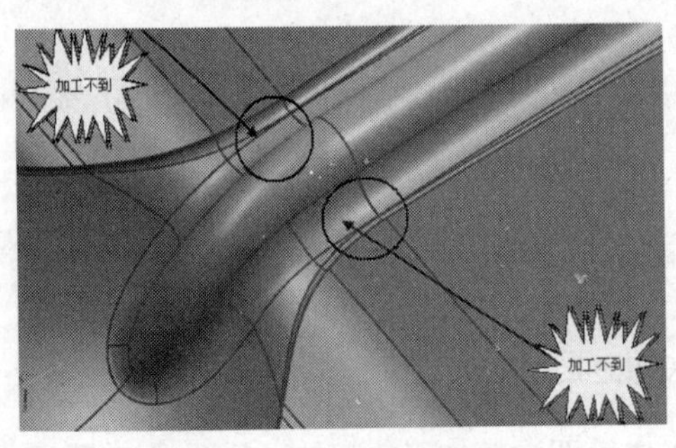

图 3-55　放电区域分析

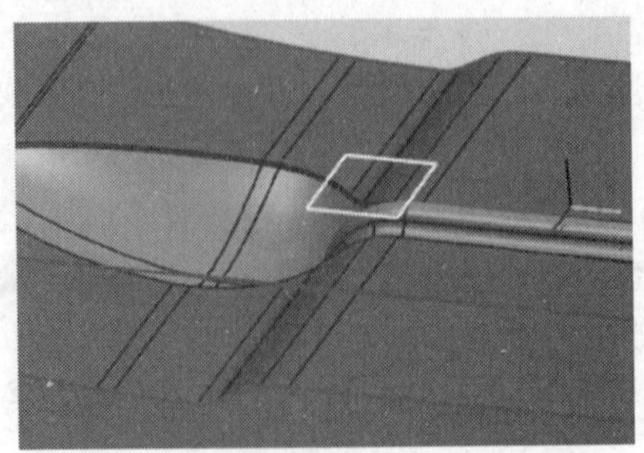

图 3-56　绘制矩形区域

(2) 拉伸矩形并与工件进行布尔差运算，如图 3-57 所示。这里并不是所有的面都为放电面，而且中间的凹陷需要进行避空。

(3) 对电极进行修剪。通过反复的修剪和偏置面操作，得到如图 3-58 所示的电极图。

其中黄色的区域为放电面。它在模具中的位置如图 3-59 所示。

这样就可以把这个型腔工件加工出来，由于机床加工时有些部位无法达到规定的表面粗糙度，所以后面还需要手工进行抛光以达到型腔的表面粗糙度。

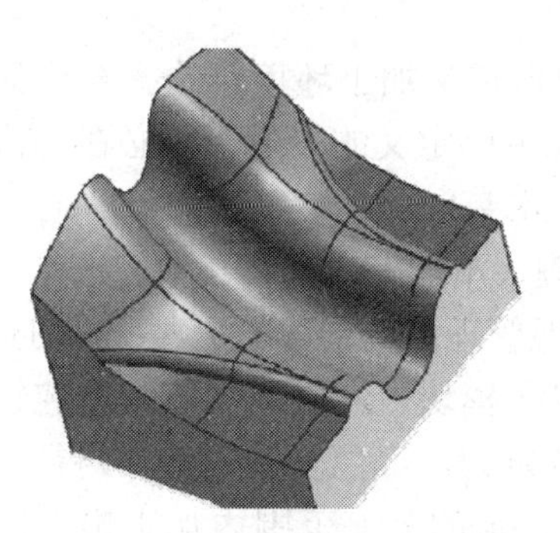

图 3-57　布尔运算求出放电区域曲面

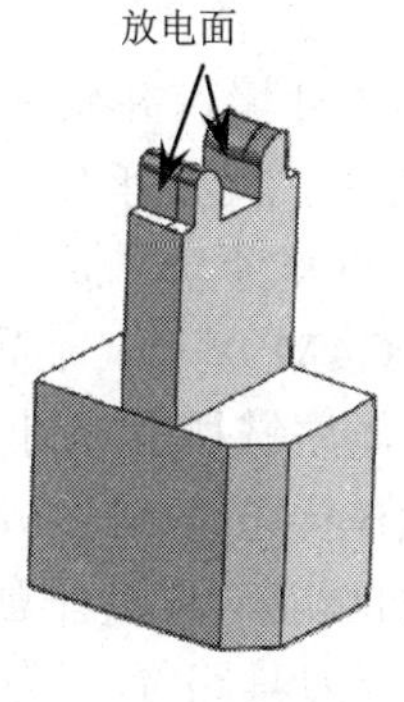

图 3-58　电极图

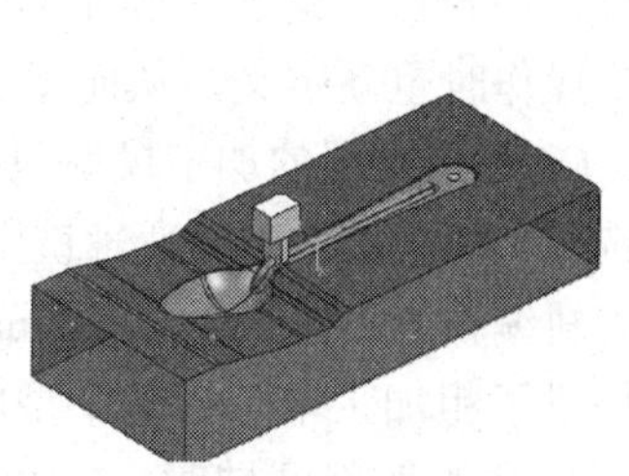

图 3-59　电极图在模具中的位置

3.3　相 关 知 识

3.3.1　UG NX 加工模块简介

UG 是当前世界最先进、面向先进制造行业、紧密集成的 CAD/CAE/CAM 软件系统之一，提供了从产品设计、分析、仿真、数控程序生成等一整套解决方案。UG CAM 是 UG 系统的一部分，它以三维主模型为基础，具有强大可靠的刀具轨迹生成方法，可以完成铣削(2.5～5 轴)、车削、线切割等编程。UG CAM 是模具数控行业最具代表性的数控编程软件，其最大特点便是生成的刀具轨迹合理、切削负载均匀、适合高速加工。另外，在加工过程中的模型、加工工艺和刀具管理均与主模型相关联，主模型更改设计后，编程只需重新计算即可，所以 UG 编程的效率非常高。

UG CAM 主要由 5 个模块组成，即交互工艺参数输入模块、刀具轨迹生成模块、刀具轨迹编辑模块、三维加工动态仿真模块和后置处理模块，下面对这 5 个模块进行简单的介绍。

(1) 交互工艺参数输入模块。通过人机交互的方式，以对话框和过程向导的形式输入刀具、夹具、编程原点、毛坯和零件等工艺参数。

(2) 刀具轨迹生成模块。具有非常丰富的刀具轨迹生成方法，主要包括铣削(2.5～5 轴)、车削、线切割等加工方法。

(3) 刀具轨迹编辑模块。刀具轨迹编辑器可用于观察刀具的运动轨迹，并提供延伸、缩短和修改刀具轨迹的功能。同时，还可以通过控制图形和文本信息编辑刀轨。

(4) 三维加工动态仿真模块。这是一个无须利用机床、低成本、高效率地测试 NC 加工的方法。应用其可视化功能，可以在屏幕上显示刀具轨迹，模拟刀具的真实切削过程，并通过过切检查和残留材料检查，检测相关参数设置的正确性。如检验刀具与零件和夹具是否发生碰撞、是否过切以及加工余量分布等情况，以便在编程过程中及时解决相应问题。

(5) 后置处理模块。包括一个通用的后置处理器(GPM)，用户可以方便地建立用户定制的后置处理。通过使用加工数据文件生成器(MDFG)，一系列交互选项提示用户选择定义特定机床和控制器特性的参数，包括控制器和机床规格与类型、插补方式、标准循环等。

UG NX 提供了强大的默认加工环境，并允许用户自定义加工环境。选择合适的加工环境，用户在创建加工操作的过程中，可继承加工环境中已定义的参数，不必在每次创建新的操作时重新定义，从而避免了重复劳动，提高操作效率。

UG NX 常用的加工模块包括 CAM 基础、后置处理、车加工、型芯和型腔铣削、固定轴铣削、清根切削、可变轴铣削、顺序铣切削、制造资源管理系统、切削仿真、线切割、图形刀轨编辑器、机床仿真、Nurbs(B 样条)轨迹生成器等子模块。其中，型芯和型腔铣削模块提供了粗加工单个或多个型腔的功能，可沿任意形状走刀，产生复杂的刀具路径。当检测到异常的切削区域时，它可修改刀具路径，或者在规定的公差范围内加工出型腔或型芯。固定轴铣削与可变轴铣削模块用于对表面轮廓进行精加工，它们提供了多种驱动方法和走刀方式，可根据零件表面轮廓选择切削路径和切削方法。在可变轴铣削中，可对刀轴与投射矢量进行灵活控制，从而满足复杂零件表面轮廓的加工要求，生成 3 轴至 5 轴数控机床的加工程序。此外，它们还可控制顺铣和逆铣切削方式，按用户指定的方向进行铣削加工，对于零件中的陡峭区域和前道工序没有切除的区域，系统能自动识别并清理这些区域。顺序铣切削模块可连续加工一系列相接表面，用于在切削过程中需要精确控制每段刀具路径的场合，可以保证各相接表面光顺过渡。其循环功能可在一个操作中连续完成零件底面与侧面的加工，可用于叶片等复杂零件的加工。

在加工基础模块中包含了以下加工类型。

① 点位加工：可产生点钻、扩、镗、铰和攻螺纹、点焊、铆接等操作的刀具路径。

② 平面铣：用于平面区域(直壁、水平底平面的零件)的粗/精加工，刀具平行于工件底面进行多层铣削。

③ 型腔铣：用于材料的粗加工，少数场合可用于精铣加工。适用于加工侧面与底面不垂直或岛屿顶部和腔体底部为曲面的零件，特别是具有复杂型腔的模具或具有复杂曲面的零件。它可以根据型腔的形状，将要切除的部位在深度方向上分成多个切削层进行层切削，每个切削层可指定不同的切削深度。切削时刀轴与切削层平面垂直。

④ 固定轴曲面轮廓铣削：它将空间的驱动几何投射到零件表面上，驱动刀具以固定轴形式加工曲面轮廓，适合在三轴联动的加工中心上进行曲面的半精加工与精加工。

⑤ 可变轴曲面轮廓铣：与固定轴铣相似，只是在加工过程中可变轴铣的刀轴可以摆动，可满足一些特殊部位的加工需要。

⑥ 顺序铣：用于连续加工一系列相接表面，并对面与面之间的交线进行清根加工。

⑦ 车削加工：车削加工模块提供了加工回转类零件所需的全部功能，包括粗车、精车、切槽、车螺纹和打中心孔。

⑧ 线切割加工：线切割加工模块支持线框模型程序编制，提供了多种走刀方式，可进行 2～4 轴线切割加工。

后置处理模块包括图形后置处理器和 UG 通用后置处理器，可格式化刀具路径文件，生成指定机床可以识别的 NC 程序，支持 2～5 轴铣削加工、2～4 轴车削加工和 2～4 轴线切割加工。其中 UG 后置处理器可以直接提取内部刀具路径进行后置处理，并支持用户定义的后置处理命令。

UNIGRAPHICS 将智能模型(Master Model)的概念在 UG/CAM 的环境中发挥得淋漓尽致，不仅包含了 3D CAD 模型与 NC 路径的完整关联性，且更易于缩减文件大小以及刀具路径的管理。另外，以高速切削为发展基础的参数设定环境，更能确保刀具路径的稳定可靠与良好的加工品质。

3.3.2　CAM 加工模块的基本操作

1. 进入加工模块

在【应用模块】选项卡中执行【加工】命令即可进入加工模块，如图 3-60 所示。也可以按 Ctrl+Alt+M 快捷键进入加工模块。进入加工模块后，工具栏会发生一些变化，将出现某些只在制造模块中才有的工具按钮，而另外一些在造型模块中的工具按钮将不再显示。

提示：在加工模块中也可以进行简单的建模，如构建直线、圆弧等。

2. 加工环境设置

当一个零件首次进入加工模块时，系统会弹出【加工环境】对话框，如图 3-61 所示。CAM 进程设置用于选择加工所使用的机床类别，设置 CAM 是在制造方式中指定加工设定的默认值文件，也就是选择一个加工模板集。选择模板文件可设置加工环境初始化后可以选用的操作类型，也可设置在生成程序、刀具、方法、几何时可选择的父节点类型。

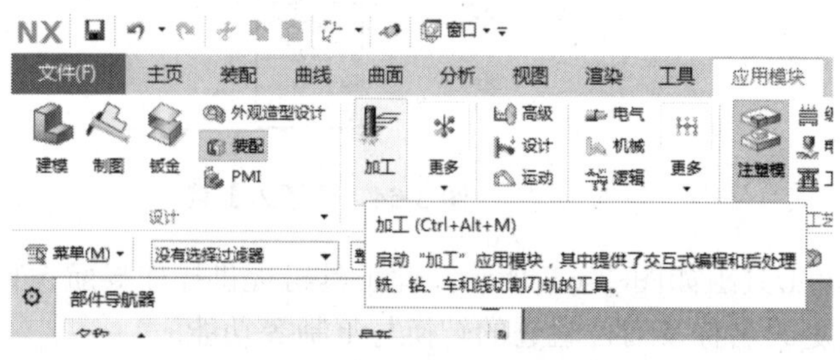

图 3-60　进入加工模块

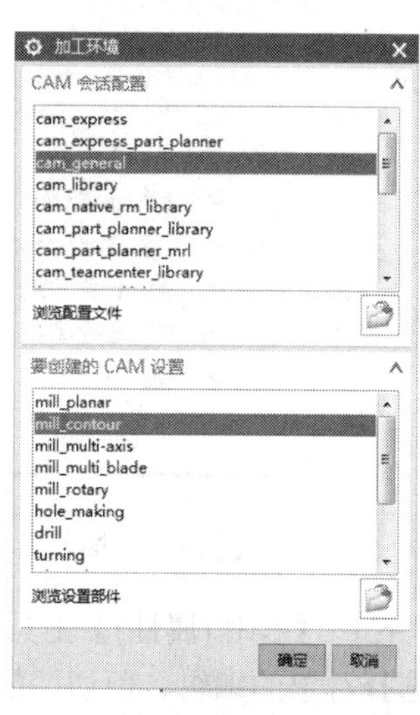

图 3-61　【加工环境】对话框

提示：【加工环境】对话框只有在首次进入加工模块时才出现。在以后的操作中，如果在加工主菜单执行【工具】|【操作导航】|【删除设置】命令删除当前设置时，也会出现【加工环境】对话框，重新进行“CAM 会话设置”的选择。

3. UG CAM 的工具组应用

在进入加工模块后，UG 除了显示常用的工具按钮外，在【主页】选项卡还将显示在加工模块中专用的插入、操作(属性)、工序等工具组，如图 3-62 所示。

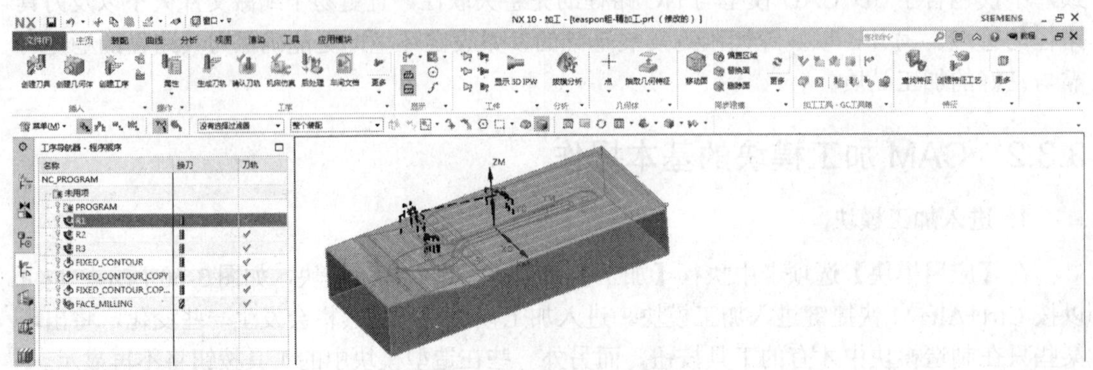

图 3-62　加工模块界面

(1)　【插入】工具组。【插入】工具组如图 3-63 所示，它提供新建数据的模板。可以新建程序、刀具、几何体和方法。插入工具组的功能对应【插入】主菜单下中的相应命令，如图 3-64 所示。

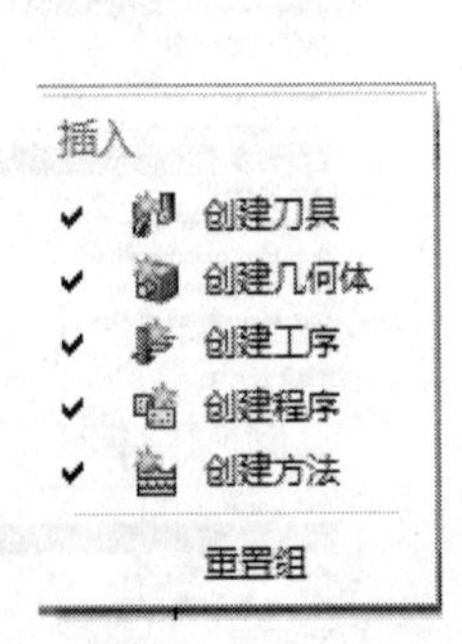

图 3-63　插入工具组

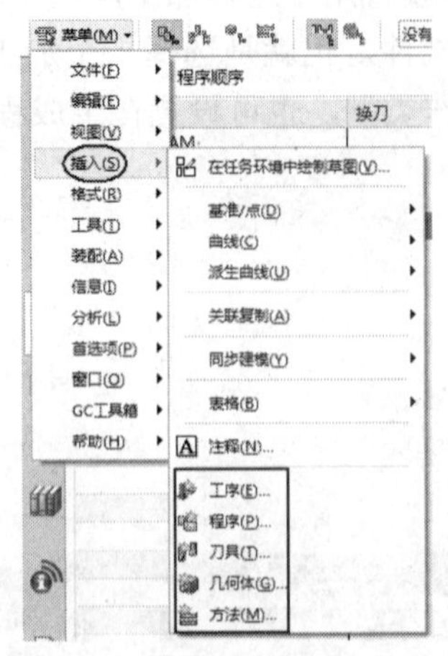

图 3-64　【插入】菜单

(2)　【操作(属性)】工具组。该工具组如图 3-65 所示，此工具组提供操作导航窗口中所选择对象的编辑、剪切、显示、更改名称及刀位轨迹的转换与复制等功能。

操作工具组中的功能，也可以使用鼠标右键直接在导航窗口中选取使用。在操作导航器窗口中选择某一操作，再右击鼠标，在弹出的快捷菜单中选择相应命令即可。

(3)　【工序】工具组。【工序】工具组如图 3-66 所示，此工具组提供与刀位轨迹有关的功能，方便用户针对选取的操作生成其刀位轨迹；或者针对已生成刀位轨迹的操作，进行编辑、删除、重新显示或切削模拟。工具组也提供对刀具路径的操作，如生成刀位源文件(CLSF 文件)及后置处理或车间工艺文件的生成等。一般工具组中的对应功能也可以在刀具路径管理器中选择相应的选项进行操作。

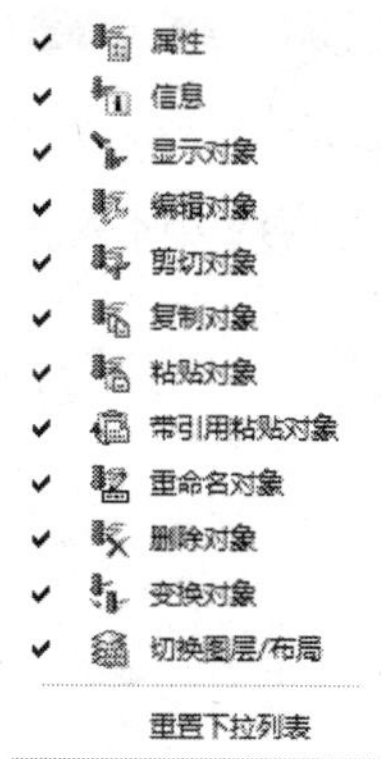

图 3-65 【操作(属性)】工具组

图 3-66 【工序】工具组

提示：在操作导航器中没有选择任何操作时，【操作】工具组和【工序】工具组的选项将呈现灰色，不能使用。

(4) 【视图】工具组。【视图】工具组如图 3-67 所示，此工具组提供已创建资料的重新显示，被选择的选项将会显示于导航窗口中。

图 3-67 【视图】工具组

① 程序顺序视图：分别列出每个程序组下面的各个操作，此视图是系统默认视图，并且输出到后处理器或 CLFS 文件也是按此顺序排列。

② 机床视图：按刀具进行排序显示，即按所使用的刀具组织视图排列。

③ 几何视图：按几何体和加工坐标列出。

④ 加工方法视图：对使用相同的加工参数值的操作进行排序显示，即按粗加工、精加工和半精加工方法分组列出。

⑤ 特征视图：在加工特征导航器中显示各个特征。

⑥ 组视图：在加工特征导航器中显示包含加工特征的组。

3.3.3 UG 加工编程的步骤

在 UG 加工编程中，功能创建是一个主要部分，包括创建几何体、创建加工坐标系、创建刀具、创建加工方法、创建程序组。培养良好的 UG 编程习惯非常重要，这样可以大大减少操作错误。由于 UG 编程需要设置很多参数，为了不漏设参数，应该按照一定的顺序步骤进行设置。

(1) 按 Ctrl+Alt+M 快捷键，弹出【加工环境】对话框，选择 mill_contour 方式，然后单击【确定】按钮，进入编程主界面。在编程界面的左侧单击【操作导航器】按钮。

(2) 设置加工坐标和安全高度。在【操作导航器】窗格中的空白处右击，在弹出的快捷菜单中执行【几何视图】命令，打开几何视图，然后双击 MCS_MILL 图标，弹出【MCS 铣削】对话框，在此设置加工坐标和安全高度，如图 3-68 所示。

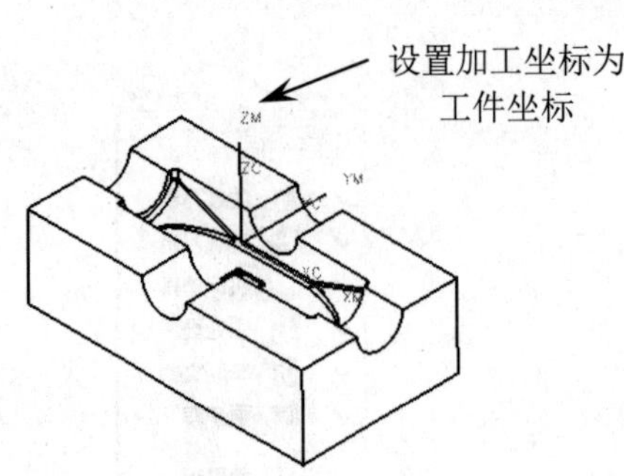

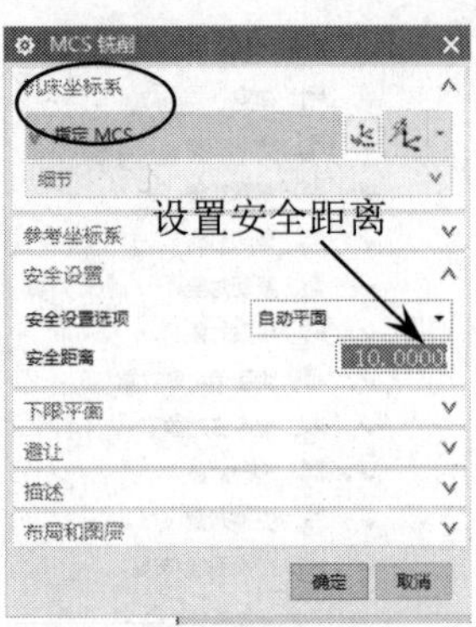

图 3-68　设置加工坐标和安全高度

(3) 设置部件。在【操作导航器】窗格中双击【工件】WORKPIECE 图标，弹出【工件】对话框，如图 3-69(a)所示。单击【指定部件】按钮，弹出【部件几何体】对话框，如图 3-69(b)所示，选择部件对象，然后单击【确定】按钮。

(a)

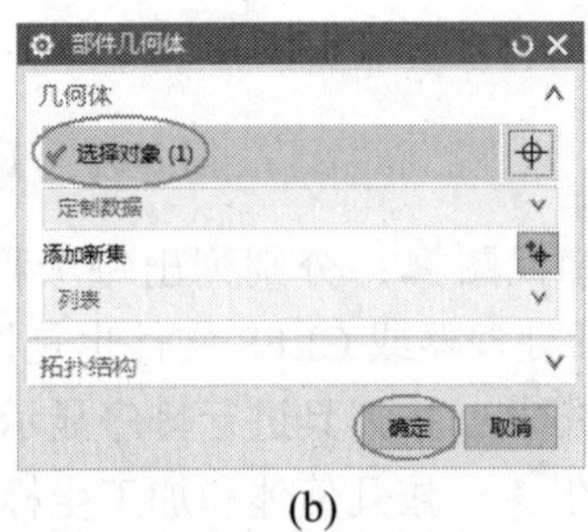

(b)

图 3-69　设置部件

(4) 设置毛坯。在【工件】对话框中单击【指定毛坯】按钮，弹出【毛坯几何体】对话框，如图 3-70(a)所示，单击【指定毛坯】按钮，选择毛坯对象，如图 3-70(b)所示，然后单击【确定】按钮。

(5) 设置粗加工、半精加工和精加工的公差。在【操作导航器】窗格中的空白处右击鼠标，在快捷菜单中执行【加工方法视图】命令。双击铣削粗加工 MILL_ROUGH 图标，弹出【铣削粗加工】对话框，设置如图 3-71 所示的参数；双击铣削半精加工 MILL_SEMI_FINISH 图标，弹出【铣削半精加工】对话框，然后设置如图 3-72 所示的参数；双击铣削精加工 MILL_FINISH 图标，弹出【铣削精加工】对话框，然后设置如图 3-73 所示的参数。

(6) 创建刀具。如果需要创建 D30R5 的飞刀，则在【插入】工具组中单击【创建刀具】按钮，弹出【创建刀具】对话框。在【名称】文本框中输入 D30R5，单击【确定】按钮，弹出【铣刀-5 参数】对话框，如图 3-74 所示。在【直径】文本框中输入 30，在【下半径】文本框中输入 5，单击【确定】按钮。创建完一把刀具后，还需继续将加工工件所要用的所有刀具都创建出来。

(a)

(b)

图 3-70　设置毛坯

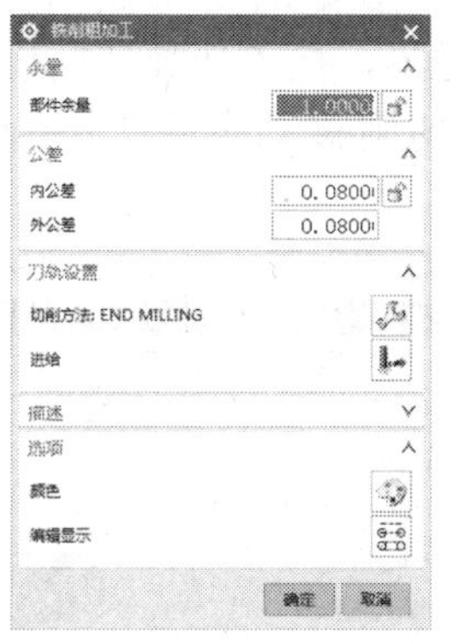

图 3-71　设置粗加工公差

图 3-72　设置半精加工公差

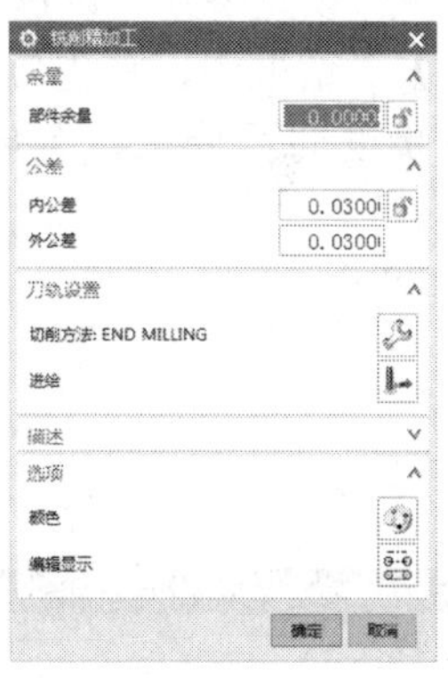

图 3-73　设置精加工公差

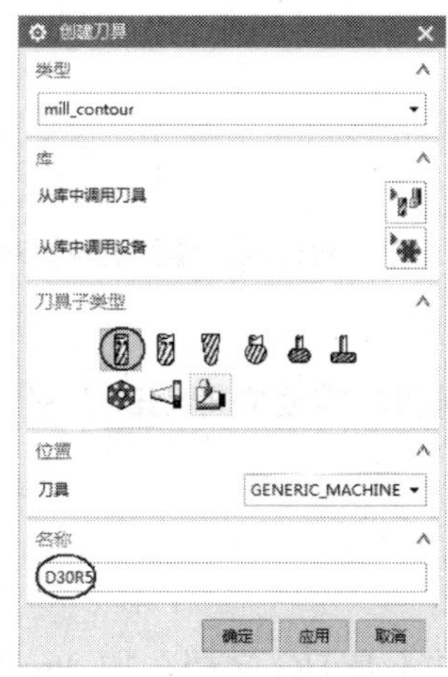

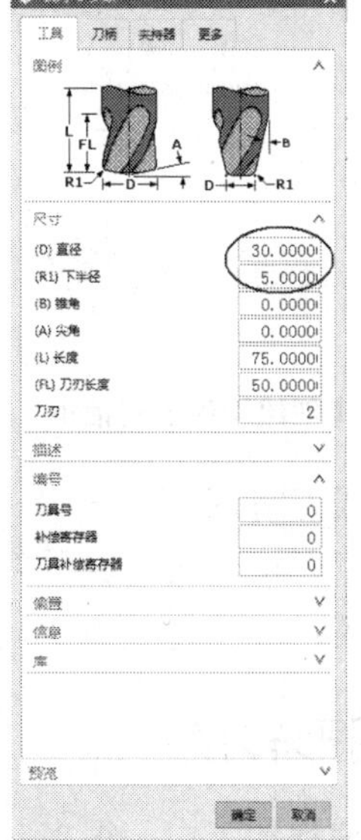

图 3-74　创建刀具

(7) 创建程序组。在【操作导航器】窗格的空白处右击，在弹出的快捷菜单中执行【程序顺序视图】命令。在【插入】工具组中单击【创建程序】按钮，弹出【创建程序】对话框，如图 3-75 所示。在【名称】文本框中输入程序名称，如 R1 等，然后单击【确定】按钮。

提示：一般以粗加工、半精加工和精加工开头的第一个英文字母为程序组名称，如第一次粗加工的程序名称为 R1，第二次粗加工的程序名称为 R2；第一次半精加工的程序名称为 S1，第二次半精加工的程序名称为 S2；第一次精加工的程序名称为 F1，第二次精加工的程序名称为 F2。

(8) 创建工序。在【插入】工具组中单击【创建工序】按钮，弹出【创建工序】对话框，继续设置类型、操作子类型、程序、刀具、几何体和加工方法，比如可在工序子类型中选择“型腔铣”，打开【型腔铣】对话框，如图 3-76 所示。

(9) 设置参数。设置参数时应该按照顺序从上往下进行设置，在如图 3-76 所示的【型腔铣】对话框中，首先应该指定切削区域(选择加工面)和修剪边界，接着选择切削模式，设置步进的百分比、全局每刀深度，然后设置切削参数、非切削移动参数、进给和速度等。

图 3-75 【创建程序】对话框

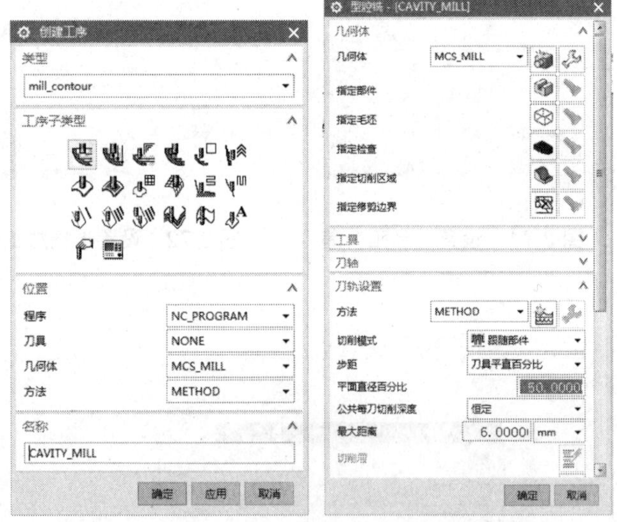

图 3-76 【创建工序】对话框及【型腔铣】对话框

(10) 生成刀路。

(11) 检查刀路。这一步至关重要，检查刀路发现问题时需要立即修改刀路，保证刀路美观且效率高。

3.3.4 图形转换

在数控编程加工中，很多时候已经设计好的模具并不是 UG 文档，如 Pro/E、CATIA 文档等，故需要进行图形转换操作。

(1) 将非 UG 文档的文件转换成 IGS 或 STP 等格式。

(2) 打开 UG 软件并新建一个文件。

(3) 执行【文件】|【导入】| IGES、STEP203 或 STEP214 命令，弹出【IGES 导入选项】、【导入自 STEP203 选项】或【导入自 STEP214 选项】对话框，如图 3-77 所示。

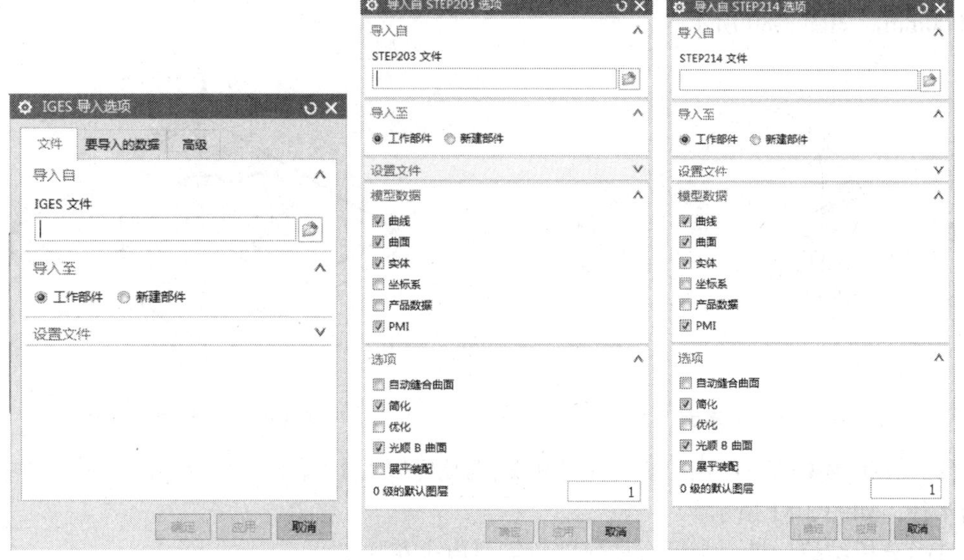

图 3-77　导入 IGES 文件、STEP203 文件或 STEP214 文件

(4) 选择导入 IGES 文件、STEP203 文件或 STEP214 文件所在的路径，然后单击【确定】按钮，系统开始计算并导入文件。

3.4　拓 展 训 练

3.4.1　灯罩加工编程前模型分析

在加工编程前对如图 3-78 所示的灯罩模型进行分析。

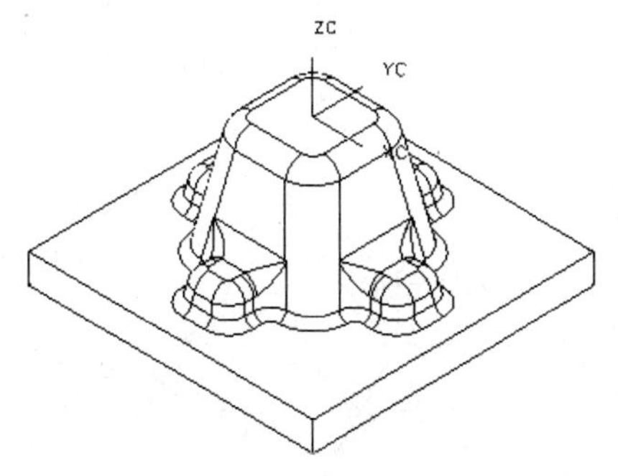

图 3-78　灯罩模型

1. 分析

在编程之前，必须对模型进行分析，如模型的大小、模型中各圆角半径的大小、模型的加工深度、模型中是否存在需要电火花加工或线切割的部位等。只有将模型分析透了，才有可能以最快的速度编出最合理的加工程序。

模型分析主要是分析模型的结构、大小和凹圆角的半径等。模型的大小决定了开粗使用多大的刀具，模型的结构决定了是否需要拆铜公或线切割加工，圆角半径的大小决定了精加工时需要使用多大的刀清角。

2. 操作步骤

(1) 分析模型大小及加工深度。执行【分析】|【测量距离】|【长度】命令测得模型的大小为 100.0000mm×100.0000mm，如图 3-79 所示。

执行【分析】|【测量距离】|【投影距离】命令，测得模型的最大加工深度为 40.0000mm，如图 3-80 所示。

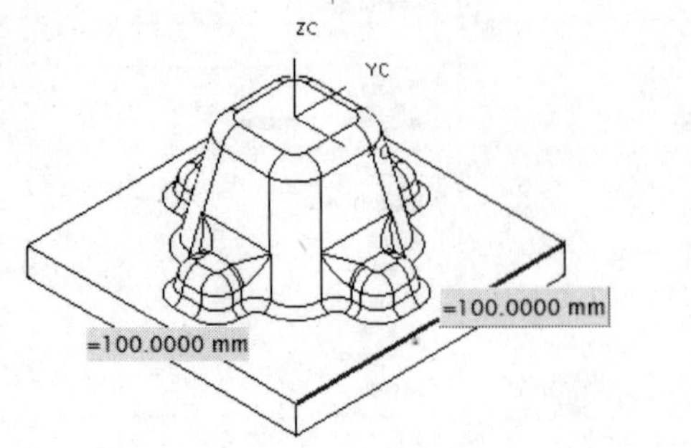

图 3-79 测量大小

图 3-80 测量加工深度

(2) 分析模型圆角半径。执行【分析】|【几何属性】|【动态】命令，分析模型中凹的圆角半径，如图 3-81 所示。

(3) 分析结论。模型中没有任何部位需要电火花加工。

根据模型的大小使用 D30R5 的飞刀进行开粗，根据模型中的最小半径和加工深度使用 R2.5 的球刀进行清角。

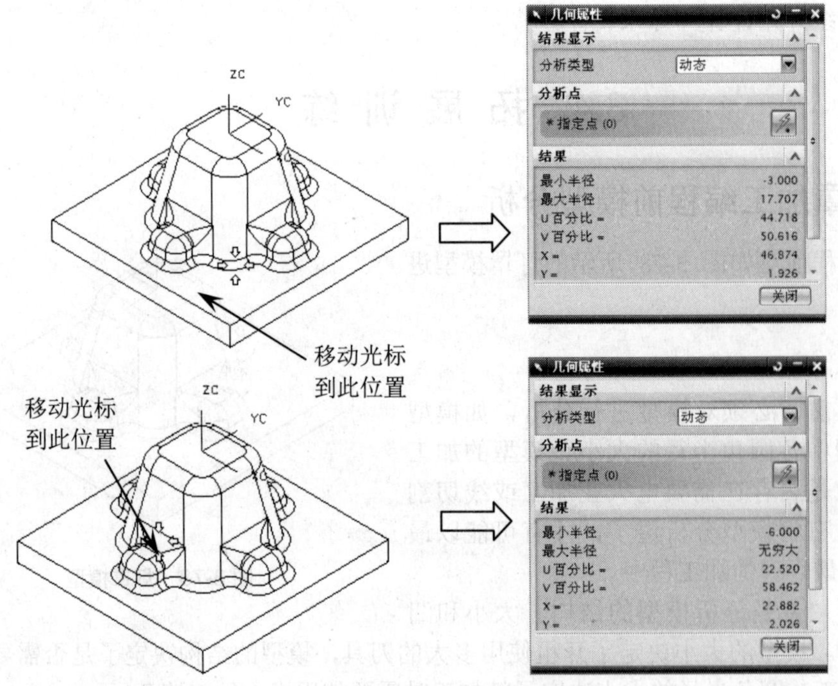

图 3-81 分析圆角半径

3.4.2　茶匙模具型芯 UG CAM

对项目 2 的拓展训练 2 中完成的茶匙模具成型零件——型芯进行 UG CAM 编程，包括粗加工和精加工，加工仿真结果如图 3-82 所示。

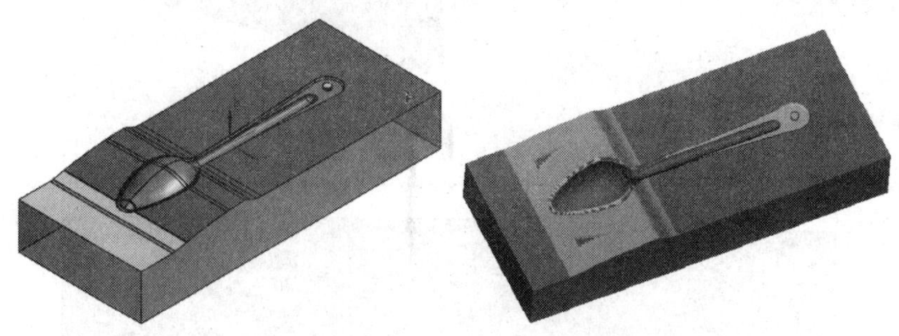

图 3-82　茶匙型腔及加工仿真结果

1. 分析

茶匙模具型芯的加工编程与型腔类似，首先进行模型准备(包括创建毛坯、改变坐标系等)，接下来进行三次粗加工编程(型腔铣)，选择的刀具(平底圆角刀)依次减小，分别为 D16R0.8、B8R0.5、D2R0.5。

粗加工完成后进行精加工编程时，也要根据不同形状的部位选择适合的精加工方法及刀具。对型芯分型面的曲面部分、茶匙头部、柄部采用固定轮廓铣，对分型面的平面部分及茶匙柄部内的平面采用面铣，并对茶匙柄部的圆柱凸起进行清根。

2. 操作步骤

(1)　加工前的准备工作。加工模型准备包括创建包容方块(如图 3-83 所示)作为加工的毛坯，以及改变工作坐标系使坐标原点位于加工模型的最上表面，如图 3-84 所示。

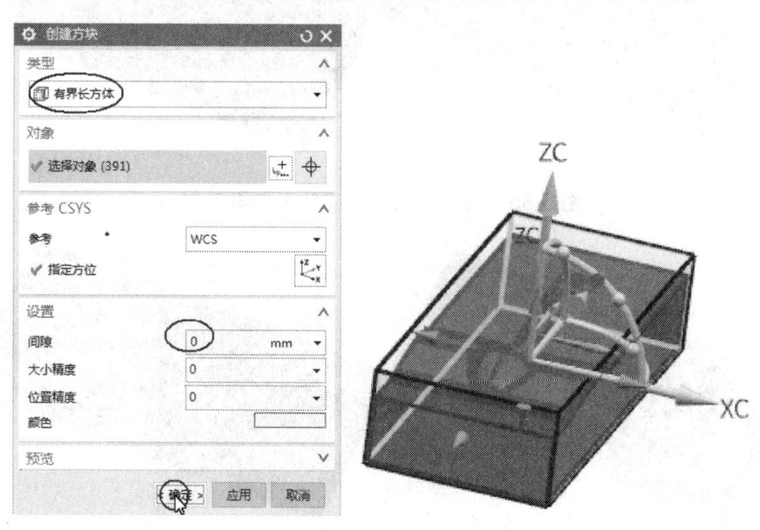

图 3-83　创建方块作为毛坯

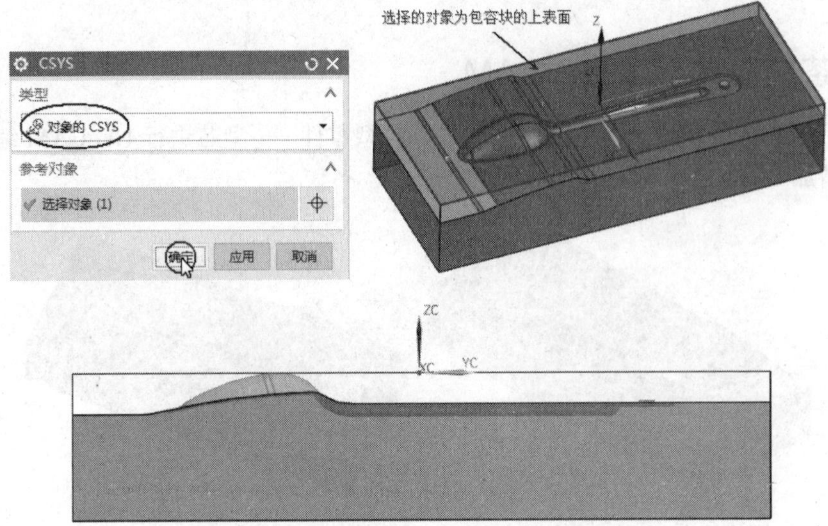

图 3-84　改变工作坐标系

(2) 粗加工。三次粗加工的方法都选择型腔铣，可参照茶匙型腔的粗加工操作，指定机床坐标系 MCS、设置安全平面、创建工序、指定部件及毛坯几何体、创建刀具、设置刀轨参数、生成刀轨、修剪刀轨及刀轨仿真等。后两次的粗加工可复制、粘贴前一次的操作。

三次粗加工选择的刀具依次减小，分别为 D16R0.8、B8R0.5、D2R0.5 的平底圆角刀，三次粗加工生成的刀轨及仿真结果如图 3-85～图 3-87 所示。

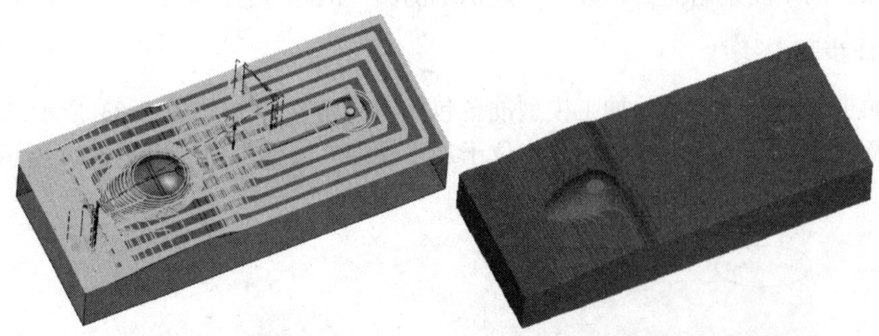

图 3-85　第一次粗加工刀轨及仿真效果

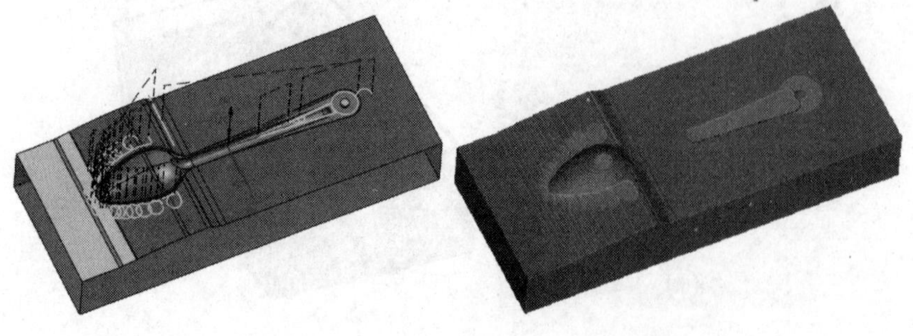

图 3-86　第二次粗加工刀轨及仿真效果

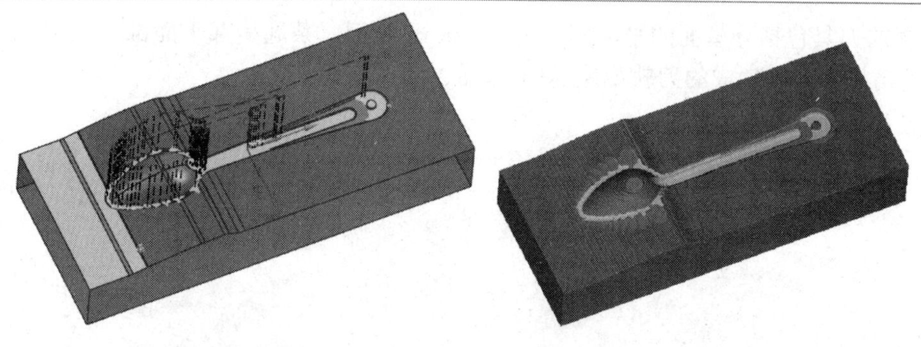

图 3-87　第三次粗加工刀轨及仿真效果

(3) 精加工，具体步骤如下所述。

① 固定轮廓铣 3 处。对型芯分型面的曲面部分、茶匙头部、柄部采用固定轮廓铣，可参照茶匙型腔的精加工固定轮廓铣操作，后两次的固定轮廓铣可复制、粘贴前一次的操作。

选择的刀具包括分型面的曲面部分采用 D6R0.5 平底圆角刀、茶匙头部采用 D6 球头铣刀、茶匙柄部采用 D2 球头铣刀。3 处精加工固定轮廓铣生成的刀轨如图 3-88～图 3-90 所示。

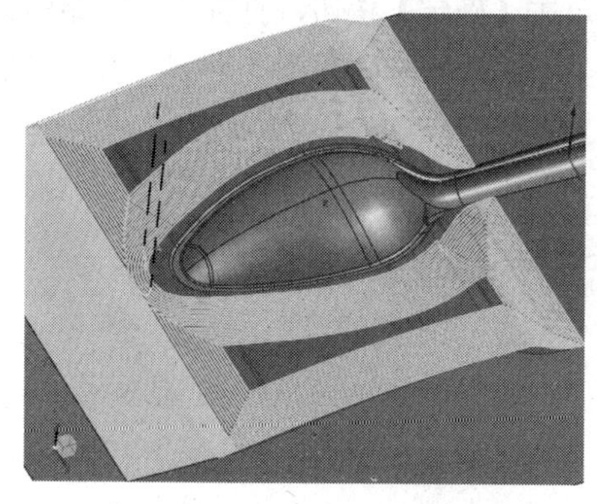

图 3-88　分型面的曲面部分固定轮廓铣刀轨

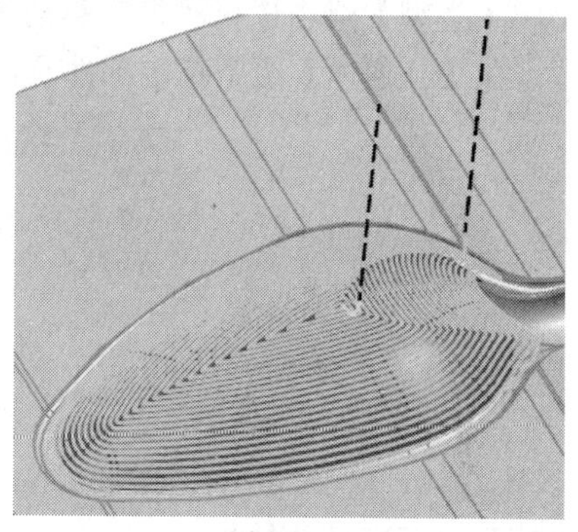

图 3-89　茶匙头部固定轮廓铣刀轨

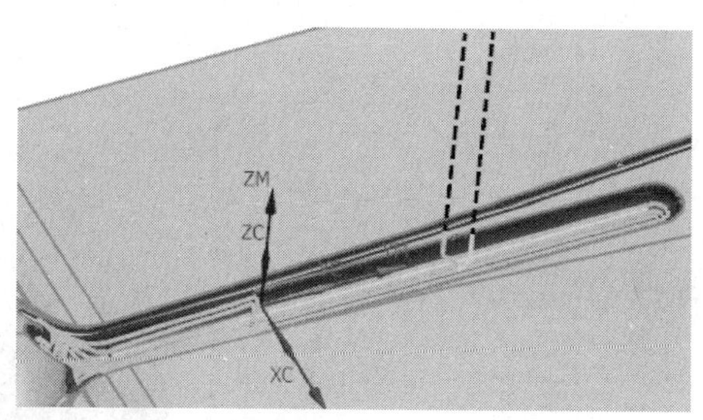

图 3-90　茶匙柄部固定轮廓铣刀轨

② 面铣 2 处。对型芯分型面的平面部分、茶匙柄部的平面部分采用面铣，可参照茶匙型腔的精加工面铣操作，后一次的面铣可复制、粘贴前一次的操作。

选择的刀具包括分型面的平面部分采用 D8 平底刀、茶匙柄部平面部分采用 D2 平底刀。2 处精加工面铣生成的刀轨如图 3-91 和图 3-92 所示。

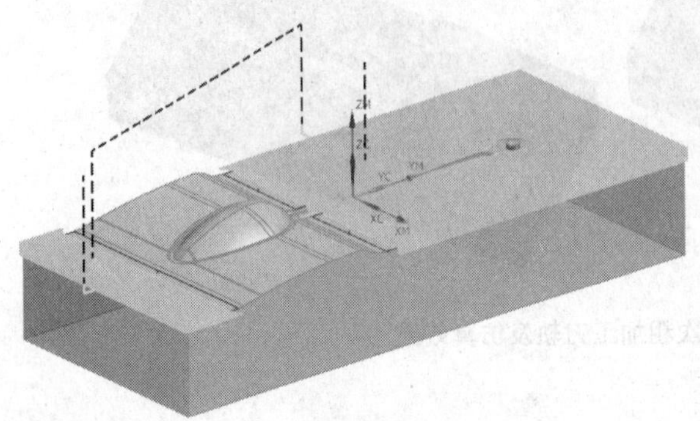

图 3-91　分型面的平面部分面铣刀轨

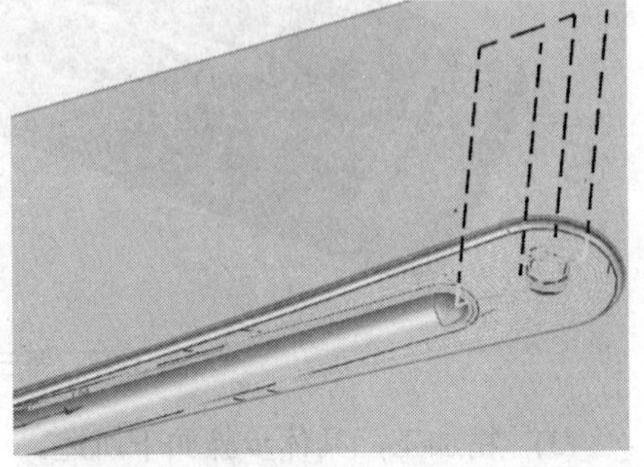

图 3-92　茶匙柄部平面部分面铣刀轨

③　清根 1 处。对型芯茶匙柄部的圆柱凸起采用清根操作。

在【主页】选项卡中单击【创建工序】按钮，或右击，在弹出的快捷菜单中执行【插入】|【工序】命令，打开【创建工序】对话框，将【类型】选项设置为 mill_contour，在【工序子类型】组中选择"多刀路清根"，单击【确定】按钮，打开【多刀路清根】对话框，在【几何体】组中指定部件及切削区域，分别如图 3-93 和图 3-94 所示。

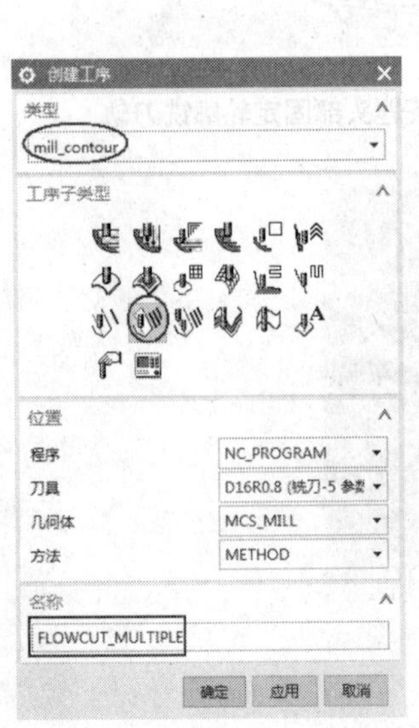

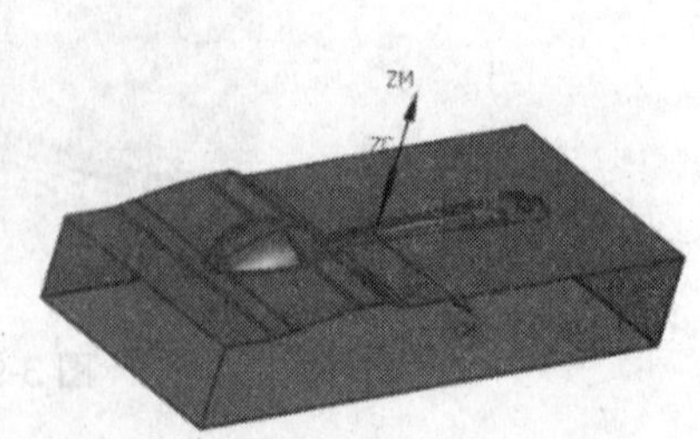

图 3-93　指定部件

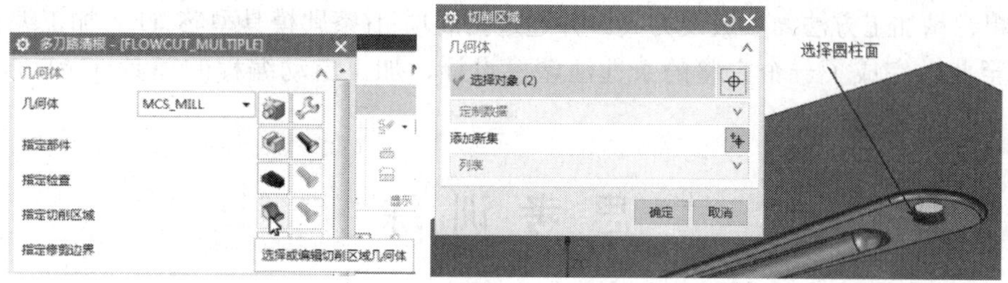

图 3-94　指定切削区域

在【工具】选项卡创建 D2 平底刀，如图 3-95 所示。

在【驱动设置】和【刀轨设置】选项卡中进行驱动设置和刀轨参数设置，如图 3-96 所示。

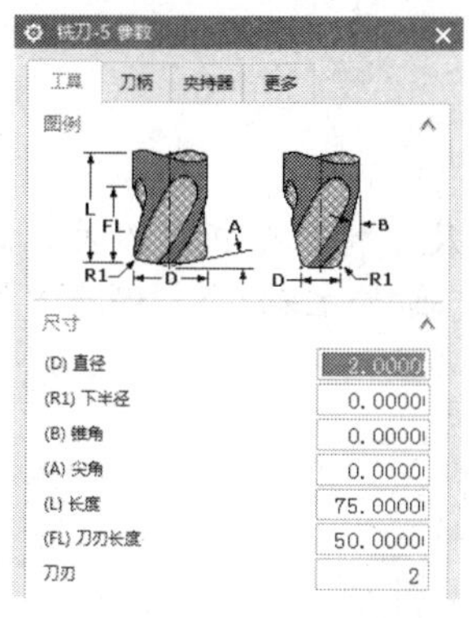

图 3-95　创建刀具

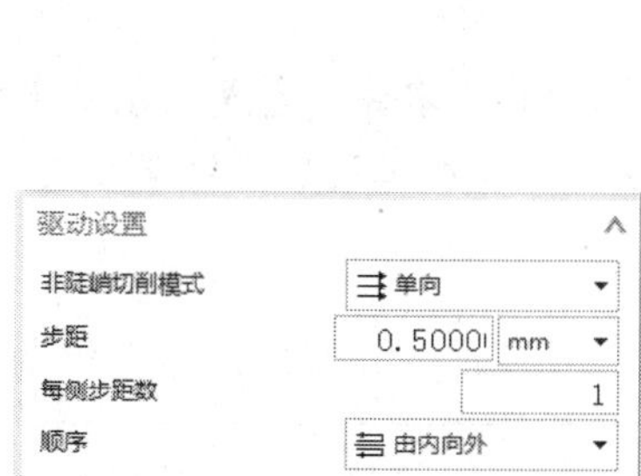

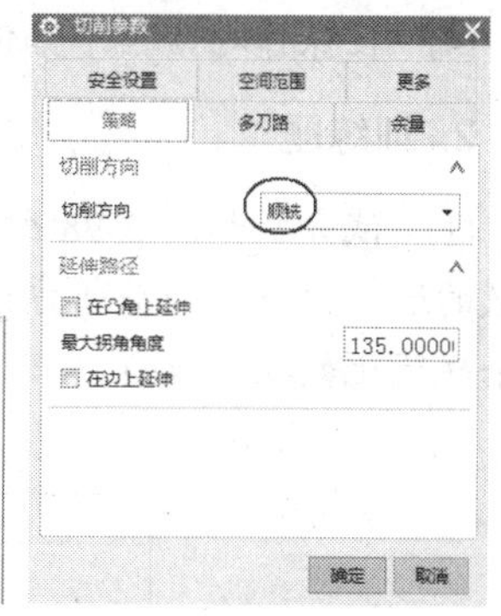

图 3-96　刀轨设置

生成的清根刀轨如图 3-97 所示。

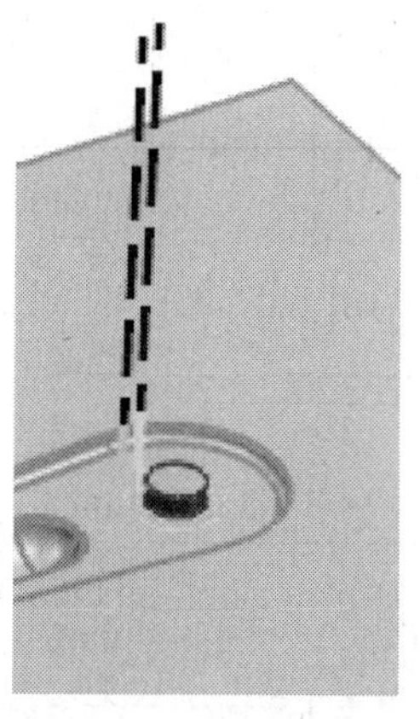

图 3-97　生成的刀轨

项 目 小 结

茶匙模具型腔 UG 加工编程分为两个任务，即茶匙模具型腔的粗加工和精加工，通过任务的完成来熟悉 UG 加工模块的界面与操作，掌握 UG 加工编程的基本流程，学习选择合适的粗、精加工方法，参数及刀具，并通过拓展项目(茶匙模具型芯 UG 加工编程)巩固所学，至此，完成了一个完整的茶匙注塑模设计、加工自动编程的模具 CAD/CAM 全过程。

思 考 训 练

1. 思考题

(1) UG 加工编程前要对模型进行哪些分析?

(2) UG 加工编程的一般步骤是什么?

(3) 错选了工件几何体与毛坯几何体会出现什么后果?

(4) 在操作对话框中如何确定切削深度?

2. 训练题

(1) 试分析如图 3-98 所示的箱体零件，完成从零件造型、尺寸特征分析、刀具、工艺参数的选择、设置与编辑方法、仿真加工到后置处理生成 G 代码(加工程序)、保存刀轨的整个规范化的操作过程。

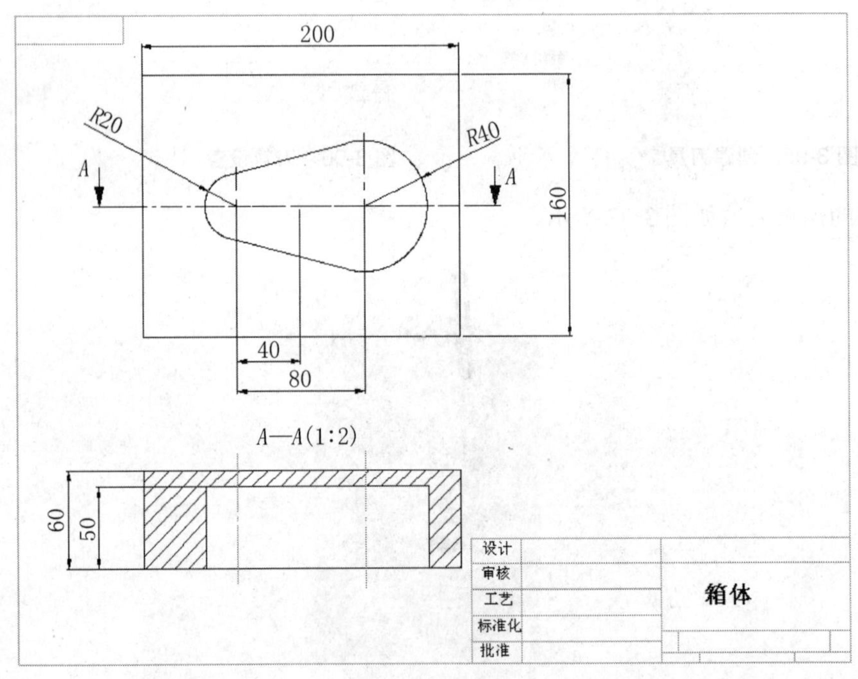

图 3-98 习题图

(2) 选择项目 1、项目 2 中创建的型腔、型芯、侧抽及镶块进行 UG 加工编程。

项目 4　眉笔夹具模具 CAE

项目目标

知识目标

- 熟悉华塑网格管理器的相关知识。
- 熟悉华塑 CAE 的基础知识。

技能目标

- 能完成从 UG 中导出 STL 格式文件的操作。
- 会在华塑网格管理器中生成网格并进行评价。
- 能在华塑 CAE 中完成充模设计。
- 能在华塑 CAE 中完成冷却设计。
- 会设置相应的充模及冷却工艺条件。
- 能在华塑 CAE 中进行充模、冷却等分析。

项目内容

在眉笔夹具模具设计中，使用华塑 CAE 软件对其进行模流分析，包括充模分析、冷却分析等，在进行模流分析之前需先使用华塑网格管理器(HsMeshMgr)对眉笔夹具模型进行网格划分，如图 4-1 所示。

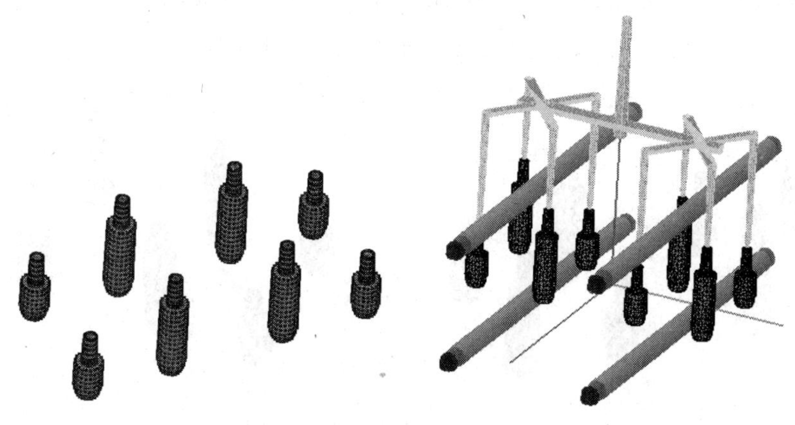

图 4-1　网格划分及模流分析

项目分析

华塑 CAE 系统需要导入 CAD 系统所产生的 CAD 模型文件(主要是 STL)，而 STL 等 CAD 模型文件往往存在缺陷，因此华塑网格管理器(HsMeshMgr)主要功能是查看、检查、修复、修订需要导入华塑 CAE 系统 CAD 模型文件的主要模型 STL 文件，以及查看、修复和修订 2DM 网格。

在模具设计过程中采用华塑 CAE 模流分析软件可以优化浇注系统设计和工艺条件，优化冷却系统和工艺参数，缩短设计周期、减少试模次数、提高和改善制品质量，从而达到降低生产成本的目的。

在本项目中，提供了三种不同的充模方案，通过分析可以比对三种不同方案的优劣，如图 4-2 所示为在相同工艺条件下三种不同方案的翘曲分析，中间的方案最大翘曲的变形量最小。

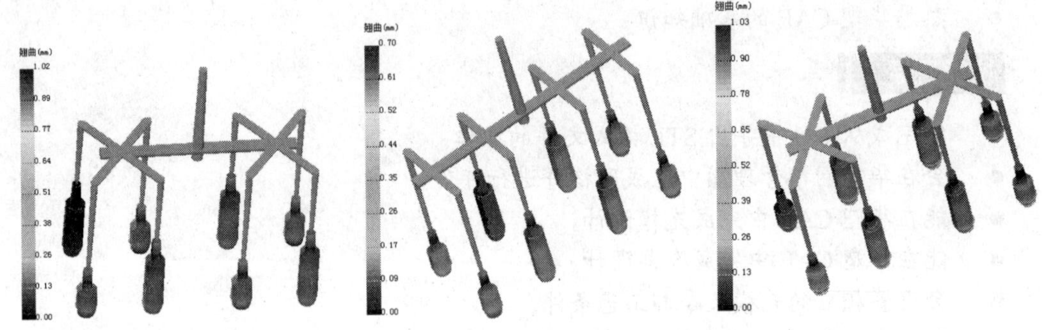

图 4-2　三种不同的充模方案

4.1　任务 1——网格划分

4.1.1　任务描述

从 UG 中导出两种不同布局的眉笔夹具文件，并在华塑网格管理器(HsMeshMgr)中分别生成合乎用于 CAE 模流分析要求的.2dm 网格文件，如图 4-3 所示。

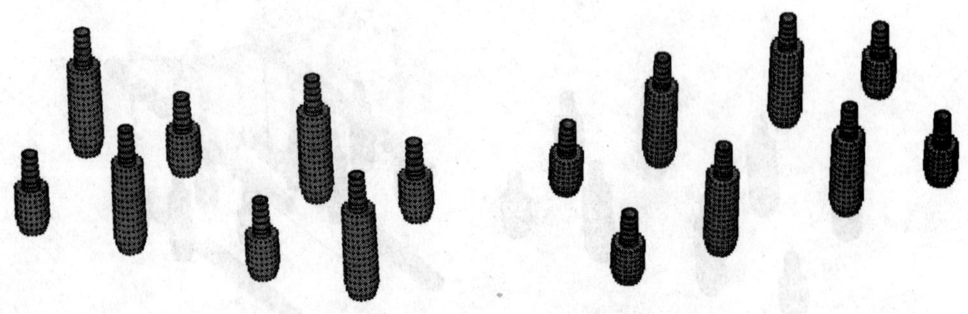

图 4-3　生成合乎要求的.2dm 网格

4.1.2　任务目标

(1)　能完成从 UG 中导出 STL 格式文件的操作。
(2)　会使用华塑网格管理器对形状简单的零件进行网格划分。
(3)　会对网格质量进行评价。

4.1.3　任务分析

华塑网格管理器(HsMeshMgr)不能直接打开 UG 的.prt 格式的文件，因此需要在 UG 中导出眉笔夹具的.stl 文件，以便可在华塑网格管理器中打开，接着在华塑网格管理器中生成.2dm 格式的网格文件，通过网格评价，使之可用于 CAE 模流分析。

4.1.4　任务实施

1. 在 UG 中导出 STL 文件

(1) 打开 UG NX 10 软件，打开“眉笔夹具.prt”文件，执行【文件】|【导出】| STL 命令，弹出【快速成型】对话框，如图 4-4 所示，进行相应设置，单击【确定】按钮，弹出【快速成型】对话框，指定导出文件的存放路径及名称，单击 OK 按钮，如图 4-5 所示。

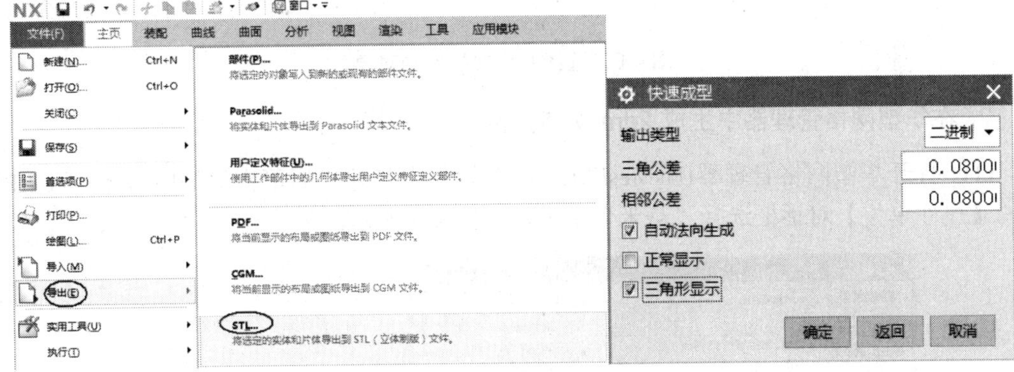

图 4-4　打开【快速成型】对话框

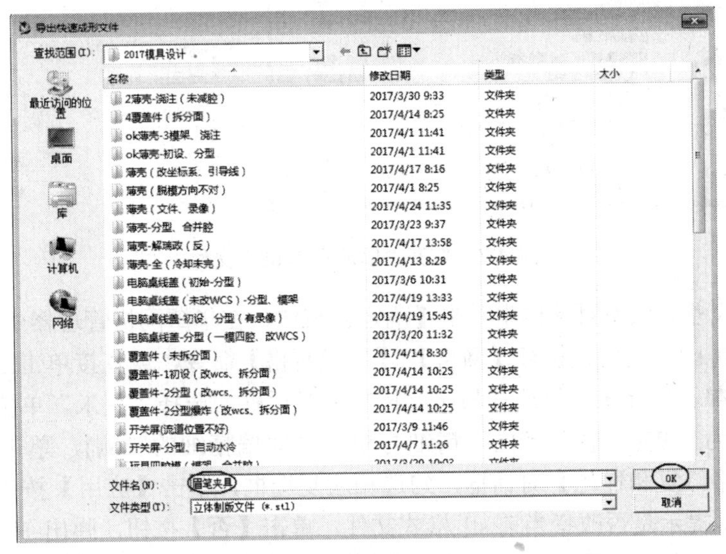

图 4-5　打开【导出快速成形文件】对话框

(2) 在【导出快速成形文件】对话框中单击 OK 按钮后，再次进入 UG NX 10 软件，选择需要导出的 8 个对象，如图 4-6 所示，完成导出“眉笔夹具.stl”文件的操作，同样的方法导出另一布局的眉笔夹具文件。

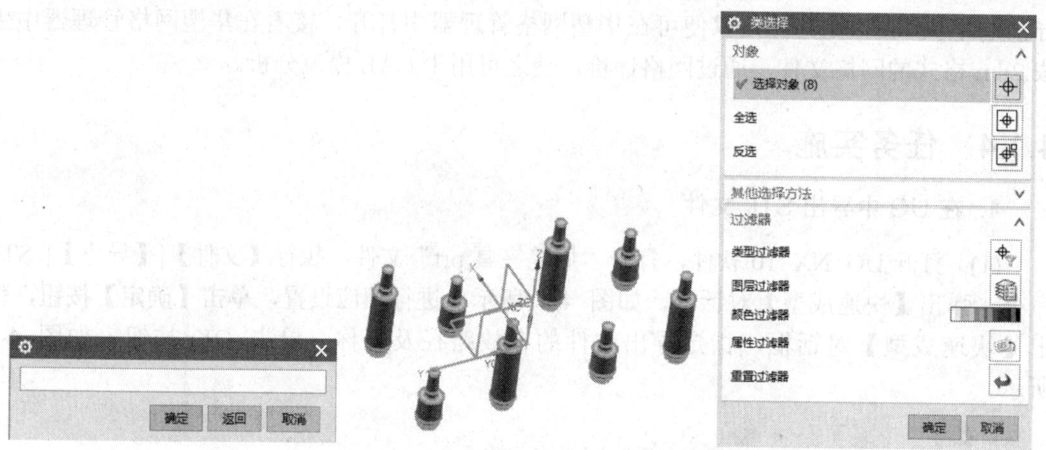

图 4-6　选择 8 个要导出的对象

2. 在华塑网格管理器中生成.2dm 网格文件

(1) 打开华塑网格管理器(HsMeshMgr)，在软件中打开“眉笔夹具.stl”文件后，在弹出的【尺寸单位】对话框选择“毫米”单位，如图 4-7 所示。

图 4-7　打开“眉笔夹具.stl”文件

(2) 在【尺寸单位】对话框中单击【确定】按钮，在华塑网格管理器中打开从 UG 导出的“眉笔夹具.stl”文件，执行【网格】|【生成网格】命令，或直接单击工具栏中的【生成网格】按钮，打开【单位选择与精度控制】对话框，选择“毫米”单位，将【网格边长】选项设置为 1.93(一般选择位于精细与粗略之间偏精细的一侧)，单击【下一步】按钮，打开【网格修复和优化】对话框，勾选相应复选框，单击【应用】按钮，弹出【划分网格】对话框，提示是否改变当前.stl 格式文件，单击【否】按钮，弹出 HsMeshMgr 对话框，单击【是】按钮，如图 4-8 所示，即可打开生成的“眉笔夹具.2dm”文件。

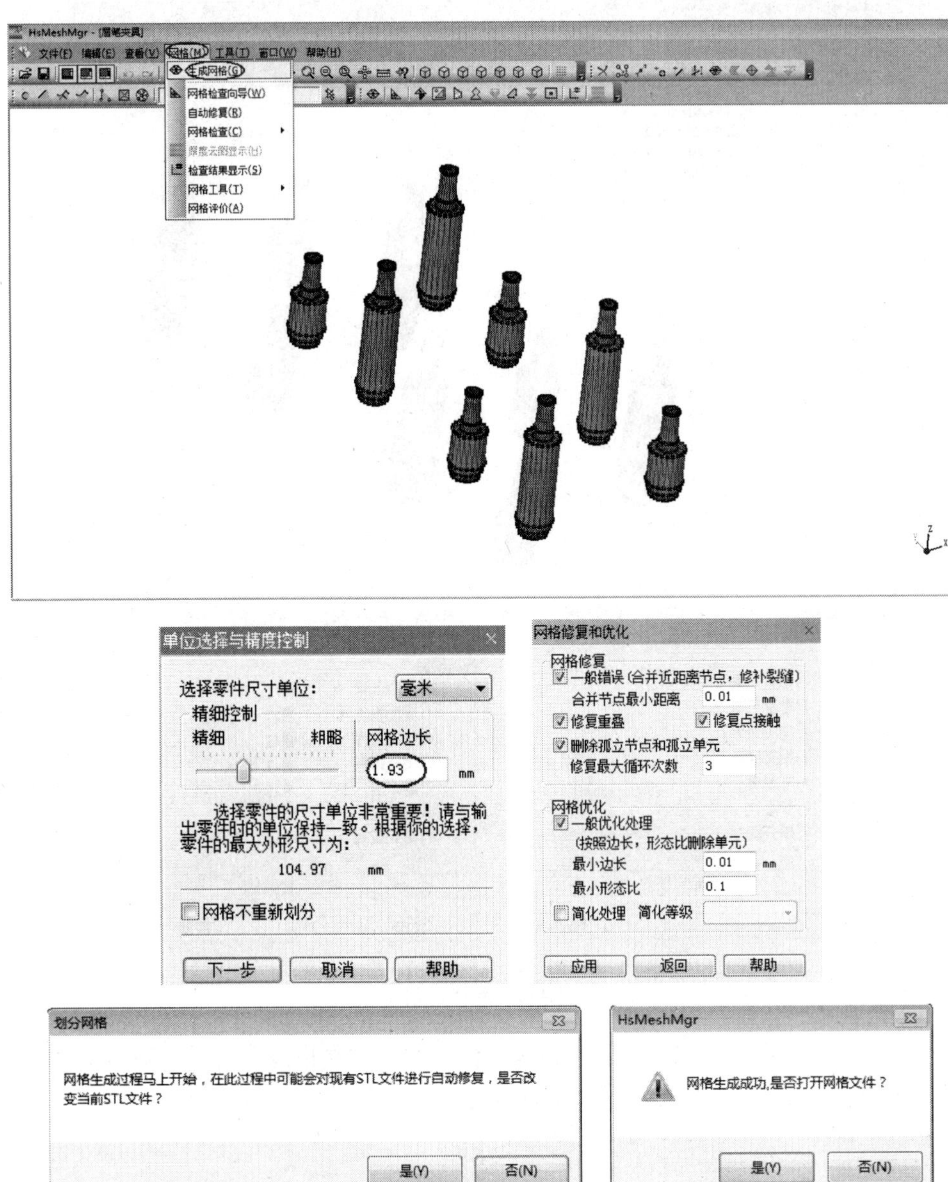

图 4-8　生成.2dm 网格的操作

3. 在华塑网格管理器中进行网格评价

在 HsMeshMgr 对话框单击【是】按钮后打开生成的“眉笔夹具.2dm”文件，执行【网格】|【网格评价】命令，打开【网格评价】对话框，勾选相应的复选框，单击【应用】按钮，显示选项全部通过，如图 4-9 所示，生成的网格合乎要求。

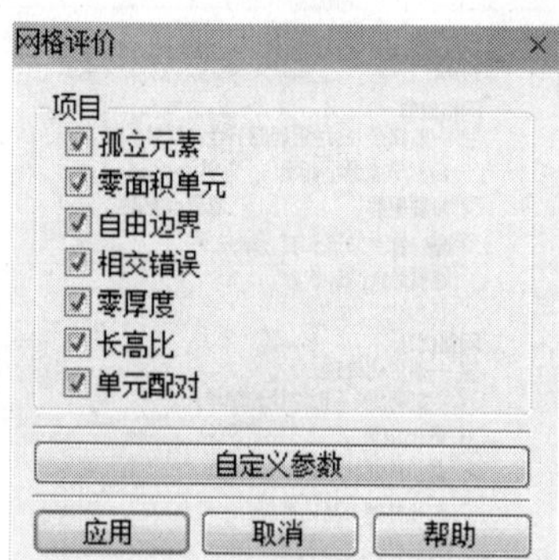

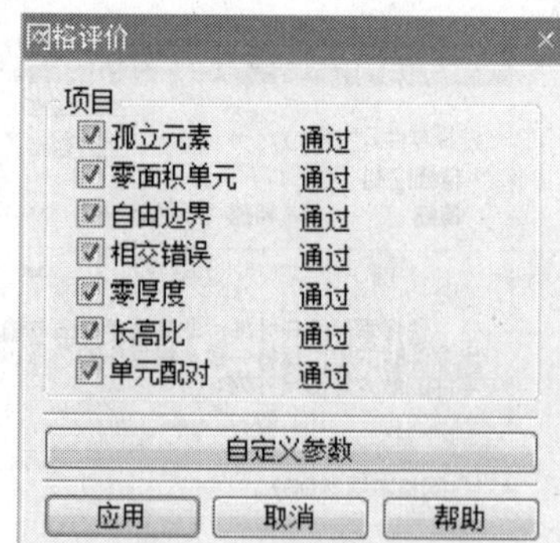

图 4-9　网格评价

以同样的方法打开另一布局的眉笔夹具文件，并生成网格及评价，如图 4-10 所示。

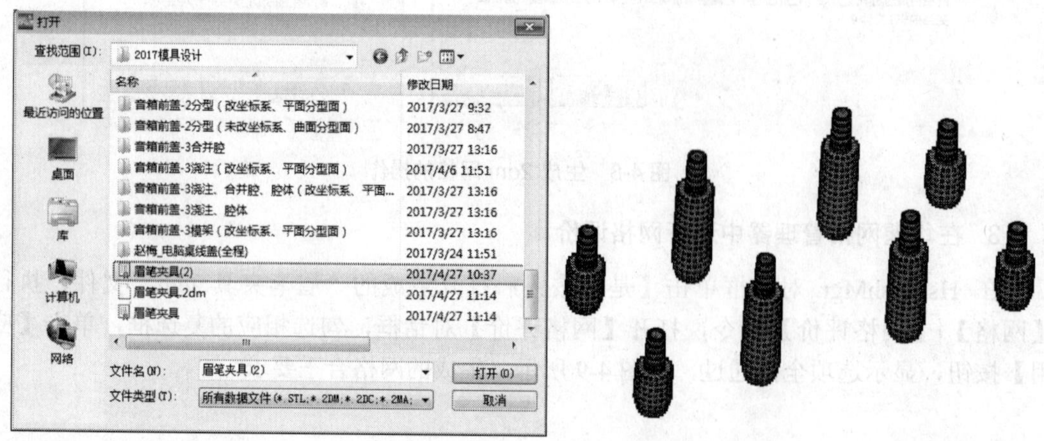

图 4-10　另一布局的网格

4.2　任务 2——充模分析

4.2.1　任务描述

完成如图 4-11 所示的三种不同浇注系统的充模设计，以备后续对比三种不同方案的优劣。

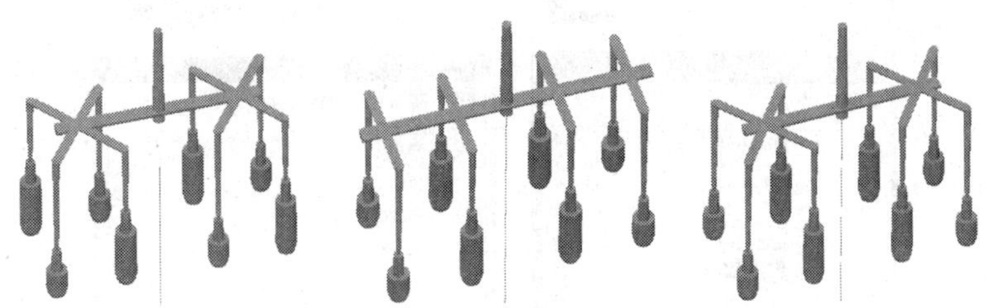

图 4-11　三种不同浇注系统的充模设计

4.2.2　任务目标

(1) 熟悉华塑 CAE 充模分析的相关知识。
(2) 会在华塑 CAE 中进行系统设置并新建零件及添加分析方案。
(3) 会在华塑 CAE 中导入制品图形。
(4) 会在华塑 CAE 中设计进料点。
(5) 会在华塑 CAE 中设计浇口、分流道及主流道。
(6) 会在华塑 CAE 中设置充模工艺条件。
(7) 会在华塑 CAE 中进行充模分析并查看分析结果。

4.2.3　任务分析

首先在华塑 CAE 中进行系统设置并新建零件，接着添加三种分析方案，并为不同的方案导入相应的制品图形。因两种不同形状的眉笔夹具在 UG 中已经布局了，所以在华塑 CAE 中可省去布局这一步骤，直接定义进料点，并继续设计浇口、分流道及主流道，设置充模工艺条件，完成充模设计。

充模设计完成后可进行充模与保压分析，但是冷却、应力、翘曲分析需要完成冷却设计后方可进行。

4.2.4　任务实施

1. 导入制品图形

(1) 系统设置。打开华塑 CAE 软件，执行【工具】|【系统设置】命令，打开【系统设置】对话框，单击【浏览】按钮，在打开的【浏览文件夹】对话框中浏览文件夹路径，单击【确定】按钮，返回【系统设置】对话框，单击【确定】按钮，如图 4-12 所示。这样便指定了所有分析文件的路径。

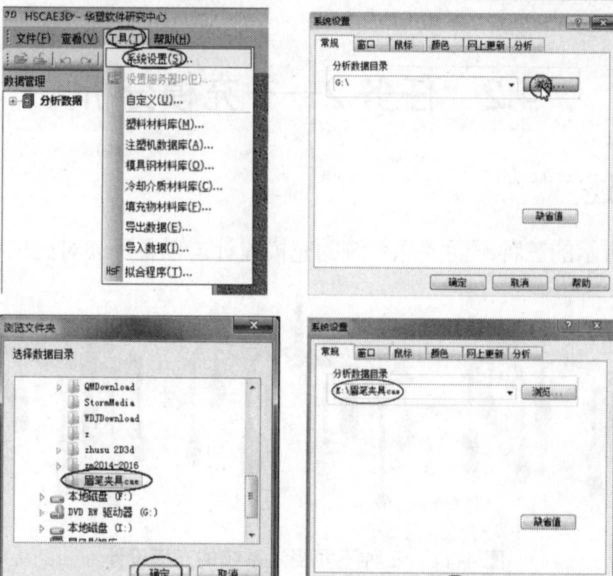

图 4-12　系统设置

(2) 新建零件及添加分析方案。执行【文件】|【新建零件】命令，打开【新建零件】对话框，输入零件名称，单击【确定】按钮，可以看到在数据管理器的分析数据下有了“眉笔夹具”的新建零件，在此右击添加分析方案，在弹出的快捷菜单中执行【添加分析方案】命令，打开【新建分析方案】对话框，输入方案名称“1”，单击【确定】按钮，在“眉笔夹具”下就有了“分析方案--1”，同理，添加分析方案 2 和 3，如图 4-13 所示。

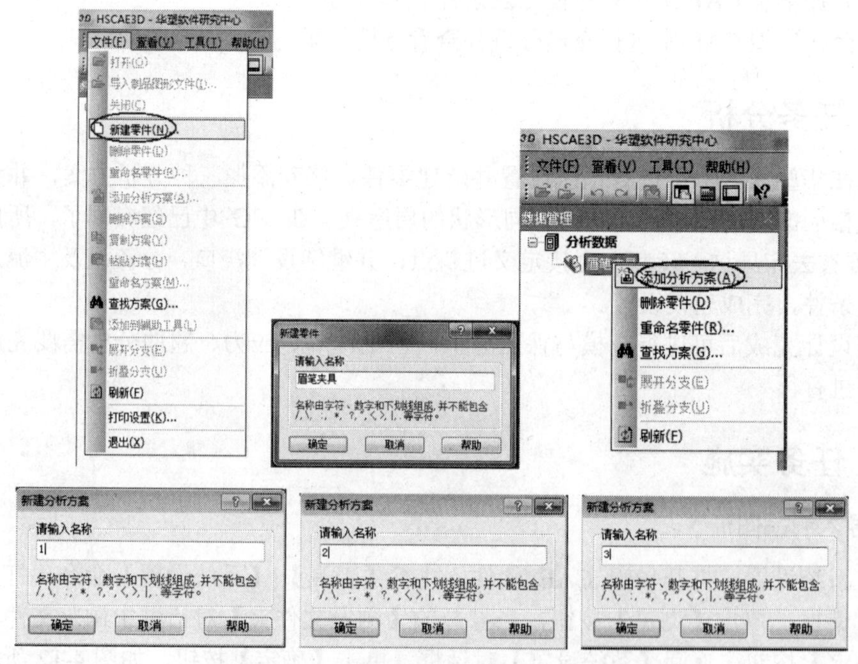

图 4-13　新建零件及添加分析方案

(3) 导入制品图形。执行展开“分析方案--1”项目(使“+”号变为“-”号)，右击“制品图形(无)”，在弹出的快捷菜单中执行【导入制品图形文件】命令，打开【导入制品图形文件】对话框，浏览找到需要导入的文件(眉笔夹具.2dm)，单击【打开】按钮，在绘图区打开制品图形文件，同时可以看到在【数据管理】窗格中制品图形旁的“无”字已经去掉，如图 4-14 所示。

同理，为分析方案 2 导入制品图形文件——眉笔夹具(2).2dm，如图 4-15 所示。

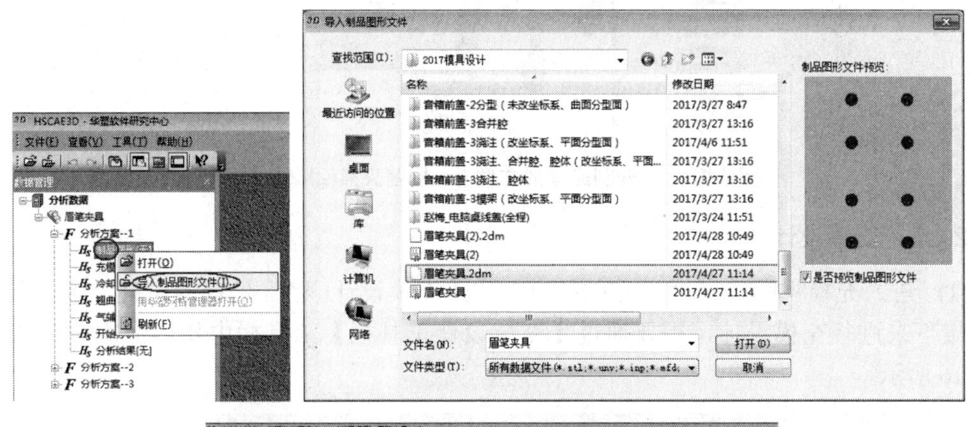

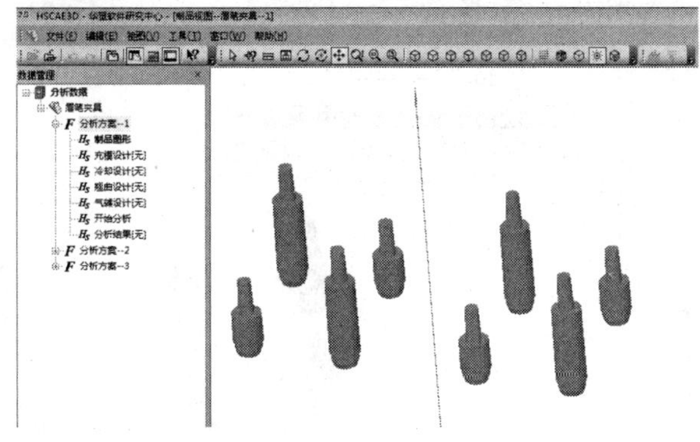

图 4-14　打开制品图形文件——眉笔夹具.2dm

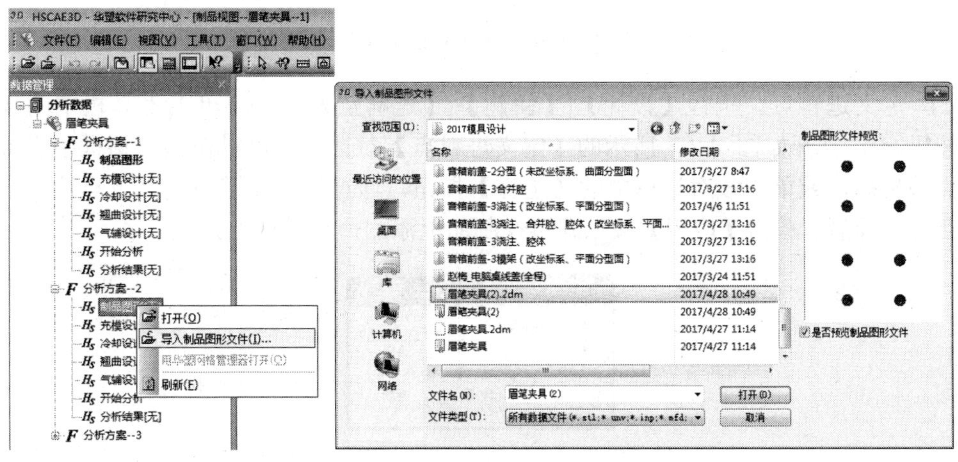

图 4-15　打开制品图形文件——眉笔夹具(2).2dm

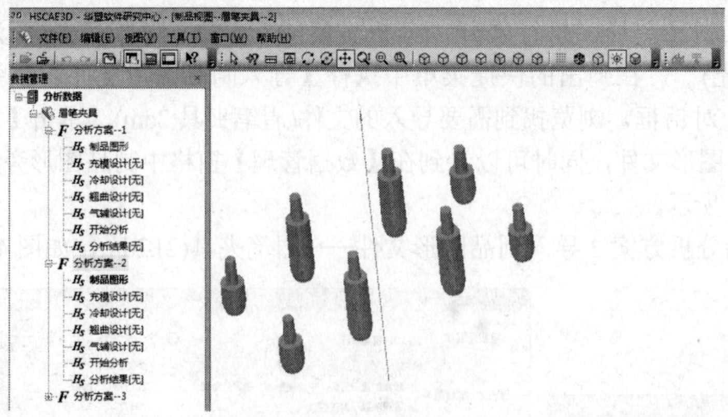

图 4-15　打开制品图形文件——眉笔夹具(2).2dm(续)

2. 进行充模设计

(1) 进入充模视图。在“分析方案--1”的“充模设计(无)”处双击左键，进入充模视图，接下来进行充模设计，需要通过【充模设计工具栏】工具栏中相应命令来完成，如图 4-16 所示。

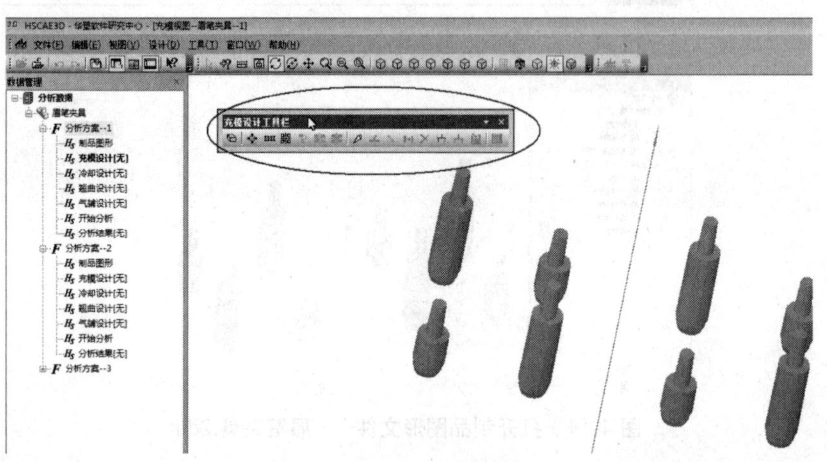

图 4-16　进入充模视图

(2) 定义进料点。执行【设计】|【新建】|【进料点】命令或单击工具栏中的【进料点】按钮，打开如图 4-17 所示的【定义进料点】对话框，可以在该对话框中直接输入进料点的坐标，或单击该对话框中的【选择】按钮，通过鼠标左键在制品上点选一点，得到该点的坐标后，单击【应用】按钮即可在制品上添加一个进料点。

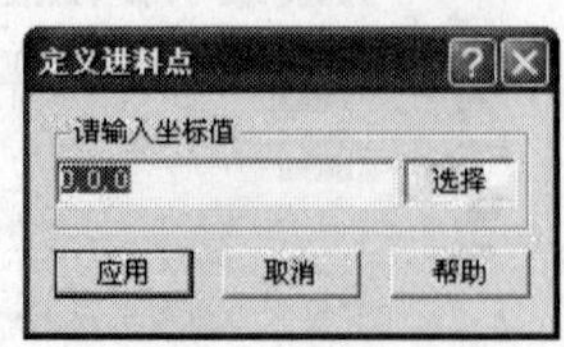

图 4-17　【定义进料点】对话框

为了准确定义进料点的位置(眉笔夹具上表面的圆心处)，可以通过执行 UG 软件中的【信息】|【点】命令获取 8 个圆心的坐标值作为进料点的坐标复制输入，如图 4-18 所示。

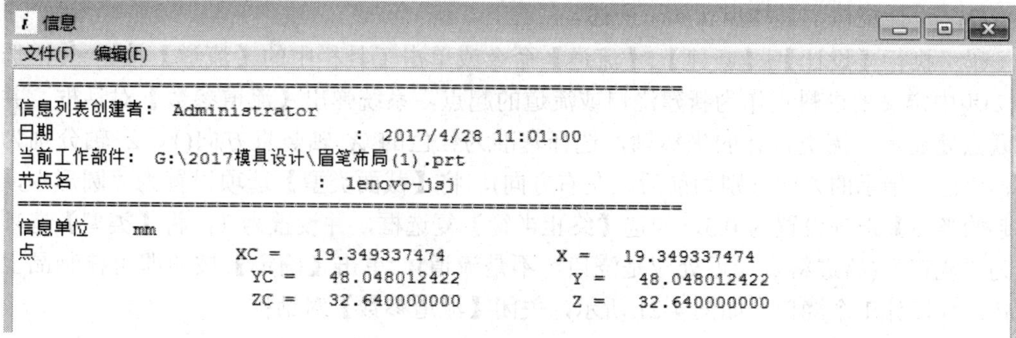

图 4-18　获取圆心的坐标值

作为进料点坐标的 8 个圆心的坐标值分别为(19.349337474,48.048012422,32.64)、(19.349337474, −48.048012422,18.87)、(−19.349337474, −48.048012422,32.64)、(−19.349337474, 48.048012422,18.87)、(−19.349337474,19.349337474,32.64)、(19.349337474, −19.349337474, 32.64)、(19.349337474,19.349337474,18.87)、(−19.349337474, −19.349337474,18.87)。

在【定义进料点】对话框中输入进料点的 *X*、*Y*、*Z* 的坐标值就可以定义 1 个进料点，如图 4-19 所示。

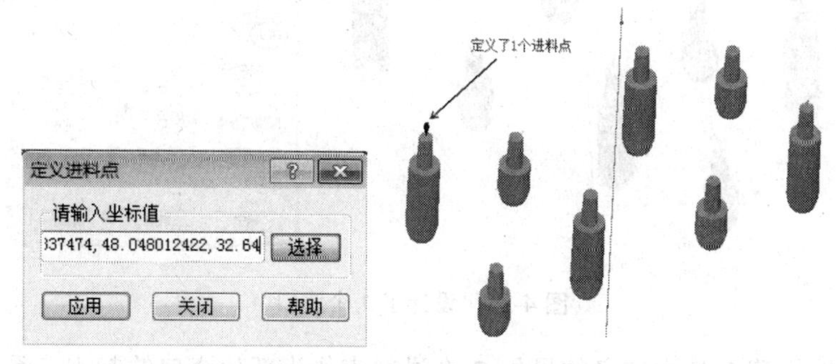

图 4-19　定义了 1 个进料点

同理，定义另外 7 个进料点，完成全部 8 个进料点的定义，如图 4-20 所示。

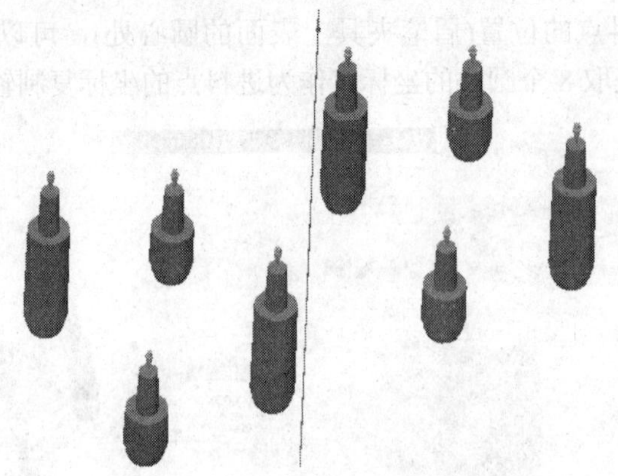

图 4-20　定义全部 8 个进料点

(3) 设计浇口，具体步骤如下所述。

① 执行【设计】|【新建】|【流道】命令或单击工具栏中的【流道】按钮，选择第(2)步中定义的进料点作为新建浇口或流道的起点，系统弹出【流道参数】对话框，并在关联点处显示出流道设计的坐标轴，选择基准为红色的 X 轴竖直方向(Y、Z 轴分别为绿色、蓝色，指示的方向分别为前后、左右方向)，将【截面类型】选项设置为“圆形”，将【起始半径】选项设置为 0.5，勾选【终止半径】复选框，并设置为 1，将【类型】选项设置为“浇口”(离进料点最近处应是浇口，不是流道)，单击【确定】按钮即可在制品上的进料点处设计 1 个浇口，如图 4-21 所示，关闭【流道参数】对话框。

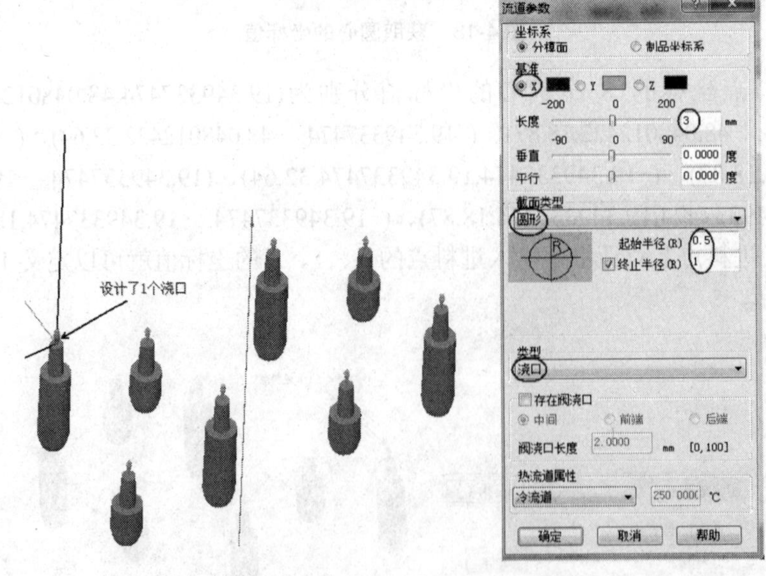

图 4-21　设计了 1 个浇口

② 继续选择第(2)步中定义的另外 7 个进料点作为新建浇口的起点，系统每次都会弹出【流道参数】对话框，保持设计第一个浇口时的参数不变，单击【确定】按钮即可在制品上的进料点处设计出另外 7 个浇口，如图 4-22 所示。

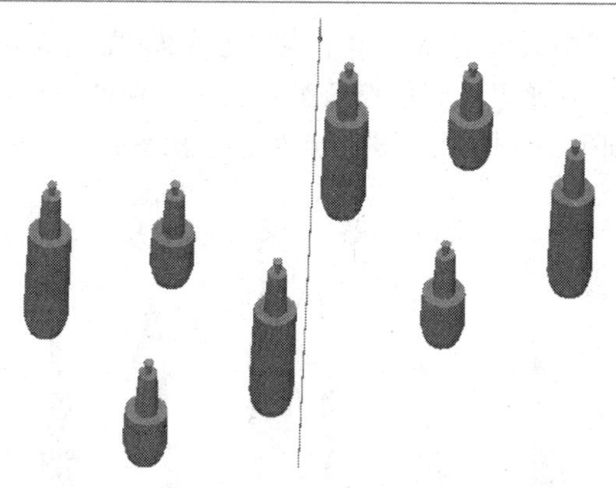

图 4-22　设计了另外 7 个浇口

(4) 设计分流道，具体步骤如下所述。

① 执行【设计】|【新建】|【流道】命令或单击工具栏中的【流道】按钮，选择第(3)步中定义的浇口的上表面作为新建分流道的起点，系统弹出【流道参数】对话框，并在关联点处显示出流道设计的坐标轴，选择基准为红色的 *X* 轴竖直方向(*Y*、*Z* 轴分别为绿色、蓝色，指示的方向分别为前后、左右方向)，将【长度】选项设置为 30(4 个高度值大的眉笔夹具的分流道长度设置为 30，4 个高度值小的眉笔夹具的分流道长度就应设置为 43.77，因大小不同的两种眉笔夹具的高度分别为 32.64 和 18.87，相差 13.77，这样分流道最上表面才能平齐)，将【截面类型】设置为“圆形”，将【起始半径】设置为 1，勾选【终止半径】复选框，并设置为 1.5，将【类型】设置为“流道”(不是浇口)，单击【确定】按钮即可在制品上的浇口处设计 1 个分流道，如图 4-23 所示，关闭【流道参数】对话框。

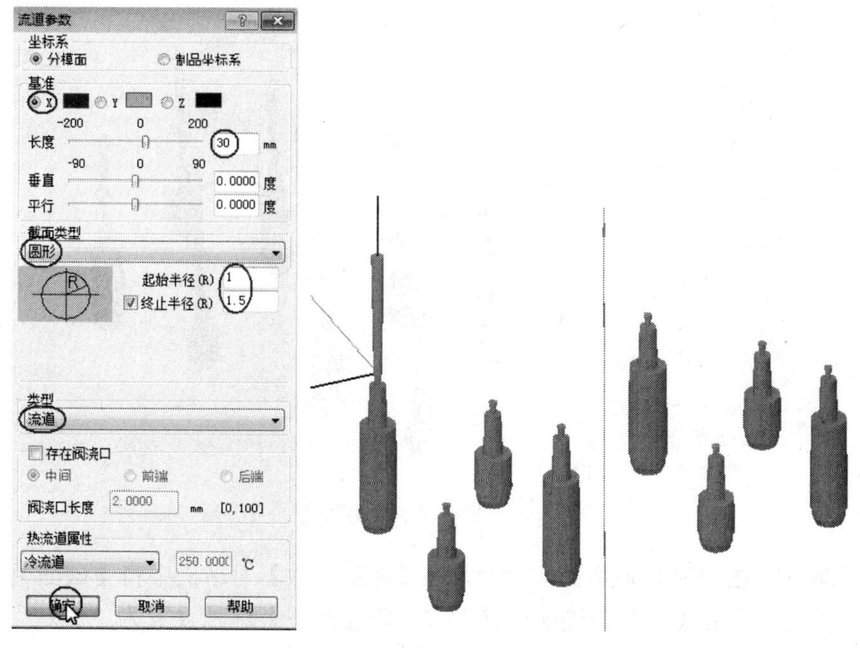

图 4-23　设计了 1 个分流道

② 继续选择第(3)步中设计的另外 3 个浇口上表面(高度值大的眉笔夹具)作为新建分流道的起点，系统每次都会弹出【流道参数】对话框，保持设计第一个分流道时的参数不变，单击【确定】按钮即可在制品上的进料点处设计出另外 3 个分流道，如图 4-24 所示。

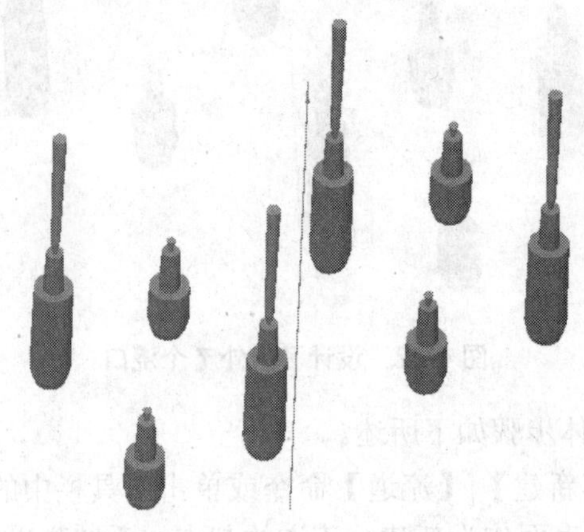

图 4-24 设计了 4 个分流道

③ 继续选择第(3)步中设计的另外 4 个浇口(高度值小的眉笔夹具)作为新建分流道的起点，系统每次都会弹出【流道参数】对话框，改变长度为 43.77，其他保持设计第一个分流道时的参数不变，单击【确定】按钮即可在制品上的进料点处设计出另外 4 个分流道，完成总共 8 个竖直分流道的设计，如图 4-25 所示。

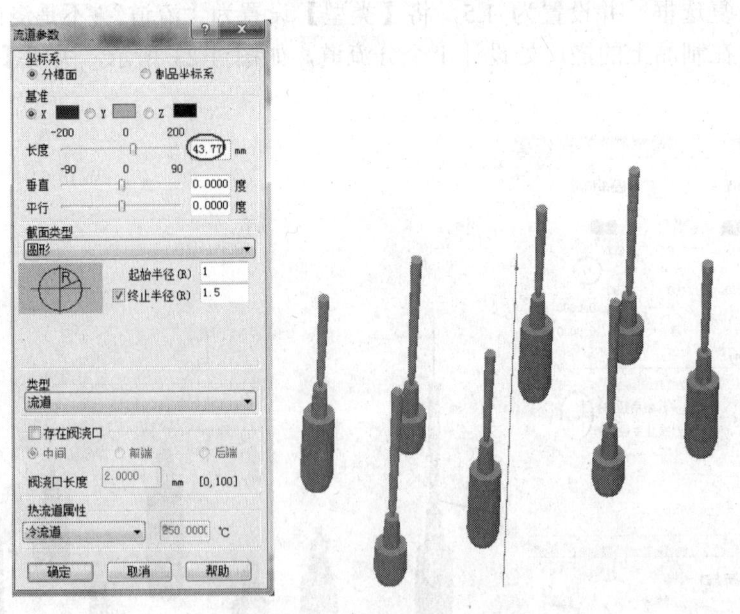

图 4-25 设计了 8 个分流道

④ 分别选择 2 个竖直流道的上表面，在【流道参数】对话框中将【截面类型】选项设置为“下半圆”，将【半径】选项设置为 2，将【类型】选项设置为“流道”，设计 4 段下半圆形的分流道交叉连接刚刚完成的 8 个分流道，如图 4-26 所示。

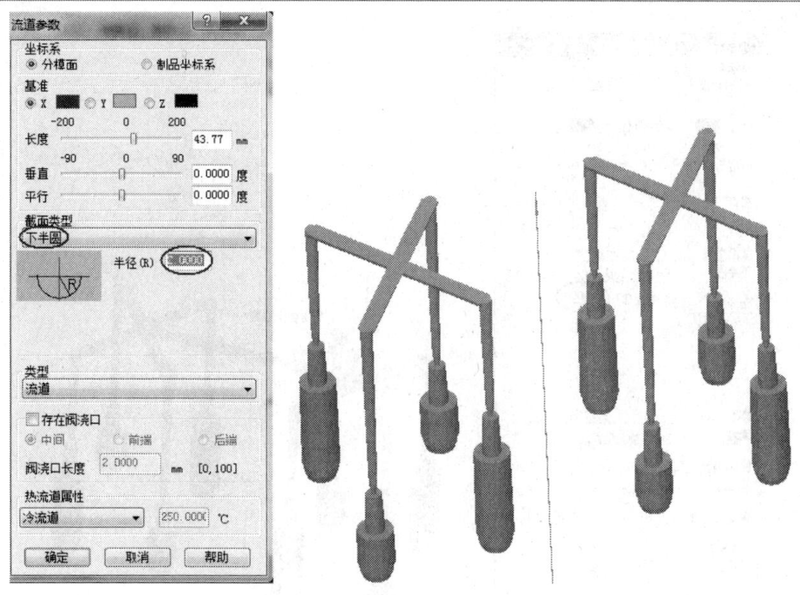

图 4-26　交叉连接 8 个分流道

⑤　选择 2 个交叉分流道的上表面交叉点，在【流道参数】对话框中将【截面类型】选项设置为“下半圆”，将【半径】选项设置为 3，将【类型】选项设置为“流道”，设计 1 段下半圆形的分流道连接 2 个交叉点，如图 4-27 所示。

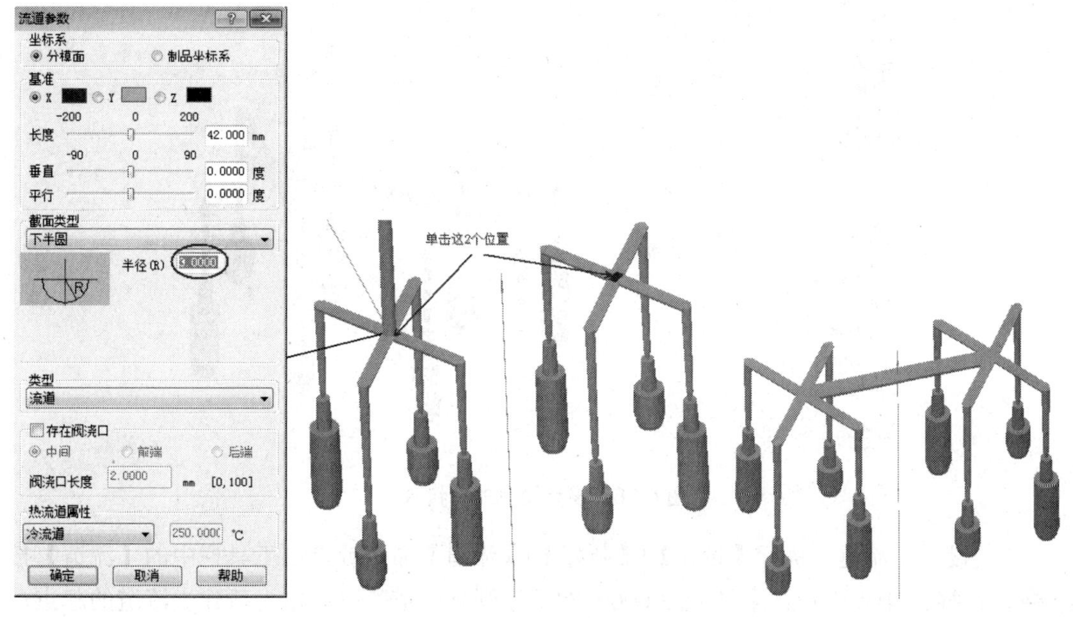

图 4-27　连接 2 个交叉点

⑥　分别选择 2 个交叉点的外侧，在【流道参数】对话框中改变基准为 Z 轴(左右方向)，将【长度】选项设置为 9(另一侧就要设为−9)，其他参数不变，设计 2 段下半圆形的流道作为冷料穴，如图 4-28 所示。

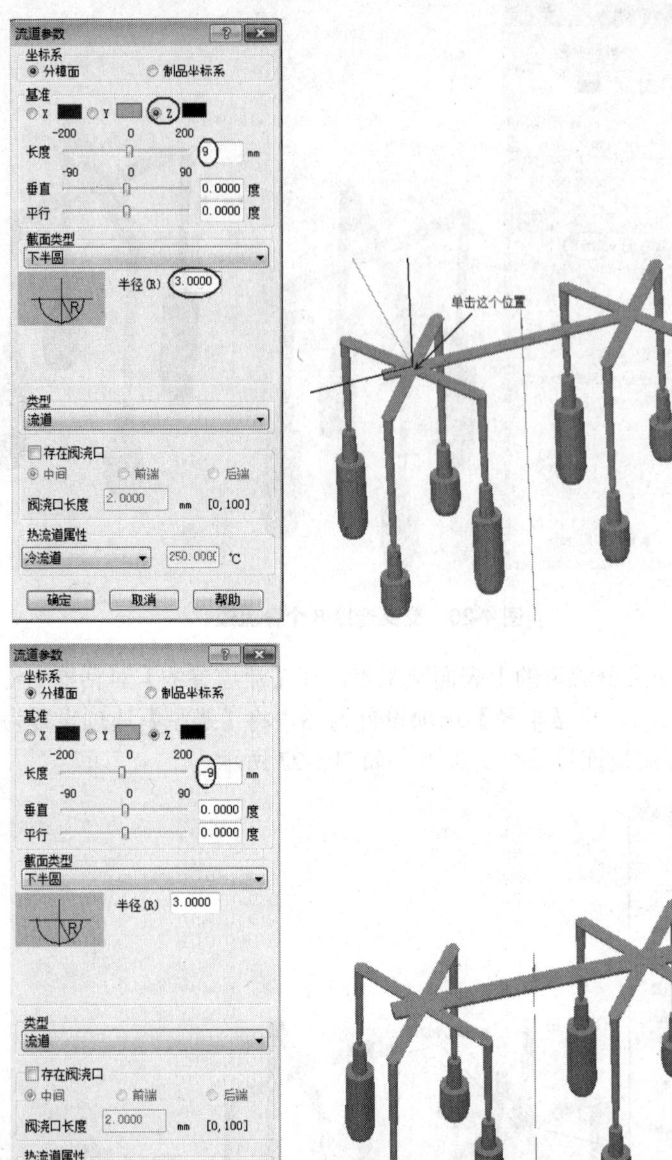

图 4-28　设计两侧的冷料穴

(5) 设计主流道。执行【设计】|【新建】|【流道】命令或单击工具栏中的【流道】按钮，选择第(4)步中设计半径为 3.0000 的下半圆分流道的中点作为新建主流道的起点，系统弹出【流道参数】对话框，并在关联点处显示出流道设计的坐标轴，选择基准为红色的 X 轴竖直方向，将【截面类型】设置为“圆形”，将【起始半径】选项设置为 2.5，勾选【终止半径】复选框，并设置为 1.75，将【类型】选项设置为“流道”，单击【确定】按钮即可在制品上的进料点处设计 1 个主流道，如图 4-29 所示，关闭【流道参数】对话框。

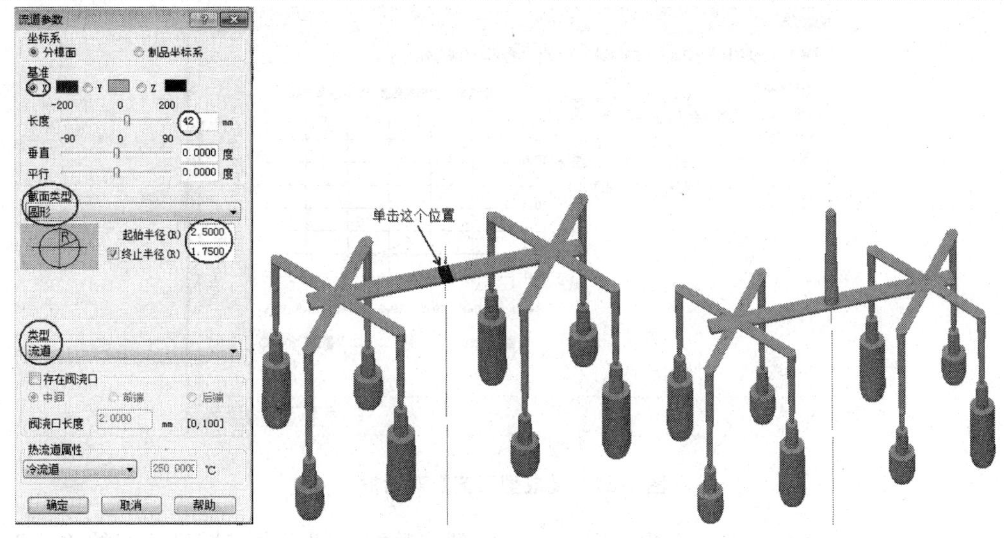

图 4-29 设计主流道

(6) 完成流道设计。执行【设计】|【完成流道设计】命令或单击工具栏中的【完成流道设计】按钮，可以进入流道系统完成状态，系统会自动生成冷料井，进行流道网格的划分并自动保存流道设计。完成状态的流道系统如图 4-30 所示。

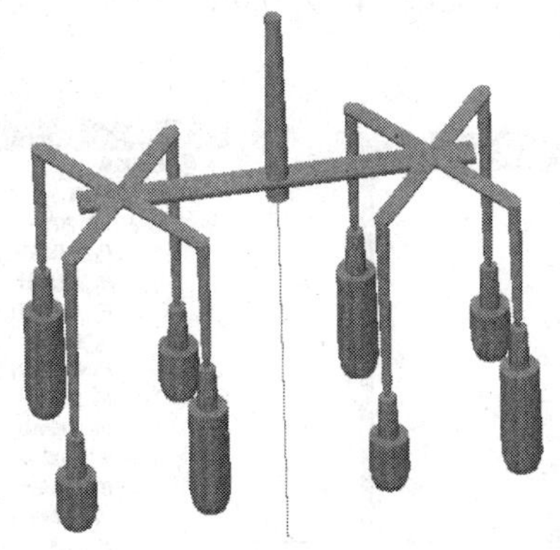

图 4-30 完成流道设计生成冷料井

3. 设置成型工艺条件

在充模设计工具栏中执行【工艺条件】命令，打开【成型工艺】对话框，如图 4-31 所示。分别对该对话框中的 6 个选项卡对应的制品材料、注射机、成型条件、注射参数、保压参数以及阀浇口(流量控制)6 个部分进行设置。设置完毕后，单击【成型工艺】对话框中的【确定】按钮，保存当前所设置的制品材料、注射机、成型条件以及注射参数信息。

> 注意：对某分析方案进行第一次“成型工艺”设置，【成型工艺】对话框的【确定】按钮直至用户将每一属性页都点选过才变为可用状态。

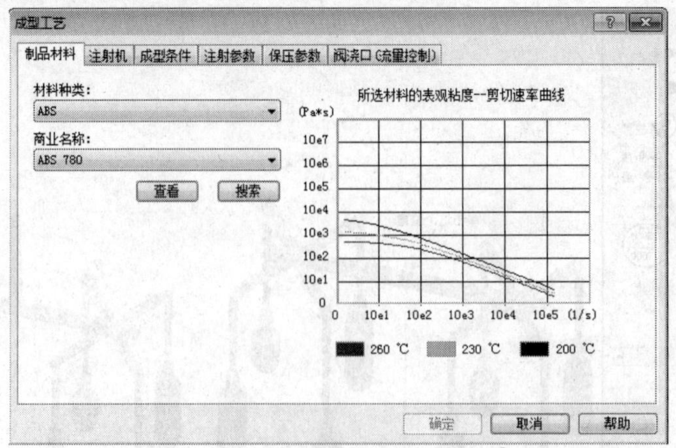

图 4-31 【成型工艺】对话框

至此，方案 1 的充模设计完成，同时可以看到在数据管理器中充模设计旁的“无”字已经去掉。

方案 2 与方案 1 的充模设计操作类似，但制品图形不同，需导入眉笔夹具(2).2dm 进行定义进料点、设计浇口流道等的操作。

方案 3 与方案 2 的制品图形相同，因此两者的进料点完全相同，浇口和竖直分流道也完全相同，可复制、粘贴方案 2，如图 4-32 所示，再对不同的流道部分进行相应修改，这样可减少工作量。

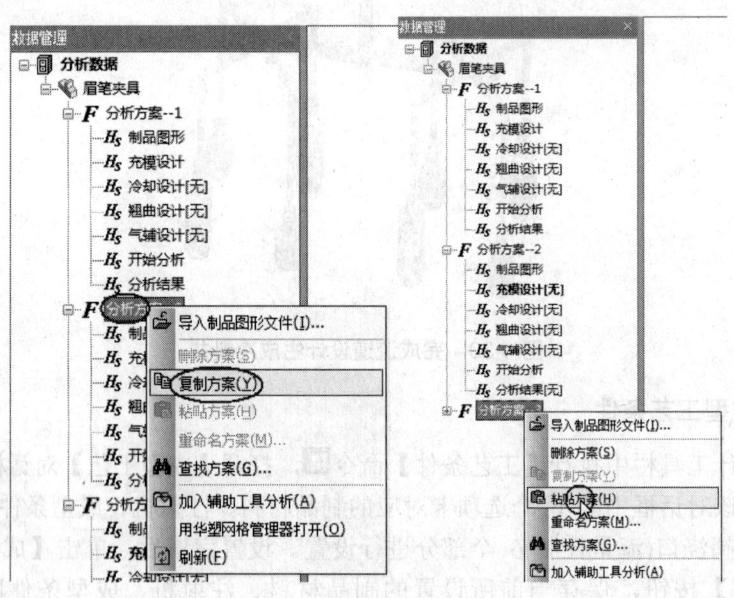

图 4-32 复制、粘贴方案

4. 启动分析

在【数据管理】窗格中，双击“开始分析”项，进入消息视图，单击【启动分析】▶按钮，打开【启动分析】对话框，如图 4-33 所示。

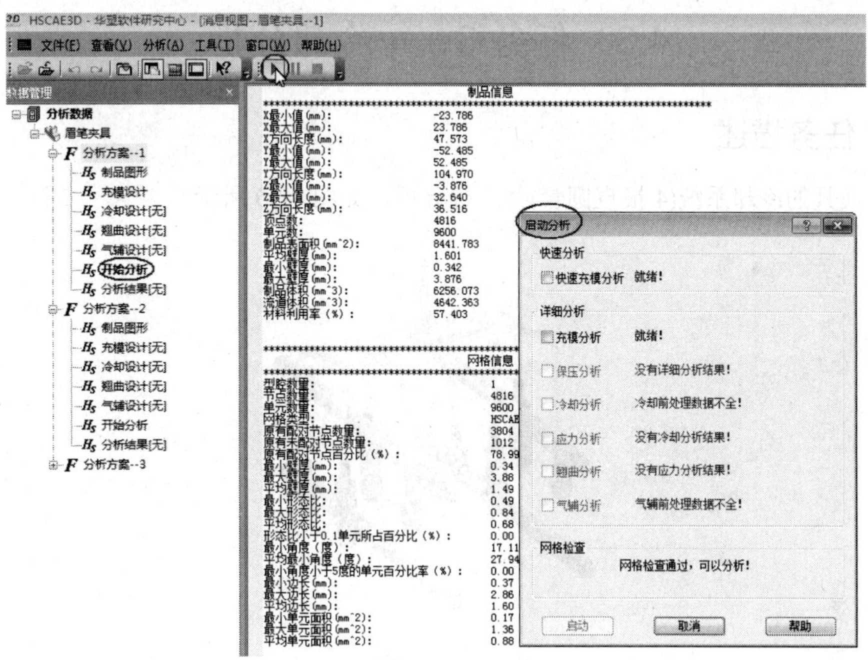

图 4-33　【启动分析】对话框

勾选【充模分析】和【保压分析】复选框，单击【启动】按钮，系统经过一段时间分析后，显示“成功完成”字样，如图 4-34 所示。同时，可以看到在【数据管理】窗格中分析结果旁的“无”字已经去掉，表示已经存在可以查看的分析结果了。

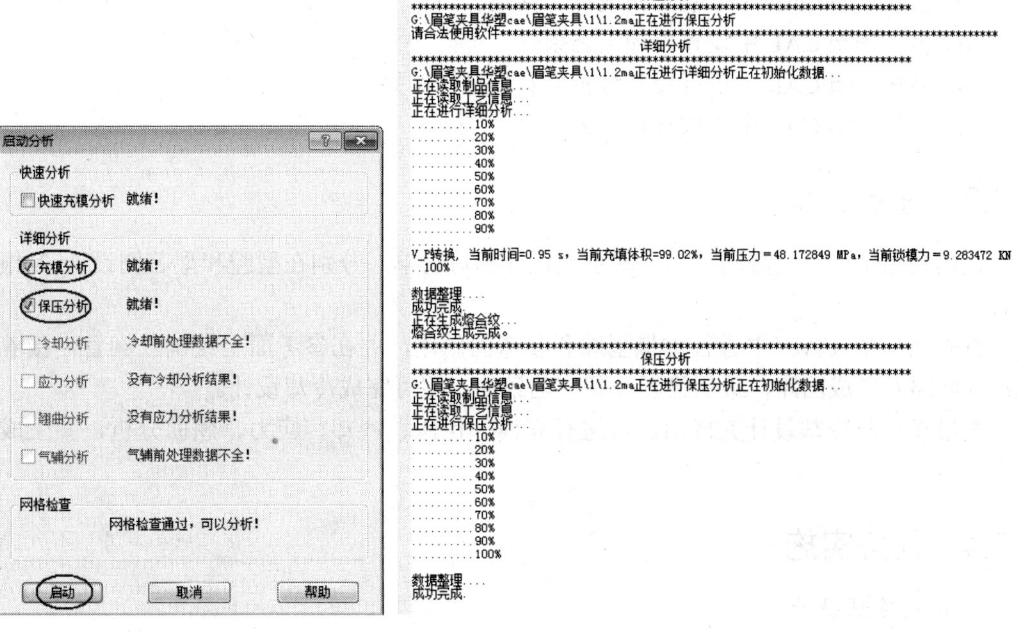

图 4-34　分析完成

4.3 任务 3——冷却分析

4.3.1 任务描述

设计模具的冷却系统(4 根直圆管)并进行分析，如图 4-35 所示。

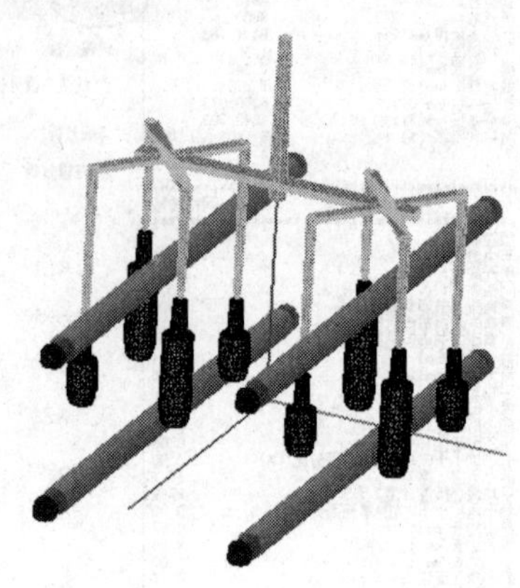

图 4-35 冷却设计

4.3.2 任务目标

(1) 熟悉华塑 CAE 冷却分析的相关知识。

(2) 会在华塑 CAE 中进行虚拟型腔的设计及参考面的创建。

(3) 会在华塑 CAE 中创建直圆管。

(4) 会在华塑 CAE 中分割及完成冷却回路。

(5) 会在华塑 CAE 中设置冷却工艺条件。

(6) 会在华塑 CAE 中进行冷却分析并查看分析结果。

(7) 会在华塑 CAE 中生成分析报告。

4.3.3 任务分析

该模具由于受空间限制，其冷却系统设计相对简单，分别在型腔和型芯侧设计 2 根直圆管。

首先在华塑 CAE 中进行虚拟型腔和参考面创建，并在参考面上绘制直圆管，接着分割冷却回路及完成回路，最后设置冷却工艺条件，即可完成冷却设计。

充模设计与冷却设计完成后，可进行充模、保压、冷却、应力、翘曲分析，并生成分析报告。

4.3.4 任务实施

1. 进行冷却设计

(1) 进入冷却设计窗口。在【数据管理】窗格中双击“冷却设计”项，进入冷却视图，此时会弹出【冷却管理器】窗格和【冷却设计】工具栏，如图 4-36 所示。

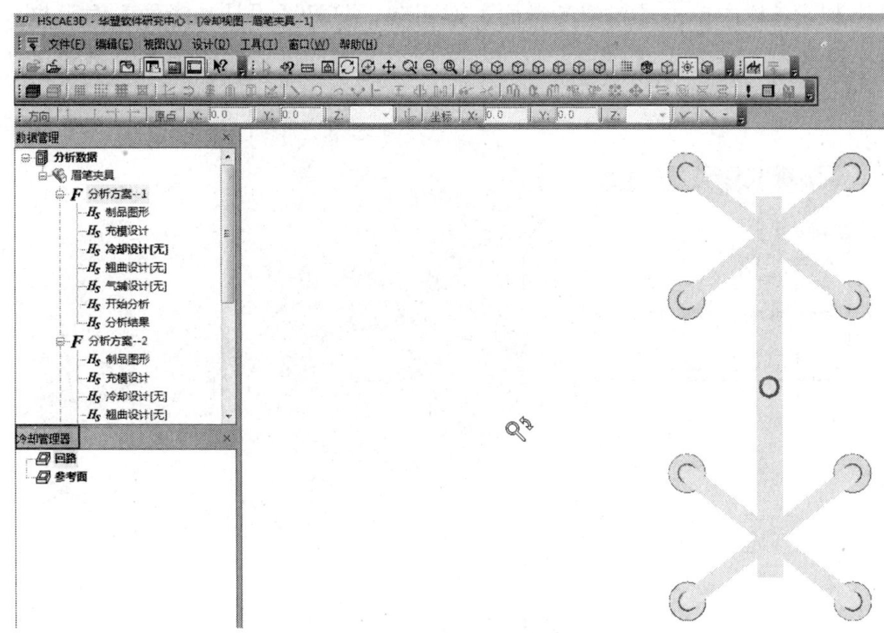

图 4-36　冷却视图

(2) 设计虚拟型腔。在进行冷却设计之前必须进行虚拟型腔设计，以保证建立冷却系统型腔坐标系。在【冷却设计】工具栏中单击【设计动定模板】按钮，打开【设计虚拟型腔】对话框，模板尺寸设置为：*X* 向为 150，*Y* 向为 230，定模厚为 65.0000，动模厚为 50.0000，中心偏移 *Z* 向设置为-14(使定模板和动模板的分界处位于分型面处)，单击【确定】按钮，完成虚拟型腔设计，如图 4-37 所示。

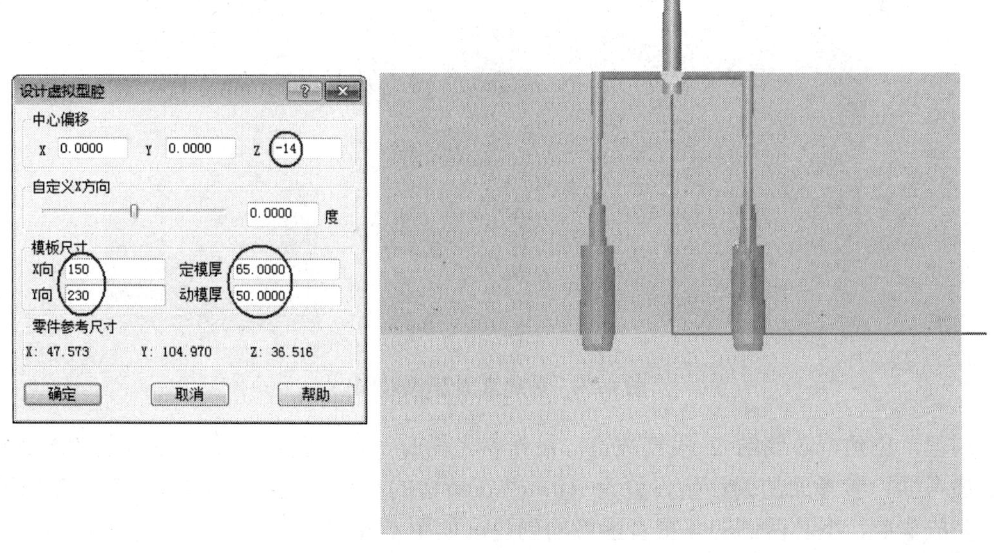

图 4-37　设计虚拟型腔

(3) 新建参考面。虚拟型腔设计完成后，需要新建参考面作为冷却设计的基准。在【冷却设计】工具栏中单击【新建参考面】按钮，打开【设计参考面】对话框，将【偏移量】选项设置为 35，单击【确定】按钮，完成参考面的创建，如图 4-38 所示。

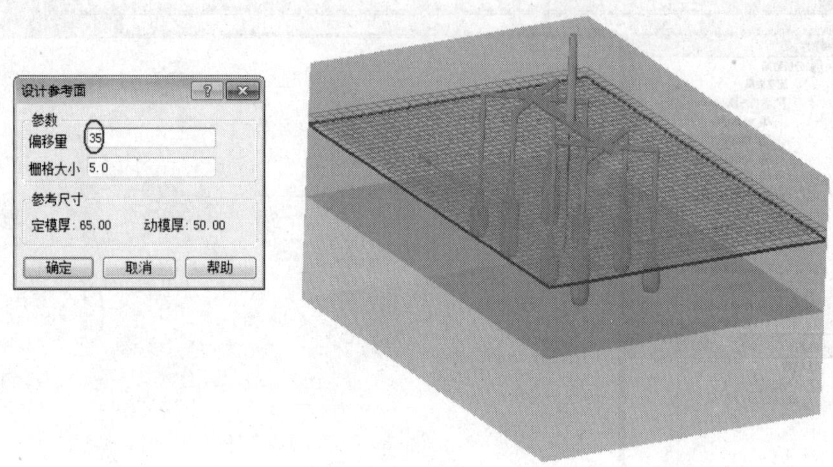

图 4-38 新建参考面

(4) 创建直圆管。在【冷却设计】工具栏中单击【创建直圆管】按钮，在参考面上单击鼠标左键确定一段水管的起点，移动鼠标指针至另外一点，单击鼠标左键确定水管终点。反复操作即可生成一系列连接的线段，如果需要编辑一条新的水管，可以右击鼠标，在弹出的快捷菜单中执行【继续画线】命令。不再需要编辑水管时，退出编辑菜单项结束水管编辑状态，绘制如图 4-39 所示的位于型腔侧的 2 段直圆管。

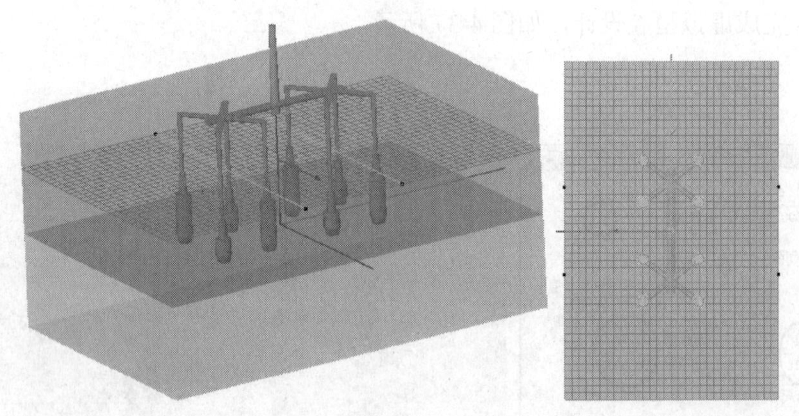

图 4-39 创建直圆管(型腔侧)

同理，创建型芯侧的 2 段直圆管，设计参考面时可在回路管理器中右击参考面节点，添加参考面，参考面的偏移量设置为-10，并在新建的参考面绘制位于型芯侧的 2 段直圆管，完成型腔、型芯两侧的 4 根直圆管的创建，如图 4-40 所示。

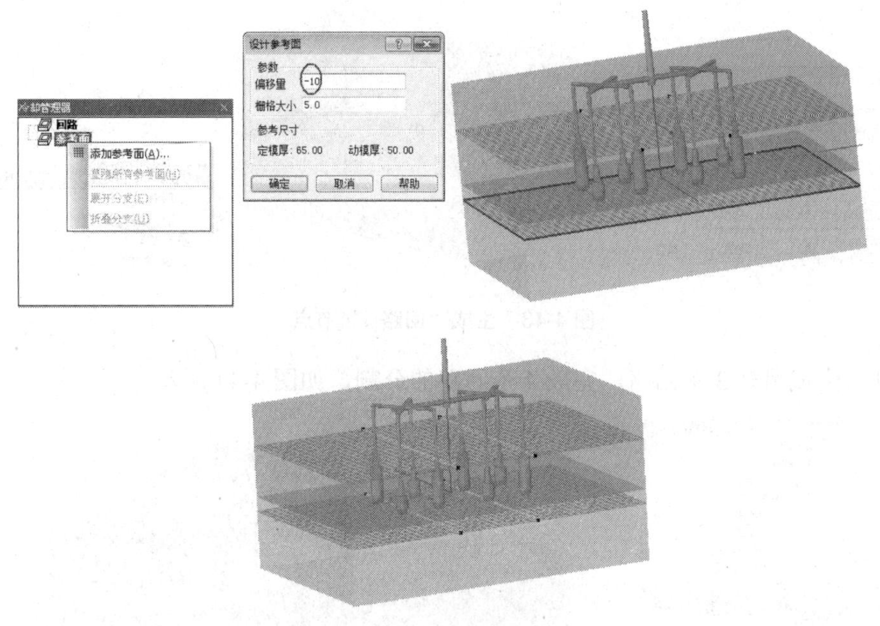

图 4-40　完成创建直圆管(共 4 根)

提示： 可以将在通用三维 CAD 系统中设计的回路导入，简化冷却回路的设计。首先，在通用三维 CAD 系统中设计好冷却回路并导出为 IGES 格式文件，执行【设计】|【导入冷却回路】命令，弹出导入 IGES 文件对话框，选择所要导入的文件。如果读取成功，将会出现如图 4-41 所示的提示框。

由于存在制品坐标系和型腔坐标系的区别，导入冷却回路时会提醒用户定义坐标系。如果用户在设计模具时是按照制品进行设计的，此时单击【否】按钮，如果用户在设计模具时是按照模具型腔进行设计的，单击【是】按钮。

导入成功后，IGES 中的线条将在冷却系统显示，如图 4-42 所示。

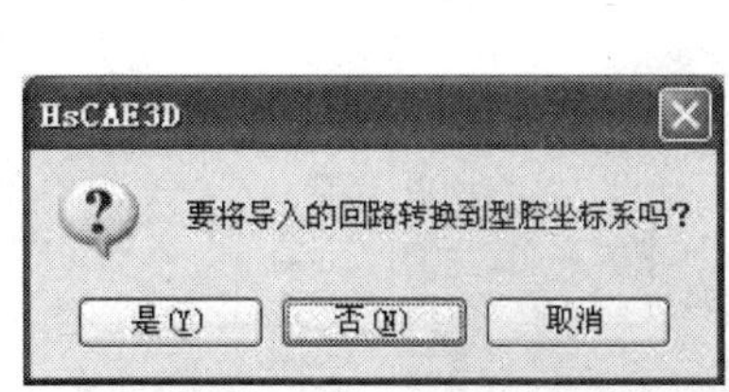

图 4-41　导入回路坐标系的定义

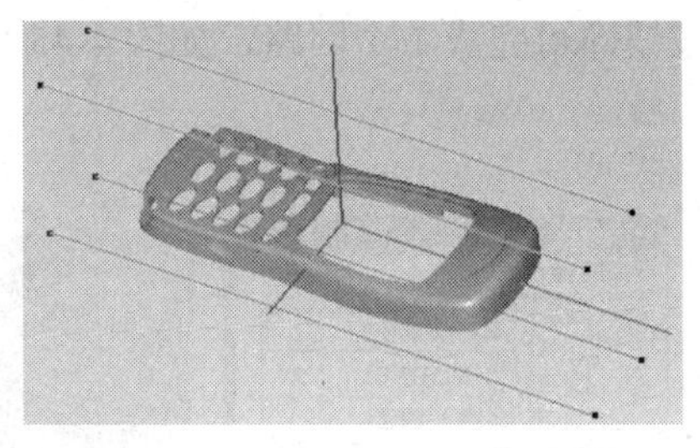

图 4-42　导入回路后的结果

(5) 分割回路。冷却实体编辑完毕后，按照冷却回路有效性的要求，需要对实体进行分割回路的操作。首先单击【选择】按钮，选择一段直圆管，在【冷却设计】工具栏中单击【移动到别的回路】按钮，弹出【移动到别的回路】对话框，单击【新回路】按钮，弹出【指定回路直径】对话框，输入直径 8，单击【确定】按钮，完成移动至回路的操作，在冷却管理器中出现“回路 1”节点，如图 4-43 所示。

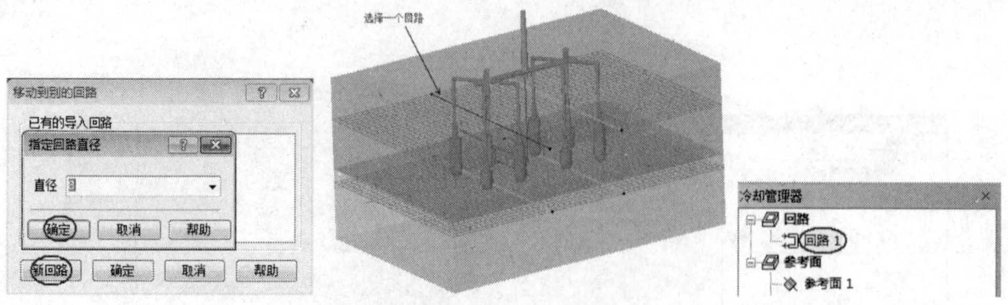

图 4-43　生成“回路 1”节点

同理，生成另外 3 个回路，完成 4 个回路的分割，如图 4-44 所示。

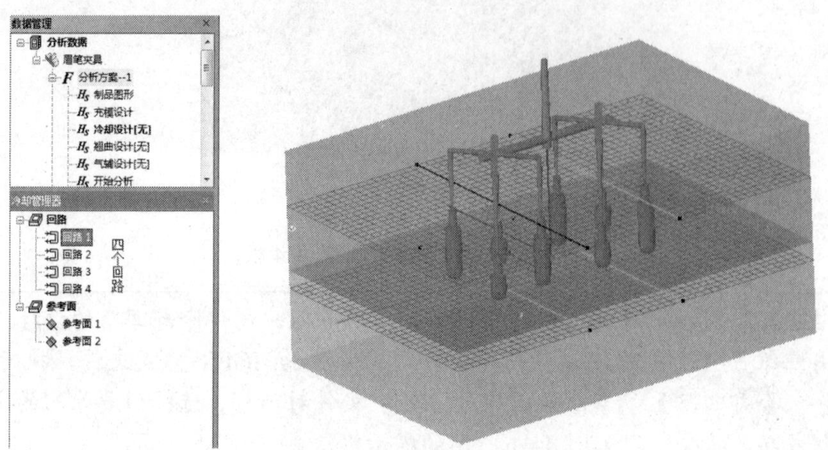

图 4-44　分割 4 个回路

(6) 完成回路。回路分割完毕后，便可以完成各个回路了。在【冷却管理器】窗格中选择一个回路并右击，在弹出的快捷菜单中执行【完成回路】命令，或单击【完成回路】按钮，进入完成回路操作。分别指定回路的入点和出点，输入冷却介质参数，单击【确定】按钮即可完成 1 个回路，如图 4-45 所示，继续完成另外 3 个回路，如图 4-46 所示。

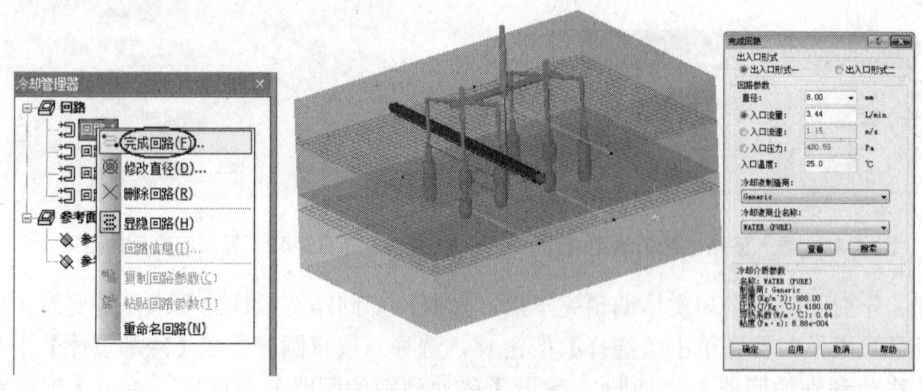

图 4-45　完成 1 个回路

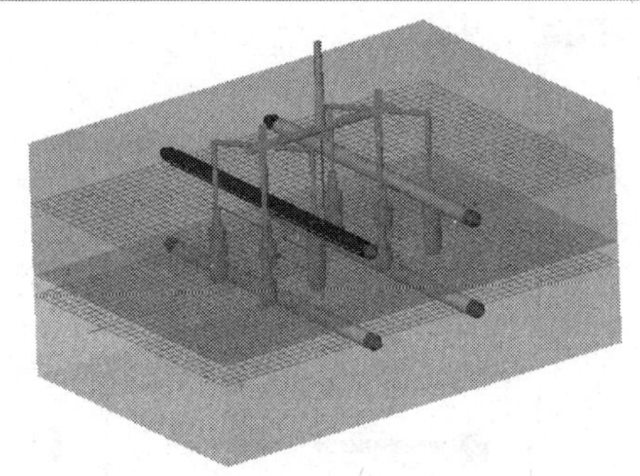

图 4-46　完成 4 个回路

(7) 完成冷却设计。完成所有的回路后，便可以在【冷却设计】工具栏中单击【完成冷却设计】按钮❗，以完成冷却设计。

2. 设置冷却工艺条件

在【冷却设计】工具栏中单击【工艺条件】按钮，打开【冷却工艺条件】对话框，如图 4-47 所示，设置相应的工艺条件后，单击【确定】按钮，完成冷却设计，同时可以看到在【数据管理】窗格中“冷却设计”旁的“无”字已经去掉。

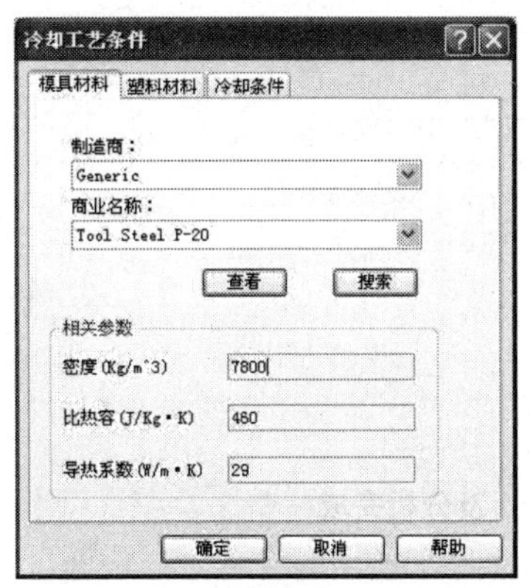

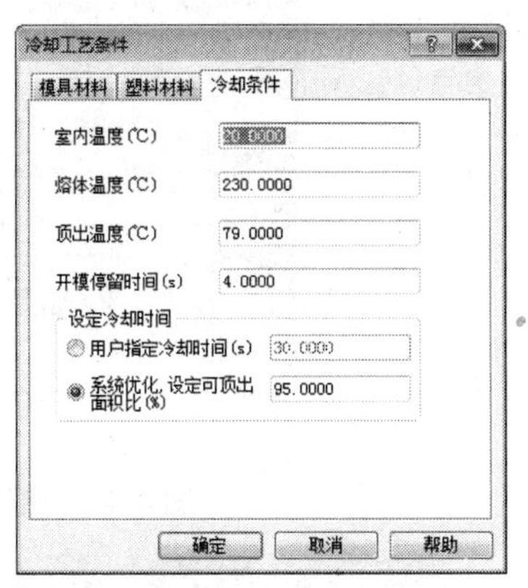

图 4-47　【冷却工艺条件】对话框

3. 启动分析

在【数据管理】窗格中，双击“开始分析”项，进入消息视图，单击【启动分析】按钮▶，打开【启动分析】对话框，这时可以进行充模、保压、冷却、应力、翘曲分析，勾选这几项，单击【启动】按钮，因之前进行过充模分析、保压分析，会弹出是否需要重新分析提示框，单击【是】按钮，系统经过一段时间分析后，显示“成功完成”，如图 4-48 所示。同时可以看到在【数据管理】窗格中分析结果旁的“无”字已经去掉，表示可以查看分析结果了。

4. 查看分析结果

在【数据管理】窗格中，双击“分析结果”项，进入结果视图，在此可以查看流动、冷却和翘曲分析结果，如图 4-49 所示。

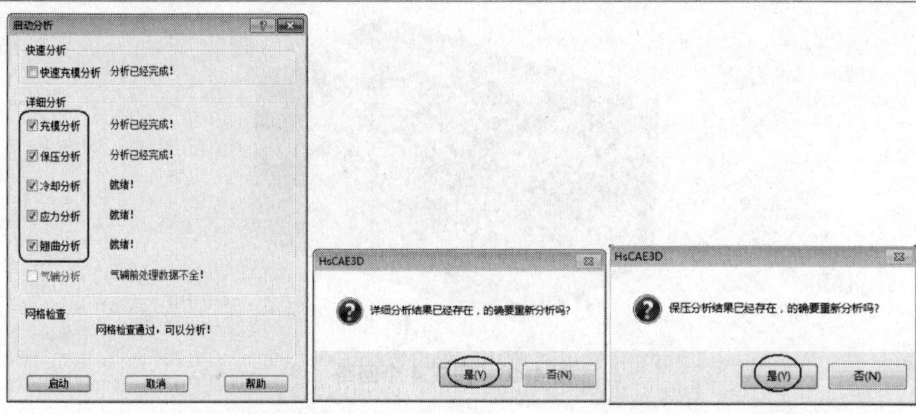

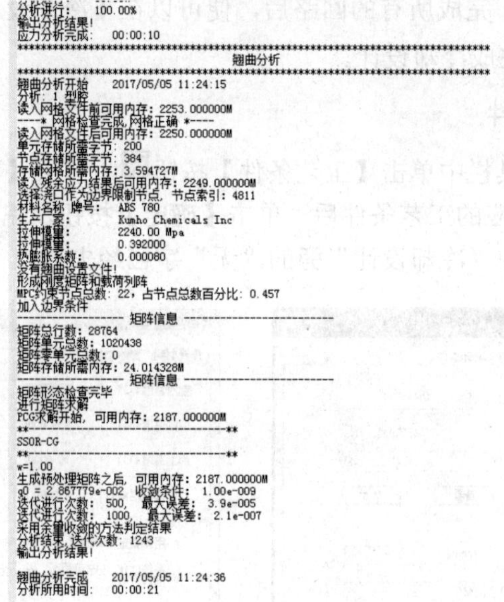

```
分析进行:    100.00%
输出分析结果!
应力分析完成:   00:00:10
************************************************************************
                              翘曲分析
************************************************************************
翘曲分析开始     2017/05/05 11:24:15
分析: 1 型腔
读入网格文件前可用内存: 2253.000000M
----* 网格检查完成,网格正确 *----
读入网格文件后可用内存: 2250.000000M
单元存储所需字节: 200
节点存储所需字节: 384
存储网格所需内存: 3.594727M
读入残余应力结果后可用内存: 2249.000000M
选择浇口作为边界限制节点, 节点索引: 4811
材料名称 牌号:    ABS 780
生产厂家:        Kumho Chemicals Inc
拉伸模量:        2240.00 Mpa
拉伸模量:        0.392000
热膨胀系数:      0.000080
没有翘曲设置文件!
形成刚度矩阵和载荷列阵
MPC约束节点总数: 22，占节点总数百分比: 0.457
加入边界条件
----------------- 矩阵信息 ----------------------
矩阵总行数: 28764
矩阵单元总数: 1020438
矩阵零单元总数: 0
矩阵存储所需内存: 24.014328M
----------------- 矩阵信息 ----------------------
矩阵形态检查完毕
进行矩阵求解
PCG求解开始, 可用内存: 2187.000000M
**------------------------------**
SSOR-CG
**------------------------------**
w=1.00
生成预处理矩阵之后, 可用内存: 2187.000000M
q0 = 2.867779e-002  收敛条件:  1.00e-009
迭代进行次数:  500,   最大误差:  3.9e-005
迭代进行次数:  1000,   最大误差:  2.1e-007
采用余量收敛的方法判定结果
分析结束,迭代次数: 1243
输出分析结果!

翘曲分析完成     2017/05/05 11:24:36
分析所用时间:    00:00:21
```

图 4-48　启动分析及分析完成

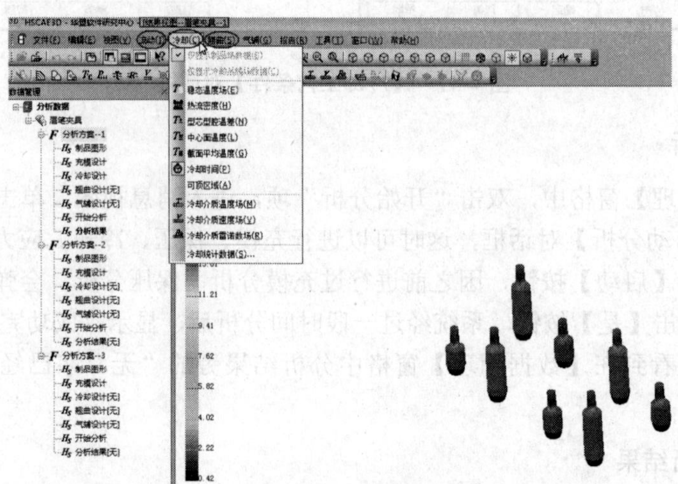

图 4-49　进入结果视图

方案 1 的充模分析结果如图 4-50 所示，冷却分析结果如图 4-51 所示。

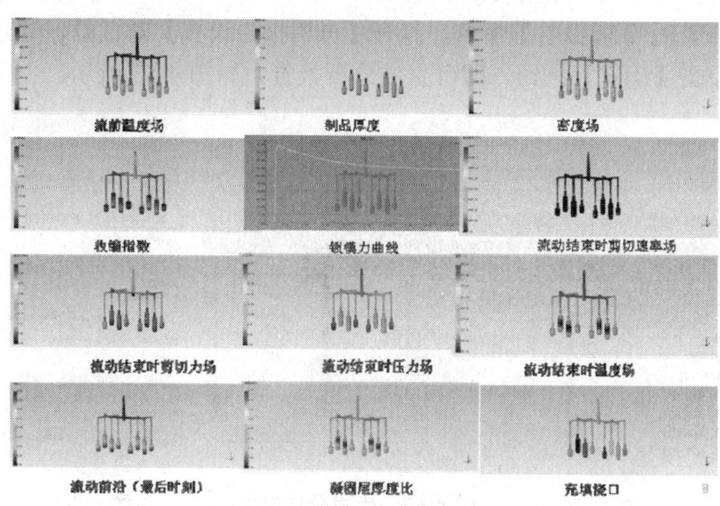

图 4-50　充模分析结果

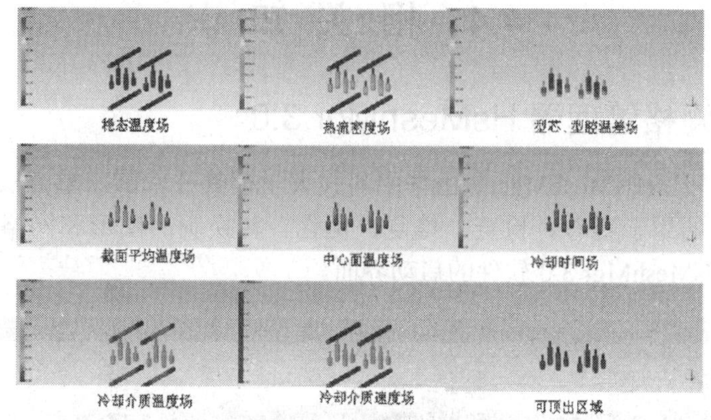

图 4-51　冷却分析结果

在相同充模及冷却工艺条件下，三种不同方案翘曲结果如图 4-52 所示，显示第二方案的最大翘曲变形为 0.12mm，而第一、三方案的最大翘曲变形分别为 0.21mm 和 0.14mm，从翘曲变形的大小看，第二方案为较优方案。

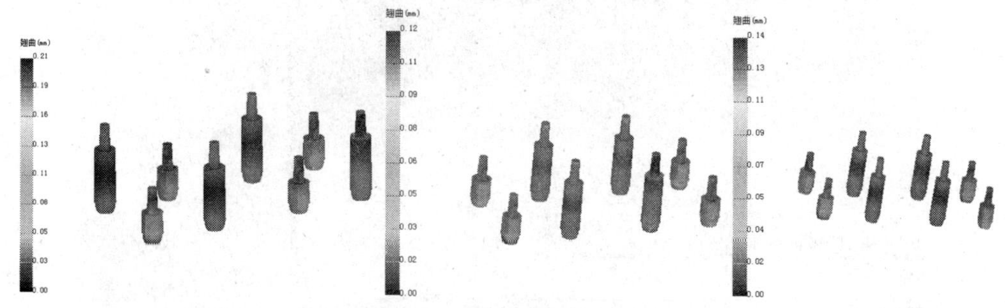

图 4-52　三种方案的翘曲变形

5. 生成分析报告

执行【报告】|【分析报告】命令，打开【分析报告设置】对话框，勾选【简体中文版本】复选框，单击【确定】按钮，即可生成分析报告，如图 4-53 所示。

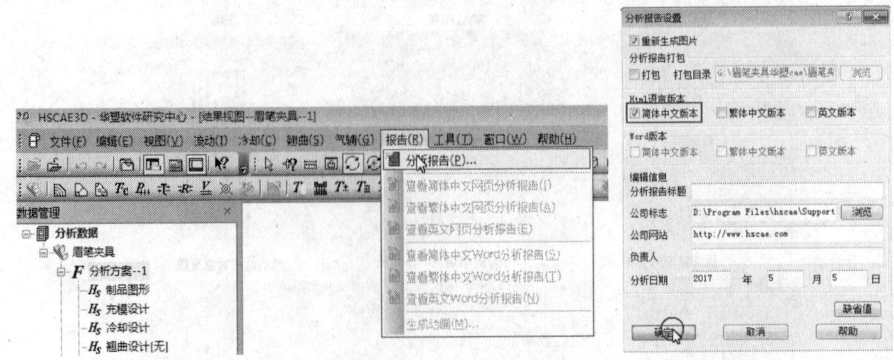

图 4-53　生成分析报告

4.4　相关知识

4.4.1　华塑网格管理器 HsMeshMgr 3.0

华塑网格管理器(HsMeshMgr)是由华中科技大学模具技术国家重点实验室华塑软件研究中心研制开发的用于查看、检查、修复、优化、转换制品图形和网格的工具软件。如图 4-54 所示为 HsMeshMgr 3.0 软件的启动界面。

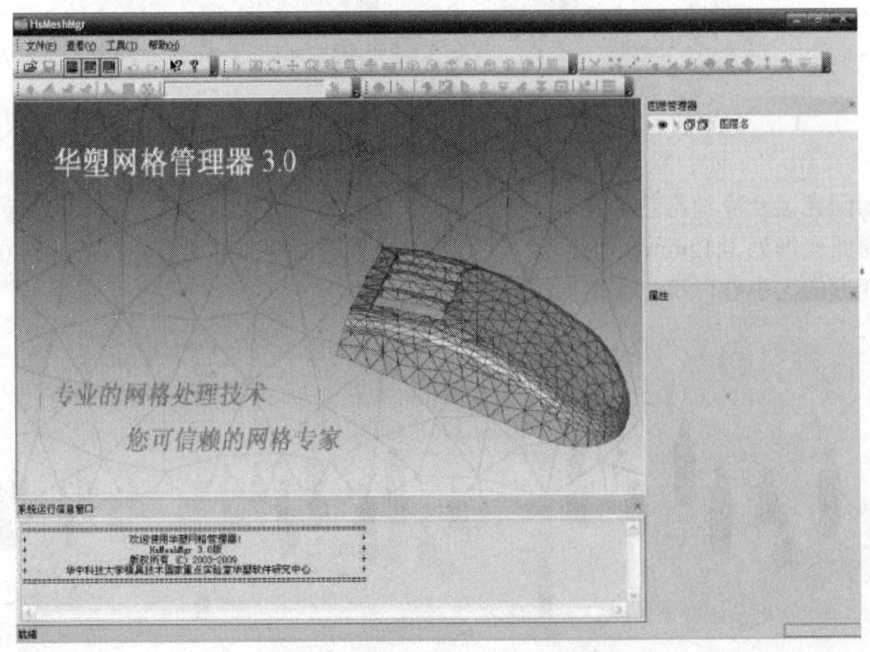

图 4-54　HsMeshMgr 3.0 软件启动界面

华塑网格管理器最初是作为华塑软件研究中心的塑料注射成型仿真系统(HsCAE3D 7.1 版本，简称华塑 CAE 系统)的辅助工具进行设计的。其目的是查看、检查、修复、修订、优化、转换制品图形文件和网格文件，因为华塑 CAE 系统需要导入 CAD 系统产生的 CAD 模型文件(主要是 STL)，而 STL 等 CAD 模型文件往往存在大量的缺陷，给华塑 CAE 系统的处理带来许多麻烦。另外，当产生的网格质量不够好时，也需要专门的辅助工具来修订 CAD 模型和修订网格，以改善系统处理性能、优化网格质量和提高处理精度。

1. 系统介绍

HsMeshMgr 3.0 版本是华塑软件研究中心推出的第 5 个版本，该版本的主要功能为查看、检查、修复、修订 CAD 模型文件的主要模型 STL 文件，以及查看、修复和修订 2DM 网格。

STL 是一种使用三角面片模型描述实体表面的通用三维图形数据交换文件格式，其应用非常广泛，国际上典型的 CAD 系统(如 Pro/E、UG、SolidWorks 等)都能够输出 STL 文件。目前，几乎所有的快速成型系统和大部分 CAE 系统都采用 STL 作为与 CAD 系统的数据交换格式。STL 也是华塑 CAE 系统的主要 CAD 模型文件。

STL 的主要缺陷是经常存在错误(根据统计，20%～30%的 STL 含有错误)，因此处理 STL 的错误是采用 STL 作为数据交换格式的系统共同面临的问题。目前，STL 缺陷严重阻碍了快速成型系统和 CAE 系统的开发与应用，解决 STL 缺陷问题成为当前的迫切需要，而 HsMeshMgr 3.0 版本正是修订 STL 缺陷的有力工具。

目前的大部分 CAE 系统在处理制品上存在某些较大的误差，比如厚度，与实际模型相差较远，影响 CAE 系统的分析。又如，在处理制品上单元的配对信息时，系统自动处理误差较大，无法满足实际的要求。HsMeshMgr 3.0 版本可以对制品的网格进行单元厚度信息、单元配对信息和节点配对信息的修订，使网格更接近实际模型，减小误差，有利于后续的分析处理，达到用户的要求。

HsMeshMgr 修订网格的功能包括几何信息的修改和拓扑信息的修改两部分。

(1) 修改几何信息功能由手工修复和自动修复两部分组成。一般情况下，自动修复操作可以修订网格缺陷；对于错误非常复杂或者有特殊要求的修订，往往需要手工修复操作或者采用自动修复与手工修复交互操作才能达到预期的效果。

(2) 修改拓扑信息功能包括单元厚度修订、设定单元配对、设定节点配对和网格局部剖分三部分。通过对网格的单元厚度信息、单元配对信息、节点配对信息和局部网格密度进行修订，达到用户的需求。

通过大量的实例证明，HsMeshMgr 修复网格缺陷的功能强大，操作简单方便，可以作为采用 STL 为数据交换格式系统的通用辅助工具。同时，HsMeshMgr 可以对网格进行修订，得到接近实际模型的网格。

2. 主要菜单及工具栏介绍

打开 HsMeshMgr 3.0 软件，执行【文件】|【打开】命令或单击工具栏中的【打开】按钮，选择需要打开的 STL 文件，设置合适的单位(比如毫米)，进入如图 4-55 所示的界面，菜单栏由如前面图 4-54 所示界面的文件、查看、工具、帮助 4 个菜单变为 7 个，增加的 3 个菜单为编辑、网格、窗口。

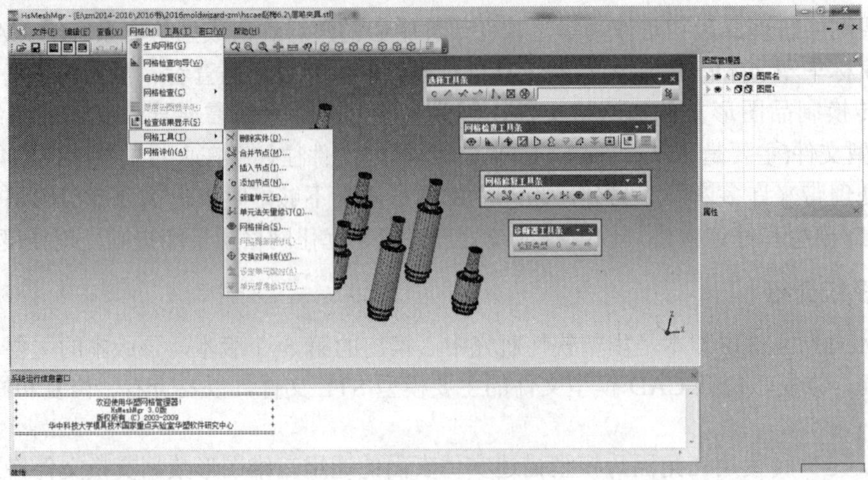

图 4-55　软件界面

HsMeshMgr 3.0 的工具条包括标准工具条、图形工具条、选择工具条、网格检查工具条、网格修复工具条、诊断器工具条等，如图 4-56 所示。对特有的主要工具条介绍如下。

(1) 选择工具条。【选择工具条】具体命令如图 4-57 所示。

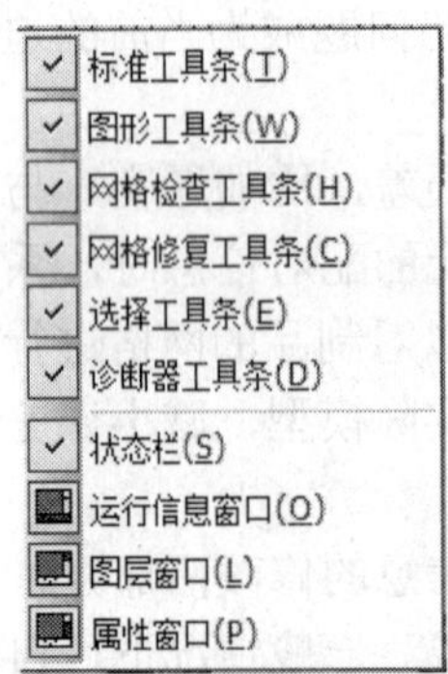

图 4-56　所有工具条

图 4-57　选择工具条

(2) 网格检查工具条。【网格检查工具条】具体命令如图 4-58 所示。

(3) 网格修复工具条。【网格修复工具条】具体命令如图 4-59 所示。

(4) 诊断器工具条。【诊断器工具条】具体命令如图 4-60 所示。

图 4-58　网格检查工具条

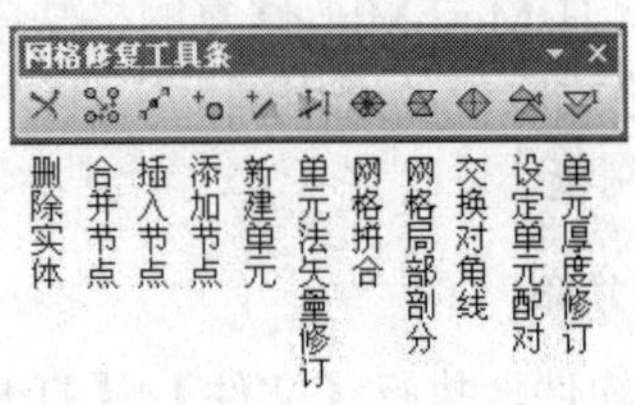

图 4-59　网格修复工具条

图 4-60　诊断器工具条

3. 【图层管理器】窗格

使用【图层管理器】窗格可以对面片和节点进行图层操作。可以将选中的面片和节点放入指定的图层之中，同时可以对图层进行命名，控制图层的显隐和设定某一层为当前图层等操作。

当修复网格的时候，往往会选出某一类面片，例如选中一组形态比不太合理的面片，可以将选择的面片放入指定的图层中，然后对这一类面片进行修改。【图层管理器】窗格如图 4-61 所示，其功能说明如表 4-1 所示。

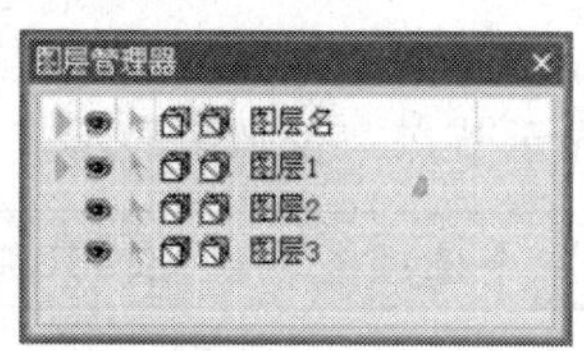

图 4-61　【图层管理器】窗格

表 4-1　【图层管理器】窗格功能说明

图　标	功　能	说　明
▶	当前图层	表示该图层为当前图层，单击某一图层的这一列，可以将该图层设置为当前图层
👁	可见/不可见	显隐该图层的实体
（可选图标）/（不可选图标）	可选/不可选	设置实体是否可以被选中。（可选图标）表示可选状态；（不可选图标）表示不可选状态
（实体图标）/（网格图标）/（实体+网格图标）	显示模式	控制零件模型的显示方式。（实体图标）显示实体模型；（网格图标）显示网格模型；（实体+网格图标）显示实体+网格。与弹出菜单中的次级菜单模型显示的部分项相对应
（节点图标）	显示/隐藏节点	显示/隐藏节点。与弹出菜单中的次级菜单模型显示的节点项相对应
无	图层名	图层名，单击鼠标左键可以修改

在某一图层上单击鼠标右键，弹出快捷菜单，如图 4-62 所示。

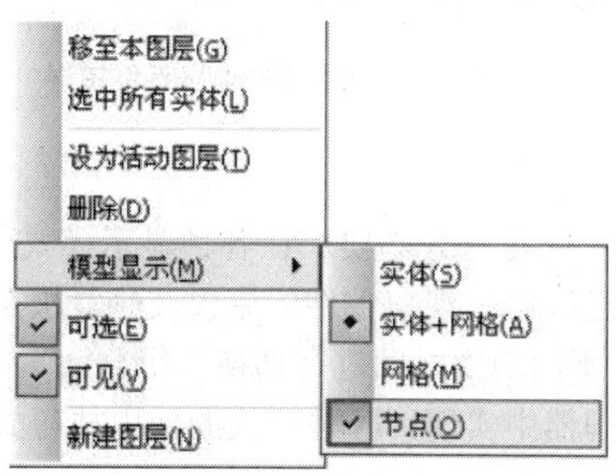

图 4-62　右键快捷菜单

各菜单命令的功能如下所述。

(1) 移至本图层。当选中面片和节点(表现为图示制品中绿色高亮显示的面片)，在图层管理器中的某一图层上执行该命令，便可以将选中的面片和节点放至该图层中。

(2) 选中所有实体。选中位于该图层的所有实体。

(3) 设为活动图层。活动图层为正在修改的图层，即当前图层。当设置某一图层为活动图层时，图层管理器会认为用户正在当前图层工作，用户新生成的单元和节点便会被添加到活动图层之中，缺省的活动图层为图层 1。

(4) 删除。删除本图层。注意：活动图层不可删除。

(5) 模型显示。控制本图层中实体的显示模式，具体如下所述。

- 实体：选择了该项，则显示实体模型，不显示网格。
- 实体+网格：选择了该项，则显示实体模型，并显示网格。
- 网格：选择了该项，则显示网格，不显示实体模型。
- 节点：选择了该项，则显示节点；否则不显示节点。

注意： 实体、实体+网格和网格这三个选项互相对立，只能有一项被选择。

(6) 可选。选择了该项，则处于该图层的实体可以被选中；否则不被选中。

(7) 可见。选择了该项，则处于该图层的实体可见；否则不可见。

(8) 新建图层。新建一个图层。使用图层的显隐功能观察错误区域的拓扑结构，新建图层并将自由边界单元移至新图层后，隐藏原图层，可以观察到自由边界错误区域的拓扑结构，如图 4-63 所示。

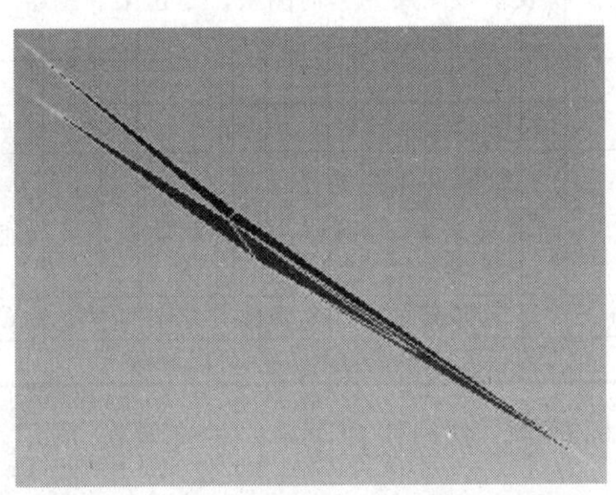

图 4-63　单元边框模式观察零件错误

4. 显示模式控制技巧

各种模式的显示功能对于修复十分必要。在各种显示模式下，可以从不同角度反映零件不同的观察层次。在修复过程中，观察零件的错误及修复极个别复杂的错误(如重叠、内孔中的缺陷等)，常常需要在不同的模式间进行切换、组合。

模式显示控制在图层管理器中实现，各种模式的使用技巧如下所述。

(1) 实体模式。

实体模式为系统默认的显示模式，显示零件的三维图形，便于观察零件的外观。

控制零件显示模式为实体模式，且隐藏节点，用户观察零件的轮廓是否平滑，如图 4-64 所示。轮廓过渡不平滑的地方，往往是网格出错的地方，需要对该处进一步观察。

(2) 网格模式。

网格模式用于显示面片的边界，是最基础的显示层次。

一些难以识别的错误，比如内孔中的缺陷，必须在单元边框模式下才能观察到。重叠等难以识别的错误，也必须在单元边框模式下与光照模式结合起来，才能观察到重叠的面片。

使用图层功能及显示网格模式观察错误单元的分布，选中所有的自由边界单元，在图层管理器中新建一个图层，并将选中的单元移至新图层中。控制原图层显示模式为网格模式，观察到错误单元的分布如图 4-65 所示。

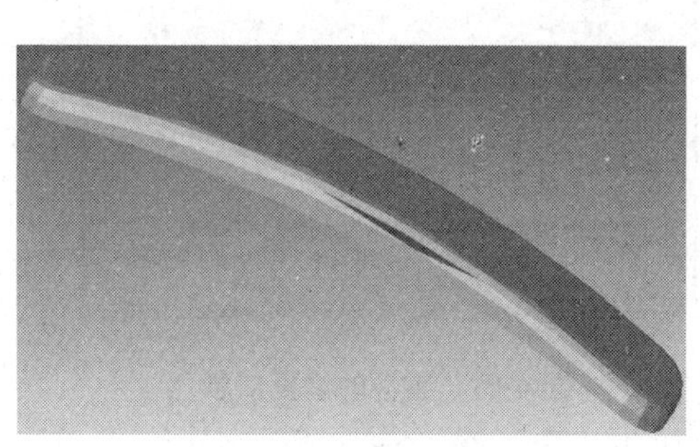

图 4-64　实体模式观察零件轮廓

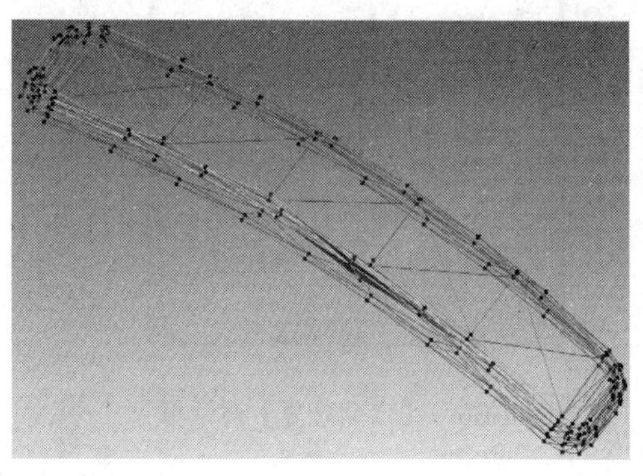

图 4-65　观察零件错误分布

(3)　实体+网格的组合模式。

实体+网格的组合模式用于查看制品表面网格的密度分布及单元的形态。

手工修复时，对个别的节点进行操作(比如选中节点以添加新的面片)时，需要较准确地对节点进行定位，实体与单元边框的组合模式可以很方便地实现这点。

(4)　节点模式。

手工修复时，对个别的节点进行操作(比如选中节点以添加新的面片)时，需要较准确地对节点进行定位，节点模式可以很方便地实现这点。

5. 自动修复网格错误

自动修复功能是华塑网格管理器最突出的功能之一。因为在实际过程中，大部分有错的制品都可以通过自动修复功能达到修复的效果，只有少部分有特殊要求或者自动修复无法识别的错误需要手工修复。

自动修复功能是用户设定一定的控制条件之后，系统自动修复文件的全部或部分错误，以得到完全符合要求或者符合进一步手工修复要求的文件。

(1)　自动修复的操作。

执行【网格】|【自动修复】命令，对网格进行修复。如图 4-66 所示，可以在【自动修复】对话框中设置网格修复的参数，设置完毕即可开始修复。

零件的修复信息如图 4-67 所示，修复后的零件如图 4-68 所示。

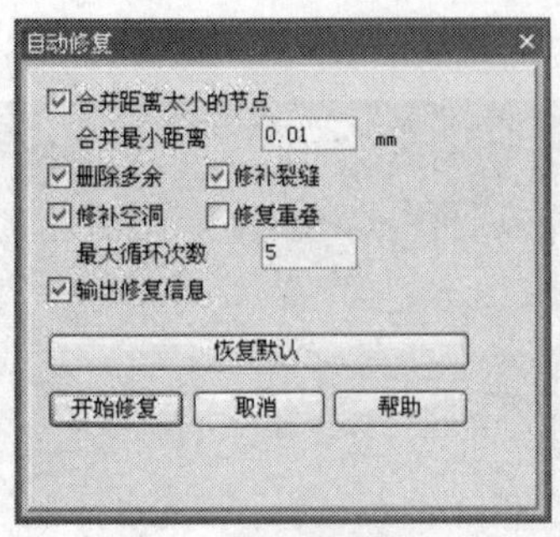

图 4-66 【自动修复】对话框

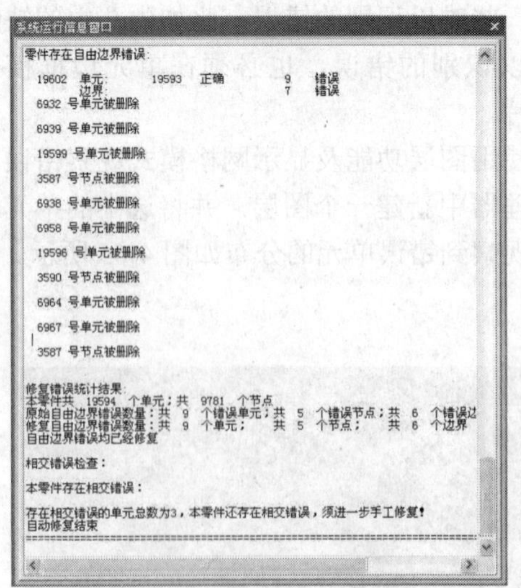

图 4-67 零件的修复信息

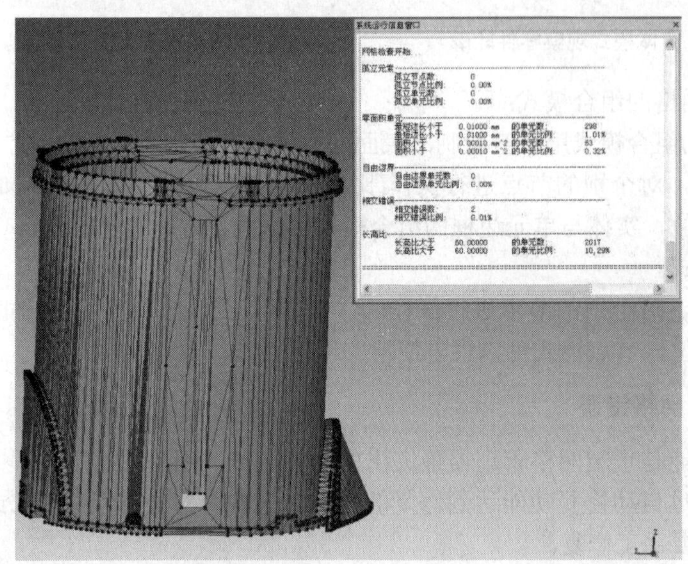

图 4-68 修复后的零件

(2) 控制参数设置技巧。

自动修复功能使用的要点为自动修复控制参数的设置技巧。控制参数设置的好坏会直接影响自动修复结果。对于同一个制品，控制参数设置的不同，修复的结果可能完全不同。一个在一组控制参数下不能修复或者修复结果不理想的制品，通过修订控制参数，一般可以得到满意的结果。所以，灵活使用自动修复控制参数是使本系统自动修复功能得以发挥的关键。

控制参数设置界面如图 4-69 所示。

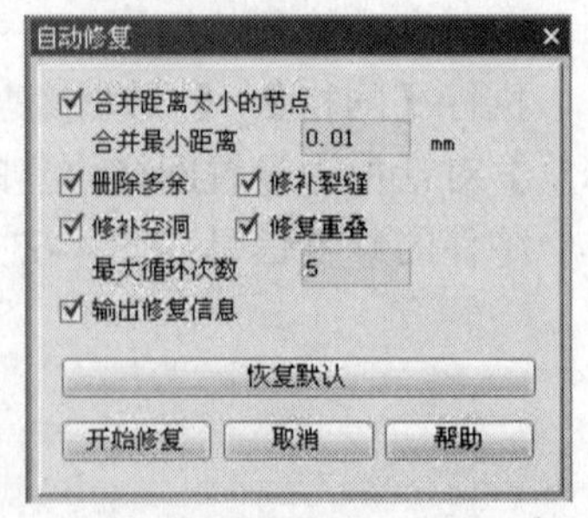

图 4-69 自动修复控制参数设置界面

- 恢复默认：系统提供的默认参数设置值是经过多次实践测试得到的经验值，实践证明这些设置值对于大部分情况具有较好的修复效果，故建议一般情况下选用默认值，只有在默认值设置无法得到满意的修复结果时，才需要调整参数值。
- 合并距离太小的节点、合并最小距离：该选项主要用于修复由于节点错位而产生的错误，即多个节点本来应是同一个节点，由于输出 STL 时计算误差、浮点误差、输出误差等导致该节点在制品的多个面片中描述的坐标存在很小的误差，因而被认为是多个节点。

如果多个含有错误的节点之间距离很小，是否需要将它们合并为一个节点？如果需要合并，则设置合并最小距离，以便判断节点是否符合合并的条件。实践证明，这种错位的错误并不少见，故一般需要选中该项。由于错位产生的距离误差一般很小，所以合并最小距离判据需要设置一个很小的值(如 0.01mm)。理论上的最小距离判据必须小于制品的最小壁厚，否则可能将两个对面表面的节点合并到一起。

注意：属于同一条边界的两个节点不属于合并节点的范围。

- 删除多余：正确的拓扑结构一定是一个边界有且仅有两个相邻面片，多余是指一个边界含有三个或者三个以上的相邻面片，则这些面片中必然至少含有一个多余面片，删除多余即删除这种多余的面片。实践证明，多余的错误很少，但是，一旦存在多余，则选择该项对其他选项影响很大，选中该项但没有多余时对修复没有负面影响，所以一般需要选中该项。
- 修补空洞：空洞是指本来应该由面片填充却没有面片的区域，空洞是最常见的错误之一。实践证明，制品的绝大部分错误都是空洞错误，故一般需要选中该项。
- 修补裂缝：裂缝是指存在着基本上重合的一系列对应错误节点空洞，即裂缝是一种特殊的空洞；裂缝作为一般空洞使用修补面片法修复会带来许多难以控制的困难。如果选中该项，则修复空洞时会优先检查空洞是否具有裂缝属性，裂缝的修复可以利用其对应节点应该合并的属性进行特殊处理，从而达到良好的修复效果。因为裂缝也是一种常见的错误，故一般需要选中该项。
- 修复重叠：重叠的判断和修复是非常复杂的，修复重叠是拟扩展功能，暂时还不支持。
- 最大循环次数：自动修复将对以上的选项多次循环进行，为了防止自动修复进入死循环，需要设置一定的循环次数；实践证明，在 5 次循环之内无法处理完整的错误一般需要改变条件才能进一步修复，故循环次数一般不超过 5 次。
- 输出修复信息：修复过程中可以在运行信息窗口中输出错误信息、修复统计信息等，选择该项则输出这些信息，否则不输出。

注意：自动修复功能会自动删除孤立元素。

(3) 与手工修复交替操作。

目前的网格修复技术，无论是国内还是国外都还没有完美无缺的解决方案，因为从理论上来讲，有些制品错误的识别是因为具有两面性而造成的，所以单纯靠计算机自动修复所有的制品错误是不现实的。

实践证明，在对制品的修复功能中，大部分的制品只需要使用自动修复功能按照默认参数就可以修复完整而得到足够满意的制品；但是，对于含有复杂错误或者有特殊要求的制品修复，往往需要自动修复与手工修复多次交替操作完成整个修复过程。

对于自动修复不能达到要求的只含有少量错误的制品或者需要改变某些不合理结构的制品，直接使用手工修复功能进行修复；对于含有大量错误的制品，一般遵循“自动－手工－自动－手工”的操作顺序完成整个修复过程。也就是说，一般第一步使用自动修复功能修复绝大部分的错误，此时只剩下少量错误，之后主要使用手工修复功能修复这些虽然量少但表现复杂的错误。

6. 手工修复网格错误

由于控制参数设置不当，或由于零件含有复杂错误或者有特殊要求的文件，自动修复有时无法完全修复所有的错误，或者修复后的文件不符合要求。此时可采用手工修复的方法进行修复。

对于一般错误的文件，无特殊要求时，使用自动修复功能往往可以完全修复错误，得到完全符合要求的文件；对于含有复杂错误或者有特殊要求的文件，自动修复常常无法识别一些复杂的错误，或者自动修复后不符合要求，不能满足用户的需要，此时，需要用户手工修复有特殊处理要求的错误，得到符合要求的文件，有时需要手工修复和自动修复多次交替操作之后得到最终所需要的文件。

修复网格错误，可执行【网格】|【网格工具】命令，或使用【网格修复工具条】中的命令，如图 4-70 所示。

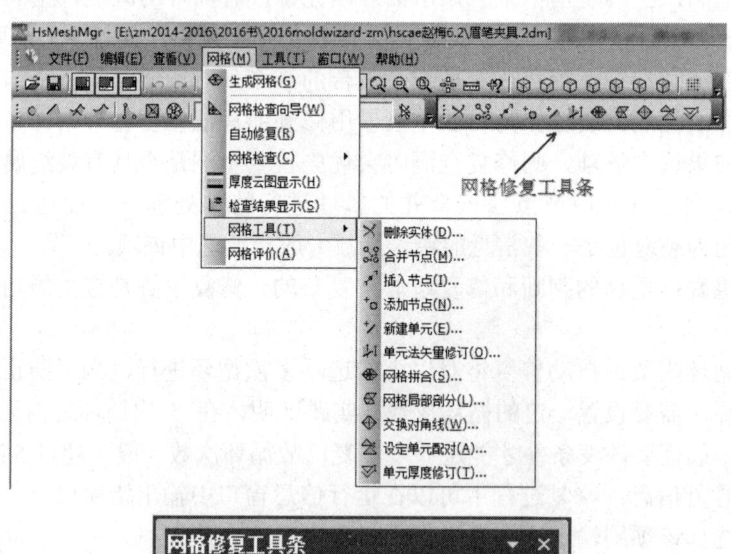

图 4-70　网格修复菜单及工具条

【网格工具】级联菜单中的各命令的具体说明如下所述。

- 删除实体 ：用于删除选中的单元和节点，也可以在选中单元和节点后直接按

Delete 键删除实体。

修复重叠或局部网格错误较复杂的制品时，自动修复功能往往无法识别或无法对网格进行修复，此时可以选中该区域的若干节点，将其删除，将复杂的网格错误转化成系统容易识别与修复的空洞错误，将错误种类进行了简化，便于系统更好地进行修复。

注意：如果选择的节点不是孤立节点，且该节点有未被选中的单元，则该节点不能被删除。

- 合并节点：可以将一个或多个节点合并到目标节点中，用于长高比检查或零面积单元检查时出现狭长、微小单元的一种修复方法。
- 插入节点：可以在一条边上加入一个节点并自动创建新面片，用于局部网格需要加密的情况。
- 添加节点：可以添加一个孤立节点，用于复杂的孔洞修复时，创建某些特殊单元所需要的节点。
- 新建单元：可以根据三个节点创建新面片，用于手工修补极个别复杂的空洞或裂缝。
- 单元法矢量修订：可以将选中单元的法矢量反向，用于法矢错误的单元。
- 网格拼合：可以将两个贴合良好的网格区域拼合。大型复杂制品网格剖分比较慢，如果制品可由某个小型制品通过镜像、拼合等操作构造形成，可以先对小零件划分网格，通过镜像、拼合等操作构成大型制品，此时需要使用网格拼合功能。
- 网格局部剖分：可以对局部网格重新划分，常用于局部网格需要加密的情况，如浇口部位网格的加密。只用于.2dm 网格的修订。
- 交换对角线：可以将选中的两个单元公共边变换位置。网格生成后可能还存在少数形态差的单元，或者手工修复后产生了形态差的单元，某些情况下采用交换对角线可以改善它们的形态。
- 设定单元配对：可以修改单元的配对信息。常用于存在单元配对不合理的情况。只用于.2dm 网格的修订。
- 单元厚度修订：可以修改单元的厚度信息。常用于单元厚度信息与单元所在制品位置的壁厚不一致的情况。只用于.2dm 网格的修订。

对于手工修复过程中生成的空洞，系统的自动修复功能通常可以修复，但对于较复杂的空洞，自动修复往往无法得到较满意的结果。此时需要用户进行若干的手工生成面片操作，简化空洞错误，以引导系统完成后续的自动修复。

一般情况下，使用手工修复功能时，也需要根据运行信息窗口的提示信息判断制品的修复情况，以确定下一步的修复方法。

7. .2dm 网格修订

目前的大部分 CAE 系统在制品的某些处理上误差较大，比如厚度与实际模型相差较远，影响 CAE 系统的分析处理。在处理制品的单元配对信息时，系统自动处理误差较大，无法满足实际要求。为此，华塑软件研究中心开发了新的文件格式.2dm(二维网格)文

件，它是三维数据表面化后得到的二维单型腔网格数据文件或者 STL 划分网格产生的二维单型腔网格数据文件，使用表面三角形来描述制品图形。

1) .2dm 网格信息

.2dm 网格与 STL 网格相比，增加了单元和节点的拓扑信息——单元配对类型信息、节点配对信息以及单元厚度信息。

① 单元配对类型信息。塑料制品通常为薄壁件，因此在厚度方向对应面上建立一个关联关系，有利于华塑 CAE 系统的充模等后续分析处理。单元配对类型有三种：配对单元、边界单元和无配对单元。

- 配对单元：表面上任一单元 A 在对应厚度的方向(反面)上找到一个近似平行且法矢相背的单元 B，如果 A 单元在 B 单元所在平面上的投影 A′与 B 有重叠且重叠面积与 A′之比最大，则 A 的配对单元为 B。
- 边界单元：处在厚度面上的单元。
- 无配对单元：既找不到配对单元也不是边界单元的单元。

② 节点配对信息。配对节点定义为表面上任一节点在对应厚度的方向(反面)上找到的一个最相近的节点。有的节点在厚度方向上找不到合适的配对节点，如厚度边界上的节点。

③ 单元厚度信息。单元所在位置处制品的厚度定义为该单元的厚度。

2) .2dm 网格修订

.2dm 文件除了与 .stl 文件具有相同的空洞、重叠、节点错误、裂缝、法矢反向等错误之外，还可能需要修订单元、节点的配对信息，以及单元的厚度。此外，由于 CAD 软件本身的缺陷，以及转换过程造成的问题，产生的.2dm 文件难免会有一些缺陷，例如制品局部区域网格密度异常等，对后续的分析处理极为不利。

.2dm 网格修订的操作包含 3 种：修订单元厚度、修订配对单元、修订局部网格。由于网格管理器自动生成的.2dm 网格的节点配对情况一般能满足分析要求，因此没有提供修改节点配对的相关功能。

(1) 修订单元厚度。修改单元的厚度信息。

执行【网格】|【厚度云图显示】命令，或使用【网格修复工具条】中的【厚度云图显示】按钮，查看制品表面的单元厚度颜色模型，如图 4-71 所示。

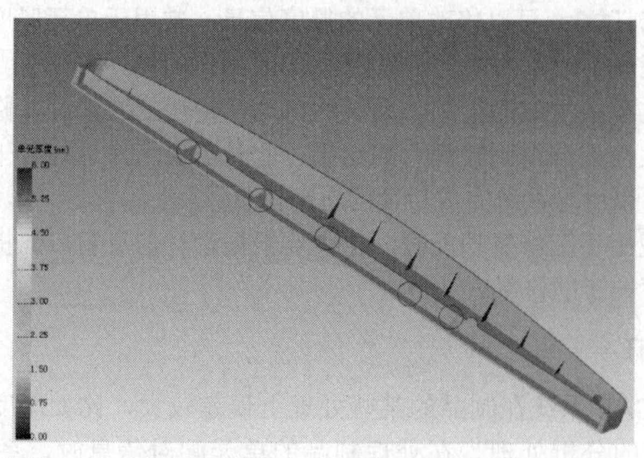

图 4-71 查看 2DM 单元厚度信息

图 4-71 中画圈处的单元厚度与周围单元厚度之间有突变，而这些单元处在相同壁厚的表面上，厚度应当相同，因此需要对制品的单元厚度进行修订。

一般情况下，需要修订厚度的单元为无配对单元，因为这些单元厚度很有可能为零。但是，有些单元虽然存在配对单元，但其厚度与实际情况不符，此时也需要修订单元厚度。

通过距离测量，测得厚度突变单元所在制品壁的壁厚为 2.00mm。单击【单元厚度修订】按钮，使用【表面选择】命令选中被修订单元所在表面的所有单元，厚度值设置为 2.00mm。单击【应用】按钮后，查看制品表面的单元厚度分布，结果如图 4-72 所示。

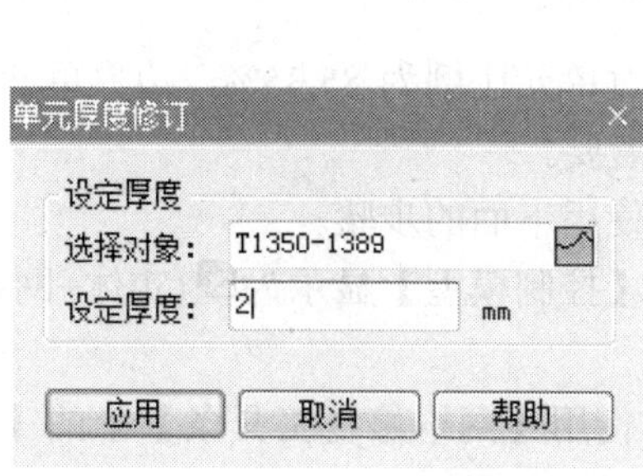

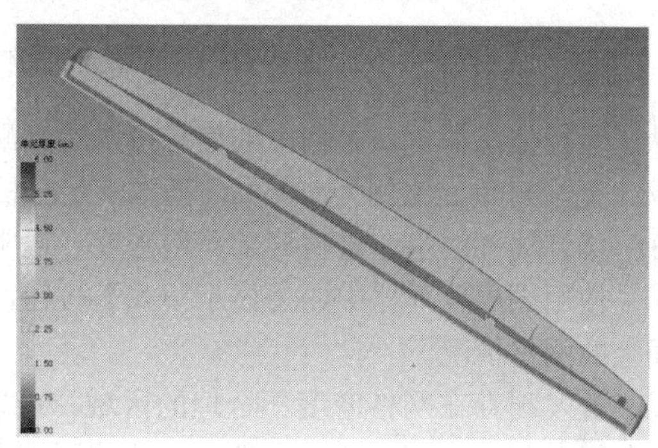

图 4-72　修订厚度后的表面厚度分布

从图 4-72 可以得出，原来厚度突变的单元所在的表面已经具有均匀的厚度分布。

(2)　修订配对单元。在修订.2dm 单元厚度中，制品中有些单元的厚度为零，这是因为在生成.2dm 文件时，这些单元可能没有配对单元，根据单元厚度的定义，这些单元的厚度就为零，因此对.2dm 网格的单元配对信息修订十分必要。

有 3 种修订配对单元的途径。

- 将一个或多个单元的配对单元修订为某个单元；
- 将一个或多个单元修订为边界单元；
- 将一个或多个单元修订为无配对单元。

单击【设定单元配对】按钮，单元配对类型注意选择显示配对单元、边界单元或无配对单元，并控制显示模式为实体模式，隐藏节点，显示如图 4-73 所示。

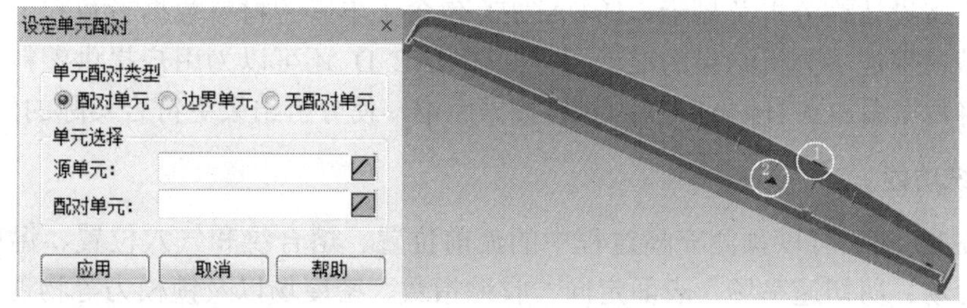

图 4-73　.2dm 整体配对情况查看

图中①、②两处存在无配对单元。①中的无配对单元处于零件的厚度面上，所以应修改成边界单元；②中的无配对单元处于均匀壁厚的平面上，应当修改成配对单元。

修改完毕后，查看修订结果，如图 4-74 所示。

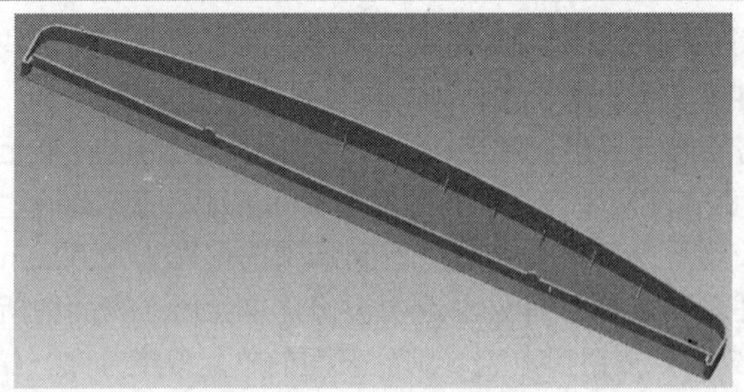

图 4-74 修订单元配对信息后查看制品

从【运行信息】窗口中输出的信息可以看到配对单元比例为 85.35%，边界单元比例为 13.60%，无配对单元比例为 1.05%，基本满足分析需要。

(3) 修订局部网格。重整局部网格密度。通常使用下面的步骤。

① 使用图层管理器中的【显示模式】按钮，【控制模型】显示为(实体+网格)，查看表面上的网格情况。

② 若发现存在网格密度不合理的区域，可以使用【网格修复工具条】上的【网格局部剖分】功能，设置好相关参数，对这些区域重新划分网格。

③ 修订完毕后，可再次使用图层管理器中的【显示模式】按钮，【控制模型】显示为(实体+网格)，查看修订后的表面网格密度是否合理。

4.4.2 华塑 CAE3D 7.5

华塑注射成型过程仿真集成系统 7.5(HsCAE3D 7.5)是华中科技大学模具技术国家重点实验室华塑软件研究中心推出的注射成型 CAE 系列软件的最新版本，用来模拟、分析、优化和验证塑料零件和模具设计。它采用了国际上流行的 OpenGL 图形核心和高效精确的数值模拟技术，支持如 STL、UNV、INP、MFD、DAT、ANS、NAS、COS、FNF、PAT 10 种通用的数据交换格式，支持 IGES 格式的流道和冷却管道的数据交换。目前国内外流行的造型软件(如 Pro/E、UG、Solid Edge、I-DEAS、ANSYS、Solid Works、InteSolid、金银花 MDA 等)所生成的制品模型通过其中任一格式均可以输入并转换到 HsCAE3D 系统中，进行方案设计、分析及显示。HsCAE3D 包含了丰富的材料数据参数和上千种型号的注射机参数，保证了分析结果的准确可靠。HsCAE3D 还可以为用户提供塑料的流变参数测定，并将数据添加到 HsCAE3D 的材料数据库中，使分析结果更符合实际的生产情况。

1. 系统功能

HsCAE3D 7.5 可以预测充模过程中的流前位置、熔合纹和气穴位置、温度场、压力场、剪切力场、剪切速率场、表面定向、收缩指数、密度场以及锁模力等物理量；冷却过程模拟支持常见的多种冷却结构，为用户提供型腔表面温度分布数据；应力分析可以预测制品在出模时的应力分布情况，为最终的翘曲和收缩分析提供依据；翘曲分析可以预测制品出模后的变形情况，预测最终的制品形状；气辅分析用于模拟气体辅助注射成型过程，可以模拟具有中空零件的成型和预测气体的穿透厚度、穿透时间以及气体体积占制品总体积的百分比等结果。利用这些分析数据和动态模拟，可以最大限度地优化浇注系统设计和工艺条件，指导用户进行优化布置冷却系统和工艺参数，缩短设计周期、减少试模次数、提高和改善制品质量，从而达到降低生产成本的目的。

- 支持通用三维造型系统的文件输入，可以导入由 ProE、UG 等造型软件输出的多种零件数据，包括 STL、UNV、INP、DAT、ANS、NAS、COS、FNF 和 PAT 9 种文件格式，并可以导入华塑网格管理器输出的.2dm 网格文件。
- 塑料熔体的双面流流动前沿的真实显示，塑料熔体充模成型过程中的压力场、温度场、剪切力场、剪切速率场、熔合纹与气穴等的预测。
- 实体流功能逼真地模拟了熔融塑料在模具型腔中的流动情形。
- 注射成型冷却过程的模拟，为用户提供型腔表面温度分布数据，指导用户进行注射模温度调节系统的优化设计。
- 适于热塑性塑料的应力/翘曲分析，可以预测制品在保压和冷却之后，出模时制品内的应力分布情况，为最终的翘曲和收缩分析提供依据；并可以预测制品出模后的变形情况，预测最终的制品形状。
- 气辅分析用于模拟气体辅助注射成型过程，在充模设计和气辅设计之后进行，气辅分析可以预测气体的穿透厚度、穿透时间以及气体体积占制品总体积的百分比等结果。
- 注射机和模具动作仿真模拟，对成型过程中的模具与注射机运动、塑料传输过程及相关的压力、温度等物理量进行模拟仿真，实现注射成型过程的可视化。
- 方便的流道设计、多型腔设计方式，可以更加便捷地建立或导入流道系统。
- 方便快捷的冷却系统设计可以迅速建立起冷却水路，并提供对喷流管、隔板等各种冷却结构的支持。
- 自动生成简体中文、繁体中文、英文三种语言版本的网页格式和 Word 格式的分析报告。
- 数据管理器可以更方便地集中管理分析数据与操作进程。
- 开放式的材料数据库及注塑机数据库不仅包含了丰富的塑料材料种类和注射机型号，而且提供了数据的导入和导出功能。
- 批处理功能支持多个分析方案的连续分析。
- 提供了方便快捷的视图操作功能，支持各种视图操作方式的自定义设置。
- 支持多窗口、多任务工作模式使方案的对比更加便捷。

2. 华塑 CAE3D 的各种功能窗口

双击桌面快捷方式图标，启动华塑 CAE3D，华塑 CAE3D 主界面如图 4-75 所示。

华塑 CAE3D 软件主要分为制品图形窗口、充模设计窗口、冷却设计窗口、翘曲设计窗口、气辅设计窗口、开始分析窗口、分析结果窗口和动作仿真窗口。当前的窗口变化时，其窗口菜单及工具栏也会随之变化。

(1) 制品图形窗口。

制品图形窗口如图 4-76 所示。

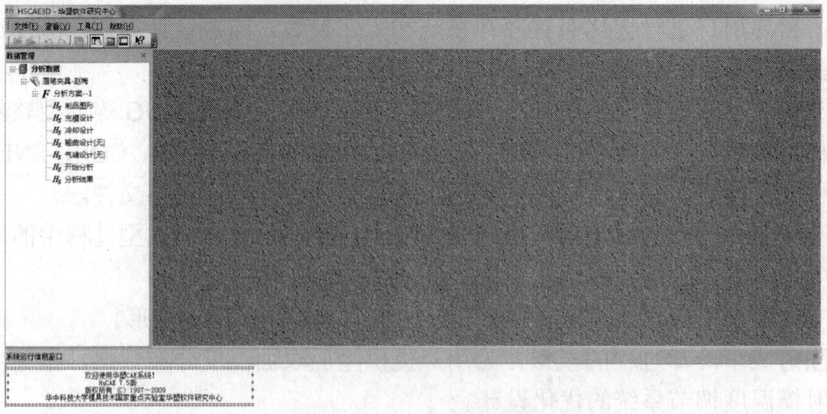

图 4-75　华塑 CAE3D 主界面

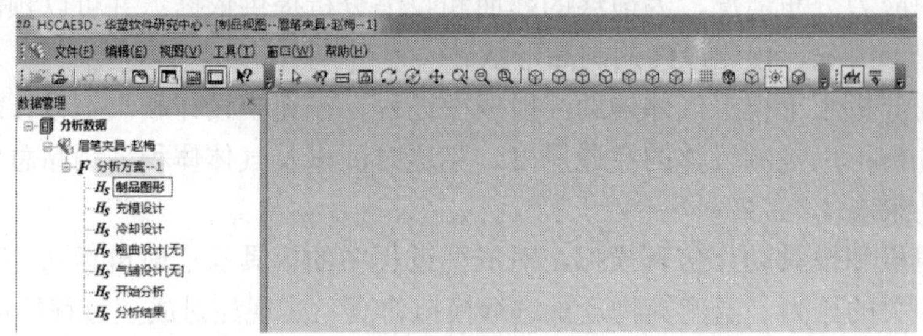

图 4-76　制品图形窗口(制品视图)

(2)　充模设计窗口。

进行充模设计时，双击【数据管理】窗格中的【充模设计】选项，进入充模设计窗口(充模视图)，如图 4-77 所示，在此主要进行脱模方向的设计、多型腔的设计、流道系统设计、工艺条件选择等，这时的【设计】菜单如图 4-78 所示，其【充模设计工具栏】与【设计】菜单可实现的操作基本相同，如图 4-79 所示。

(3)　冷却设计窗口。

进行冷却设计时，双击【数据管理】窗格中的【冷却设计】选项，进入冷却设计窗口(冷却视图)，如图 4-80 所示，在此进行冷却系统设计，这时的【设计】菜单如图 4-81 所示，【冷却设计工具栏】与【设计】菜单可实现的操作基本相同，如图 4-82 所示。

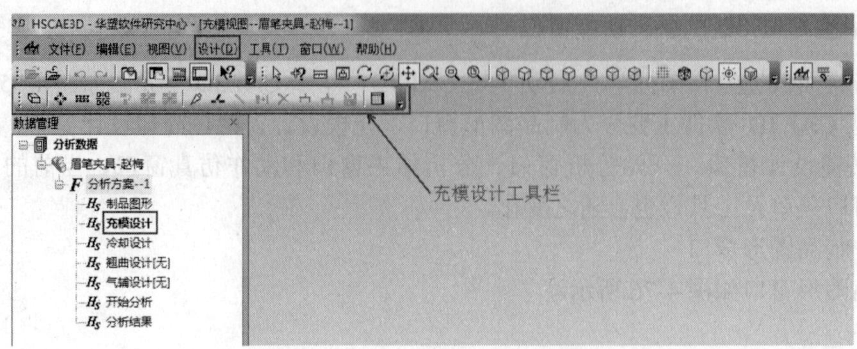

图 4-77　充模设计窗口(充模视图)

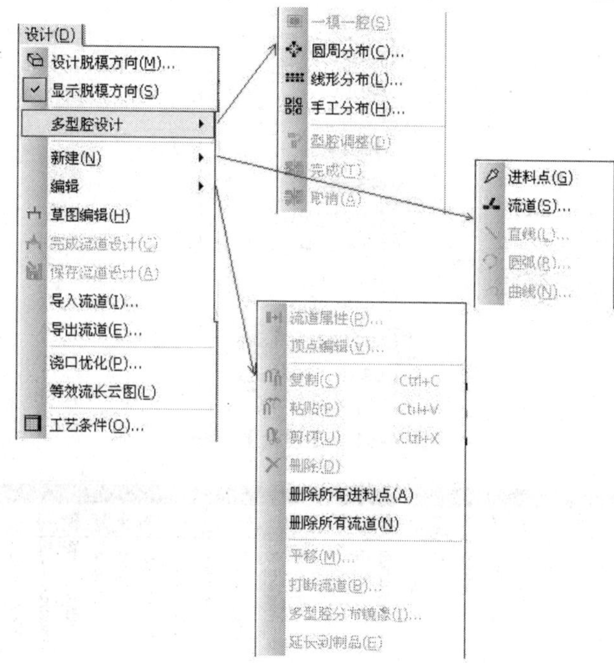

图 4-78　【设计】菜单

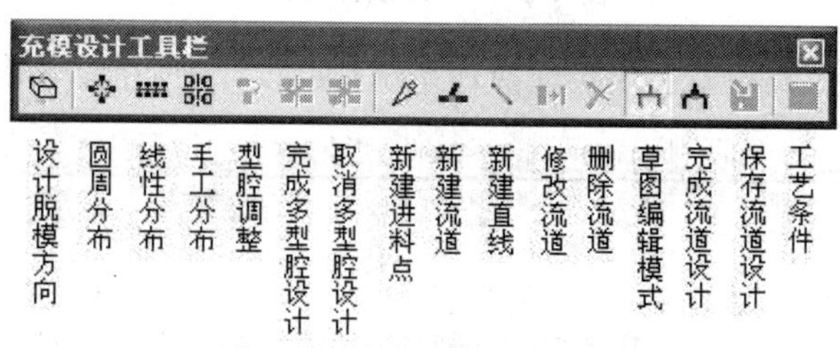

图 4-79　充模设计工具栏

图 4-80　冷却设计窗口(冷却视图)

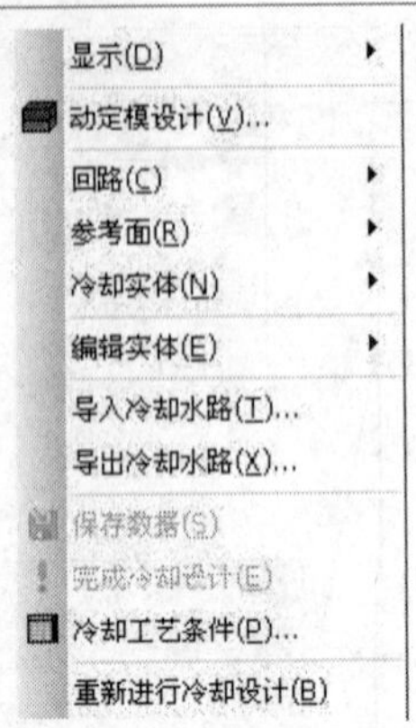

图 4-81　【设计】菜单

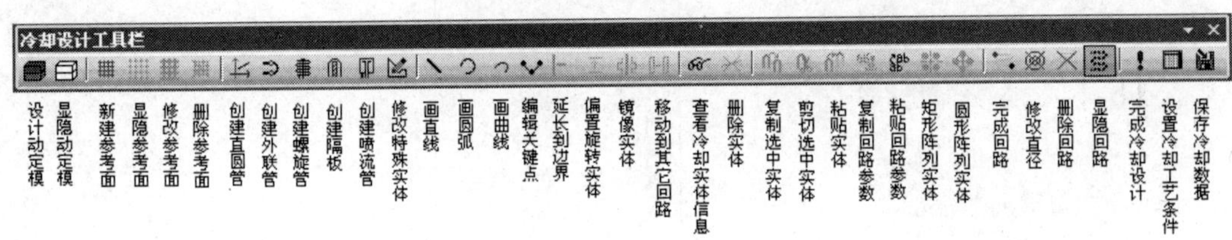

图 4-82　冷却设计工具栏

【冷却基准编辑工具栏】主要实现冷却系统基准设计的功能，如图 4-83 所示。

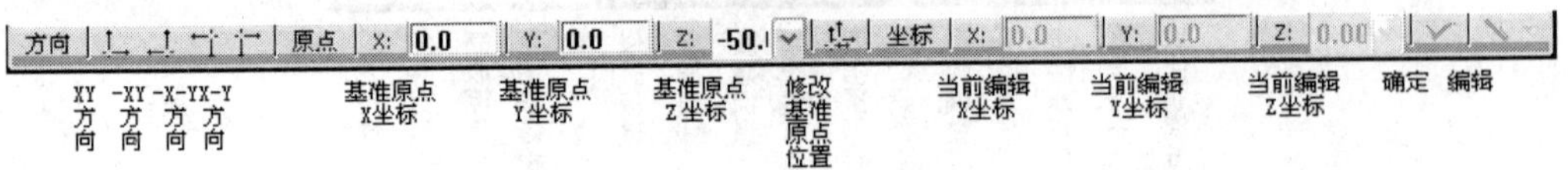

图 4-83　冷却基准编辑工具栏

冷却系统提供【基准设计工具栏】是为了满足用户进行精确定位和尺寸的精确设计的需要而设置的。使用冷却系统的基准设计，可以达到工程中要求的任何精度。冷却基准设计的基本原理如下所述。

首先选择基准坐标系的方向，系统提供了 4 个参考方向：X，Y 方向、$-X$，Y 方向、$-X$，$-Y$ 方向和 X，$-Y$ 方向。同时还需要选择基准坐标系的原点坐标和输入当前的编辑点在基准坐标系下的坐标。假设选择的基准原点坐标为(a, b, c)，输入的当前编辑坐标为(x, y, z)，当前点在冷却坐标系下的实际坐标为(x_1, y_1, z_1)，则：

当选择基准坐标的方向为 X，Y 方向时，实际坐标为：

$$x_1 = x + a$$
$$y_1 = y + b$$
$$z_1 = z + c$$

当选择基准坐标的方向为$-X$，Y 方向时，实际坐标为：

$$x_1 = -x + a$$
$$y_1 = y + b$$
$$z_1 = z + c$$

当选择基准坐标的方向为 X，$-Y$ 方向时，实际坐标为：

$$x_1 = x + a$$

$$y_1 = -y + b$$

$$z_1 = z + c$$

在选择了基准坐标系方向、基准坐标系原点坐标和当前编辑点坐标后，单击【确定】按钮，系统会依据上述公式计算出当前点在冷却坐标系下的实际坐标，并在该坐标位置生成水管的一个端点。反复操作即可得到连接这些端点的一系列水管。和鼠标编辑方式一样，右击鼠标，在弹出的快捷菜单中执行【继续画线】命令，可以另起一点进行编辑；右击鼠标，在弹出的快捷菜单中执行【退出编辑】命令，退出冷却基准设计。

在冷却基准设计中，对于基准坐标系方向、基准坐标系原点坐标和当前编辑点坐标的选择并没有先后次序，而且在编辑的任何时刻，都可以改变之前选择的基准坐标系方向或者基准坐标系原点，系统会即时选择合理的坐标计算方法。

另外，在使用鼠标方式进行编辑时，当拖动鼠标在参考面上移动时，系统会由当前点在冷却坐标系下的实际坐标计算出当前点在当前基准坐标系下的相对坐标，并显示在当前编辑点坐标值里，以便于用户参考。

(4) 翘曲设计窗口。

在翘曲设计窗口中，设计菜单(或工具栏)是进行翘曲设计的主要操作，如图 4-84 所示。

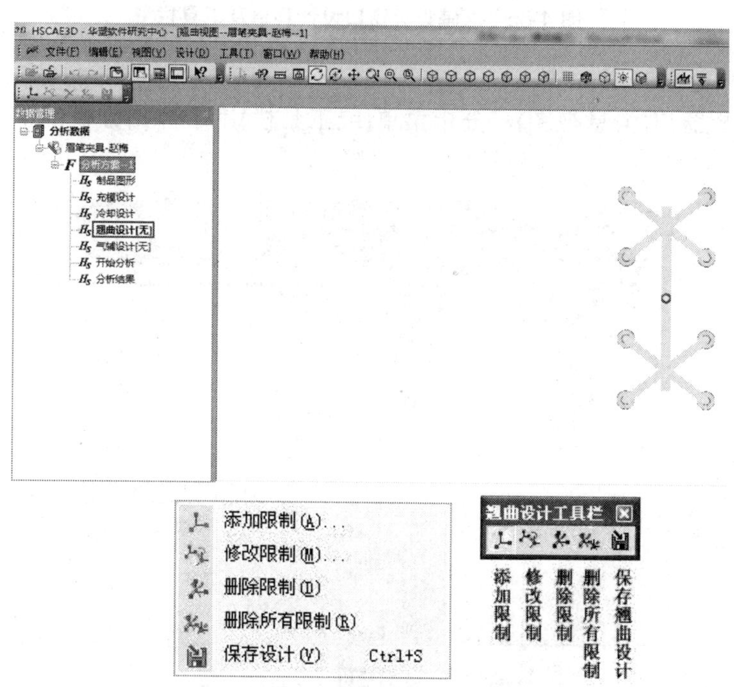

图 4-84　翘曲设计窗口设计菜单及工具栏

(5) 气辅设计窗口。

在气辅设计窗口，设计菜单(或工具栏)是进行气辅设计的主要操作，如图 4-85 所示。

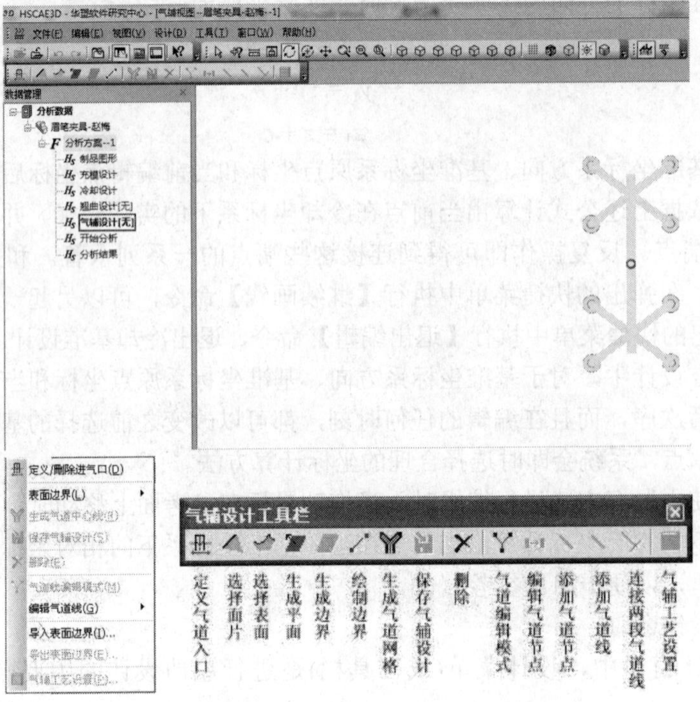

图 4-85　气辅设计窗口设计菜单及工具栏

(6)　开始分析窗口。

在开始分析窗口(消息视图)，分析菜单(或工具栏)用于开始分析的操作，如图 4-86 所示。

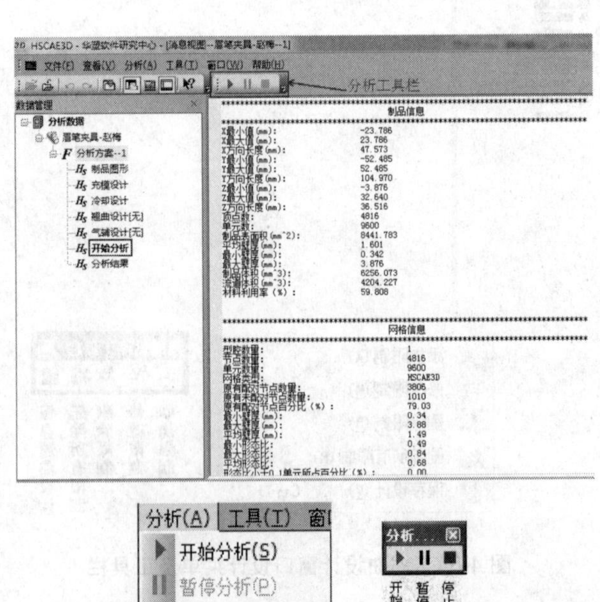

图 4-86　开始分析窗口分析菜单及工具栏

(7) 分析结果窗口。

在分析结果窗口(结果视图)，分析菜单流动、冷却、翘曲、气辅(或工具栏)用于查看分析结果的操作，如图 4-87 所示。

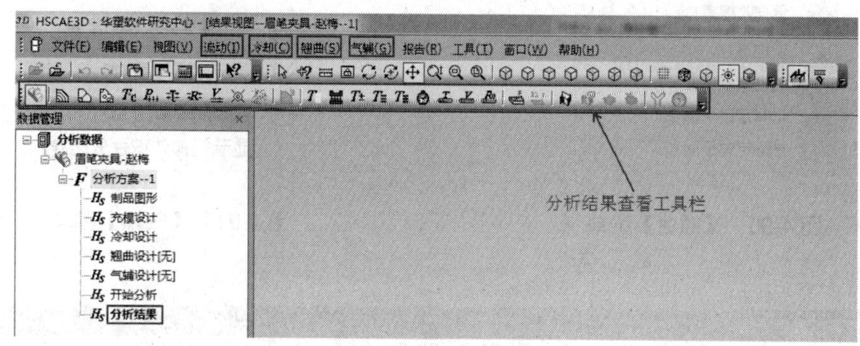

图 4-87　分析工具栏

流动结果主要是指双面流和实体流的流动结果。双面流是一种数值模拟和图形显示技术，双面流结果的【流动】菜单包括制品图形、流动前沿、熔合纹、气穴、温度场、压力场、剪切力场、剪切速率场、表面定向、收缩指数、密度场、制品厚度、节点曲线图和锁模力等，如图 4-88 所示。实体流结果是指对分析结果进行三维的真实显示。

【冷却】菜单用于查看冷却分析结果，如图 4-89 所示。

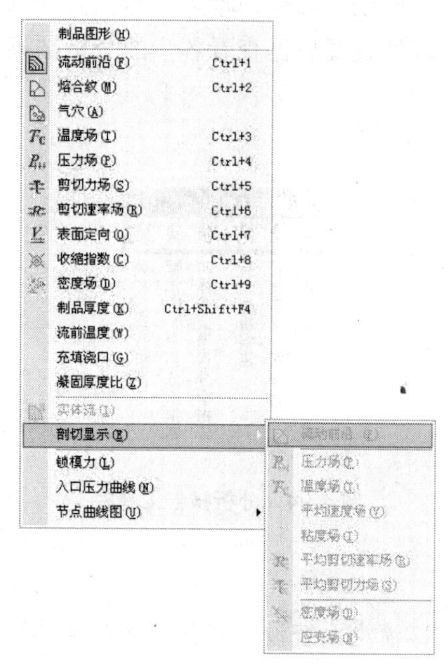

图 4-88　流动结果菜单

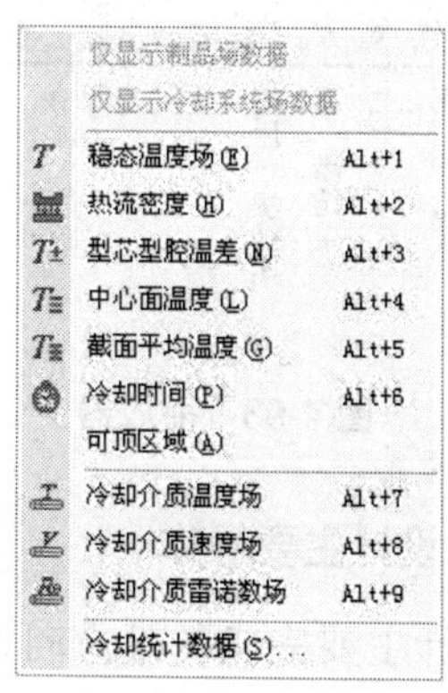

图 4-89　【冷却】菜单

【翘曲】菜单用于查看翘曲分析结果，如图 4-90 所示；【气辅】菜单如图 4-91 所示。

【分析结果查看工具栏】中包含了流动、冷却、翘曲、气辅菜单命令，如图 4-92 所示。

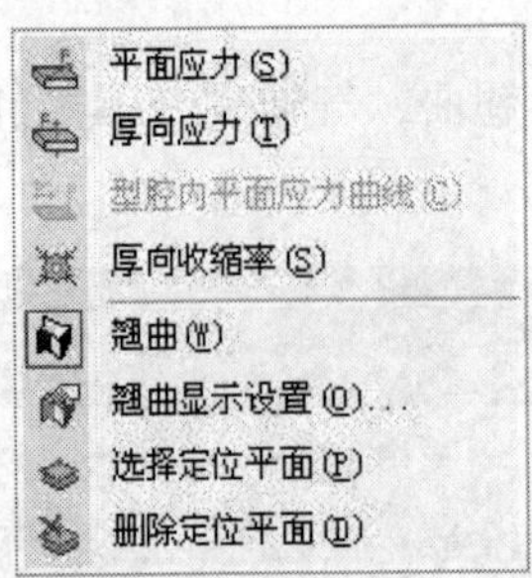

图 4-90 【翘曲】菜单

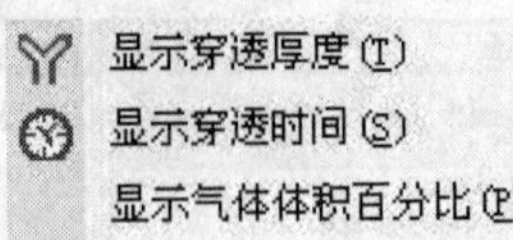

图 4-91 【气辅】菜单

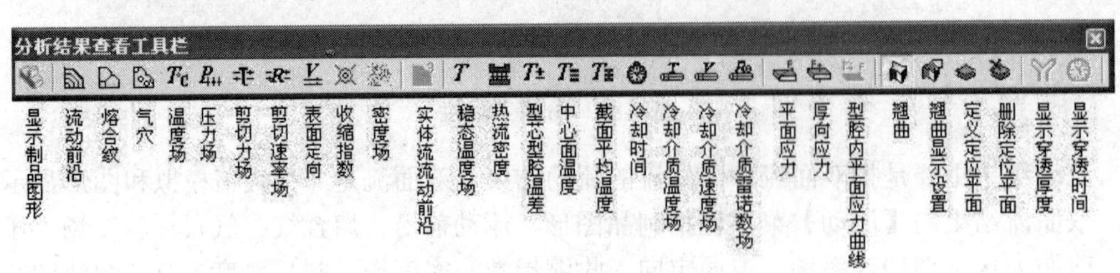

图 4-92 分析结果查看工具栏

在显示流动前沿、温度场、压力场、剪切力场、剪切速率场、收缩指数、密度场、瞬态温度场、瞬态温度场中间值、动作仿真等时都可以通过播放器查看各步的分析结果，如图 4-93 所示。

【分析报告工具栏】中的具体命令如图 4-94 所示。

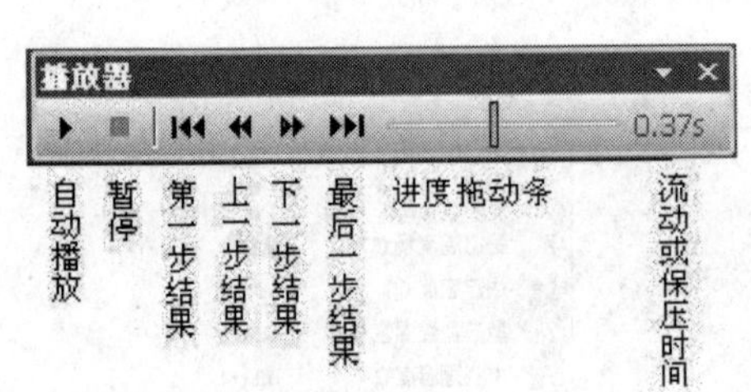

图 4-93 播放器

图 4-94 分析报告工具栏

3. 充模设计主要操作

充模设计主要完成脱模方向设计、多型腔设计、流道系统设计和充模工艺条件设置，【充模设计工具栏】分区如图 4-95 所示。

1) 脱模方向设计

脱模方由动模中心指向定模中心，是进行多型腔设计和流道设计的必备参考方向。在华塑 CAE 系统中，脱模方向以箭头表示，箭头方向指向定模方向，如图 4-96 所示。在进行多型腔设计和流道设计前必须设计脱模方向，系统以世界坐标系的 Z 轴正方向为默认脱模方向。

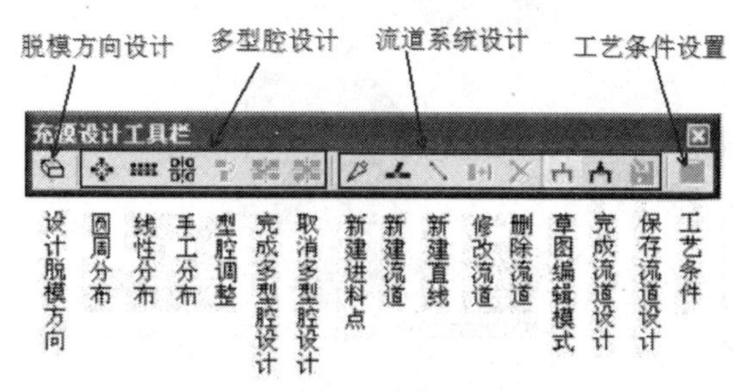

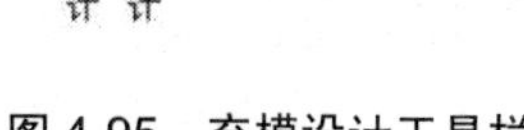

图 4-95　充模设计工具栏

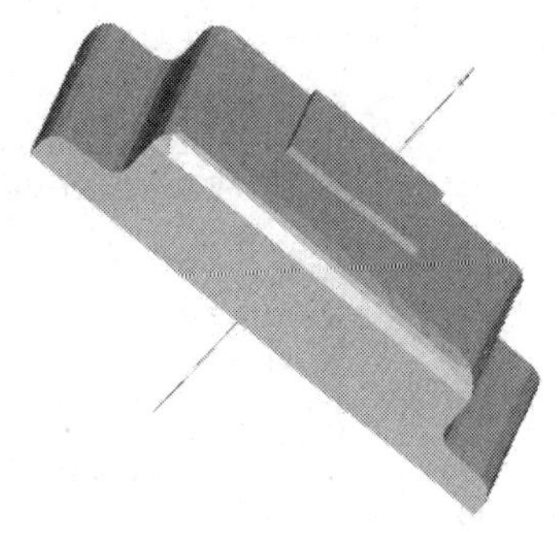

图 4-96　脱模方向

通过在充模设计窗口中执行【设计】|【设计脱模方向】命令或单击工具栏中的【设计脱模方向】按钮，打开如图 4-97 所示对话框，可以设计脱模方向。一般情况下，可以直接取世界坐标系下的 X、Y、Z 轴三个方向中的一个方向作为脱模方向。特殊情况下，可以通过在制品上选点的方式获得脱模方向，脱模方向为该点所在的制品表面的法矢方向(或法矢方向的反方向)。

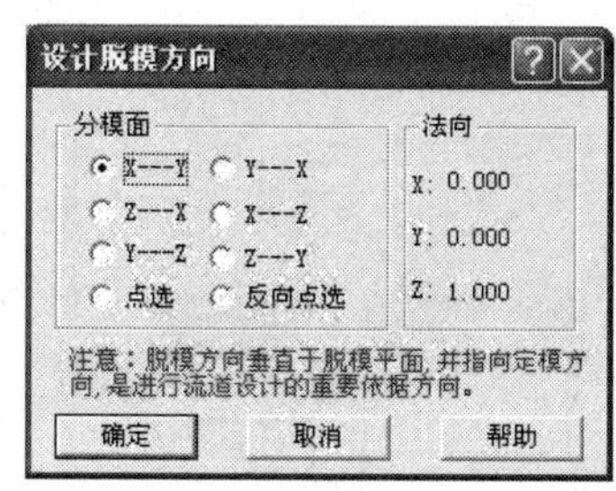

图 4-97　【设计脱模方向】对话框

2)　多型腔设计

华塑 CAE 系统提供了圆周分布、线形分布和手工分布三种型腔分布方式进行所有型腔的位置的初步设计，然后通过调整各个型腔的位置完成一模多腔的型腔布置，最后通过完成命令确定多型腔设计或通过取消命令放弃多型腔设计。

(1)　圆周分布。执行【设计】|【多型腔设计】|【圆周分布】命令或单击工具栏中的【圆周分布】按钮，将型腔按照圆周分布的形式排布。在选择了圆周分布，在对话框中完成各个参数设置后，再执行【设计】|【多型腔设计】|【完成】命令或单击【完成多型腔设计】按钮，完成多型腔设计，如图 4-98 所示；若不满意，则执行【设计】|【多型腔设计】|【取消】命令或单击【取消多型腔设计】按钮，放弃多型腔分布设计。

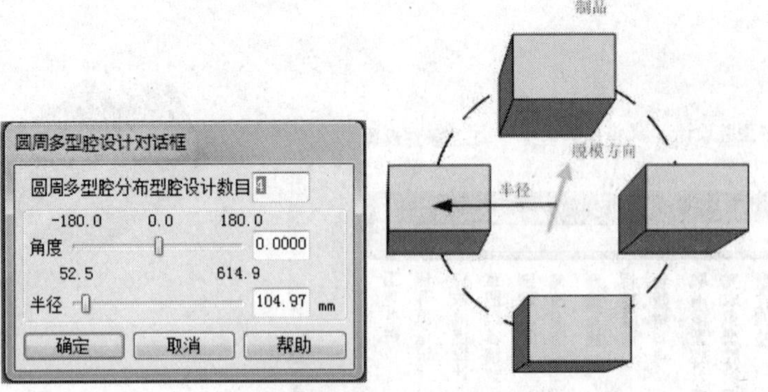

图 4-98 圆周分布

如果圆周分布的各个型腔的位置不能满足要求，可以通过【型腔调整】按钮对单个或多个型腔进行调整。

(2) 线形分布。执行【设计】|【多型腔设计】|【线形分布】命令或单击工具栏中的【线性分布】按钮，将型腔按照线形分布的形式排布。当选择了线形分布，在对话框中完成各个参数设置后，再执行【设计】|【多型腔设计】|【完成】命令或单击【完成多型腔设计】按钮，完成多型腔设计，如图 4-99 所示；若不满意，则选择【设计】|【多型腔设计】|【取消】命令或单击【取消多型腔设计】按钮，放弃多型腔分布设计。

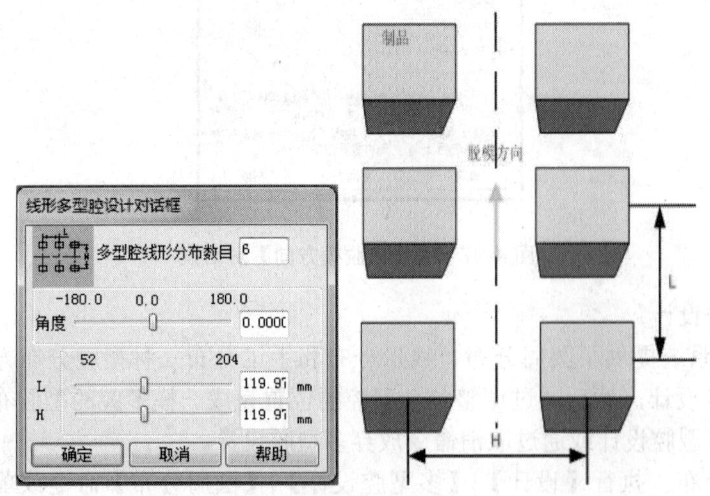

图 4-99 线形分布

如果线形分布的各个型腔的位置不能满足要求，可以通过【型腔调整】命令对单个或多个型腔进行调整。

(3) 手工分布。执行【设计】|【多型腔设计】|【手工分布】命令或单击工具栏中的【手工分布】按钮，将型腔按照阵列分布的形式排布。在选择了手工分布，在对话框中完成各个参数设置后，再执行【设计】|【多型腔设计】|【完成】命令或单击【完成多型腔设计】按钮，完成多型腔设计，如图 4-100 所示；若不满意，则执行【设计】|【多型腔设计】|【取消】命令或单击【取消多型腔设计】按钮，放弃多型腔分布设计。

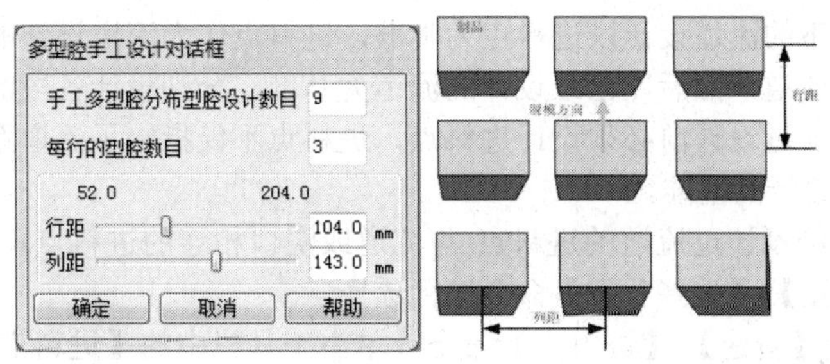

图 4-100　手工分布

如果手工分布的各个型腔的位置不能满足要求，可以通过【型腔调整】按钮对单个或多个型腔进行调整。

(4) 型腔调整。在大多数情况下，通过圆周分布、线形分布或手工分布可以完成型腔的排布，如果这三种排布方式无法满足型腔布局要求，可以通过执行【设计】|【多型腔设计】|【型腔调整】命令或单击【型腔调整】按钮，进行单个或多个型腔的调整。在进行型腔调整前必须通过执行【视图】|【选择状态】命令或单击【选择】按钮选中需要调整的型腔，弹出如图 4-101 所示的多型腔调整对话框。在多型腔调整对话框中输入型腔平移或旋转的角度，即可完成对选择型腔的调整。

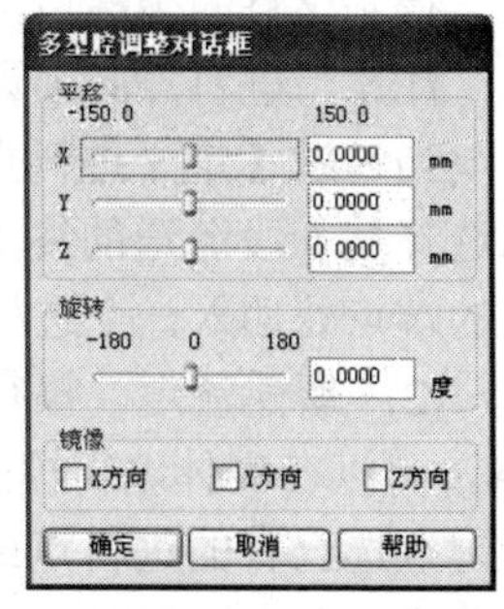

图 4-101　多型腔调整对话框

其中各个参数的含义如下所述。

X：型腔在世界坐标系中朝 X 方向移动的距离，其中正值表示朝正方向，反之为反方向。

Y：型腔在世界坐标系中朝 Y 方向移动的距离，其中正值表示朝正方向，反之为反方向。

Z：型腔在世界坐标系中朝 Z 方向移动的距离，其中正值表示朝正方向，反之为反方向。

旋转：各型腔以各自的中心为旋转中心，以脱模方向为轴进行旋转的角度。

镜像：选择型腔需要镜像的方向。

(5) 完成多型腔设计。当选择了圆周分布、线形分布或者手工分布，完成型腔的调整后，执行【设计】|【多型腔设计】|【完成】命令或单击【完成多型腔设计】按钮，可以完成当前的多型腔设计。

确认多型腔设计会删除所有的分析结果数据及流道、冷却设计数据、翘曲限制设置、气体辅助工艺设置。

⑥ 取消多型腔设计。当选择了圆周分布、线形分布或者手工分布，完成型腔的调整后，执行【设计】|【多型腔设计】|【取消】命令或单击【取消多型腔设计】按钮，可放弃多型腔分布设计，回到多型腔设计前的状态。

取消多型腔设计后，需要选择圆周分布、线形分布或手工分布才能再次进入多型腔设计状态。

3) 流道系统设计

(1) 新建进料点。进料点在制品上，是塑料熔体进入制品的位置，进料点通常与浇口或流道相连，在华塑 CAE 系统中，进料点默认以黄色的箭头表示，如图 4-102 所示。

图 4-102　进料点

实体编辑模式下的流道设计以进料点为基准，进料点作为流道设计的初始坐标选择的依据，建立第一条流道，然后以已经设计的流道为基准，分别设计各段流道，最后完成流道设计。所以进行流道设计前必须设计进料点，进料点不仅指定了流道系统和制品相连的点，更是进行流道设计的基准。

系统不显示已经设计过流道的进料点(与流道或浇口相连的进料点)，没有显示的进料点，无法利用【视图】|【选择状态】命令进行选择。

执行【设计】|【新建】|【进料点】命令或单击工具栏中的【进料点】按钮，可以在制品上新建一个进料点。当选择该命令后，系统弹出如图 4-103 所示的对话框，可以在该对话框中直接输入进料点的坐标，或单击【选择】按钮后通过鼠标左键在制品上点选一点，得到该点的坐标后，单击【应用】按钮即可在制品上添加一个进料点。

注意，进料点必须设定在制品表面。

当通过【定义进料点】对话框上的【选择】按钮在制品上点选进料点的位置时，也可以选择某一段流道的终点作为进料点的位置。对于复制过来的流道，可以利用该功能在流道的端点处插入一个进料点。

(2) 新建流道。执行【设计】|【新建】|【流道】命令或单击工具栏中的【流道】按钮，可以在实体编辑模式下的流道设计中新建一条流道。当选择该命令后，需要通过鼠标左键点选已有的进料点或已有流道的起点或终点作为新建流道的起点。在选择了新建流道起点后，在流道起点处将出现流道设计坐标轴，如图 4-104 所示，并弹出如图 4-105 所示的【流道参数】对话框。

图 4-103 【定义进料点】对话框

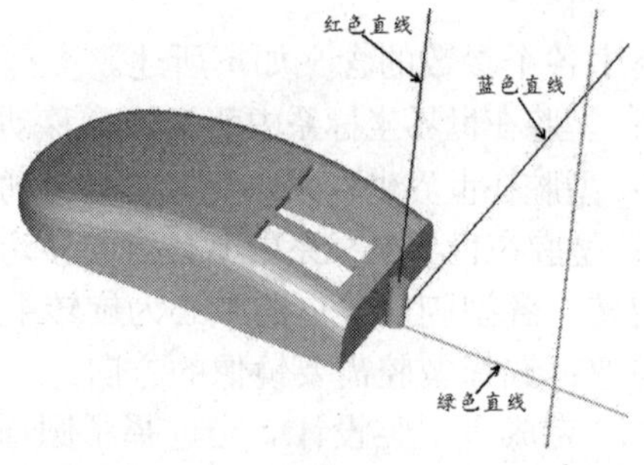

图 4-104 选择新建流道的起点

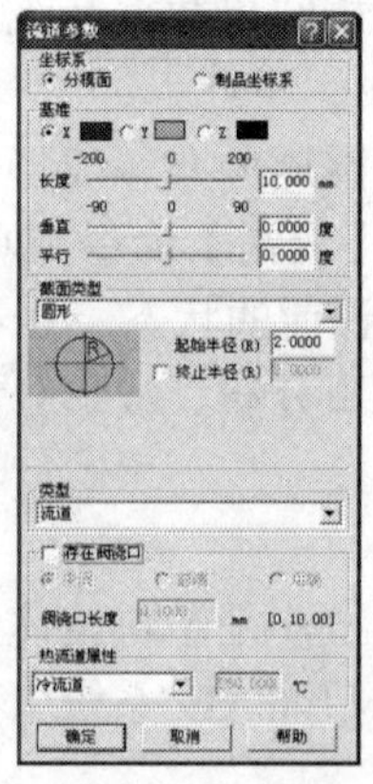

图 4-105 【流道参数】对话框

① 坐标系。当选择流道端点后，在视图中将出现当前流道设计采用的坐标系，如图 4-104 所示。其中红色的直线表示参考坐标系的 X 正方向，绿色的直线表示参考坐标系的 Y 正方向，蓝色的直线表示参考坐标系的 Z 正方向。当基于 X 轴进行流道设计时，X 轴为流道的走向方向，Y 轴为流道截面的正方向。当基于 Y 轴进行流道设计时，Y 轴为流道的走向方向，Z 轴为流道截面的正方向。当基于 Z 轴进行流道设计时，Z 轴为流道的走向方向，X 轴为流道截面的正方向。流道设计中指定的旋转角度以及指定的流道端点的坐标均为参考坐标系中的坐标值。

流道设计时采用的参考坐标系有以下两种。

a. 分模面坐标系。

系统中的分模面是根据用户选择的脱模方向来确定的，分模面垂直于脱模方向的平面。分模面坐标系的坐标原点为用户当前选择的基点。当用户选择的基点为进料点时，进料点所在制品上的表面的法向方向为坐标系的 X 轴方向，脱模方向与 X 轴垂直平面上的投影方向为 Y 方向；当用户选择的基点为某段流道的端点或中点时，坐标系的 X 方向为脱模方向，Y 方向为与 X 方向垂直的方向。

b. 制品坐标系。

制品坐标系的坐标原点为导入的几何模型造型中定义的坐标原点，X 轴为几何模型造型中定义的 X 方向，Y 轴为几何模型造型中定义的 Y 方向。制品坐标系方向与视图中右下角显示的坐标轴相同。

② 基准。【流道设计】对话框顶端显示的基准包括 3 种，并使用 3 种不同的颜色分别与屏幕上流道设计坐标系相对应，所选择的基准方向将作为新建流道的轴向方向，并可作为水平和旋转方向参数的基准轴。

a. 长度。

流道的长度表示流道起点和终点之间的距离，可以通过拖动滚动条来设定流道的长度，如果流道的长度超过了滚动条范围，也可以在编辑框中输入流道的长度。

流道的长度为负时表示流道的方向和基准方向相反。

b. 旋转(水平、垂直)。

当流道的方向不在基准轴方向时，可以通过改变水平和垂直角度来改变流道的方向，水平和垂直角度以选择的基准轴为基准，分别表示流道沿另外两条轴(非基准轴)方向旋转的角度。

③ 截面类型。流道截面参数指定了流道的形式，对于不同的流道截面，具有不同的参数，具体情况如下所述。

- 圆形流道：半径表示流道起点截面的半径，小半径表示流道终点截面的半径。
- 上半圆与下半圆：半径表示半圆截面的半径。
- 上梯形与下梯形：宽表示梯形截面底边的长度，高表示梯形截面上下边之间的高度，角度表示梯形的边与梯形高度方向的夹角。
- 六角形：宽表示流道中心线上六角形的宽度，宽表示六角形高度方向(与宽度方向垂直方向)上流道的高度。角度表示六边形的斜边与高度方向的夹角。
- 上扇形和下扇形：扇形的流道用于设计扇形进料点，起点宽表示扇形进料点起点中心线上矩形的宽度，起点高表示扇形进料点起点中心线上矩形的高度，终点宽表示扇形进料点终点中心线上矩形的宽度，终点高表示扇形进料点终点中心线上矩形的高度。

- 上 U 形与下 U 形：边长表示 U 形截面底边的长度，高度表示 U 形弧顶至底边的高度，角度表示斜边与底边垂线的夹角(与梯形的角度表示方法相同，在图 4-106 中该角度为 0 度)，半径(流道中心线上半径)表示 U 顶圆弧的半径。

注意：*扇形流道必须和进料点相连。*

上半圆、上梯形、上扇形和上 U 形是指流道的截面相对于流道中心线的位置和脱模方向同向，下半圆、下梯形、下扇形和下 U 形是指流道的截面相对于流道中心线的位置和脱模方向反向，如图 4-106 所示。

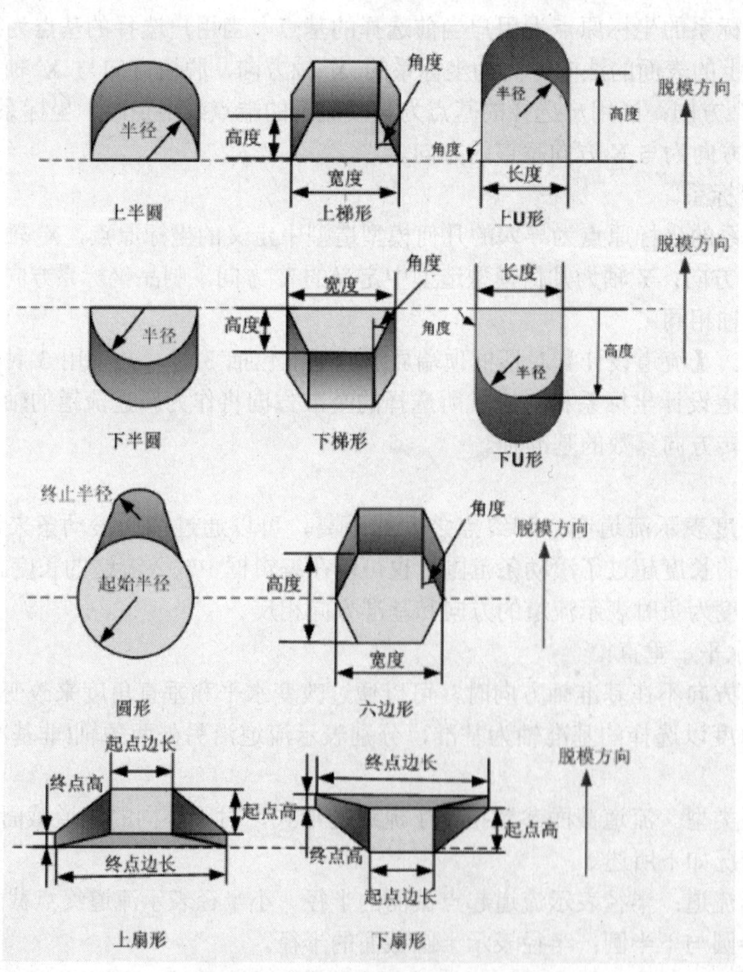

图 4-106　流道截面的定义

④ 类型。流道类型可以为浇口或流道。

如果勾选【存在阀浇口】复选框，则表示在该流道上设定了阀浇口，取消勾选【存在阀浇口】复选框，则表示取消该流道阀浇口的设定。阀浇口的位置可以设置在流道的前端、后端或中间。当设定阀浇口后，在流道上会以黄色显示设定的阀浇口。当在流道上设定了阀浇口后，还需要指定阀浇口的长度，阀浇口的长度不能超过流道的长度。

华塑 CAE 系统中的阀进料点设定在流道或浇口上，可以设定在流道的前端、后端和中点，具有以下两种功能。

- 指定为热流道上的阀进料点，通过指定阀浇口打开的时间，模拟真实注塑过程中的阀浇口。
- 指定通过该段流道的流量，进行流量控制。

设计阀浇口后，可以在工艺条件设置中设置阀浇口的流量控制以及阀浇口的打开时间。

⑤ 热流道属性。热流道属性如下所述。

- 冷流道(粉红色)：普通的流道。
- 绝热流道(红色)：注射模对流道中的塑料熔体采用绝热的方法。
- 热流道(深红色)：热流道注射模需要在流道内或者流道附近设置加热器，使浇注系统中的塑料在整个生产过程中一直保持熔融状态。对于热流道，可以设定热流道的温度，也就是热流道中实际维持的温度。
- 熔体温度(绿色)：流道中温度和熔体温度相同，均为 80℃。

⑥ 流道属性。执行【设计】|【编辑】|【流道属性】命令或单击工具栏中的【修改流道】按钮，查看或修改流道的属性。在使用该命令前，必须通过执行【视图】|【选择状态】命令或单击【选择】按钮，选择需要指定流道属性的流道或流道中心线。在选择了该命令后，弹出【流道参数】对话框，通过修改【流道参数】对话框中的参数可以改变流道的类型和参数。当选择了一条流道或流道中心线时，可以修改所有的流道参数；当选择了两条或两条以上流道或流道中心线时，只能修改热流道属性。对于流道的两端均和其他流道相连的流道，则不能修改该段流道的长度。

⑦ 删除。执行【设计】|【编辑】|【删除】命令或单击工具栏中的【删除】按钮，以删除所有选择的实体。在删除实体时，需要执行【视图】|【选择状态】命令或单击【选择】按钮，选择需要删除的实体，然后执行【删除】命令，按住 Ctrl 键可以多选，可删除所有选择的实体。

⑧ 新建直线。执行【设计】|【新建】|【直线】命令或单击工具栏中的【修改流道】按钮，在流道设计草图编辑模式下(单击按钮，进入草图编辑模式)的流道设计中新建一条流道中心直线。当选择该命令后，弹出【新建直线】对话框，输入直线的起点和终点坐标后，单击【确定】按钮即可添加一条流道中心直线，如图 4-107 所示。

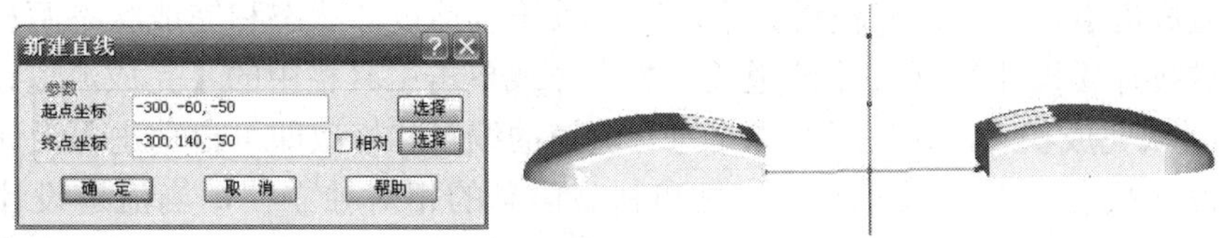

图 4-107　新建直线

【新建直线】对话框中的参数如下。

- 起点坐标：直线的起点坐标。

- 终点坐标：直线的终点坐标。
- 选择：单击【选择】按钮后，可以通过鼠标左键点选制品表面的点、已设计的进料点、已设计流道的起点和终点的坐标。
- 相对：勾选【相对】复选框，则表示输入的坐标是相对于起点坐标的相对坐标。

注意：新建直线必须在流道设计草图编辑模式下才可用。

⑨ 草图编辑。华塑 CAE 系统的流道设计有两种方式。

- 实体编辑模式：流道设计采用从进料点开始到主流道结束的设计思路。首先通过在制品上选择进料点位置，然后设计进料点作为流道基准点，依次设计和进料点相连的进料点、分流道，最后设计主流道，完成流道设计。
- 草图编辑模式：在华塑 CAE 系统中建立流道中心线，或从其他 CAD 系统导入流道中心线，然后对流道中心线指定流道属性，完成流道设计。

在华塑 CAE 系统中，实体编辑模式和草图编辑模式通过执行【设计】|【草图编辑】命令或单击工具栏中的【草图编辑】按钮进行切换，实体编辑模式下的流道以实体的形式显示，草图编辑下的流道以线条的形式显示，如图 4-108 和图 4-109 所示。

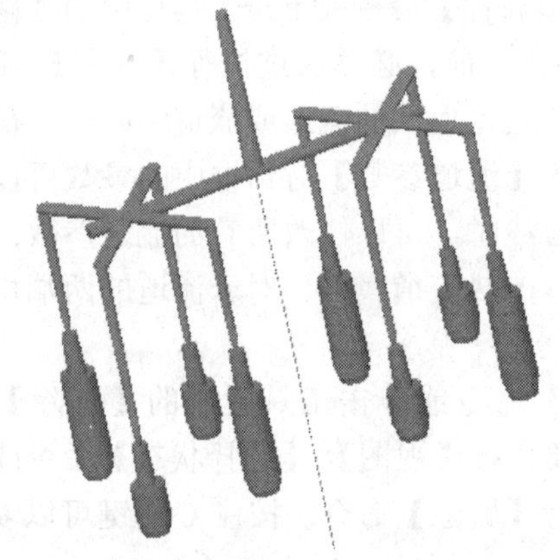

图 4-108 实体编辑模式

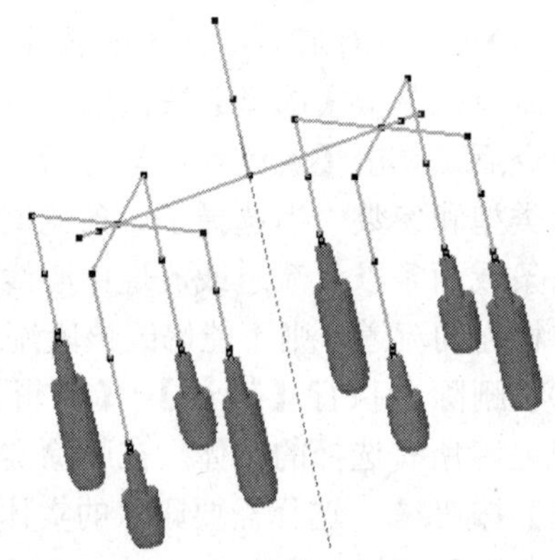

图 4-109 草图编辑模式

⑩ 保存流道设计。当流道设计发生修改时，可以利用该命令保存设计过的流道。当完成流道设计时，系统会自动保存流道设计；当存在分析结果时，系统将提示是否删除分析结果，如果不删除分析结果，系统将不保存流道设计。

⑪ 完成流道设计。在充模设计中，流道系统包括设计状态和完成状态两种，在设计状态下通过执行【设计】|【完成流道设计】命令或单击工具栏中的【完成流道设计】按钮，可以进入完成状态，在完成状态下进行流道的编辑和修改即可自动进入设计状态。

- 设计状态：为了保证流道信息和制品信息的相对独立性，当流道设计没有完成时，所有的流道保存为设计状态，但这样的流道并不能用于分析，在充模设计视图外的视图中设计状态的流道也不能显示。由于设计状态的流道没有自动生成冷料井，也没有进行流道的网格划分，因此设计状态的流道系统是没有完成设计的流道，必须通过执行【完成流道设计】命令完成流道的设计。设计中的流道如图 4-110 所示。

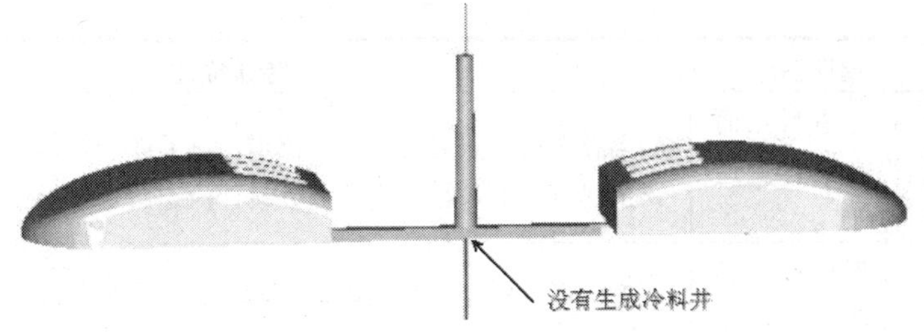

图 4-110　设计状态的流道

- 完成状态：在通过执行【完成流道设计】命令完成流道系统的设计后，系统会自动生成冷料井，进行流道网格的划分并自动保存流道设计。完成状态的流道系统如图 4-111 所示。用户可以选择设计流道的任意命令使流道从完成状态切换到设计状态。

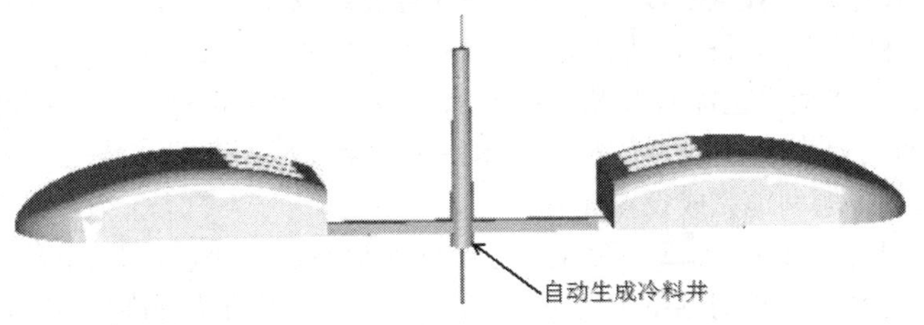

图 4-111　完成状态的流道

提示：系统判断主流道的规则是离定模最近的流道，也就是沿脱模方向最远的流道端点所在的流道。

注意：完成流道设计后，将不能进行流道设计的撤销与重新执行操作。

当流道设计不合理的时候，系统将提示用户当前流道设计中存在的不合理地方，并高亮显示。流道设计不合理的错误如表 4-2 所示。

表 4-2　流道设计错误

错 误 名	错误提示	错误描述
流道重合	存在重合的流道	当两条流道的起点和终点重合时，系统认为这两条流道重合，如果系统提示该错误，可以利用删除流道功能删除重合的流道
存在独立流道	存在不连通的流道	当从主流道开始，若流道和主流道不相连时，系统认为这是多余的流道，会出现该错误提示。可以利用删除流道功能删除重合的流道，或设计流道将该段流道和主流道相连
入口不存在	找不到入口或主流道	当系统不存在主流道时，或者不存在进料点时，系统将出现该错误提示，通过设定进料点或者主流道可以解决该错误
零长度流道	流道的长度不能为零	如果流道的长度为 0，则会提示该错误，可以通过删除流道来解决该错误

续表

错 误 名	错误提示	错误描述
独立进料点	存在进料点而没有进行流道设计	如果存在进料点而没有设计流道，则系统会提示该错误。可以删除该进料点或者是在该进料点处设计流道解决该错误
扇形进料点错误	扇形进料点必须和进料点相连	扇形进料点必须和制品相连，所以扇形进料点的一端必须与进料点相连
进料点位置错误	进料点不在制品上	对于复制充模设计的方案，在完成流道设计时会提示该错误，这是因为原有设计的进料点不在制品表面。可以删除不在制品上的进料点，重新设计进料点解决该错误

4) 成型工艺条件设置

成型工艺设置是 HsCAE3D 系统前处理的重要组成部分，与用户交互最多。它能让用户方便地选择材料、注射机，为用户智能地设置各种成型参数(如注射时间、注射参数等)。合理地设置成型工艺能有效减少用于确定最佳方案而进行 CAE 分析的次数。由于 HsCAE3D 采用了人工智能领域的相关技术，大大降低了用户设置成型工艺的难度，用户将在软件的帮助下顺利地完成设置任务。

执行【工艺条件】命令▦，系统经过一系列初始化操作后，弹出【成型工艺】对话框，如图 4-112 所示。该对话框中的 6 个选项卡分别对应制品材料、注射机、成型条件、注射参数、保压参数以及阀浇口(流量控制)的设置内容。如果用户此前已进行过该方案成型工艺参数设置，系统将显示原设定参数。

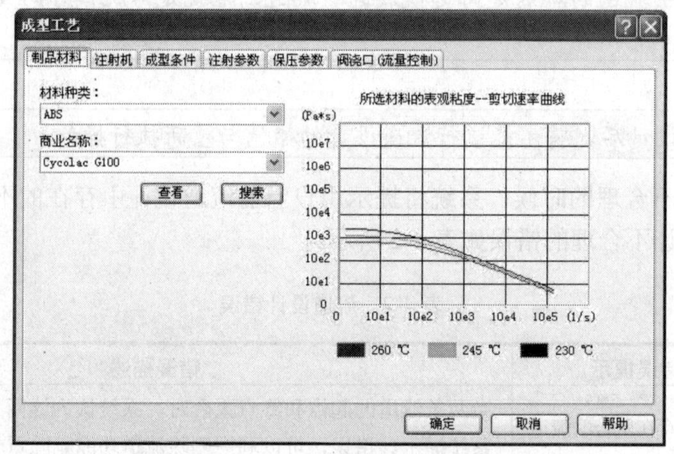

图 4-112 【成型工艺】对话框

当用户对以上 6 个选项卡设置完毕后，单击【成型工艺】对话框中的【确定】按钮，保存当前所设置的制品材料、注射机、成型工艺以及注射参数设置信息。

如果用户对某分析方案进行第一次“成型工艺”设置，直至用户将每一属性页都点选过后，【成型工艺】对话框的【确定】按钮才会变为“可用”状态。成型工艺的最佳设置顺序为制品材料-注射机-成型工艺-注射参数-保压参数-阀浇口(流量控制)。

系统在初始化过程中将检验有关制品以及浇口信息，如果用户没有完成流道系统设计或者在多型腔情况下没有为每一个型腔全部设置浇口，系统将会弹出提示消息框。

4. 冷却设计主要操作

冷却设计主要完成虚拟型腔设计、参考面设计、冷却实体创建及编辑、冷却回路设计、冷却工艺条件设置等。冷却设计工具栏分区如图 4-113 所示。

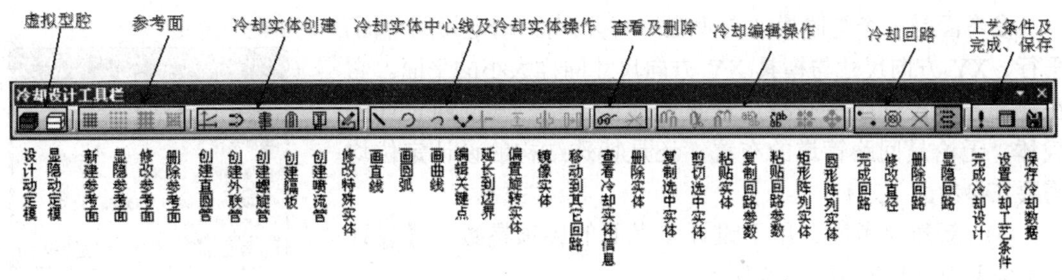

图 4-113　冷却设计工具栏

1)　虚拟型腔设计

在开始进行冷却设计之前，必须进行虚拟型腔设计，也就是动定模设计，一旦完成了动定模设计并保存了设计结果，下次继续进行冷却设计便不需要再次进行动定模设计了。使用该命令将弹出【设计虚拟型腔】对话框，进行动定模设计如图 4-114 所示。

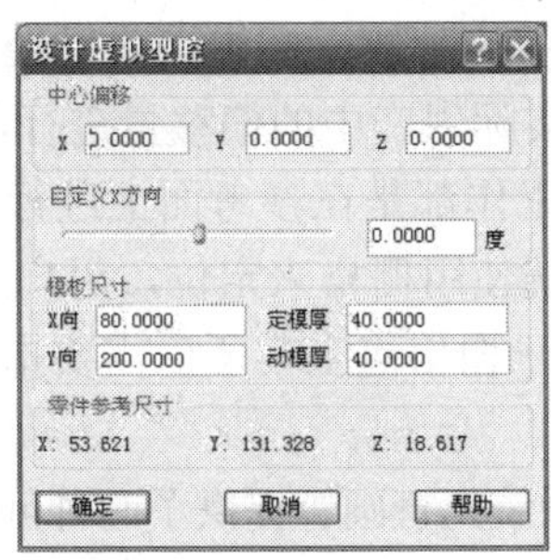

图 4-114　【设计虚拟型腔】对话框

中心偏移：虚拟型腔中心点相对于制品中心的偏移量，初始时这两个中心重合。设置该偏移量的目的是使制品分型面和模具分型面(动定模结合面)重合，后续回路设计时定位就比较简单准确，后续相关内容会详细解释其原因。

自定义 X 方向：设置虚拟模腔绕 Z 轴(脱模方向)旋转的角度，因为虚拟模腔初始时的位置是以制品的包容立方体为基准，对称放大用户指定的 XY 方向面板尺寸得到的，制品在模具中的位置并不一定与现实中一致，有可能错开某个角度。

模板尺寸：设置模板 XY 方向(与脱模方向垂直)的尺寸，以及模板的长宽；并设置模板厚度，以及 Z 方向(脱模方向)尺寸。

注意： 动定模的尺寸必须大于制品及流道系统的尺寸，即制品及流道必须被包含在模具内，否则将会弹出如图 4-115 所示的警告对话框。

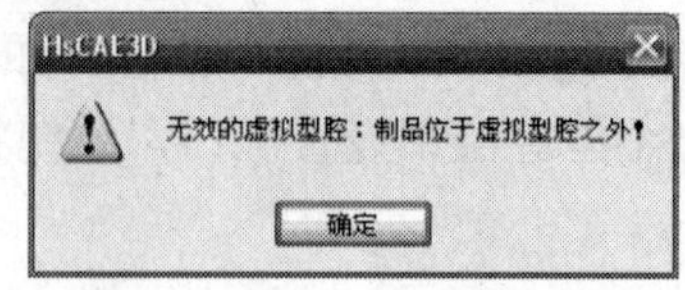

图 4-115　制品位于模具之外的警告

2)　参考面设计

参考面是一个与脱模方向垂直、与分型面(动定模结合面)平行、XY 方向尺寸与模具 XY 方向尺寸同样大小的平面。它在冷却系统设计中占有举足轻重的地位，是冷却回路设计的载体。无论是回路管道的布置，还是特殊结构的设计定位均需要在参考面上进行。

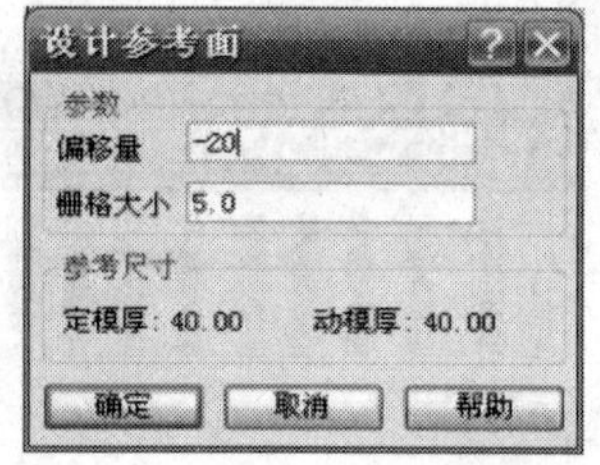

图 4-116　设计参考面对话框

(1)　新建参考面。用于设计参考面的各项参数，【设计参考面】对话框如图 4-116 所示。

(2)　修改参考面。重定义参考面时，如果该参考面为共享的参考面，则在弹出的【修改参考面】对话框中有一个是否修改所有的共享面参数的选项，如果该选项被选中，则所做的修改会影响到所有的与该参考面共享的其他参考面。如果该选项被去掉，则会重新生成一个新参考面并将参数的改动应用到新参考面上。

偏移量：参考面相对于分型面(动定模结合面)的偏移距离，沿定模(脱模方向)的偏移量为正，反之为负。在设计虚拟型腔的时候，如果用户已经将动定模结合面与分型面重合，指定参考面偏移量时就可以根据实际生产中的偏移量进行，否则需要用户自己计算。

栅格大小：用户的主要设计工作都是在参考面上进行，如冷却管道的布置，在系统中体现为在参考面上绘制直线，系统使用栅格来定位，用户绘制的关键点(如直线的起点、终点和特殊结构的插入点等)只能位于栅格点上，所以需要指定栅格大小。

3)　冷却实体创建

(1)　创建直圆管。冷却设计系统为直圆管提供了两种创建方式：鼠标编辑和基准编辑。

执行【创建直圆管】命令，在参考面上单击鼠标左键确定一段水管的起点，移动鼠标指针到另外一点，单击鼠标左键确定水管终点。反复操作即可生成一系列连接的线段，如果需要编辑一条新的水管，可以选择右键菜单里的【继续画线】选项。不再需要编辑水管时，选择【退出编辑】选项结束水管编辑状态，如图 4-117 所示。

使用基准编辑冷却水管。首先选择创建直圆管命令，接着确定基准坐标系。在冷却基准设计工具条的原点字样后面的编辑框中输入基准坐标原点的 *X*、*Y* 坐标，而 *Z* 坐标则表示了当前冷却系统所有参考面的 *Z* 方向偏移值，设定了这三个参数就定下了当前的基准坐标原点。若需要改变基准编辑坐标系的方向，可以点击命令 *X*、*Y* 方向或-*X*、*Y* 方向或-*X*、-*Y* 方向或 *X*、-*Y* 方向。设定了基准坐标原点后，在冷却基准设计工具条的坐标字样后面的编辑框里输入水管端点的 *X*、*Y* 坐标，而 *Z* 坐标则表示了当前端点的 *Z* 方向偏移值。每输入一个端点的坐标，单击冷却基准设计工具条中的【确定】按钮，表示确认了这个端点，反复操作也可生成一系列连接的线段。基准设计工具条里的编辑按钮同样提供了继续画线和退出编辑功能。

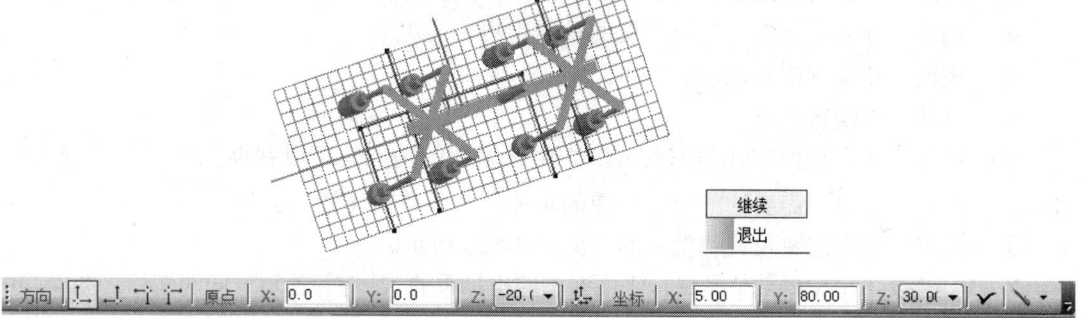

图 4-117　创建直圆管

(2) 外联管。单击【创建外联管】按钮，再通过鼠标确定外接橡皮管的起点和终点，再单击按钮即可创建一段外联管，如图 4-118 所示。

(3) 创建螺旋管。螺旋管冷却方式一般用于大直径的圆柱高型芯，在芯柱外表面车制螺旋沟槽后压入型芯的内孔中。冷却介质从中心孔引向芯柱顶端，经螺旋回路从底部流出。设计螺旋管的时候，插入点为其中心点，也是冷却介质入口点，在设计的过程中需要注意这一要求，否则会带来错误的结果。

(4) 单击【创建螺旋管】按钮，弹出如图 4-119 所示对话框，在设计时需要在对话框中输入相应参数。

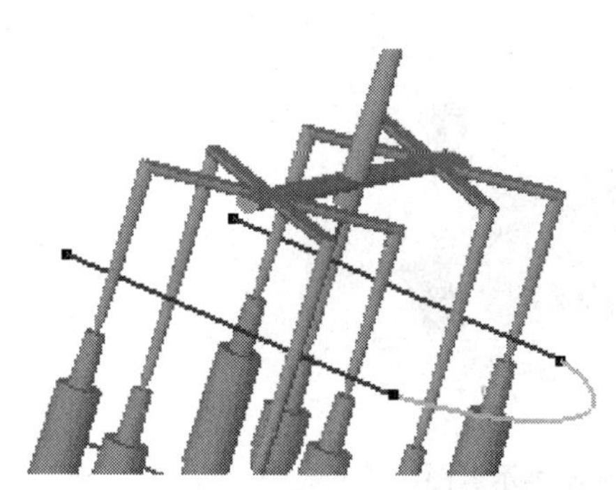

图 4-118　创建外联管

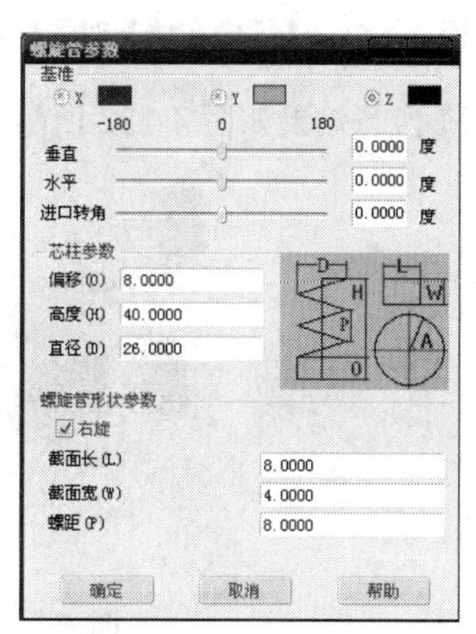

图 4-119　【螺旋管参数】对话框

- 基准：螺旋管空间中的位置基准。
- 垂直：螺旋管高度方向的垂直角度。
- 水平：螺旋管高度方向的水平角度。
- 进口转角：螺旋管进出口方向的相对转动角度。
- 直径：螺旋管直径。
- 高度：螺旋管高度。
- 截面长：螺旋沟槽截面长度。
- 截面宽：螺旋沟槽截面宽度。

- 螺距：螺旋线的螺距。
- 偏移：插入点到螺旋起始部位的轴向距离。
- 旋向：左螺旋或右螺旋。

4) 冷却实体编辑

(1) 镜像实体。镜像实体是 HSCAE7.1 中新增加的功能，可以帮助用户更加方便地设计冷却管道。首先根据需要选择所要镜像的实体，然后单击【镜像】按钮，弹出【镜像实体】对话框，根据需要设置镜像平面，如图 4-120 所示。

X、Y、Z 文本框中的数值是镜像平面在型腔坐标系的 X、Y、Z 轴方向的偏移。图 4-120 中选择的镜像平面就是与 Y-Z 面平行，且在 X 轴方向 20mm 的平面。

(2) 阵列选中的实体，具体阵列类型如下所述。

① 矩形阵列。执行【矩形阵列】命令，弹出【冷却结构矩形阵列】对话框，如图 4-121 所示。

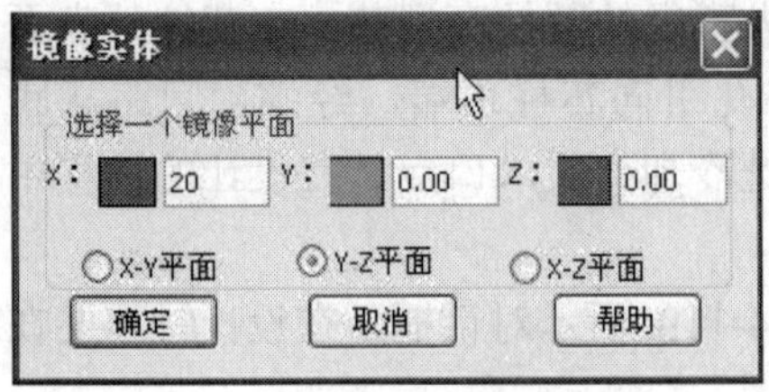

图 4-120 【镜像实体】对话框

图 4-121 【冷却结构矩形阵列】对话框

矩形阵列的效果如图 4-122 所示。

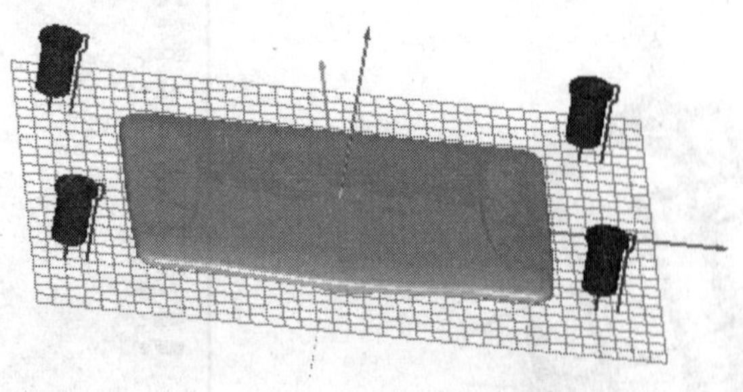

图 4-122 冷却结构矩形阵列示意图

在【冷却结构矩形阵列】对话框中，个数表示包括要阵列的实体在内的在冷却参考坐标系 X 或 Y 向分布的实体的个数，间距表示相邻的两个阵列实体之间在冷却参考坐标系 X 或 Y 向的距离。

② 圆周阵列。执行【圆周阵列】命令，弹出【冷却结构圆形阵列】对话框，如图 4-123 所示。

圆形阵列的效果如图 4-124 所示。

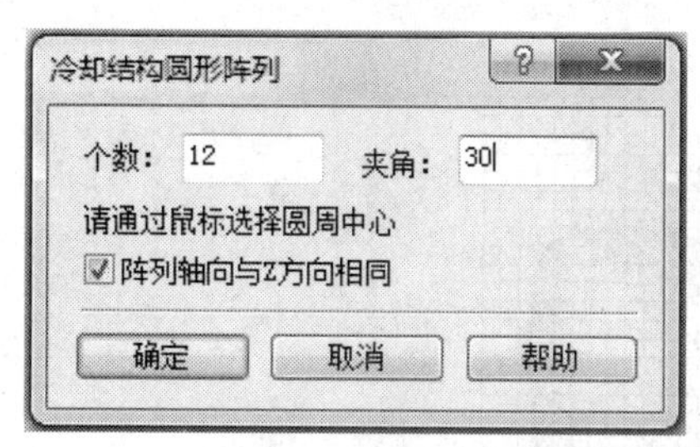

图 4-123　【冷却结构圆形阵列】对话框

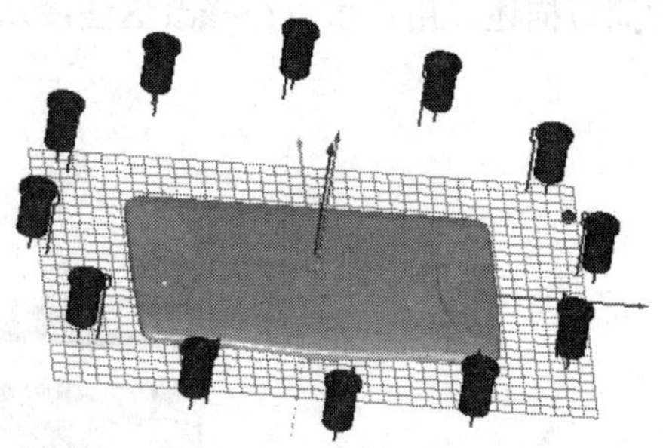

图 4-124　冷却结构圆形阵列示意图

在【冷却结构圆形阵列】对话框中，“个数”表示包括要阵列的实体在内的圆周分布的实体的个数，“夹角”表示相邻的两个阵列实体之间相对于阵列中心的夹角。阵列的圆周的中心需要通过鼠标在参考面上指定，并且可以随时改变这个中心。阵列的中心将以一个带箭头的轴表示，阵列的方向只能沿着冷却参考坐标系 Z 轴的方向，可以通过【阵列轴向与 Z 方向相同】选项来改变它是沿着 Z 轴的正向还是逆向。

5)　完成回路

用于在完成回路时定义回路的入口和出口、直径、冷却介质参数等，在回路有效性检查通过后，将弹出【完成回路】对话框，可以在其中设置回路参数，如图 4-125 所示。

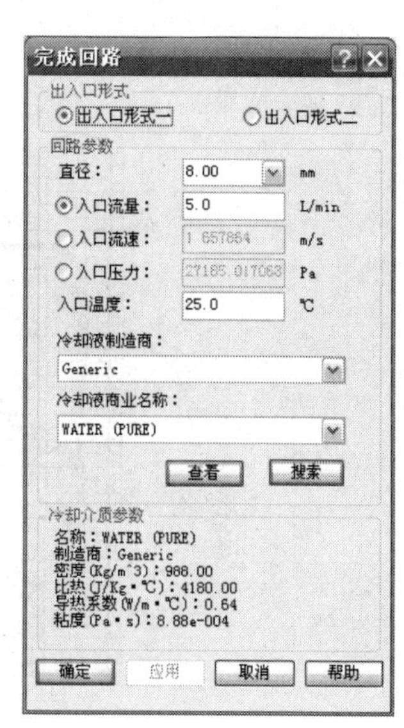

图 4-125　【完成回路】对话框

冷却系统要求在完成回路的时候必须保证回路有且仅有两个合理端点(合理端点意味着该端点必须是冷却水管的端点，而不可以是其他冷却结构的端点，该端点必须位于虚拟型腔的侧面上，而不可以位于其内部，也不可以位于虚拟型腔的棱边上)。【出入口形式一】是指让其中一个端点为回路的入口，另一个为出口；【出入口形式二】是指让另一个端点为回路的入口，前一个为出口。

在【完成回路】对话框中还可以修改在新建回路时初步指定的回路直径。接下来还可以设置回路中冷却介质的参数，包括入口流量(入口流速、入口压力)、入口温度、冷却介质类型。在第一次完成回路时，各个参数都会有一个缺省值，这些值可以满足回路中的冷却介质达到紊流状态的最低值。如果当前设置的参数不能使冷却介质达到紊流状态，将会弹出警告对话框，并给出符合要求的最小值。

单击【应用】按钮可以将设置的参数保存到回路中，同时可以根据所选的设置入口流量、入口流速、入口压力中的一个参数计算出另外两个参数的值，以供参考。

系统首先会检查此时的冷却回路是否存在并且只存在两个端点。如果不满足这一条件，系统会弹出错误提示。用户可以在修改设计以提供合法的入口和出口后，再次完成该冷却回路。

此外，系统还会检测回路里是否存在短路(见图 4-126)和孤立线条(见图 4-127)这两种非法的回路结构。如果存在，系统会将非法的冷却实体以红色表示出来，并提供对非法结构的简短描述。用户可以在修改这些冷却实体后，再次完成该冷却回路。

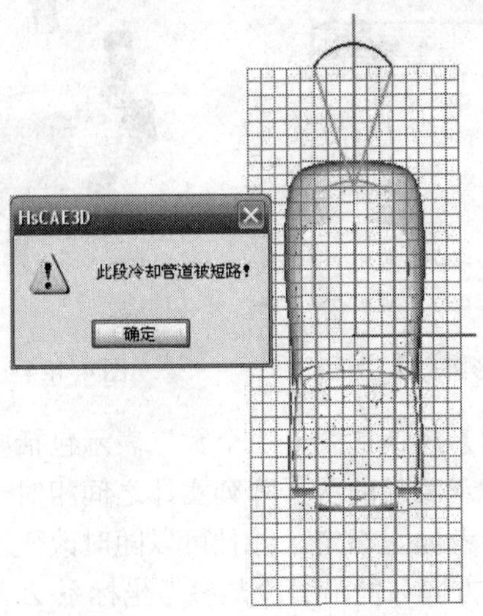

图 4-126　冷却回路短路

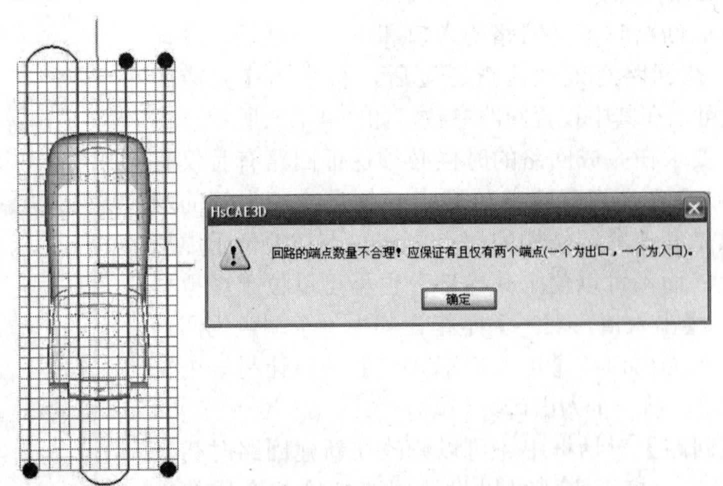

图 4-127　冷却回路存在孤立线条

6)　冷却工艺条件设置

使用该命令可以进行冷却工艺条件的设计。选择该命令后，系统会弹出【冷却工艺条件】对话框。在进行冷却工艺条件设计之前，必须保证已经完成冷却设计。如果还没有，系统会为用户给出提示，如图 4-128 所示。

完成冷却设计后，执行【设计】|【冷却工艺条件】命令或单击工具栏中的【冷却工艺条件】按钮，打开【冷却工艺条件】对话框，进行模具材料、塑料材料、冷却条件设置，如图 4-129 所示。

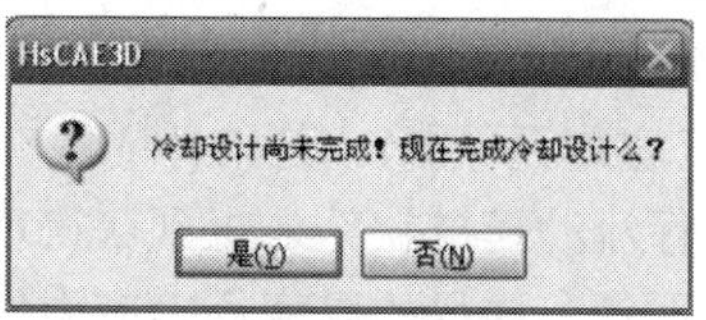

图 4-128　完成冷却回路的提示

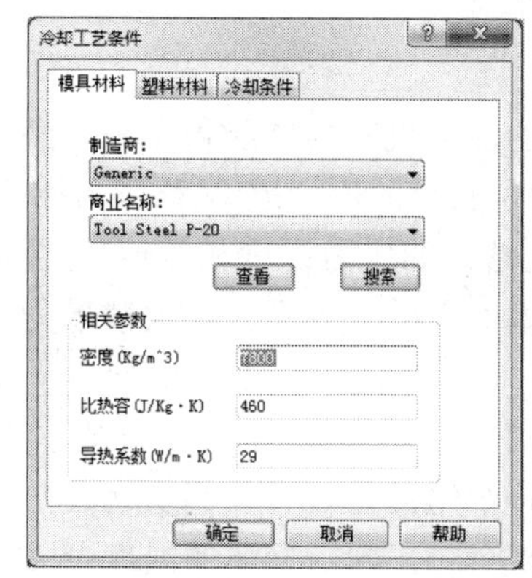

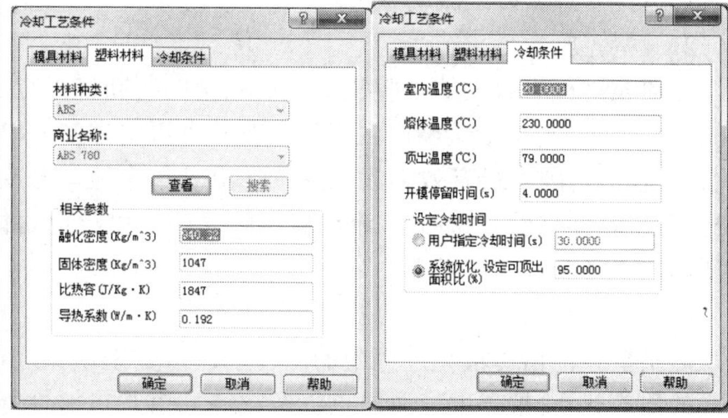

图 4-129　【冷却工艺条件】对话框

【冷却条件】选项卡用于设定冷却工艺条件中的冷却条件信息，参数含义如下所述。

- 室内温度：室内的环境温度。
- 熔体温度：塑料注射时的温度。
- 顶出温度：制品顶出时的温度。
- 开模停留时间：开模后停留的时间。
- 设定冷却时间：【用户指定冷却时间】表示，系统给出该时刻型腔的温度场。【系统优化，设定可顶出面积比】表示系统自动计算冷却时间，其优化依据是用户指定的可顶出面积比，即制品达到该顶出面积比需要的冷却时间。

冷却时间可以由用户指定，也可以由系统计算。如果用户指定了冷却时间为 tu，系统计算出制品经过 tu 时间后模具型腔表面温度分布，但是此时的制品并不一定可以脱模，仅仅是经过 tu 时间后的冷却效果。如果冷却时间由系统计算，此时需要用户设定可顶出面积百分比，即制品达到可顶出条件的表面积占总表面积的百分比，譬如缺省值 95%，计算结束后系统可向用户提供所需要的冷却时间，此时制品基本上也达到了脱模条件。

5. 华塑 CAE3D 的主要输出结果解析

塑料注射模流动模拟软件的指导意义十分广泛，作为一种设计工具，它能够辅助模具设计者优化模具结构与工艺，指导产品设计者从工艺的角度改进产品形状，选择最佳成型性能的塑料，帮助模具制造者选择合适的注射机，当变更塑料品种时，对现有模具的可行性做出判断，分析现有模具设计的弊病。同时，流动软件又是一种教学软件工具，可以帮助模具工作者熟悉熔体在型腔内的流动行为，把握熔体流动的基本原则。下面逐项分析三维流动软件的主要输出结果如何指导设计。

1)　熔体流动前沿动态显示

显示熔体从进料口逐渐充满型腔的动态过程，由此可判断熔体的流动是否为较理想的单项流形式(简单流动)，因为复杂流动成型不稳定，容易出现次品；以及各个流动分支是否同时充满型腔的各个角落(流动是否平衡)。若熔体的填充过程不理想，可以改变进料口的尺寸、数量和位置，反复运行流动模拟软件，直到获得理想的流动形式为止。若仅仅是为了获得较好的流动形式而暂不考察详尽的温度场、应力场的变化，或是初调流道系统，最好是运行简易三维流动分析(等温流动分析)，经过几次修改，得到较为满意的流道设计后，再运行非等温三维流动分析。

2) 型腔压力

在填充过程中最大的型腔压力值可以帮助判断在指定的注射机上熔体能否顺利充满型腔(是否短射)，何处最可能产生飞边，在各个流动方向上单位长度的压力差(又称压力梯度)是否接近相等(因为最有效的流动形式是沿着每个流动分支熔体的压力梯度相等)，是否存在局部过压(容易引起翘曲)。流动模拟软件还可以给出熔体填充模具所需的最大锁模力，以便用户选择合适的注射机。

3) 熔体温度

提供型腔内熔体填充过程中的温度场，可鉴别填充过程中熔体是否存在因剪切发热而形成的局部热点(易产生表面黑点、条纹等并引起机械性能下降)，判断熔体的温度分布是否均匀(温差太大是引起翘曲的主要原因)，判断熔体的平均温度是否太低(引起注射压力增大)。另外，熔体接合点的温度还可帮助判断熔合纹的相对强度。

4) 剪切速率

剪切速率又称应变速率或者速度梯度，该值对熔体的流动过程影响很大。实验表明，熔体在剪切速率为 103S-1 左右成型时，制品的质量最佳。流道处熔体剪切速率的推荐值为 5*102～5*103S-1，浇口处熔体剪切速率的推荐值为 104～105S-1。流动软件可以给出不同填充时刻型腔各处的熔体剪切速率，有助于用户判断在该设计方案下所预测的剪切速率是否与推荐值接近，而且还可以判断熔体的最大剪切速率是否超过该材料所允许的极限值。剪切速率过大，将使熔体过热，导致聚合物降解或产生熔体破裂等弊病。剪切速率分布不均匀会使熔体各处分子产生不同程度的取向，因而产生不同收缩，导致制品翘曲。通过调整注射时间可以改变剪切速率。

5) 剪切应力

剪切应力也是影响制品质量的一个重要因素，制品的残余应力值与熔体的剪切应力值有一定的对应关系：剪切应力值大，残余应力值也大。因此，熔体的剪切应力值不宜过大，以避免制品翘曲或开裂。根据经验，熔体在填充型腔时所承受的剪切应力不应超过该材料抗拉强度的 1%。

6) 熔合纹/气穴

两个流动前沿相遇时会形成熔合纹，因而在多浇口方案中熔合纹是不可避免的，在单浇口方案中，部分制品的几何形状以及熔体的流动情况也会形成熔合纹。熔合纹不仅影响外观，而且为应力集中区，材料结构性能也受到削弱。改变流动条件(如浇口的数目与位置等)可以控制熔合纹的位置，使其处于制品低感光区和应力不敏感区(非“关键”部位)。而气穴为熔体流动推动空气最后聚集的部位，如果该部位排气不畅，就会引起局部过热、气泡，甚至充填不足等缺陷，此时应该加设排气装置。流动模拟软件可以为用户准确地预测熔合纹和气穴的位置。

7)　多浇口的平衡

当采用多浇口时，来自不同浇口的熔体相互汇合，可能造成流动停滞和转向(潜流效应)，此时各浇口的充填将变为不平衡状态，不仅影响制品的表面质量及结构的完整性，而用也得不到理想的简单流动。这种情况应调整浇口的位置。

8)　表面定向

表面定向是通过计算熔体前沿速度方向得到的，表面定向的方向即熔体前沿到达给定制品位置的速度方向，很大程度上说明了具有纤维填充制品的纤维的取向。表面定向在预测制品的机械性能方面具有重要的作用，因为制品在表面定向方向上的冲击强度相对较高，在表面定向方向上的抗拉强度也较高。通过调整浇口的位置来调节制品的表面定向，可以优化制品的机械性能。

9)　收缩指数

收缩指数是指保压完成后每个单元体积相对于该单元原始体积收缩的百分比，主要用于预测成型制品产生缩痕的位置和可能趋势。一般来说，在收缩指数大的地方，产生缩痕的可能性更大。收缩指数还影响到制品的翘曲程度，为了减少制品的翘曲程度，应尽量使整个制品上的收缩指数趋于均匀。

10)　密度场

密度场显示了保压过程中制品上材料密度的分布。在保压过程中，由于制品上密度分布不均匀，制品上密度高的地方的材料向密度低的地方流动并最终达到平衡。密度场主要用于计算制品的收缩指数，预测缩痕产生的位置和可能性。

11)　稳态温度场

稳态温度场显示了模壁(型腔和型芯表面)的温度分布，反映了模壁温度的均匀性。高温区域通常由于模具冷却不合理造成，应当避免。模壁温度的最大值与最小值之差反映了温度分布的不均匀程度，不均匀的温度分布可以产生不均匀的残余应力，从而导致塑件翘曲。

12)　热流密度

模壁(型腔和型芯表面)的热流密度分布反映了模具冷却效果和塑件放热的综合效应。对于壁厚均匀的制品来说，热流小的区域，其冷却效果差，应予改进。对于壁厚不均匀的制品，薄壁区域热流较小，厚壁区域热流较大。正值表示放热，负值表示吸热，一般来说，制品放出热量而冷却水管吸收热量。

13)　型芯型腔温差

模具型腔与型芯的温差反映了模具冷却的不平衡程度，一般是由型腔和型芯冷却的不对称造成的，是导致塑件产生残留应力和翘曲变形的主要原因。对于温差较大(大于 10℃)的区域，应修改冷却系统设计或改变成型工艺条件(如冷却液温度等)，减小模具在此区域冷却的不平衡程度。

14)　中心面温度

对于无定形塑料厚壁制品(壁厚与平均直径之比大于 1/20)，其脱模准则是其最大壁厚中心部分的温度达到该种塑料的热变形温度。

15)　截面平均温度

对于无定形塑料薄壁制品，其脱模准则是制品截面内的平均温度已达到所规定的制品的脱模温度。

16) 冷却时间

冷却时间是指塑件从注射温度冷却到指定的脱模温度所需的时间。根据塑件的冷却时间分布，设计者可以知道塑件的哪一部分冷却得快，哪一部分冷却得慢。理想的情况是所有区域同时达到脱模温度，塑件总的冷却时间最短。

17) 平面应力

平面应力是垂直于壁厚方向的平面上的应力，平面应力在制品的不同壁厚处的数值是变化的。平面应力是产生制品出模后产生制品平面方向收缩的主要原因之一，过大的平面应力将使制品产生较大的收缩，应当避免。

18) 厚向应力

厚向应力是制品壁厚方向的应力。厚向应力是制品壁厚方向收缩的主要原因，较小的厚向应力可以减少制品的收缩。

19) 翘曲

翘曲结果显示了经过保压和冷却过程后制品发生变形的趋势和变形量。通过对翘曲结果的分析，可改进保压和冷却工艺条件，减少制品的翘曲变形。

20) 流动前沿温度

显示熔体到达型腔各个位置时的温度。流前温度过低，容易造成滞流或短射；流前温度过高，容易造成材料裂解或表面缺陷，因此需保证流前温度在塑料推荐的成型温度范围内。

21) 充填浇口

显示型腔各处是由来自哪个浇口的熔体充填的，该结果可以用来确定型腔中熔体是否平衡流动，如果不同的浇口都向型腔中同一处充填，便可能会导致熔体不平衡的流动。

22) 凝固层厚度

凝固层厚度主要用于计算每个单元的凝固比例，其范围为 0～1。在充填过程中，如果某处的凝固层厚度较大，则表示该处的热损失较严重，流动率比较小，容易滞流。充填较快的注射速度时，其凝固层厚度较薄。

23) 冷却介质温度

冷却介质温度是指冷却液在冷管中的温度分布。根据此结果可以得出回路出入口的温差，在生产中精密模具温差在 2℃以内，普通模具最好不要超过 5℃。

24) 冷却介质速度

冷却介质速度是指冷却液在冷管中的速度分布，速度较高时，冷管中的压力比较大，冷却效果也会相对较好。

25) 冷却介质雷诺数

冷却介质雷诺数是指冷却液在冷管中的雷诺数分布，只有当雷诺数大于 10000 时，冷却管道中的冷却液才能达到紊流，冷却效果才可能较为理想。

26) 可顶区域

判断在顶出时刻，制品各处是否是真正可顶出的。其中红色的表示可顶区域，蓝色的表示该区域不可顶出，绿色的区域表示中间区域。

流动模拟软件在优化设计方案中更显优势。通过对不同方案的模拟结果的比较，可以辅助设计人员选择较优的方案，获得最佳的成型质量。

4.5 拓 展 训 练

4.5.1 冰箱抽屉板 CAE 优化设计

在制品试模时出现了充填不足的情况，如图 4-130 所示。

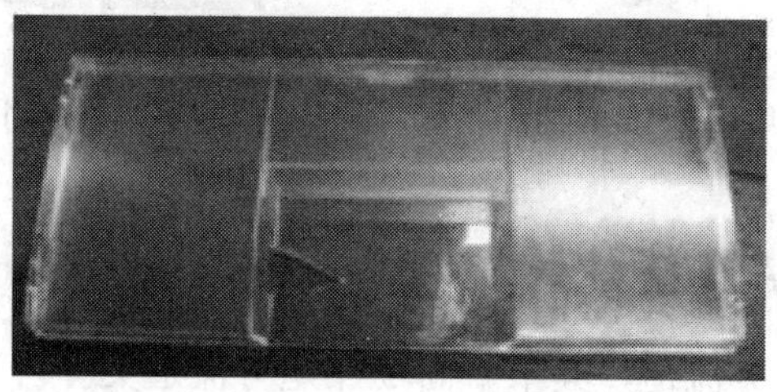

图 4-130　充填不足的制品

1. 分析

通过分析，气穴分布如图 4-131 所示，其中大部分气穴位于分型面，但是有一处气穴位于制品中间，此处气体无法排出，导致制品充填不足。详细查看熔体流动前沿可知，熔体在困气位置明显滞留，滞留是由于制品壁厚不均匀所导致。检查制品壁厚，发现制品壁厚介于 1.5～3mm，差别较大。

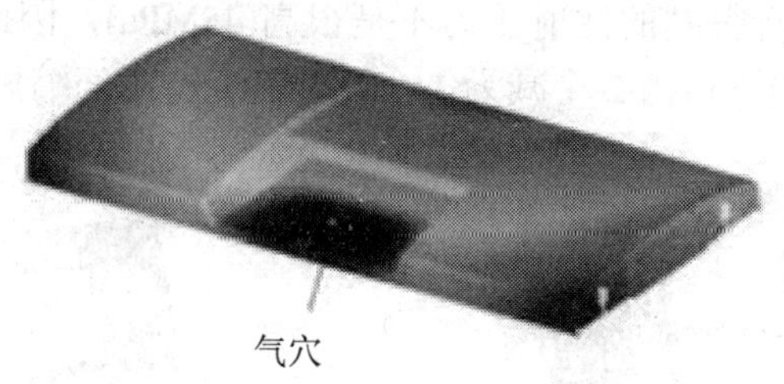

图 4-131　CAE 气穴分析

2. 优化措施

在不改变模具结构的情况下改变制品壁厚，如图 4-132 和图 4-133 所示。通过 CAE 分析，气穴均位于制品分型面附近，如图 4-134 所示，制品可以顺利充填。

3. 优化效果

制品充填顺利，生产出合格制件，如图 4-135 所示。

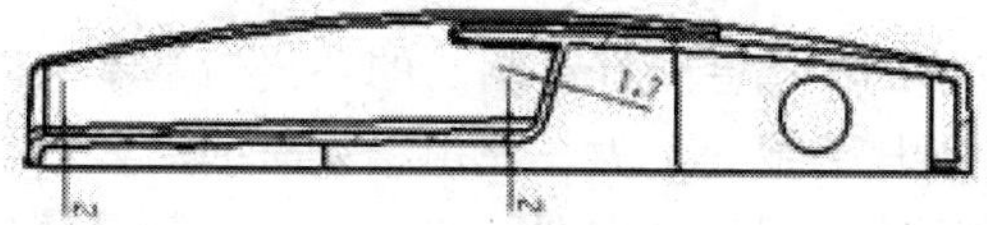

图 4-132　更改前制品壁厚(局部)

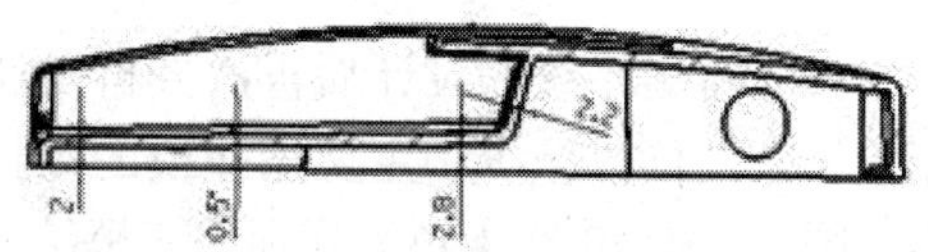

图 4-133　更改后制品壁厚

图 4-134　更改制品壁厚后 CAE 分析结果

图 4-135　合格制件

4.5.2　电器前盖 CAE 优化设计

初始方案包括 4 个主分流道，其中下面 3 个主分流道又各自分成 2 个分流道，各对应 2 个浇口，如图 4-136 所示。充模时间设为 7s，注射温度为 250℃。用华塑 CAE 软件分析后发现充填不平衡，制品的上部与两侧比下部明显先充填，存在过压现象，同时制品充填结束时的温差较大(130℃)。

1. 分析

通过分析，发现主要原因是浇口位置不合理，充模时间过长。

2. 优化措施

考虑到初始方案分析得到的注射压力不是很高(45MPa)，因此将流道系统的设计改为如图 4-137 所示，两侧的浇口由 2 个减为 1 个，并将充模时间缩短为 2.8s。

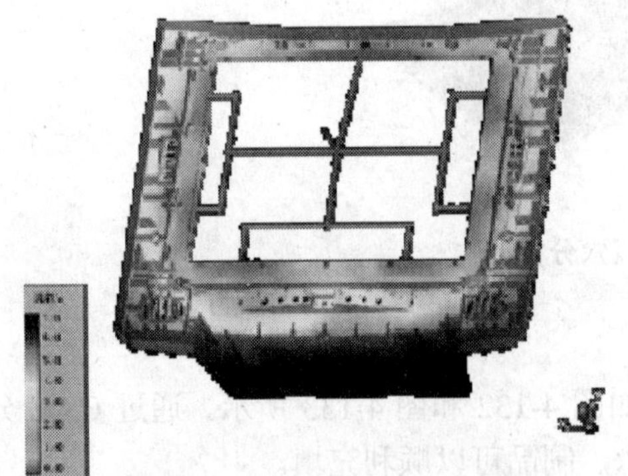
图 4-136　初始方案流动充填结果

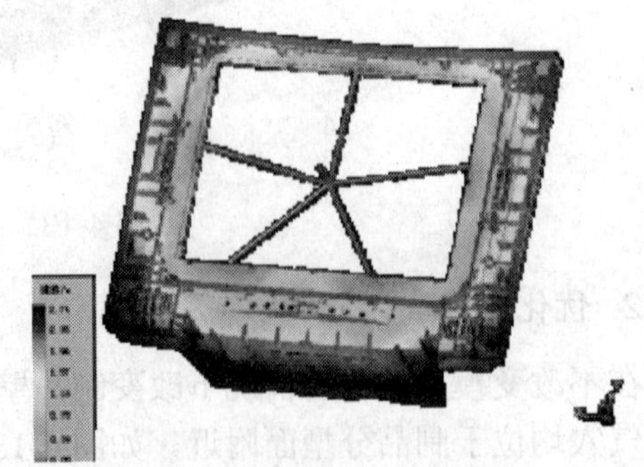
图 4-137　改进方案流动充填结果

3. 优化效果

改变流道系统的设计后再次分析发现，充填的平衡性变好，制品的各浇口基本上同时充填结束，同时减少了主要熔接痕的数目，注射压力变化不大，充填结束时的温差明显缩小。图 4-138 和图 4-139 分别为充填结束时的压力、温度分布图，图 4-140 为制品熔接痕与气穴分布图，图 4-141 为锁模力曲线图。

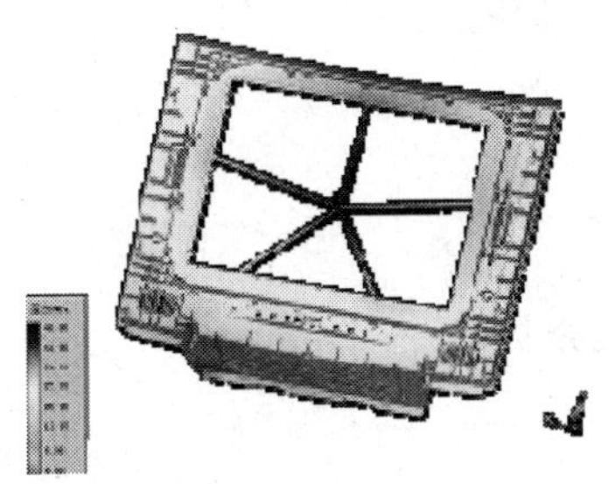
图 4-138　改进方案后充填结束时的压力分布图

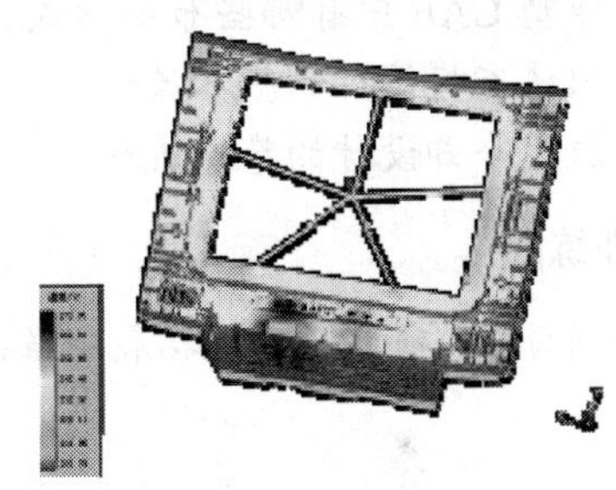
图 4-139　改进方案后充填结束时的温度分布图

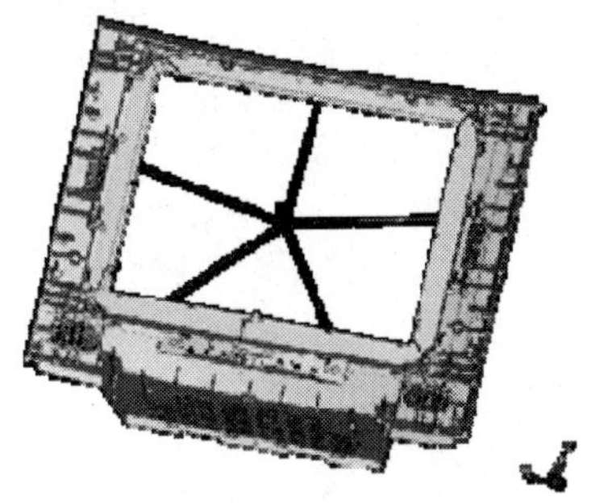
图 4-140　熔接痕与气穴分布图

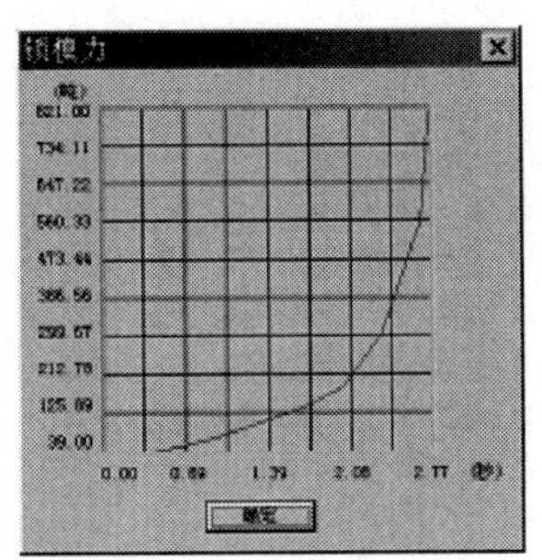

图 4-141　锁模力曲线

项 目 小 结

本项目分为三个任务，即网格划分、充模分析、冷却分析。

在网格划分的操作中，学习了从 UG 中导出.stl 格式文件，在华塑网格管理器中生成.2dm 格式的网格文件，并通过网格评价，之后可用于 CAE 模流分析。

在充模分析的操作中，学习了在华塑 CAE 中进行系统设置、新建零件及添加分析方案、定义进料点、设计浇口、分流道及主流道、设置充模工艺条件，完成充模设计。

在冷却分析的操作中，学习了在华塑 CAE 中进行虚拟型腔和参考面创建、在参考面上绘制直圆管、分割冷却回路及完成回路、设置冷却工艺条件，完成冷却设计。

充模设计与冷却设计完成后，可进行充模、保压、冷却、应力、翘曲分析，并生成分析报告。

思 考 训 练

1. 思考题

(1) 华塑网格管理器主要有哪些工具条？可实现哪些功能？

(2) 华塑 CAE 有哪些功能窗口？

(3) 华塑 CAE 中有哪些布局形式？

(4) 叙述充模设计的基本流程。

(5) 叙述冷却设计的基本流程。

2. 训练题

选择项目 1、项目 2 及其拓展训练的模具进行模流分析。

附录A　模具设计常用名词

A.1　模具标准件常用名词

模具标准件常用名词如表 A-1 所示。

表 A-1　模具标准件常用名词

序　号	中 文 名	英 文 名	序　号	中 文 名	英 文 名
1	顶针	E.P.(Ejector Pin)	10	中托导套	Ejector Lead Bushing
2	有托顶针	Stepped E.P.	11	回针	Return Pin
3	扁顶针	Rectangular E.P.	12	拉杆	Support Pin
4	司筒	E.P. Sleeve	13	喉塞	Taper Screw Plug
5	中托导柱	Ejector Leader Pin	14	定位环	Locating Ring
6	轴承	Bearing	15	浇口套	Sprue Bushing
7	油缸	Oil Cylinder	16	齿轮	Gear
8	限位块	Distance Spacer	17	弹簧	Spring
9	支承柱	Support Pillar	18	螺钉	Screw

A.2　模具成型零件与模具特征常用名词

模具成型零件与模具特征常用名词如表 A-2 所示。

表 A-2　模具成型零件与模具特征常用名词

序　号	中 文 名	英 文 名	序　号	中 文 名	英 文 名
1	滑块	Slide	9	浇口	Gate
2	大水口	Edge Gate	10	流道	Runner
3	倒扣	Underrut	11	拔模	Graft
4	分型面	Parting Surface	12	镶针(入子)	Pin
5	锁定块	Jaw	13	热流道	Hot Runner
6	斜导柱	Cam Pin	14	细水口	Pin-point Gate
7	斜销	Angle Lifter	15	冷却水道	Water Line
8	镶件(入子)	Insert	16	耐磨板	Wear Plate

A.3　模具加工常用名词

模具加工常用名词如表 A-3 所示。

表 A-3　模具加工常用名词

序　号	中 文 名	英 文 名	序　号	中 文 名	英 文 名
1	电火花	EDM	6	数控铣床	CNC
2	线切割	Wire Cut	7	电镀	Plate
3	车削	Lathe,Turning	8	铣削	Mill
4	淬火	Qucnching	9	回火	Tcmpcring
5	退火	Anncaling	10	碳化	Carbonization

附录B 注塑模向导模架调用参数

注塑模向导模架调用参数如表 B-1 所示。

表 B-1 模架调用参数表

参数名称	表达式参考
AP_h	A 板厚度
AP_off=fix_open	A 板偏离=定模离空
BCP_h	动模底板厚度
BP_off=S_off+supp_s*S_h	B 板偏离=推板偏离+有无推板×推板厚度
CP_h	C 板高度
CP_off=U_off+supp_u*U_h	C 板偏离=托板偏离+有无托板×托板厚度
CS_d	C 板螺钉直径
C_w	C 板宽度
Cl_off_x=-(mold_w/2)+C_w/2	左边 C 板 X 向偏离=-半模板宽+半 C 板宽度
Cr_off_x=mold_w/2-C_w/2	右边 C 板 X 向偏离=半模板宽-半 C 板宽度
EF_w	顶出板宽度
EJA_h	面针板厚度
EJB_h	底针板厚度
EJB_off=BCP_off-EJB_h-EJB_open	底针板偏离=底板偏离-底针板厚度-底针板离空(垫钉高)
EJB_open=0	底针板离空(垫钉高)
ES_d	面、底针板固定螺钉直径
ETYPE=0	顶针固定形式：沉孔固定=0；面、底针板离空固定=1
GP_d	导柱直径
GTYPE=1	导柱位置：在 A 板=1；在 B 板=0
H	直身模顶板宽度
I	工边模顶板宽度
Mold_type=I	模架类型=工边模架
PS_d	定模、动模螺钉直径=M1
RP_d	回针(复位杆)直径
R_h	水口板(弹料板)厚度
R_height=supp_r*R_h	弹料板高度=有无弹料板×弹料板厚度
R_off=AP_off+AP_h	弹料板偏离=A 板偏离+A 板厚度
SG=0	模架形式：SG=0 为大水口；SG=1 为小水口模架
SPN_L=floor	拉杆长度
SPN_TYPE=0	拉杆位置形式：拉杆位置在外=0；拉杆位置在内=1
SPN_d	拉杆直径
S_h	推板厚度
S_off=move_open	推板偏离=动模离空
TCP_h	定模底板厚度
TCP_off=R_off+supp_r*R_h	顶板偏离=弹料板偏离+有无弹料板×弹料板厚度
TCP_off_z=TCP_off	顶板偏离 Z 值=顶板偏离
TCP_top=TCP_off+TCP_h	顶板顶面=顶板偏离+顶板厚度
TW=Mold_type	顶板宽度=模身类型
T_height=supp_t_plate*TCP_h	顶板高=有无顶板×顶板厚度

续表

参数名称	表达式参考
U_h	托板厚度
U_height=supp_u*U_h	托板高度=有无托板×托板厚度
U_off=BP_off+BP_h	托板偏离=B 板偏离+B 板厚度
cs_bd	C 板螺钉通过孔(在底板上)直径
cs_h=2*CS_d	C 板螺钉旋入长度=2 倍螺钉直径
cs_hd	螺钉沉头孔直径
cs_hh	螺钉沉头孔深度
cs_l=BCP_h+CS_d*1.5-cs_hh	C 板螺钉长度=底板厚+1.5 倍螺钉直径-沉头孔深度
cs_tap_d	C 板螺纹底孔直径
cs_x	C 板螺钉 X 向距离
cs_y	C 板螺钉 Y 向距离
es_bd	顶出板螺钉通过孔(在底针板上)直径
es_hd	顶出板螺钉沉头孔(在底针板上)直径
es_hh	顶出板螺钉沉头孔深度
es_l=EJB_h+EJA_h-es_hh	顶出板螺钉长度=底针板厚+面针板厚-顶出板螺钉沉头孔深度
es_n	顶出板螺钉数量(单边)
es_tap_d	面针板螺纹底孔直径
es_x	顶出板螺钉 X 向距离
es_y	顶出板螺钉 Y 向距离
fix_open=0	定模离空
gba2_l=BP_h	B 板导套长度(简化型小水口模架)=B 板厚度
gba_bd	导套安装孔直径
gba_hd=35+1.4	导套头部沉孔直径
gba_hh	导套头部沉孔深度
gba_l=AP_h	A 板导套长度=A 板厚度
gbb_l=S_h-1	推板导套长度=推板厚度-1
gp1_l=AP_h+AP_off+BP_h+BP_off	导柱长度=A 板厚度+A 板偏离+B 板厚度+B 板偏离
gp_l=U_off+R_off-(3+move_open+fix_open)	导柱长度=托板偏离+弹料板偏离-(3+动模离空+定模离空)
gp_spn_y0	拉杆 Y 向距离 y0
gp_spn_y1	拉杆 Y 向距离 y1
gp_x	导柱或拉杆 X 向距离
gpa_bd=GP_d	导柱孔直径=导柱直径
gpa_hd=25+1.4	导柱沉头孔直径
gpa_hh=6+0.2	导柱沉头孔深度
mold_chamfer=1	模板倒角
mold_l	模板长度
mold_w	模板宽度
move_open=0	动模离空
ps_bd=13.4	上、下模螺钉通过孔直径
ps_hd=19.	上、下模螺钉沉头孔直径
ps_hh=13.4	上、下模螺钉沉头孔深度
ps_l=BCP_off+BCP_h-U_off-ps_hh+PS_d*1.5	螺钉长度=底板偏离+底板厚度-螺钉沉头孔深度+1.5 倍螺钉直径
ps_n	单边螺钉数量
ps_tap_d	(上、下模螺钉)螺纹底孔直径

续表

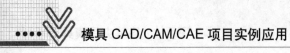

参数名称	表达式参考
ps_x	上、下模螺钉 X 向距离
ps_y	上、下模螺钉 Y 向距离
ps_y1	上、下模螺钉 Y1 向距离
ps_y2	上、下模螺钉 Y2 向距离
rp_bd=RP_d+0.2	回针(复位杆)孔直径=回针直径+0.2
rp_hd=20+1.4	回针沉头孔直径
rp_hh=4+0.2	回针沉头孔深度
rp_l=EJB_off-BP_off	回针长度=底针板偏离-B 板偏离
rp_x	回针 X 向距离
rp_y	回针 Y 向距离
shift_ej_screw	面、底针板固定螺钉 Y 向距离缩减量
shorten_ej	面、底针板长度缩减量
spn_bd=SPN_d+2	拉杆避空孔直径=拉杆直径+2
spn_bush_bd	拉杆导套(安装空)直径
spn_bush_hd=35+1.4	拉杆导套沉头孔直径
spn_bush_hh=8+0.2	拉杆导套沉头孔深度
spn_hd=25+1.4	拉杆沉头孔直径
spn_hh=10+0.2	拉杆沉头孔深度
spn_l=CP_off+CP_h/2+TCP_off+TCP_h	拉杆长度=C 板偏离+半 C 板高度+顶板偏离+顶板厚度
supp_gbb=1	有无推板导套：有导套=1；无导套=0
supp_gbb_r=1	有无水口板导套：有导套=1；无导套=0
supp_gpa=1	有无导柱：有导柱=1；无导柱=0
supp_pock=1	模架各模板是否生成各种穿透件(螺钉、导柱、拉杆、导套等)的通孔：生成=1；无孔=0
supp_r=1	有无水口板：有水口板=1；无水口板=0
supp_s=1	有无推板：有推板=1；无推板=0
supp_spn=1	有无拉杆：有拉杆=1；无拉杆=0
supp_t_plate=if(Mold_type==H&&SG==1)(0) else(1)	有无顶板=如(直身模&&大水口)(无顶板)其余(有顶板)(有顶板=1；无顶板=0)
supp_u=1	有无托板：有托板=1；无托板=0

参 考 文 献

[1] 宁汝新，赵汝嘉. CAD/CAM 技术[M]. 北京：机械工业出版社，2005.
[2] 任秉银. 模具 CAD/CAE/CAM[M]. 哈尔滨：哈尔滨工业大学出版社，2006.
[3] 王树勋. 注塑模具设计[M]. 广州：华南理工大学出版社，2007.
[4] 张英杰. CAD/CAM 原理及应用[M]. 北京：高等教育出版社，2007.
[5] 姜海军，陶波. CAD/CAM 应用[M]. 北京：高等教育出版社，2007.
[6] 黄晓燕. 塑料模典型结构 100 例[M]. 上海：上海科学技术出版社，2008.
[7] 李腾讯，卢杰. 计算机辅助设计——AutoCAD 2009 教程[M]. 北京：清华大学出版社，2009.
[8] 浦学西. 模具结构图解[M]. 北京：中国劳动社会保障出版社，2009.
[9] 赵华. 模具设计与制造[M]. 北京：清华大学出版社，2009.
[10] 王秋成. 机械 CAD/CAM[M]. 北京：高等教育出版社，2010.
[11] 麓山文化. UG NX 7 从入门到精通[M]. 北京：机械工业出版社，2010.
[12] 刘占军，高铁军. 注塑模具设计 33 例精解[M]. 北京：化学工业出版社，2010.
[13] 何敏红. AutoCAD 2008 中文版模具制图[M]. 北京：清华大学出版社，2010.
[14] 华塑 CAE – HsCAE3D 7.5 用户手册[M]. 武汉：华中科技大学出版社，2010.
[15] 马广，王志明. 模具 CAD/CAM 项目化实训教程[M]. 北京：科学出版社，2010.
[16] 赵梅，廖希亮，刘天禄. 模具 CAD/CAM[M]. 北京：清华大学出版社，2011.
[17] 葛友华. 机械 CAD/CAM[M]. 2 版. 西安：西安电子科技大学出版社，2012.
[18] 王敬艳，陈波，于向和，等. 模具 CAD/CAE/CAM 一体化技术 [M]. 北京：清华大学出版社，2013.
[19] 李东君. UG CAD/CAM 项目教程[M]. 北京：国防工业出版社，2013.
[20] 朱俊杰. 模具结构优化及 CAE 应用[M]. 成都：西南交通大学出版社，2014.
[21] 王正才. 注塑模具 CAD/CAE/CAM 综合实训[M]. 大连：大连理工大学出版社，2014.
[22] 孙豮，陈洪飞，许靖. CAD/CAM 技术应用——AutoCAD 项目教程[M]. 北京：高等教育出版社，2015.
[23] 魏峥，吴延霞，沈晓斌. 机械 CAD/CAM(UG) [M]. 北京：高等教育出版社，2015.
[24] 宋晓英，池寅生，冯晋. 机械 CAD/CAM 基础及应用[M]. 2 版. 北京：高等教育出版社，2015.
[25] 王春，彭建飞. UG 应用项目训练教程[M]. 北京：高等教育出版社，2015.